U0180997

国家出版基金资助项目

现代数学中的著名定理纵横谈丛书

丛书主编　王梓坤

N.E.NÖRLUND THEOREM

N. E. Nörlund定理

刘培杰数学工作室　编

哈尔滨工业大学出版社

HARBIN INSTITUTE OF TECHNOLOGY PRESS

内容简介

本书共分五编,给出了 N. E. Nörlund 定理的相关知识,详细介绍了差分与差分算子,差分方程与差分方程组,差分与微分方程,复数域中的差分及 N. E. Nörlund 在级数理论中的贡献等内容.

本书适合高等院校师生、相关领域研究人员及数学爱好者参考阅读.

图书在版编目(CIP)数据

N. E. Nörlund 定理/刘培杰数学工作室编. — 哈尔滨:哈尔滨工业大学出版社,2024.3
(现代数学中的著名定理纵横谈丛书)
ISBN 978 - 7 - 5603 - 9636 - 1

Ⅰ.①N… Ⅱ.①刘… Ⅲ.①差分方程 Ⅳ.①O241.3

中国版本图书馆 CIP 数据核字(2021)第 168688 号

N. E. NÖRLUND DINGLI

策划编辑　刘培杰　张永芹
责任编辑　杨明蕾　刘春雷
封面设计　孙茵艾
出版发行　哈尔滨工业大学出版社
社　　址　哈尔滨市南岗区复华四道街 10 号　邮编 150006
传　　真　0451 - 86414749
网　　址　http://hitpress.hit.edu.cn
印　　刷　辽宁新华印务有限公司
开　　本　787 mm×960 mm　1/16　印张 36　字数 387 千字
版　　次　2024 年 3 月第 1 版　2024 年 3 月第 1 次印刷
书　　号　ISBN 978 - 7 - 5603 - 9636 - 1
定　　价　198.00 元

读书的乐趣

你最喜爱什么——书籍.

你经常去哪里——书店.

你最大的乐趣是什么——读书.

这是友人提出的问题和我的回答. 真的,我这一辈子算是和书籍,特别是好书结下了不解之缘. 有人说,读书要费那么大的劲,又发不了财,读它做什么? 我却至今不悔,不仅不悔,反而情趣越来越浓. 想当年,我也曾爱打球,也曾爱下棋,对操琴也有兴趣,还登台伴奏过. 但后来却都一一断交,"终身不复鼓琴". 那原因便是怕花费时间,玩物丧志,误了我的大事——求学. 这当然过激了一些. 剩下来唯有读书一事,自幼至今,无日少废,谓之书痴也可,谓之书橱也可,管它呢,人各有志,不可相强. 我的一生大志,便是教书,而当教师,不多读书是不行的.

读好书是一种乐趣,一种情操;一种向全世界古往今来的伟人和名人求

1

教的方法，一种和他们展开讨论的方式；一封出席各种活动、体验各种生活、结识各种人物的邀请信；一张迈进科学宫殿和未知世界的入场券；一股改造自己、丰富自己的强大力量.书籍是全人类有史以来共同创造的财富，是永不枯竭的智慧的源泉.失意时读书，可以使人重整旗鼓；得意时读书，可以使人头脑清醒；疑难时读书，可以得到解答或启示；年轻人读书，可明奋进之道；年老人读书，能知健神之理.浩浩乎！洋洋乎！如临大海，或波涛汹涌，或清风微拂，取之不尽，用之不竭.吾于读书，无疑义矣，三日不读，则头脑麻木，心摇摇无主.

潜能需要激发

我和书籍结缘，开始于一次非常偶然的机会.大概是八九岁吧，家里穷得揭不开锅，我每天从早到晚都要去田园里帮工.一天，偶然从旧木柜阴湿的角落里，找到一本蜡光纸的小书，自然很破了.屋内光线暗淡，又是黄昏时分，只好拿到大门外去看.封面已经脱落，扉页上写的是《薛仁贵征东》.管它呢，且往下看.第一回的标题已忘记，只是那首开卷诗不知为什么至今仍记忆犹新：

日出遥遥一点红，飘飘四海影无踪.

三岁孩童千两价，保主跨海去征东.

第一句指山东，二、三两句分别点出薛仁贵(雪、人贵).那时识字很少，半看半猜，居然引起了我极大的兴趣，同时也教我认识了许多生字.这是我有生以来独立看的第一本书.尝到甜头以后，我便千方百计去找书，向小朋友借，到亲友家找，居然断断续续看了《薛丁山征西》《彭公案》《二度梅》等，樊梨花便成了我心中的女英雄.我真入迷了.从此,放牛也罢,车水也罢,我总要带一本书,还练出了边走田间小路边读书的本领,读得津津有味,不知人间别有他事.

当我们安静下来回想往事时,往往会发现一些偶然的小事却影响了自己的一生.如果不是找到那本《薛仁贵征东》,我的好学心也许激发不起来.我这一生,也许会走另一条路.人的潜能,好比一座汽油库,星星之火,可以使它雷声隆隆、光照天地;但若少了这粒火星,它便会成为一潭死水,永归沉寂.

抄,总抄得起

好不容易上了中学,做完功课还有点时间,便常光顾图书馆.好书借了实在舍不得还,但买不到也买不起,便下决心动手抄书.抄,总抄得起.我抄过林语堂写的《高级英文法》,抄过英文的《英文典大全》,还抄过《孙子兵法》,这本书实在爱得狠了,竟一口气抄了两份.人们虽知抄书之苦,未知抄书之益,抄完毫末俱见,一览无余,胜读十遍.

始于精于一,返于精于博

关于康有为的教学法,他的弟子梁启超说:"康先生之教,专标专精、涉猎二条,无专精则不能成,无涉猎则不能通也."可见康有为强烈要求学生把专精和广博(即"涉猎")相结合.

在先后次序上,我认为要从精于一开始.首先应集中精力学好专业,并在专业的科研中做出成绩,然后逐步扩大领域,力求多方面的精.年轻时,我曾精读杜布(J. L. Doob)的《随机过程论》,哈尔莫斯(P. R. Halmos)的《测度论》等世界数学名著,使我终身受益.简言之,即"始于精于一,返于精于博".正如中国革命一样,必须先有一块根据地,站稳后再开创几块,最后连成一片.

丰富我文采,澡雪我精神

辛苦了一周,人相当疲劳了,每到星期六,我便到旧书店走走,这已成为生活中的一部分,多年如此.一次,偶然看到一套《纲鉴易知录》,编者之一便是选编《古文观止》的吴楚材.这部书提纲挈领地讲中国历史,上自盘古氏,直到明末,记事简明,文字古雅,又富于故事性,便把这部书从头到尾读了一遍.从此启发了我读史书的兴趣.

我爱读中国的古典小说,例如《三国演义》和《东周列国志》.我常对人说,这两部书简直是世界上政治阴谋诡计大全.即以近年来极时髦的人质问题(伊朗人质、劫机人质等),这些书中早就有了,秦始皇的父亲便是受害者,堪称"人质之父".

《庄子》超尘绝俗,不屑于名利.其中"秋水""解牛"诸篇,诚绝唱也.《论语》束身严谨,勇于面世,"己所不欲,勿施于人",有长者之风.司马迁的《报任少卿书》,读之我心两伤,既伤少卿,又伤司马;我不知道少卿是否收到这封信,希望有人做点研究.我也爱读鲁迅的杂文,果戈理、梅里美的小说.我非常敬重文天祥、秋瑾的人品,常记他们的诗句:"人生自古谁无死,留取丹心照汗青""休言女子非英物,夜夜龙泉壁上鸣".唐诗、宋词、《西厢记》《牡丹亭》,丰富我文采,澡雪我精神,其中精粹,实是人间神品.

读了邓拓的《燕山夜话》,既叹服其广博,也使我动了写《科学发现纵横谈》的心.不料这本小册子竟给我招来了上千封鼓励信.以后人们便写出了许许多多的"纵横谈".

从学生时代起,我就喜读方法论方面的论著.我想,做什么事情都要讲究方法,追求效率、效果和效益,方法好能事半而功倍.我很留心一些著名科学家、文学家写的心得体会和经验.我曾惊讶为什么巴尔扎克在51年短短的一生中能写出上百本书,并从他的传记中去寻找答案.文史哲和科学的海洋无边无际,先哲们的明智之光沐浴着人们的心灵,我衷心感谢他们的恩惠.

读书的另一面

以上我谈了读书的好处,现在要回过头来说说事情的另一面.

读书要选择.世上有各种各样的书:有的不值一看,有的只值看20分钟,有的可看5年,有的可保存一辈子,有的将永远不朽.即使是不朽的超级名著,由于我们的精力与时间有限,也必须加以选择.决不要看坏书,对一般书,要学会速读.

读书要多思考.应该想想,作者说得对吗?完全吗?适合今天的情况吗?从书本中迅速获得效果的好办法是有的放矢地读书,带着问题去读,或偏重某一方面去读.这时我们的思维处于主动寻找的地位,就像猎人追找猎物一样主动,很快就能找到答案,或者发现书中的问题.

有的书浏览即止,有的要读出声来,有的要心头记住,有的要笔头记录.对重要的专业书或名著,要勤做笔记,"不动笔墨不读书".动脑加动手,手脑并用,既可加深理解,又可避忘备查,特别是自己的灵感,更要及时抓住.清代章学诚在《文史通义》中说:"札记之功必不可少,如不札记,则无穷妙绪如雨珠落大海矣."

许多大事业、大作品,都是长期积累和短期突击相结合的产物.涓涓不息,将成江河;无此涓涓,何来江河?

爱好读书是许多伟人的共同特性,不仅学者专家如此,一些大政治家、大军事家也如此.曹操、康熙、拿破仑、毛泽东都是手不释卷,嗜书如命的人.他们的巨大成就与毕生刻苦自学密切相关.

王梓坤

1

2

第三编　差分与微分方程

第一编
差分与差分算子

差　分

第

1

章

§1　从一道 USAMO 试题的解法谈起

设 $f(x)$ 是一个函数,定义 $\Delta f(x) = f(x+1) - f(x)$ 为 $f(x)$ 的一阶差分,简称差分. $\Delta^2 f(x) = \Delta(\Delta f(x)) = f(x+2) - 2f(x+1) + f(x)$ 为 $f(x)$ 的二阶差分,……,一般地,已知 r 阶差分 $\Delta^r f(x)$,则我们定义 $\Delta^{r+1} f(x) = \Delta(\Delta^r f(x)) = \Delta^r f(x+1) - \Delta^r f(x)$ 为 $f(x)$ 的 $r+1$ 阶差分. 二阶以上的差分称为高阶差分. 对于差分,有以下一些性质:

（1）$\Delta^n f(x) = \displaystyle\sum_{k=0}^{n} (-1)^k C_n^k f(x+n-k)$

$\qquad\qquad = \displaystyle\sum_{k=0}^{n} (-1)^{n-k} C_n^k f(x+k)$

（2）若 $f(x)$ 是最高次项系数为 a_0 的 n 次多项式,则

$$\Delta^n f(x) = n! a_0$$

（3）若 $f(x)$ 为 n 次多项式，则 $\Delta^{n+1} f(x) = 0$.

利用差分的上述性质，可以解决某些多项式问题. 例如，由性质（1）知，多项式 $f(x)$ 的 n 阶差分 $\Delta^n f(x)$ 中包含 $f(x)$ 的连续 $n+1$ 个值 $f(x+n),f(x+n-1),\cdots,$ $f(x+1),f(x)$. 故在涉及多项式的连续若干个值的问题时，可以考虑与差分联系起来.

下面是一道美国的竞赛题.

题1 设 $f(x)$ 为 $3n$ 次多项式，适合 $f(0)=f(3)=\cdots=f(3n)=2,f(1)=f(4)=\cdots=f(3n-2)=1,f(2)=f(5)=\cdots=f(3n-1)=0$，并且 $f(3n+1)=730$. 求 n.

解 由性质（1）和（3）得

$$\Delta^{3n+1} f(0) = \sum_{k=0}^{3n+1} (-1)^k C_{3n+1}^k f(3n+1-k)$$

$$= 730 + \sum_{j=1}^{n} (-1)^{3j+1} C_{3n+1}^{3j+1} \cdot 2 +$$

$$\sum_{j=1}^{n} (-1)^{3j} C_{3n+1}^{3j} \cdot 1$$

$$= 729 - 2 \sum_{j=0}^{n} (-1)^j C_{3n+1}^{3j+1} +$$

$$\sum_{j=0}^{n} (-1)^j C_{3n+1}^{3j} = 0 \qquad (1)$$

为求 $A = \sum_{j=0}^{n} (-1)^j C_{3n+1}^{3j+1}$ 及 $B = \sum_{j=0}^{n} (-1)^j C_{3n+1}^{3j}$,

我们利用三次单位根 $\omega = -\dfrac{1}{2} + \dfrac{\sqrt{3}}{2}\mathrm{i}$ 以及多项式

$$P(x) = (1-x)^{3n+1} = \sum_{k=0}^{3n+1} (-1)^k C_{3n+1}^k x^k$$

$$= \sum_{j=0}^{n} (-1)^j C_{3n+1}^{3j} x^{3j} - \sum_{j=0}^{n} (-1)^j C_{3n+1}^{3j+1} x^{3j+1} -$$

$$\sum_{j=1}^{n} (-1)^j C_{3n+1}^{3j-1} x^{3j-1}$$

$$\left(\text{其中 } C = \sum_{j=1}^{n} (-1)^j C_{3n+1}^{3j-1} \right)$$

由这个展开式及 ω 的性质知

$$P(1) = B - A - C = 0$$

$$P(\omega) = B - A\omega - C\omega^2 = (1-\omega)^{3n+1}$$

$$P(\omega^2) = B - A\omega^2 - C\omega = (1-\omega^2)^{3n+1}$$

又

$$1 - \omega = \frac{3}{2} - \frac{\sqrt{3}}{2}i = \sqrt{3}\left(\cos\frac{\pi}{6} - i\sin\frac{\pi}{6}\right)$$

$$1 - \omega^2 = \frac{3}{2} + \frac{\sqrt{3}}{2}i = \sqrt{3}\left(\cos\frac{\pi}{6} + i\sin\frac{\pi}{6}\right)$$

代入

$$B = \frac{1}{3}(P(1) + P(\omega) + P(\omega^2))$$

$$= \frac{1}{3}((1-\omega)^{3n+1} + (1-\omega^2)^{3n+1})$$

$$A = -\frac{1}{3}(P(1) + \omega^2 P(\omega) + \omega P(\omega^2))$$

$$= -\frac{1}{3}(\omega^2(1-\omega)^{3n+1} + \omega(1-\omega^2)^{3n+1})$$

可得

$$A = 2(\sqrt{3})^{3n-1}\cos\frac{3n-1}{6}\pi$$

$$B = 2(\sqrt{3})^{3n+1}\cos\frac{3n+1}{6}\pi$$

代入式（1）可得

$$729 - 4(\sqrt{3})^{3n-1}\cos\frac{3n-1}{6}\pi + 2(\sqrt{3})^{3n+1}\cos\frac{3n+1}{6}\pi = 0$$

当 $n = 2t$ 时

$$729 + (-1)^{t+1}3^{3t} = 0, t = 2, n = 4$$

当 $n = 2t + 1$ 时

$$729 + (-1)^{t+1}3^{3t+2} = 0,$$ 可知 n 无整数解

故 $n = 4$ 为所求.

说明 本题亦可用拉格朗日（Lagrange）插值公式,但计算更复杂些.

在第 31 届中国数学奥林匹克试题中有一题为:

题 2 设 p 为奇素数,$a_1, a_2, \cdots, a_p$ 为整数. 证明以下两个命题等价:

(1)存在一个次数不超过 $\dfrac{p-1}{2}$ 的整系数多项式 $f(x)$,使得对每个不超过 p 的正整数 i,均有 $f(i) \equiv a_i(\bmod p)$.

(2)对每个不超过 $\dfrac{p-1}{2}$ 的正整数 d,均有

$$\sum_{i=1}^{p}(a_{i+d} - a_i)^2 \equiv 0(\bmod p)$$

其中,下标按模 p 理解,即 $a_{p+n} = a_n$.

证明 先给出五个引理.

引理 1 定义多项式 f 的差分为

$$\Delta f = \Delta f(x) = f(x+1) - f(x)$$

各阶差分为

$$\Delta^0 f = f, \Delta^1 f = \Delta f$$

6

$$\Delta^n f = \Delta(\Delta^{n-1} f) \quad (n = 2, 3, \cdots)$$

若 $\deg f \geq 1$，则 $\deg \Delta f = \deg f - 1$；

若 $\deg f = 0$，则 Δf 为零多项式.

为方便起见，约定零多项式的次数为 0，则总有 $\deg \Delta f \leq \deg f$.

另外，Δf 的首项系数等于 f 的首项系数乘以 $\deg f$.

引理 2　对正整数 n，有

$$f(x+n) = \sum_{i=0}^{n} C_n^i \Delta^i f(x)$$

对 n 用数学归纳法即可得证.

引理 3　设 f 为整系数多项式，对每个整数 d，定义

$$T_d = \sum_{x=1}^{p} (f(x+d) - f(x))^2$$

则 $T_0 = 0$，且 $T_{p-d} \equiv T_d \equiv T_{p+d} \pmod{p}$.

又对每个正整数 i，定义

$$S_i = \sum_{x=1}^{p} (\Delta^i f(x)) f(x)$$

则在模 p 的意义下，可用 $S_1, S_2, \cdots$ 来表示 T_d，且

$$T_d \equiv -2 \sum_{i=1}^{d} C_d^i S_i \pmod{p}$$

引理 3 的证明　事实上

$$T_d = \sum_{x=1}^{p} f^2(x+d) + \sum_{x=1}^{p} f^2(x) -$$

$$2 \sum_{x=1}^{p} f(x+d) f(x)$$

$$= 2 \sum_{x=1}^{p} f^2(x) - 2 \sum_{x=1}^{p} f(x+d) f(x)$$

$$= -2 \sum_{x=1}^{p} (f(x+d) - f(x))f(x)$$

$$= -2 \sum_{x=1}^{p} \left(\sum_{i=0}^{d} C_d^i \Delta^i f(x) - f(x) \right) f(x)$$

$$= -2 \sum_{x=1}^{p} \sum_{i=1}^{d} C_d^i (\Delta^i f(x)) f(x)$$

$$= -2 \sum_{i=1}^{d} \left(C_d^i \left(\sum_{x=1}^{p} (\Delta^i f(x)) f(x) \right) \right)$$

$$= -2 \sum_{i=1}^{d} C_d^i S_i (\bmod p)$$

引理 4

$$\sum_{x=1}^{p} x^k \equiv \begin{cases} 0(\bmod p), k = 0,1,\cdots,p-2 \\ -1(\bmod p), k = p-1 \end{cases}$$

引理 4 的证明　当 $k=0$ 时，$\sum_{x=1}^{p} x^0 = p$；

当 $k=p-1$ 时，由费马（Fermat）小定理得

$$\sum_{x=1}^{p} x^{p-1} \equiv \sum_{x=1}^{p-1} x^{p-1} \equiv \sum_{x=1}^{p-1} 1 \equiv -1(\bmod p)$$

当 $1 \leqslant k \leqslant p-2$ 时，至多有 k 个 $x \in \{1,2,\cdots,p\}$ 满足 $x^k - 1 \equiv 0(\bmod p)$，故存在 $a \in \{1,2,\cdots,p-1\}$ 使得 $a^k - 1 \not\equiv 0(\bmod p)$.

注意到，$a \cdot 1, a \cdot 2, \cdots, a \cdot p$ 模 p 的余数遍历 1，$2,\cdots,p$，则 $\sum_{x=1}^{p} x^k \equiv \sum_{x=1}^{p} (ax)^k \equiv a^k \sum_{x=1}^{p} x^k (\bmod p)$.

故此时有 $\sum_{x=1}^{p} x^k \equiv 0(\bmod p)$.

引理 5　由引理 4，对整系数多项式

$$g(x) = B_{p-1} x^{p-1} + \cdots + B_1 x + B_0$$

有
$$\sum_{x=1}^{p} g(x) \equiv - B_{p-1}(\bmod\ p)$$

特别地,若 $\deg g \leqslant p - 2$,则
$$\sum_{x=1}^{p} g(x) \equiv 0(\bmod\ p)$$

引理 1 至 5 得证.

先设(1)成立, $f(x)$ 满足(1)中的条件,下面证明(2)成立.

当 $\deg f = 0$ 时, $T_d = 0$.

当 $1 \leqslant \deg f \leqslant \dfrac{p-1}{2}$ 时,对正整数 i,有
$$\deg((\Delta^i f)f) \leqslant 2\deg f - 1 \leqslant p - 2$$

由引理 5 得
$$S_i = \sum_{x=1}^{p} (\Delta^i f(x))f(x) \equiv 0(\bmod\ p)$$

再根据引理 3 知 $T_d \equiv 0(\bmod\ p)$.

因此,(2)成立.

以下设(2)成立,证明(1)成立.

对每个 $i \in \{1,2,\cdots,p\}$,取整数 λ_i 使得
$$\lambda_i \prod_{\substack{1 \leqslant j \leqslant p \\ j \neq i}} (i - j) \equiv 1(\bmod\ p)$$

令
$$f(x) \equiv \sum_{i=1}^{p} \Big[a_i \lambda_i \prod_{\substack{1 \leqslant j \leqslant p \\ j \neq i}} (x - j) \Big](\bmod\ p)$$

其中, f 的首项系数不为 p 的倍数,除非 f 为零多项式.

显然, f 为次数不超过 $p - 1$ 的整系数多项式,且
$$f(i) \equiv a_i(\bmod\ p) \quad (i = 1,2,\cdots,p)$$

设 f 不为零多项式.

记 $f(x) = \sum_{i=0}^{m} B_i x^i \, (B_m \not\equiv 0 \,(\mathrm{mod}\, p))$.

用反证法证明: $m \leqslant \dfrac{p-1}{2}$.

假设 $m > \dfrac{p-1}{2}$.

当 $d = 1, 2, \cdots, \dfrac{p-1}{2}$ 时, 有

$$T_d = \sum_{x=1}^{p} (f(x+d) - f(x))^2$$
$$\equiv \sum_{i=1}^{p} (a_{i+d} - a_i)^2 \equiv 0 \,(\mathrm{mod}\, p)$$

由 $T_{p-d} \equiv T_d \equiv T_{p+d} \,(\mathrm{mod}\, p)$, 知对任意正整数 d, 有
$$T_d \equiv 0 \,(\mathrm{mod}\, p)$$
再由引理 3 得
$$\sum_{i=1}^{d} \mathrm{C}_d^i S_i \equiv 0 \,(\mathrm{mod}\, p)$$
取 $d = 1$, 知 $S_1 \equiv 0 \,(\mathrm{mod}\, p)$. 由此及
$$S_d \equiv -\sum_{i=1}^{d-1} \mathrm{C}_d^i S_i \equiv 0 \,(\mathrm{mod}\, p)$$
知对每个正整数 i 均有 $S_i \equiv 0 \,(\mathrm{mod}\, p)$.

另外, 令 $k = 2m - (p-1)$, 则
$$0 < k \leqslant m$$
由引理 1, 知 $\Delta^k f$ 的次数为 $m-k$, 首项系数为 $m(m-1)\cdots(m-k+1)B_m$.

则 $(\Delta^k f)f$ 的次数为 $(m-k)+m = p-1$, 首项系数为 $m(m-1)\cdots(m-k+1)B_m^2$.

利用引理 5 得

$$S_k = \sum_{x=1}^{p} (\Delta^k f(x)) f(x)$$

$$\equiv - m(m-1) \cdots (m-k+1) B_m^2$$

$$\not\equiv 0 \pmod{p}$$

这与前述所有 $S_i \equiv 0 \pmod{p}$ 矛盾.

因此, $\deg f = m \leqslant \dfrac{p-1}{2}$.

从而,(1)成立.

综上,(1)与(2)等价.

§2　差分与 $\displaystyle\sum_{i=1}^{n} i^k$ 的求和问题

对给定的 Δx 及给定的函数 $g(x)$,满足 $\Delta y(x)/\Delta x = g(x)$ 的函数 $y(x)$ 称为 $g(x)$ 的和. 求 $y(x)$ 的过程称为 $g(x)$ 的求和. 如果 $\Delta x = 1$,那么也就是求满足 $y(x+1) - y(x) = g(x)$ 的函数 $y(x)$. $g(x)$ 的和一般可写成 $Sg(x)\Delta x$. 对于 $g(x)$ 的一个特殊和 $y(x)$,一般和 $Sg(x)\Delta x$ 由 $y(x) + c(x)$ 给出. 这里 $c(x)$ 是以 Δx 为周期的函数,它相当于求不定积分时的任意常数. 同积分时一样,在很多情形中把 $c(x)$ 略去了. 特别是,对 $\Delta x = 1, g(x) = nx^{n-1}$ 的和是 n 次伯努利(Bernoulli)多项式 $B_n(x)$. 具体推导见下文.

在初等代数中,有以下的求和公式

N. E. Nörlund 定理

$$\sum_{i=1}^{n} 1 = n \qquad (1)$$

$$\sum_{i=1}^{n} i = \frac{n(n+1)}{2} \qquad (2)$$

$$\sum_{i=1}^{n} i^2 = \frac{n(n+1)(2n+1)}{6} \qquad (3)$$

利用(1),(2)和(3)三式,用初等方法可如下求得 $\sum_{i=1}^{n} i^3$ 的求和公式:由于

$$\sum_{i=1}^{n} \left[(i+1)^4 - i^4 \right]$$
$$= (2^4 - 1^4) + (3^4 - 2^4) + \cdots + \left[(n+1)^4 - n^4 \right]$$
$$= (n+1)^4 - 1 = n^4 + 4n^3 + 6n^2 + 4n$$

同时

$$\sum_{i=1}^{n} \left[(i+1)^4 - i^4 \right]$$
$$= \sum_{i=1}^{n} (4i^3 + 6i^2 + 4i + 1)$$
$$= 4 \sum_{i=1}^{n} i^3 + n(n+1)(2n+1) + 2n(n+1) + n$$
$$= 4 \sum_{i=1}^{n} i^3 + 2n^3 + 5n^2 + 4n$$

故有

$$4 \sum_{i=1}^{n} i^3 = n^4 + 4n^3 + 6n^2 + 4n - 2n^3 - 5n^2 - 4n$$
$$= n^4 + 2n^3 + n^2$$

因此

$$\sum_{i=1}^{n} i^3 = \left[\frac{n(n+1)}{2} \right]^2 \qquad (4)$$

利用(1)—(4)各式,用类似的方法还可以求得 $\sum\limits_{i=1}^{n} i^4$ 的求和公式. 继续做下去, 我们还可以求得 $\sum\limits_{i=1}^{n} i^k (k=5,6,\cdots)$ 的求和公式. $\sum\limits_{i=1}^{n} i^k (k$ 为正整数) 的求和公式最初发表在1713年瑞士数学家约翰·伯努利(Johann Bernoulli,1667—1748)的著作 *Ars Conjectaundi* 上. 证明这些求和公式的方法很多. 本节用多项式插值或用伯努利多项式来求前 n 个正整数的 k 次幂(k 为正整数)之和.

现将前 10 个和列表如下

$$S_1 = \frac{1}{2}n(n+1)$$

$$S_2 = \frac{1}{6}n(n+1)(2n+1)$$

$$S_3 = \frac{1}{4}n^2(n+1)^2 = S_1^2$$

$$S_4 = \frac{1}{30}n(n+1)(2n+1)(3n^2+3n-1)$$

$$S_5 = \frac{1}{12}n^2(n+1)^2(2n^2+2n-1)$$

$$S_6 = \frac{1}{42}n(n+1)(2n+1)(3n^4+6n^3-3n+1)$$

$$S_7 = \frac{1}{24}n^2(n+1)^2(3n^4+6n^3-n^2-4n+2)$$

$$S_8 = \frac{1}{90}n(n+1)(2n+1) \cdot$$
$$(5n^6+15n^5+5n^4-15n^3-n^2+9n-3)$$

$$S_9 = \frac{1}{20}n^2(n+1)^2(2n^6+6n^5+n^4-8n^3+n^2+6n-3)$$

$$S_{10} = \frac{1}{66}n(n+1)(2n+1)(3n^8+12n^7+8n^6-$$
$$18n^5-10n^4+24n^3+2n^2-15n+5)$$

利用差分法证明:若 k,m 为正整数,则

(a) 当 $k>m$ 时,$k^m - k(k-1)^m + \frac{k(k-1)}{1\cdot 2}(k-2)^m + \cdots + (-1)^{k-1}k\cdot 1^m = 0$;

(b) 当 $k=m$ 时,$m^m - m(m-1)^m + \frac{m(m-1)}{1\cdot 2}\cdot(m-2)^m + \cdots + (-1)^{m-1}m = m!$.

证明 由于

$$(x+1)^m - x^m$$
$$= mx^{m-1} + \frac{m(m-1)}{1\cdot 2}x^{m-2} + \cdots + mx + 1$$

用 $x+1$ 代替 x 得出

$$(x+2)^m - (x+1)^m$$
$$= m(x+1)^{m-1} + \frac{m(m-1)}{1\cdot 2}(x+1)^{m-2} + \cdots +$$
$$m(x+1) + 1$$

从后一等式减去前一等式得

$$(x+2)^m - 2(x+1)^m + x^m$$
$$= m(m-1)x^{m-2} + p_1 x^{m-3} + \cdots$$

类似地得

$$(x+3)^m - 3(x+2)^m + 3(x+1)^m - x^m$$
$$= m(m-1)(m-2)x^{m-3} + p_2 x^{m-4} + \cdots$$

利用数学归纳法可以证明下列一般的恒等式

$$(x+k)^m - \frac{k}{1}(x+k-1)^m +$$

$$\frac{k(k-1)}{1\cdot 2}(x+k-2)^m - \cdots + (-1)^k x^m$$

$$= m(m-1)\cdots(m-k+1)x^{m-k} + px^{m-k-1} + \cdots$$

由此容易得到 $k=m$ 时

$$(x+m)^m = \frac{m}{1}(x+m-1)^m + \cdots + (-1)^m x^m = m!$$

若 $k>m$，则得出

$$(x+k)^m - \frac{k}{1}(x+k-1)^m + \frac{k(k-1)}{1\cdot 2}\cdot$$

$$(x+k-2)^m - \cdots + (-1)^k x^m = 0$$

在最后两个等式中令 $x=0$ 便得所求的恒等式.

注 可以证明，恰好存在着下面的数，即对任意给定的 k 次多项式 $f(x)$（如 $1,x,x^2,\frac{1}{2}x(x-1)$ 等），求多项式 $S_f(x)$，使得

$$S_f(n) = \sum_{i=0}^{n-1} f(i) = f(0) + f(1) + \cdots + f(n-1)$$

$$(5)$$

对所有的 $n=1,2,3,\cdots$ 皆成立.

由式（1）可见，对 $f(x)=1$，有多项式 $S_f(x)=x$，使

$$S_f(n) = n = \sum_{i=0}^{n-1} f(i)$$

由式（2）可见，对 $f(x)=x$，有多项式 $S_f(x) = \frac{x(x-1)}{2}$，使

$$S_f(n) = \frac{n(n-1)}{2} = \sum_{i=0}^{n-1} i = \sum_{i=0}^{n-1} f(i)$$

由式(3)可见,对 $f(x) = x^2$,有多项式 $S_f(x) = \frac{x(x-1)(2x-1)}{6}$,使

$$S_f(n) = \sum_{i=0}^{n-1} i^2 = \sum_{i=0}^{n-1} f(i)$$

由式(4)可见,对 $f(x) = x^3$,有多项式 $S_f(x) = \left(\frac{x(x-1)}{2}\right)^2$,使

$$S_f(n) = \sum_{i=0}^{n-1} i^3 = \sum_{i=0}^{n-1} f(i)$$

我们发现,当 $f(x) = a_k x^k + a_{k-1} x^{k-1} + \cdots + a_0$ 是 $k(k=0,1,2,3)$ 次多项式时,满足式(5)的函数 $S_f(x)$ 是一个次数不大于 $k+1$ 的多项式,且 $S_f(0) = 0$. 于是,我们猜测:

对 k 次多项式 $f(x)$,有次数不大于 $k+1$ 的多项式 $S_f(x)$ 使

$$S_f(0) = 0, S_f(n) = \sum_{i=0}^{n-1} f(i) \quad (n = 1, 2, \cdots)$$

下面我们先用多项式插值的方法来证明上述多项式 $S_f(x)$ 的存在性,从而验证我们的猜测,以及给出它的求法. 为此,我们先介绍多项式插值的有关概念.

对给定的数据点 $(x_0, y_0), (x_1, y_1), \cdots, (x_m, y_m)$(其中 $x_0 < x_1 < \cdots < x_m$),要求函数 $y = P(x)$,使得

$$P(x_i) = y_i \quad (i = 0, 1, \cdots, m)$$

的问题,称之为插值问题,$P(x)$ 称为插值函数,x_i 称为

插值节点. $P(x)$ 通常选一类较简单的函数,当 $P(x)$ 取多项式时,我们称它为插值多项式. 可以证明,给定 $m+1$ 个数据点 (x_i,y_i) $(i=0,1,\cdots,m)$,存在唯一的次数不超过 m 的插值多项式 $P(x)$,满足

$$P(x_i)=y_i \quad (i=0,1,\cdots,m) \tag{6}$$

事实上,设 $P(x)$ 为次数不超过 m 的多项式,即

$$P(x)=a_0+a_1x+\cdots+a_mx^m \tag{7}$$

由式(6),得

$$\begin{cases} a_0+a_1x_0+\cdots+a_mx_0^m=y_0 \\ a_0+a_1x_1+\cdots+a_mx_1^m=y_1 \\ \qquad\qquad\vdots \\ a_0+a_1x_m+\cdots+a_mx_m^m=y_m \end{cases} \tag{8}$$

这是一个关于 $a_0,a_1,\cdots,a_m$ 的 $m+1$ 元线性方程组,它的系数行列式

$$\begin{vmatrix} 1 & x_0 & x_0^2 & \cdots & x_0^m \\ 1 & x_1 & x_1^2 & \cdots & x_1^m \\ \vdots & \vdots & \vdots & & \vdots \\ 1 & x_m & x_m^2 & \cdots & x_m^m \end{vmatrix}$$

是范德蒙德(Vandermonde)行列式,且由于 $i\neq j$ 时 $x_i\neq x_j$,故它不等于零,因而方程组(8)存在唯一解 $a_0,a_1,\cdots,a_m$. 因此,满足条件(6)的插值多项式(7)是存在且唯一的.

求插值多项式的方法有很多,以拉格朗日插值多项式为例具体地说,令 m 次插值基函数为

$$L_i(x)=\frac{(x-x_0)\cdots(x-x_{i-1})(x-x_{i+1})\cdots(x-x_m)}{(x_i-x_0)\cdots(x_i-x_{i-1})(x_i-x_{i+1})\cdots(x_i-x_m)}$$

$$(i = 0, 1, \cdots, m) \qquad (9)$$

则满足插值条件(6)的插值多项式

$$P(x) = \sum_{i=0}^{m} y_i L_i(x) \qquad (10)$$

就是拉格朗日插值多项式. 拉格朗日插值公式可以看作直线方程两点式的推广. 如果从直线方程点斜式

$$P(x) = y_0 + \frac{y_1 - y_0}{x_1 - x_0}(x - x_0)$$

出发,将它推广到具有 $m + 1$ 个插值节点的数据点 $(x_0, y_0), (x_1, y_1), \cdots, (x_m, y_m)$ 的情况,我们可把插值多项式表示为

$$P(x) = a_0 + a_1(x - x_0) + a_2(x - x_0)(x - x_1) + \cdots + a_m(x - x_0)(x - x_1)\cdots(x - x_{m-1}) \qquad (11)$$

其中 $a_0, a_1, \cdots, a_m$ 为待定系数,可由插值条件

$$P(x_i) = y_i \quad (i = 0, 1, \cdots, m)$$

确定.

当 $x = x_0$ 时,$P(x_0) = a_0 = y_0$.

当 $x = x_1$ 时,$P(x_1) = a_0 + a_1(x_1 - x_0) = y_1$,故有

$$a_1 = \frac{y_1 - y_0}{x_1 - x_0}$$

当 $x = x_2$ 时,$P(x_2) = a_0 + a_1(x_2 - x_0) + a_2(x_2 - x_0)(x_2 - x_1) = y_2$,故有

$$a_2 = \frac{\dfrac{y_2 - y_0}{x_2 - x_0} - \dfrac{y_1 - y_0}{x_1 - x_0}}{x_2 - x_1}$$

依此递推可得到 $a_3, a_4, \cdots, a_m$. 为写出系数 a_i 的一般表达式,我们引入差商的概念.

设

$$y_i = p[x_i] \quad (i = 0, 1, \cdots, m) \tag{12}$$

（其中 $p[x_i]$ 可能是离散变量 $x(x = x_0, x_1, \cdots, x_m)$ 的函数 $p(x)$ 在点 $x = x_i$ 的值 y_i，也可能是连续变量 x 的函数 $p(x)$ 的值），引进记号

$$p[x_0, x_1] = \frac{p[x_1] - p[x_0]}{x_1 - x_0} \tag{13}$$

称它为 p 关于点 x_0, x_1 的一阶差商，再引进记号

$$p[x_0, x_1, x_2] = \frac{p[x_0, x_2] - p[x_0, x_1]}{x_2 - x_1} \tag{14}$$

称它为 p 关于点 x_0, x_1, x_2 的二阶差商. 一般地，有了 $k-1$ 阶差商，可以递推地定义 k 阶差商

$$p[x_0, x_1, \cdots, x_k]$$
$$= \frac{p[x_0, x_1, \cdots, x_{k-2}, x_k] - p[x_0, x_1, \cdots, x_{k-1}]}{x_k - x_{k-1}}$$

显然，由差商定义可得

$$a_1 = p[x_0, x_1]$$
$$a_2 = p[x_0, x_1, x_2]$$

用数学归纳法可证明式（11）中的系数

$$a_k = p[x_0, x_1, \cdots, x_k] \quad (k = 1, 2, \cdots, m) \tag{15}$$

将式（15）代入式（11），得

$$P(x) = p[x_0] + p[x_0, x_1](x - x_0) + \cdots +$$
$$p[x_0, x_1, \cdots, x_m](x - x_0)(x - x_1) \cdots (x - x_{m-1}) \tag{16}$$

我们称它为牛顿（Newton）插值多项式.

上面讨论了插值节点任意分布的插值公式，但实际应用时经常遇到等距节点的情形,这时可以用差分代替差商,使插值公式进一步简化. 设函数 $y = p(x)$ 在等距节点 $x_k = x_0 + kh (k = 0, 1, \cdots)$ 上的值 $y_k = p(x_k)$ 为已知,这里 $h > 0$ 为常数,称为步长. 我们定义

$$\Delta y_k = y_{k+1} - y_k$$

称为 $p(x)$ 于点 x_k 的一阶向前差分,它是离散函数在离散节点上的改变量. 符号 Δ 称为向前差分算子,简称差分算子. 利用一阶向前差分可定义二阶向前差分为

$$\Delta^2 y_k = \Delta y_{k+1} - \Delta y_k = y_{k+2} - 2y_{k+1} + y_k$$

一般地,可定义 m 阶向前差分为

$$\Delta^m y_k = \Delta(\Delta^{m-1} y_k) = \Delta^{m-1} y_{k+1} - \Delta^{m-1} y_k$$

也称为 $p(x)$ 于点 x_k 的 m 阶向前差分,而 $\Delta^0 y_k = y_k$.

类似地,还可以定义向后差分和中心差分,这里就不再介绍了.

为计算 $p(x)$ 的各阶差分,使用如下的差分表十分方便:

x	y	Δy	$\Delta^2 y$	$\Delta^3 y$	$\Delta^4 y$
x_0	y_0				
x_1	y_1	Δy_0			
x_2	y_2	Δy_1	$\Delta^2 y_0$		
x_3	y_3	Δy_2	$\Delta^2 y_1$	$\Delta^3 y_0$	
x_4	y_4	Δy_3	$\Delta^2 y_2$	$\Delta^3 y_1$	$\Delta^4 y_0$

由差分定义可得差商与差分之间的关系

$$p[x_i, x_{i+1}] = \frac{y_{i+1} - y_i}{x_{i+1} - x_i} = \frac{\Delta y_i}{h}$$

$$p[x_i, x_{i+1}, x_{i+2}] = \frac{p[x_{i+1}, x_{i+2}] - p[x_i, x_{i+1}]}{x_{i+2} - x_i} = \frac{1}{2h^2}\Delta^2 y_i$$

继续递推下去可得

$$p[x_i, x_{i+1}, \cdots, x_{i+n}] = \frac{1}{n!}\frac{1}{h^n}\Delta^n y_i \quad (n = 1, 2, \cdots, m)$$

$$(17)$$

注意,利用微积分知识可以证明:设函数 $p(x)$ 在含点 $x_0, x_1, \cdots, x_m$ 的区间上有 m 阶导数,则在这一区间内至少有一点 ξ,使

$$p[x_0, x_1, \cdots, x_m] = \frac{p^{(m)}(\xi)}{m!}$$

因此,由 k 次多项式得到的 k 阶差分为常数(这是因为当 $p(x)$ 为 k 次多项式函数时,$p^{(k)}(x)$ 为常数函数).

将式(17)代入式(16),就得到等距节点的插值公式

$$N_m(x_0 + th) = y_0 + \frac{t}{1!}\Delta y_0 + \frac{t(t-1)}{2!}\Delta^2 y_0 + \cdots +$$

$$\frac{t(t-1)\cdots(t-m+1)}{m!}\Delta^m y_0 \quad (18)$$

称之为刘焯 – 牛顿前插公式(亦称牛顿前插公式)[1].

有了以上的准备知识,我们就可以证明满足式(5)的多项式 $S_f(x)$ 的存在性,并给出其求法.

---

① 古代天算家由于编制历法而需要确定日月五星等天体的视运动,当他们观察出天体运动的不均匀性时,插值法便应运而生. 公元 600 年隋朝天文学家、数学家刘焯率先建立了这一公式,在《皇极历》中使用了二次插值公式来推算日月五星的经行度数.

问题 1 （1）证明:对 k 次多项式 $f(x)$,有次数不大于 $k+1$ 的多项式 $S_f(x)$,使得

$$S_f(0) = 0, S_f(n) = \sum_{i=0}^{n-1} f(i) \quad (n = 1, 2, \cdots)$$

$$(19)$$

当且仅当有次数小于或等于 $k+1$ 的多项式 $S_f(x)$,使得

$$S_f(0) = 0, S_f(x+1) - S_f(x) = f(x) \quad (20)$$

（2）证明满足式（19）的次数不大于 $k+1$ 的多项式 $S_f(x)$ 的存在性,并用拉格朗日插值多项式求 $S_f(x)$.

（3）用（2）的方法求 $\sum_{i=0}^{n} i^2$.

思考题 1 （1）试用刘焯 – 牛顿前插公式给出求 $\sum_{i=1}^{n} i^k$ 的公式（其中 k 为正整数）.

（2）用（1）的方法求 $\sum_{i=1}^{n} i^2, \sum_{i=1}^{n} i^3$.

下面介绍伯努利多项式和伯努利数的概念.

伯努利多项式 $B_n(x)$ 定义为满足下列条件的多项式

$$\begin{cases} B_0(x) = 1, B'_n(x) = B_{n-1}(x) \\ \int_0^1 B_n(x) \, \mathrm{d}x = 0, n = 1, 2, 3, \cdots \end{cases} \quad (21)$$

设 $b_n = n! B_n(0) (n = 0, 1, 2, \cdots)$,我们把它们称为伯努利数.

伯努利多项式是解析数论中一种特殊的多项式,它可由函数

$$g(t,z) = \frac{te^{tz}}{e^t - 1} \quad (z \text{ 是复数})$$

展开成 z 的幂级数时而得到. 伯努利数还是一类组合数,在 18 世纪,由约翰·伯努利引入.

我们先探讨伯努利多项式和伯努利数的一些性质,由此得到计算伯努利数和伯努利多项式的有效方法.

问题 2　（1）求 $B_n(x)$,其中 $n = 1,2,3,4$.

（2）证明:$B_n(0) = B_n(1)$,$n \geqslant 2$（提示:用微积分基本定理）.

（3）证明

$$B_n(x) = \frac{1}{n!} \sum_{k=0}^{n} C_n^k b_k x^{n-k} \qquad (22)$$

$$b_n = \sum_{k=0}^{n} C_n^k b_k \quad (n \geqslant 2) \qquad (23)$$

$$b_{n-1} = -\frac{1}{n}(C_n^0 b_0 + C_n^1 b_1 + C_n^2 b_2 + \cdots + C_n^{n-2} b_{n-2})$$

$$(n \geqslant 2) \qquad (24)$$

（4）证明:对 $n > 0$

$$B_n(1-x) = (-1)^n B_n(x) \qquad (25)$$

$$b_{2n+1} = 0 \qquad (26)$$

（5）计算:b_6,$B_5(x)$,$B_6(x)$,$B_7(x)$.

如何利用伯努利多项式来求 $\sum\limits_{i=1}^{n} i^k$ 呢?在初等方法中,我们用 $\sum\limits_{i=1}^{n} [(i+1)^4 - i^4]$ 来求 $\sum\limits_{i=1}^{n} i^3$. 更一般地,我们可以用 $\sum\limits_{i=1}^{n} [(i+1)^{k+1} - i^{k+1}]$ 来求 $\sum\limits_{i=1}^{n} i^k$,其中利用

$$(i+1)^{k+1} - i^{k+1} = C_{k+1}^1 i^k + C_{k+1}^2 i^{k-1} + \cdots + 1$$

将求 $\sum_{i=1}^{n} i^k$ 的问题转化为求 $\sum_{i=1}^{n} i^{k-1}, \sum_{i=1}^{n} i^{k-2}, \cdots, \sum_{i=1}^{n} 1$ 的问题. 于是我们要问:是否可以利用 $B_{k+1}(i+1) - B_{k+1}(i)$,或者更一般的 $B_{k+1}(x+1) - B_{k+1}(x)$ 来求 $\sum_{i=1}^{n} i^k$ 呢?

思考题 2 (1)计算:$B_{k+1}(x+1) - B_{k+1}(x), k = 0,1,2,3$,从中你发现了什么规律? 证明你的猜测.

(2)试利用伯努利多项式 $B_{k+1}(x)$ 来给出 $1^k + 2^k + \cdots + n^k$ 的求和公式.

(3)求 $\sum_{i=1}^{n} i^3, \sum_{i=1}^{n} i^4$.

问题解答

问题 1 (1)如果次数小于或等于 $k+1$ 的多项式 $S_f(x)$ 满足式(19),那么有

$$S_f(n+1) - S_f(n) = f(n) \quad (n=1,2,\cdots)$$

因 $S_f(x+1) - S_f(x), f(x)$ 皆为次数小于或等于 $k+1$ 的多项式,且它们在 $x=1,2,\cdots$ 处有相同的值,故这两个多项式必须相等(否则,若 $S_f(x+1) - S_f(x) \neq f(x)$,则非零多项式 $(S_f(x+1) - S_f(x)) - f(x)$ 有无穷多个根:$x=1,2,\cdots$,这与代数基本定理($\mathbf{C}[x]$ 中每个 n 次多项式在复数域 $\mathbf{C}$ 内仅有 n 个根)矛盾),即式(20)成立.

反之,如果次数小于或等于 $k+1$ 的多项式 $S_f(x)$ 满足式(20),那么 $S_f(0) = 0$,且对 $x=0,1,2,\cdots$,有

$$S_f(1) - S_f(0) = S_f(1) = f(0)$$

$$S_f(2) - S_f(1) = f(1)$$

$$\vdots$$

$$S_f(n) - S_f(n-1) = f(n-1)$$

将以上各式相加,得

$$S_f(n) = S_f(n) - S_f(0) = \sum_{i=0}^{n-1} f(i) \quad (n = 1, 2, \cdots)$$

即式(19)成立.

(2)令

$$S_f(0) = 0, S_f(1) = f(0), S_f(2) = f(0) + f(1)$$

$$\vdots$$

$$S_f(k+1) = f(0) + f(1) + \cdots + f(k) \qquad (27)$$

由$(0, S_f(0)), (1, S_f(1)), \cdots, (k+1, S_f(k+1))$ 这 $k+2$ 个数据点可决定一个次数不超过 $k+1$ 的插值多项式 $S_f(x)$. 由于 $S_f(x+1)$ 与 $S_f(x)$ 的首项系数相同,故 $S_f(x+1) - S_f(x)$ 的次数小于或等于 k,且由式(27)知,在 $x = k, k-1, \cdots, 1, 0$ 这 $k+1$ 个点上,$S_f(x+1) - S_f(x)$ 与 $f(x)$ 相等,因此,这两个次数不大于 k 的多项式必须相等,即对任何 x,有

$$S_f(x+1) - S_f(x) = f(x)$$

又因 $S_f(0) = 0$,故插值多项式 $S_f(x)$ 是满足式(20)的次数不大于 $k+1$ 的多项式,因而也满足式(19).

下面我们用拉格朗日插值多项式来求满足插值条件(27)的插值多项式 $S_f(x)$.

由式(9)得 $k+1$ 次插值基函数

$$L_i(x)$$

$$= \frac{x(x-1)\cdots(x-i+1)(x-i-1)\cdots(x-k-1)}{i(i-1)\cdots 1(-1)\cdots[-(k-i+1)]}$$

$$= \frac{(-1)^{k-i+1}}{i!\ (k-i+1)!}x(x-1)\cdots(x-i+1)(x-i-1)\cdots$$

$$(x-k-1) \quad (i=0,1,\cdots,k+1) \tag{28}$$

它在 $x=0,1,\cdots,i,i+1,\cdots,k+1$ 处分别取值

$$\underbrace{0,0,\cdots,1,0,\cdots,0}_{i+1\text{个数}}$$

由式(10),得

$$S_f(x) = S_f(0)L_0(x) + S_f(1)L_1(x) + \cdots +$$
$$S_f(k+1)L_{k+1}(x)$$
$$= f(0)L_1(x) + (f(0)+f(1))L_2(x) + \cdots +$$
$$(f(0)+f(1)+\cdots+f(k))L_{k+1}(x) \tag{29}$$

(3)当 $f(x)=x^2$ 时,有 $f(0)=0,f(1)=1,f(2)=4$,故由(28)和(29)两式,得

$$S_f(x) = L_2(x) + (1+4)L_3(x)$$
$$= \frac{(-1)^{2-1}}{2!\ 1!}x(x-1)(x-3) +$$
$$5\frac{(-1)^0}{3!}x(x-1)(x-2)$$
$$= \frac{x(x-1)(2x-1)}{6}$$

令 $x=n$,得

$$S_f(n) = 0^2 + 1^2 + \cdots + (n-1)^2 = \frac{n(n-1)(2n-1)}{6}$$

令 $x=n+1$,得

$$S_f(n+1) = 1^2 + 2^2 + \cdots + n^2 = \frac{n(n+1)(2n+1)}{6}$$

问题 2 (1)由式(21),得

$$B_1'(x) = B_0(x) = 1, \int_0^1 B_1(x)\,\mathrm{d}x = 0$$

26

故可设 $B_1(x) = \int B_1'(x)\,\mathrm{d}x = x + C$, C 为待定常数,再用

$$\int_0^1 B_1(x)\,\mathrm{d}x = \int_0^1 (x + C)\,\mathrm{d}x$$

$$= \left(\frac{x^2}{2} + Cx\right)\Bigg|_0^1$$

$$= \frac{1}{2} + C = 0$$

得 $C = -\dfrac{1}{2}$,所以 $B_1(x) = x - \dfrac{1}{2}$.

同样,由 $B_2'(x) = B_1(x) = x - \dfrac{1}{2}$,可设 $B_2(x) =$ $\dfrac{x^2}{2} - \dfrac{x}{2} + C$. 再用

$$\int_0^1 B_2(x)\,\mathrm{d}x = \left(\frac{x^3}{6} - \frac{x^2}{4} + Cx\right)\Bigg|_0^1 = 0$$

得 $C = \dfrac{1}{12}$,故有 $B_2(x) = \dfrac{x^2}{2} - \dfrac{x}{2} + \dfrac{1}{12}$.

由 $B_3'(x) = B_2(x) = \dfrac{x^2}{2} - \dfrac{x}{2} + \dfrac{1}{12}$,可设 $B_3(x) =$ $\dfrac{x^3}{6} - \dfrac{x^2}{4} + \dfrac{x}{12} + C$. 再由

$$\int_0^1 B_3(x)\,\mathrm{d}x = \left(\frac{x^4}{24} - \frac{x^3}{12} + \frac{x^2}{24} + Cx\right)\Bigg|_0^1 = 0$$

解得 $C = 0$,故有 $B_3(x) = \dfrac{x^3}{6} - \dfrac{x^2}{4} + \dfrac{x}{12}$.

由 $B_4'(x) = B_3(x)$,可设 $B_4(x) = \dfrac{x^4}{24} - \dfrac{x^3}{12} + \dfrac{x^2}{24} + C$.
再由

$$\int_0^1 B_4(x)\,\mathrm{d}x = \left(\frac{x^5}{120} - \frac{x^4}{48} + \frac{x^3}{72} + Cx\right)\Big|_0^1 = 0$$

解得 $C = -\dfrac{1}{720}$,故有 $B_4(x) = \dfrac{x^4}{24} - \dfrac{x^3}{12} + \dfrac{x^2}{24} - \dfrac{1}{720}$.

(2)对 $n \geqslant 2$,有 $B_n'(x) = B_{n-1}(x)$,故有

$$\int_0^1 B_{n-1}(x)\,\mathrm{d}x = \int_0^1 B_n'(x)\,\mathrm{d}x = B_n(x)\Big|_0^1$$
$$= B_n(1) - B_n(0)$$

又因 $\displaystyle\int_0^1 B_{n-1}(x)\,\mathrm{d}x = 0$,故有

$$B_n(0) = B_n(1) \quad (n \geqslant 2)$$

(3)先用数学归纳法证明式(22)成立.

由定义 $b_n = n!\,B_n(0)$ 和(1)可得 $b_0 = 1$,$b_1 = -\dfrac{1}{2}$,因而

$$B_0(x) = b_0,\quad B_1(x) = \frac{x}{1!} + \frac{b_1}{1!} = \frac{1}{1!}\sum_{k=0}^{1}\mathrm{C}_1^k b_k x^{1-k}$$

假设

$$B_{n-1}(x) = \frac{1}{(n-1)!}\sum_{k=0}^{n-1}\mathrm{C}_{n-1}^k b_k x^{n-1-k}$$

则有

$$\int B_{n-1}(x)\,\mathrm{d}x = \frac{1}{(n-1)!}\sum_{k=0}^{n-1}\mathrm{C}_{n-1}^k b_k \frac{1}{n-k}x^{n-k} + C$$

又因 $B_n'(x) = B_{n-1}(x)$,故可设

$$B_n(x) = \frac{1}{(n-1)!}\sum_{k=0}^{n-1}\mathrm{C}_{n-1}^k b_k \frac{1}{n-k}x^{n-k} + C$$

在上式中,令 $x = 0$,得 $C = B_n(0) = \dfrac{b_n}{n!}$,故

$$B_n(x) = \frac{1}{(n-1)!} \sum_{k=0}^{n-1} C_{n-1}^k b_k \frac{1}{n-k} x^{n-k} + \frac{b_n}{n!}$$

$$= \frac{1}{n!} \sum_{k=0}^{n} C_n^k b_k x^{n-k}$$

因此,式(22)成立.

再证(23)和(24)两式. 对 $n \geqslant 2$,由(2)和式(22),
得

$$B_n(0) = B_n(1) = \frac{1}{n!} \sum_{k=0}^{n} C_n^k b_k$$

故有

$$b_n = n!B_n(0) = \sum_{k=0}^{n} C_n^k b_k \quad (n \geqslant 2)$$

将上式加以整理,即得式(24).

(4)先用数学归纳法证明式(25)成立.

当 $n=1$ 时

$$B_1(1-x) = (1-x) - \frac{1}{2} = -\left(x - \frac{1}{2}\right) = -B_1(x)$$

式(25)成立. 假设当 $n<k$ 时,式(25)成立,当 $n=k$
时,用复合函数求导法则,得

$$
\begin{aligned}
B_k'(1-x) &= B_{k-1}(1-x)(1-x)' \\
&= B_{k-1}(1-x) \cdot (-1) \\
&= (-1)^{k-1} B_{k-1}(x) \cdot (-1) \\
&= (-1)^k B_{k-1}(x) \\
&= (-1)^k B_k'(x)
\end{aligned}
$$

故可设

$$B_k(1-x) = (-1)^k B_k(x) + C$$

在上式中,令 $x=0$,得

$$B_k(0) = B_k(1) = (-1)^k B_k(0) + C \qquad (30)$$

当 k 为偶数时,由式(30),得 $C = 0$,即式(25)成立.

当 k 为奇数时,$k+1$ 为偶数,故有

$$B_{k+1}(1-x) = (-1)^{k+1} B_{k+1}(x)$$

所以 $B'_{k+1}(1-x) = (-1)^{k+1} B'_{k+1}(x)$,又因 $B'_{k+1}(1-x) = B_k(1-x) \cdot (-1)$,$B'_{k+1}(x) = B_k(x)$,所以,式(25)成立.

再证式(26)成立. 对 $n > 0$,在式(25)中令 $x = 0$,得

$$B_n(1) = (-1)^n B_n(0)$$

因而对 $n > 0$,有

$$B_{2n+1}(1) = -B_{2n+1}(0)$$

又因对 $n > 0$,有 $2n+1 \geqslant 2$,故由(2)知

$$B_{2n+1}(1) = B_{2n+1}(0)$$

这迫使 $B_{2n+1}(0) = 0 (n > 0)$. 因此

$$b_{2n+1} = (2n+1)! \, B_{2n+1}(0) = 0 \qquad (n > 0)$$

(5)由(1)和(3)知,$b_0 = 1$,$b_2 = \dfrac{1}{6}$,$b_4 = -\dfrac{1}{30}$. 再由式(24),得

$$b_6 = -\frac{1}{7}\left(C_7^0 \cdot 1 + C_7^1 \cdot \left(-\frac{1}{2}\right) + C_7^2 \cdot \frac{1}{6} + \right.$$

$$\left. C_7^3 \cdot 0 + C_7^4 \cdot \left(-\frac{1}{30}\right) + C_7^5 \cdot 0 \right)$$

$$= -\frac{1}{7}\left(1 - \frac{7}{2} + \frac{7}{2} - \frac{7}{6} \right) = \frac{1}{42}$$

注意,利用递推公式(24)可以计算各个伯努利数,前 20 个伯努利数如表 1 所示.

表 1　前 20 个伯努利数

n	b_n
0	1
1	$-\dfrac{1}{2}$
2	$\dfrac{1}{6}$
4	$-\dfrac{1}{30}$
6	$\dfrac{1}{42}$
8	$-\dfrac{1}{30}$
10	$\dfrac{5}{66}$
12	$-\dfrac{691}{2\,730}$
14	$\dfrac{7}{6}$
16	$-\dfrac{3\,617}{510}$
18	$\dfrac{43\,867}{798}$
20	$-\dfrac{174\,611}{330}$

　　利用伯努利数和式(22),即得 $B_5(x)$, $B_6(x)$,
$B_7(x)$.

　　本节的最后,我们来介绍一位著名数学家及他的贡献.

内隆德(Nörlund Niels Erick)是丹麦著名数学家.1885 年 10 月 26 日生于丹麦的斯劳厄尔瑟(Slagelse).他 1910 年在哥本哈根大学获博士学位,先后在瑞典的隆德大学和丹麦的哥本哈根大学任教授. 他的主要贡献在实变函数论和变分法等方面. 本书介绍的是他在差分法中给出的一个著名定理. 他曾建立了一种函数求和法,被称为内隆德求和法(事实上,此法最先是由沃罗诺伊(Voronoi)提出的).

设 x 是在域 D 上变动的实变数,y 是定义在 D 上的 x 的函数,设 Δx 为有限的固定值,a 及 $a + \Delta x$ 在 D 内,$\Delta y(u) = y(a + \Delta x) - y(a)$ 称为 y 在 a 点的差分. 对于给定的 Δx 及给定的函数 $g(x)$ 满足 $\Delta y(x)/\Delta x = g(x)$ 的函数 $y(x)$ 称为 $g(x)$ 的和,求 $y(x)$ 的过程称为 $g(x)$ 的求和.

如果 $-\Delta x \sum_{k=0}^{\infty} g(x + k\Delta x)$ 或 $\Delta x \sum_{k=0}^{\infty} g(x - k\Delta x)$ 是收敛的,那么它们都可能是 $g(x)$ 的和. 但是为了使它们收敛,则对 $g(x)$ 所要求的条件太强. 为了减弱这个条件. 内隆德建立了如下定理:

假设在 $\Delta F(x)/\Delta x = g(x)$ 中,x 是实变数,$g(x)$ 在 $x \geqslant b$ 时是 x 的连续函数,η 是任意的正数. 令 $\lambda(x) = x^p(\log x)^q (p \geqslant 1, q \geqslant 0)$. 如果

$$F(x, \Delta x, \eta) = \int_a^{\infty} g(z) e^{-\eta\lambda(z)} \mathrm{d}z -$$
$$\Delta x \sum_{k=0}^{\infty} g(x + k\Delta x) e^{-\eta\lambda(x + k\Delta x)}$$

对 $a > b$ 是收敛的,那么 F 满足 $\Delta F(x, \Delta x, \eta)/\Delta x = g(x)^{\exp(-\eta\lambda(x))}$,如果当 $\eta \to 0$ 时 $F(x, \Delta x, \eta)$ 的极限值存在,那么它就是 $\Delta F(x)/\Delta x = g(x)$ 的解. 这个极限值写成 $\overset{x}{\underset{a}{S}} g(\xi)\Delta\xi$. 它称为 $\Delta F(x)/\Delta(x) = g(x)$ 的主解.

内隆德著有两本差分学的专著,一本是《差分学讲义》(*Vorlesungen über Differenzenrechnung*, 1924),另一本是《有限差分方程》(*Lecons sur les équations linéaires aux différences finies*, 1929).

§3　内　插　法

在这一节里我们要用一个多项式 p 来逼近一个已给函数 f,使得在有尽可能多个预先给定的点中,f 和 p 相等到某一级.

定义 1　若函数 f 在 x_0 点至少 $r-1$ 次可微,并且当 $0 \leqslant \mu \leqslant r-1$ 时

$$f^{(\mu)}(x_0) = 0$$

则 f 称为在 x_0 点至少 r 级等于零. 若函数 $f-g$ 在 x_0 点至少 r 级等于零,则 f 和 g 称为在 x_0 点至少 r 级相等.

下面的定理对我们以后的讨论是很重要的.

定理 1　设函数 f 在节 I 内有定义,并且在 k 个两两不同的点 $x_v \in I$ 至少是 r_v 级等于零(当 $v = 1, 2, \cdots, k$

时). 设 $r = \left(\sum_{v=1}^{k} r_v \right) - 1$①. 当 $f^{(r)}$ 在整个 I 内存在时, 则有一个点 $\xi \in I$, 使得 $f^{(r)}(\xi) = 0$. 证明当 $r = 0$ 时, 定理无可证的; 假设定理对于 $r - 1 \geqslant 0$ 成立. 我们不妨假定

$$x_1 < x_2 < \cdots < x_{k-1} < x_k$$

根据罗尔(Rolle)定理, 存在数 $\xi_v (v = 1, \cdots, k-1)$ 满足

$$x_1 < \xi_1 < x_2 < \cdots < x_{k-1} < \xi_{k-1} < x_k$$

和

$$f'(\xi_v) = 0$$

f' 在 x_v 点至少有 $(r_v - 1)$ 级零点. 因此关于在 I 里 f' 所有零点的级数之和 $r' + 1$, 有

$$r' \geqslant \sum_{v=1}^{k} (r_v - 1) + (k - 1) - 1 = r - 1$$

因此, 根据归纳法假设, 有一个 $\xi \in I$, 使

$$f'^{(r-1)}(\xi) = f^{(r)}(\xi) = 0$$

定理 2 若函数 f 和 g 在节 I 内的两两不同的点 $x_1, \cdots, x_k$ 中, 其每点都至少 r_v 级等于零($v = 1, \cdots, k$), 设

$$r = \left(\sum_{v=1}^{k} r_v \right) - 1$$

这时, 如果 $f^{(r+1)}$ 和 $g^{(r+1)}$ 在 I 内存在, 并且 $g^{(r+1)}$ 处处不等于零, 那么对于每个 $x \in I (x \neq x_v)$ 都有一个 ξ, 使

---

① 之所以这样选择这个关系, 是为了以后可以和泰勒(Taylor)公式一致. 因而不用

$$r = \sum_{v=1}^{k} r_v$$

34

得等式

$$\frac{f(x)}{g(x)} = \frac{f^{(r+1)}(\xi)}{g^{(r+1)}(\xi)}$$

成立.

证明　设 $x_0 \notin \{x_1, \cdots, x_k\}$,则 $g(x_0) \neq 0$,因为否则按定理 1,导数 $g^{(r+1)}$ 在 I 内就会有一个零点. 函数

$$h(x) = f(x) - \frac{f(x_0)}{g(x_0)} g(x)$$

在 x_0 等于零,并且在所有的 $x_v (v = 1, \cdots, k)$,至少是 r_v 级的. 因而根据定理 1,$h^{(r+1)}$ 在 I 内有一个零点 ξ

$$h^{(r+1)}(\xi) = 0$$

$$\frac{f(x_0)}{g(x_0)} = \frac{f^{(r+1)}(\xi)}{g^{(r+1)}(\xi)}.$$

现在讨论下面的课题:

(1)设函数 f 在节 I 内有定义,并且 n 次可微. 又设预先给定点 $x_1, \cdots, x_k \in I$ 和自然数 $r_1, \cdots, r_k$,其中 $\max\limits_{v=1,\cdots,k} r_v \leqslant n+1$. 要求构造一个满足下面条件的多项式:

①它的阶 $\gamma(p)$ 至多是 $r = \left(\sum\limits_{v=1}^{k} r_v\right) - 1$.

②对于 $1 \leqslant v \leqslant k$ 和 $0 \leqslant \mu \leqslant r_v - 1$

$$p^{(\mu)}(x_v) = f^{(\mu)}(x_v)$$

(2)估计差值 $f - p$.

我们即将看出,多项式 p 被条件①,②唯一决定;它叫作 f 的埃尔米特(Hermite)内插多项式,我们说,p

内插(或外插)于型值(点)$(x_\nu, y_{\nu\mu})$,而 $y_{\nu\mu} = f^{(\mu)}(x_\nu)$[①].
当 $k=1$ 时,我们已经通过泰勒定理把两个问题都解决了;另外一个重要的极端情形是 $r_\nu = 1$,$\nu = 1, \cdots, k$,这时称为牛顿内插公式.

引理 6 设多项式 p 的阶 $\gamma(p) \leqslant d$,且在两两不同的点 $x_1, \cdots, x_k$ 至少 r_ν 级($\nu = 1, \cdots, k$)等于 0. 这样,如果

$$r = \left(\sum_{\nu=1}^{k} r_\nu\right) - 1 \geqslant d$$

那么 $p(x) = 0$.

证明 我们对 d 采用完全归纳法. 若 $\gamma(p) \leqslant d = 0$,则多项式 p 是常数,而按假设它至少有一个零点,因此它处处等于零. 现在假设定理对所有 $\gamma(p) \leqslant d-1$ 和 $d-1 \geqslant 0$ 的多项式 p 都正确. 若 $\gamma(p) \leqslant d$,则在引理的假设下,d 次导数 $p^{(d)}$ 至少有一个零点. 但 $p^{(d)}$ 是常数,所以 $p^{(d)} \equiv 0$,于是 $\gamma(p) \leqslant d-1$,因而按归纳法的假设,$p(x) \equiv 0$.[②]

引理 7 设 $y_{\nu\mu}(\nu = 1, \cdots, k; \mu = 0, \cdots, r_\nu - 1)$ 为任意实数,而 $x_1, \cdots, x_k$ 为不同的点,则存在一个多项式

---

① 如果 $x \in \left[\min\limits_{\nu=1,\cdots,k} \nu_\nu, \max\limits_{\nu=1,\cdots,k} x_\nu\right]$,我们就说,通过插入型值可以求得值 $p(x)$;如果 x 在这个节之外,我们就说那是外插,多项式提供了在整个 **R** 上 f 的一个开拓.

② 在代数里这个引理也成立,可以利用欧几里得(Euclid)算法证明.

p,它的阶

$$\gamma(p) \leqslant r = \left(\sum_{v=1}^{k} r_v\right) - 1$$

当 $1 \leqslant v \leqslant k$ 和 $0 \leqslant \mu \leqslant r_v - 1$ 时,$p^{(\mu)}(x_v) = y_{v\mu}$.

证明　设 p_v 为一个阶数最高是 r 的多项式,而 $p_v^{(\mu)}(x_v) = y_{v\mu}$,又当 $\rho \neq v$ 时,$p_v^{(\mu)}(x_\rho) = 0$. 令

$$p = \sum_{v=1}^{k} p_v$$

则 p 满足引理的条件. 于是只需要构造 p_v. 设

$$q(x) = \prod_{\substack{\rho=1 \\ \rho \neq v}}^{k} (x - x_\rho)^{r_\rho}$$

用 $\tilde{p}$ 表示如下形状的多项式

$$\tilde{p}(x) = \left(a_0 + a_1(x - x_v) + \cdots + a_{r_v-1}(x - x_v)^{r_v-1}\right) q(x)$$

显然在 $x_\rho (\rho \neq v)$ 点,$\tilde{p}$ 有至少 r_ρ 级的零点. 因为 $q(x_v) \neq 0$,可以选择 a_0 使得

$$a_0 q(x_v) = y_{v0}$$

若已经确定了 $a_0, \cdots, a_{\tau-1}$,使得对于 $0 \leqslant \mu \leqslant \tau - 1$

$$\left(q(x) \sum_{\lambda=0}^{\tau-1} a_\lambda (x - x_v)^\lambda\right)^{(\mu)}_{(x=x_v)} = y_{v\mu}$$

则从等式

$$y_{v\tau} = \left(q(x) \sum_{\lambda=0}^{\tau} a_\lambda (x - x_v)^\lambda\right)^{(\tau)}_{(x=x_v)}$$

$$= \tau! q(x_v) a_\tau + \left(q(x) \sum_{\lambda=0}^{\tau-1} a_\lambda (x - x_v)^\lambda\right)^{(\tau)}_{(x=x_v)}$$

可以得到 a_τ，在这个等式里面，a_τ 的系数不等于 0①.

现在令 $p_v = \tilde{p}$，$\tilde{p}$ 的系数可由上面的步骤求得，于是已经找到了一个具有所要求性质的多项式.

从上面两个引理可得下面的定理.

定理 3　对于每一个在节 I 上的 n 次可微函数 f，当 $n+1 \geqslant \max_{v=1,\cdots,k} r_v$ 时，存在一个唯一确定的埃尔米特内插多项式 p，其型值是

$$(x_v, f^{(\mu)}(x_v)) \quad (v=1,\cdots,k; \mu=0,\cdots,r_v-1)$$

证明　从引理 7 知 p 是存在的. 若 $\tilde{p}$ 是另一个最多为 r 阶的多项式 $(r = (\sum_{v=1}^{k} r_v) - 1)$，也取型值 $(x_v, f^{(\mu)}(x_v))$，则成立

$$(p - \tilde{p})^{(\mu)}(x_v) = 0 \quad (v=1,\cdots,k; \mu=0,\cdots,r_v-1)$$

根据引理 1，$p - \tilde{p} = 0$，证毕.

对于第一个问题，定理 3 给出了理论上的解答；但是我们还需要知道 p 的系数的显式，并获得从型值计算系数的有理步骤. 为了解决这个——更为困难的——课题，必须先解决误差估计问题（问题 2）.

设 p 为定理 3 里所给的内插多项式，而 g 为多项式

$$g(x) = \prod_{v=1}^{k} (x - x_v)^{r_v}$$

当 f 至少是 $(r+1)$ 次可微时，我们可以把定理 2 应用

---

①　在这里和后面常常用更复杂的表达式 $(F)^{(\mu)}_{(x=x_v)}$ 代替 $F^{(\mu)}(x_v)$.

到函数 $f - g$ 与 g. 于是对于 I 内每个点 $x_0 \not\equiv x_v$, 有一个 $\xi \in I$, 满足

$$\frac{(f - p)(x_0)}{g(x_0)} = \frac{f^{(r+1)}(\xi)}{g^{(r+1)}(\xi)} = \frac{f^{(r+1)}(\xi)}{(r+1)!}$$

对于型值 $(x_v, f(x_v)) = p(x_v)$, 因此我们有下面定理.

定理 4 若 p 为具有型值 $(x_v, f^{(\mu)}(x_v))$ $(v = 1, \cdots, k; \mu = 0, \cdots, r_v - 1)$ 的埃尔米特内插多项式, 而 f 至少是 $(r + 1)$ 次可微的, 则对于每个 $x \in I$, 有一个 $\xi \in I$, 使得

$$f(x) = p(x) + \frac{f^{(r+1)}(\xi)}{(r+1)!} \prod_{v=1}^{k} (x - x_v)^{r_v}$$

成立. 这里 $r + 1 = \sum\limits_{v=1}^{k} r_v$.

下面将给出牛顿内插多项式的一个显式, 为此, 当 $x_1, \cdots, x_k$ 为 I 内两两不同的点, 且函数 f 在 I 内有定义时, 我们定义

$$f(x_1, x_2) = \frac{f(x_1) - f(x_2)}{x_1 - x_2}$$

$$f(x_1, \cdots, x_k) = \frac{f(x_1, \cdots, x_{k-1}) - f(x_2, \cdots, x_k)}{x_1 - x_2}$$

值 $f(x_1, \cdots, x_k)$ 叫作函数 f 的差商.

引理 8 $\quad f(x_1, \cdots, x_k) = \sum\limits_{v=1}^{k} \dfrac{f(x_v)}{\prod\limits_{\substack{\mu=1 \\ \mu \neq v}}^{k} (x_v - x_\mu)}.$

特殊地, f 的差商与点 x_v 的次序无关. 引理的证明可以通过关于 k 的完全归纳法得到, 并且是显然的, 所以这里略去.

定理 5 设 f 为在节 I 内定义的函数,而 $x_1, \cdots, x_k$ 为 I 内两两各异的点. 则函数 f 的具有型值 $(x_v, f(x_v))$ 的牛顿内插多项式可以写成

$$p(x) = \sum_{v=1}^{k} f(x_1, \cdots, x_v) \prod_{\mu=1}^{v-1} (x - x_\mu)$$

证明 设 $x \neq x_1$. 则

$$f(x) = f(x_1) + (x - x_1) f(x, x_1)$$

当 $x \neq x_1, x_2$ 时,又有

$$f(x) = f(x_1) + (x - x_1) f(x_1, x_2) + (x - x_1)(x - x_2) f(x, x_1, x_2)$$

一般地,当 $x \neq x_1, \cdots, x_\mu$ 时,对于每个 μ,有

$$f(x) = \sum_{v=1}^{\mu} f(x_1, \cdots, x_v) \prod_{\rho=1}^{v-1} (x - x_\rho) + f(x, x_1, \cdots, x_\mu) \prod_{\rho=1}^{\mu} (x - x_\rho)$$

这通过完全归纳法即可证明. 现在,在这个等式里令 $x = x_{\mu+1}$. 于是

$$f(x_{\mu+1}) = \sum_{v=1}^{\mu} f(x_1, \cdots, x_v) \prod_{\rho=1}^{v-1} (x_{\mu+1} - x_\rho) + f(x_{\mu+1}, x_1, \cdots, x_\mu) \prod_{\rho=1}^{\mu} (x_{\mu+1} - x_\rho)$$

另外

$$p(x_{\mu+1}) = \sum_{v=1}^{\mu} f(x_1, \cdots, x_v) \prod_{\rho=1}^{v-1} (x_{\mu+1} - x_\rho) + f(x_1, \cdots, x_\mu, x_{\mu+1}) \prod_{\rho=1}^{\mu} (x_{\mu+1} - x_\rho)$$

根据引理 8,$f(x_1, \cdots, x_\mu, x_{\mu+1}) = f(x_{\mu+1}, x_1, \cdots, x_\mu)$,所以

$$f(x_v) = p(x_v) \quad (v = 1, \cdots, k)$$

这样,多项式 p 取型值 $(x_v, f(x_v))$. 证毕.

在上面的证明过程中用到了公式

$$f(x) = p(x) + f(x, x_1, \cdots, x_k) \sum_{\mu=1}^{k} (x - x_\mu)$$

其中 $x \neq x_\mu (\mu = 1, \cdots, k)$. 其实, 当 $f^{(k)}$ 存在时, 根据定理 4 还有

$$f(x) = p(x) + \frac{f^{(k)}(\xi)}{k!} \prod_{\mu=1}^{k} (x - x_\mu)$$

于是得到下面的引理.

引理 9　当函数 f 在节 I 内 k 次可微时, 对于每 $k+1$ 个不同的点 $x_1, \cdots, x_{k+1} \in I$, 存在一点

$$\xi \in \left\{ x: \min_{v=1,\cdots,k+1} x_v \leqslant x \leqslant \max_{v=1,\cdots,k+1} x_v \right\}$$

满足

$$f(x_1, \cdots, x_{k+1}) = \frac{f^{(k)}(\xi)}{k!}$$

(显然上述 ξ 在所给的节 I 内.)

为了引理 9 以后的应用, 我们需要一个关于有理函数序列的陈述.

定义 2　已给多项式序列 $\{p_\lambda\}$

$$p_\lambda = \sum_{v=0}^{n} a_{\lambda v} x^v$$

若对于每个 v, 等式 $\lim_{\lambda \to \infty} a_{\lambda v} = a_v$ 成立, 则多项式序列称为按系数收敛于多项式

$$p = \sum_{v=0}^{n} a_v x^v$$

(这里 n 不依赖于 λ; 系数 $a_{n\lambda}$ 与 a_n 可以是 0). 已给有理函数序列 $\{r_\lambda\}$ 与有理函数 r, 若 r 与所有的 r_λ 依次可

以写成多项式之商 $r = p/q$ 与 $r_\lambda = p_\lambda/q_\lambda$, 而 $\{p_\lambda\}$ 与 $\{q_\lambda\}$ 依次按系数收敛于 p 与 q, 则序列 $\{r_\lambda\}$ 称为按系数收敛于 r.

引理 10 如果序列 $\{r_\lambda\}$ 按系数收敛于 r, 那么对于每个 $s \geq 0$, 导数序列 $\{r_\lambda^{(s)}\}$ 按系数收敛于 $r^{(s)}$.

这是明显的——从这个引理与极限值的计算法则又得到下面的引理.

引理 11 设 $\{r_\lambda\} = \{p_\lambda/q_\lambda\}$ 为有理函数序列, 它按系数趋于 $r = p/q$, 而 $\{\xi_\lambda\}$ 为收敛于 ξ 的点序列. 当 $q(\xi) \neq 0$ 时, 则对于每个 $s \geq 0$, 序列 $\{r_\lambda^{(s)}(\xi_\lambda)\}$ 趋于 $r^{(s)}(\xi)$.

我们现在重新回到问题(1)中的讨论, 并沿用同样的记号, 但加上 f 是多项式的假设. 此外, 对于 $\upsilon = 1,$ $\cdots, k$ 和 $\mu = 1, \cdots, r_\upsilon$ 选择具有下列性质的点序列 $\{x_{\upsilon\mu\lambda}\}$

$$x_{\upsilon\mu\lambda} \in I; \upsilon = 1, \cdots, k; E\mu = 1, \cdots, r_\upsilon; \lambda = 1, 2, \cdots$$

并且

$$\lim_{\lambda \to \infty} x_{\upsilon\mu\lambda} = x_\upsilon; \upsilon = 1, \cdots, k; \mu = 1, \cdots, r_\upsilon$$

当 $(\upsilon, \mu) \neq (\tilde{\upsilon}, \tilde{\mu})$ 时, $x_{\upsilon\mu\lambda} \neq x_{\tilde{\upsilon}\tilde{\mu}\lambda}$, 对于所有 (υ, μ, λ) 和 $\chi = 1, \cdots, k, x_{\upsilon\mu\lambda} \neq x_\chi$.

于是差商

$$f_\lambda = f(x_{11\lambda}, \cdots, x_{1r_1\lambda}, \cdots, x_{k1\lambda}, \cdots, x_{kr_k\lambda})$$

对于一切 λ 都有定义.

引理 12

$$\lim_{\lambda \to \infty} f_\lambda = \sum_{\upsilon=1}^{k} \frac{1}{(r_\upsilon - 1)!} \left(\frac{\mathrm{d}^{r_\upsilon-1}}{\mathrm{d}x^{r_\upsilon-1}} \left(\frac{f(x)}{\prod_{\substack{\mu=1, \cdots, k \\ \mu \neq \upsilon}} (x - x_\mu)^{r_\mu}} \right) \right)_{(x = x_\upsilon)}$$

证明　根据引理 8

$$f_\lambda = \sum_{v=1}^{k} A_{v\lambda}$$

其中

$$A_{v\lambda} = \sum_{\mu=1}^{r_v} \frac{f(x_{v\mu\lambda})}{\prod_{\substack{\rho=1,\cdots,k \\ \sigma=1,\cdots,r_\rho \\ (\rho,\sigma)\neq(v,\mu)}} (x_{v\mu\lambda} - x_{\rho\sigma\lambda})}$$

令（现在 v 是选定了的）

$$g_\lambda(x) = \frac{f(x)}{\prod_{\substack{\rho=1,\cdots,k \\ \sigma=1,\cdots,r_\rho \\ \rho\neq v}} (x - x_{\rho\sigma\lambda})}$$

则

$$A_{v\lambda} = g_\lambda(x_{v1\lambda},\cdots,x_{vr_v\lambda})$$

再设

$$g(x) = \frac{f(x)}{\prod_{\substack{\rho=1,\cdots,k \\ \rho\neq v}} (x - x_\rho)r_\rho}$$

序列 $\{g_\lambda\}$ 按系数收敛于 g，根据引理 9，对于每个 λ，存在一个点

$$\xi_\lambda \in \left\{ x: \min_{\mu=1,\cdots,r_v} x_{v\mu\lambda} \leqslant x \leqslant \max_{\mu=1,\cdots,r_v} x_{v\mu\lambda} \right\}$$

满足

$$g_\lambda(x_{v1\lambda},\cdots,x_{vr_v\lambda}) = \frac{g_\lambda^{(r_v-1)}(\xi_\lambda)}{(r_v-1)!}$$

显然 $\lim_{\lambda\to\infty} \xi_\lambda = x_v$，但因此根据引理 11

$$\lim_{\lambda\to\infty} \frac{g_\lambda^{(r_v-1)}(\xi_\lambda)}{(r_v-1)!} = \frac{g^{(r_v-1)}(x_v)}{(r_v-1)!}$$

43

所以

$$\lim_{\lambda \to \infty} A_{v\lambda} = \frac{g^{(r_v-1)}(x_v)}{(r_v-1)!}$$

证毕.

引理 12 导出差商概念的一个推广,而这种推广正与(1)的一般情形相适应. 令

$$f(x_1,\cdots,x_k;r_1,\cdots,r_k)$$

$$= \sum_{v=1}^{k} \frac{1}{(r_v-1)!} \left(\frac{\mathrm{d}^{r_v-1}}{\mathrm{d}x^{r_v-1}} \left(\frac{f(x)}{\prod\limits_{\substack{\mu=1,\cdots,k \\ \mu \neq v}} (x-x_\mu)^{r_\mu}} \right) \right)_{(x=x_v)}$$

并称这个数为 f 的 $(r_1,\cdots,r_k)$ 级差商,根据引理 8

$$f(x_1,\cdots,x_k) = f(x_1,\cdots,x_k;1,\cdots,1)$$

根据定义还有

$$f(x_0;r_0) = \frac{f^{(r_0-1)}(x_0)}{(r_0-1)!}$$

现在作为这一节的主要结果,有如下定理.

定理 6(牛顿 – 埃尔米特内插公式) 设函数 f 在节 I 上 n 次可微,且设 $x_1,\cdots,x_k$ 为 I 上的两两互异的点. 另外,设 $r_1,\cdots,r_k$ 为满足 $\max\limits_{v=1,\cdots,k} r_v \leq n+1$ 的自然数. 则多项式

$$p(x) = \sum_{v=1}^{k} \sum_{\mu=1}^{r_v} f(x_1,\cdots,x_v;r_1,\cdots,r_{v-1},\mu) \cdot$$

$$\prod_{\rho=1}^{v-1} (x-x_\rho)^{r_\rho} (x-x_v)^{\mu-1}$$

和 f 在 x_v 点至少 r_v 级相等,并且至多是 r 阶的 $\left(r = \left(\sum\limits_{v=1}^{k} r_v \right) - 1 \right)$,这两个性质唯一地决定 p. 若此外

44

还有 $n > r$,则对于每个 $x \in I$,有一个 $\xi \in I$ 使得

$$f(x) = p(x) + \frac{f^{(r+1)}(\xi)}{(r+1)!} \prod_{v=1}^{k} (x - x_v)^{r_v}$$

证明　我们仅仅还需证明

$$p(x) = \sum_{v=1}^{k} \sum_{\mu=1}^{r_v} a_{v\mu} \prod_{\rho=1}^{v-1} a_{v\mu} (x - x_\rho)^{r_\rho} (x - x_v)^{\mu-1}$$

其中 $a_{v\mu} = f(x_1, \cdots, x_v; r_1, \cdots, r_{v-1}, \mu)$,刚好就是定理 3 里所定义的埃尔米特内插多项式 $\hat{p}$,为此,像在引理 12 的证明里那样,选择点序列 $\{x_{v\mu\lambda}\}$,并且当 $\lambda = 1, 2, \cdots$ 时,对型值

$$(x_{11\lambda}, \hat{p}(x_{11\lambda})), \cdots, (x_{1r_1\lambda}, \hat{p}(x_{1r_1\lambda}))$$
$$\vdots$$
$$(x_{k1\lambda}, \hat{p}(x_{k1\lambda})), \cdots, (x_{kr_k\lambda}, \hat{p}(x_{kr_k\lambda}))$$

考虑定理 5 所确定的,$\hat{p}$ 的牛顿内插多项式 p_λ. 于是一方面,因为 $\hat{p}$ 也插入相同的值,$p_\lambda = \hat{p}$,所以 $\lim\limits_{\lambda \to \infty} p_\lambda = \hat{p}$. 另一方面,根据引理 12,在多项式

$$p_\lambda(x) = \sum_{v=1}^{k} \sum_{\mu=1}^{r_v} a_{v\mu\lambda} \prod_{\rho=1}^{v-1} \prod_{\sigma=1}^{r_\rho} (x - x_{\rho\sigma\lambda}) \prod_{\tau=1}^{\mu-1} (x - x_{v\tau\lambda})$$

里,系数 $a_{v\mu\lambda} = \hat{p}(x_{11\lambda}, \cdots, x_{1r_1\lambda}, \cdots, x_{v1\lambda}, \cdots, x_{v\mu\lambda})$ 趋于 $\hat{p}(x_1, \cdots, x_v; r_1, \cdots, r_{v-1}, \mu) = f(x_1, \cdots, x_v; r_1, \cdots, r_{v-1}, \mu) = a_{v\mu}$,而根据我们的定义,$x_{\rho\sigma\lambda}$ 趋于 x_ρ. 因此,又有

$$\lim_{\lambda \to \infty} p_\lambda = p$$

所以 $p = \hat{p}$,证毕.

当 $k = 1$ 时,定理 7 和泰勒公式(具有拉格朗日余项)一致.

对应于 $r_v = 1$，我们关于差商 $f(x_1, \cdots, x_k; r_1, \cdots, r_k)$ 的定义相当于引理 8 的公式，在计算时，它不好运用，但是可以从 $f(x_1, \cdots, x_k)$ 的递推公式通过像引理 12 里那样的极限法求得对于一般差商的相应递推公式（在这里 $f^{(n)}$ 必须假定是连续的）；在数值计算中使用埃尔米特内插法时，也可利用这种公式.

§4 微商与差商

$$f'(x) = \lim_{h \to 0} \frac{f(x+h) - f(x)}{h} = \lim_{h \to 0} \frac{f(x) - f(x-h)}{h}$$

$$= \lim_{h \to 0} \frac{f\left(x + \dfrac{h}{2}\right) - f\left(x - \dfrac{h}{2}\right)}{h} \tag{31}$$

显然，取其达到极限以前的形式就得到微商的差商近似

$$f'(x) \approx \frac{f(x+h) - f(x)}{h} \approx \frac{f(x) - f(x-h)}{h}$$

$$\approx \frac{f\left(x + \dfrac{h}{2}\right) - f\left(x - \dfrac{h}{2}\right)}{h} \tag{32}$$

从几何上看，就相当于用弧段的内接弦的斜率代替切线的斜率(图 1).

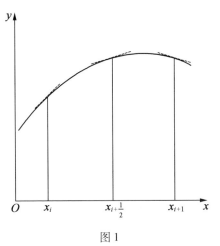

图 1

用节点值来表示时

$$\frac{f_{i+1}-f_i}{x_{i+1}-x_i}=\frac{f_{i+1}-f_i}{h}\approx\begin{cases}f'(x_i) & (33)\\[2mm] f'(x_{i+1}) & (34)\\[2mm] f'(x_{i+\frac{1}{2}}) & (35)\end{cases}$$

$$x_{i+\frac{1}{2}}=\frac{1}{2}(x_i+x_{i+1})$$

从几何上看,弧段的内接弦的斜率与切线斜率的平行程度在中点优于两端点(图 1). 也可以分别在 x_i,x_{i+1}, $x_{i+\frac{1}{2}}$ 作幂次展开而得截断误差,即差商与微商之差

$$E=\begin{cases}\dfrac{h}{2}f''(\xi)\approx O(h)\\[3mm] -\dfrac{h}{2}f''(\xi)\approx O(h)\\[3mm] \dfrac{h^2}{24}f'''(\xi)\approx O(h^2)\end{cases}$$

因此,用两点差分作为其中点处的导数值,即公式

$$\frac{f_{i+1}-f_i}{h}=\frac{f_{i+1}-f_i}{x_{i+1}-x_i}\approx f'(x_{i+\frac{1}{2}}),E=O(h^2)\quad(36)$$

精度最好,它提高了一阶. 这是数值微分的基本公式,据此可以推出绝大多数实用的数值微分公式.

对于等距节点,若要求不是在半点上而是在整点上的导数值,则可以按基本公式(36)求出 $x_{i-\frac{1}{2}},x_{i+\frac{1}{2}}$ 处导数值后再线性插到 x_i 得

$$f'(x_i)\approx\frac{1}{2}(f'_{i+\frac{1}{2}}+f'_{i-\frac{1}{2}})\approx\frac{1}{2}\left(\frac{f_{i+1}-f_i}{h}+\frac{f_i-f_{i-1}}{h}\right)$$

$$=\frac{f_{i+1}-f_{i-1}}{2h},E=O(h^2)\quad(37)$$

事实上,也可以直接从基本公式(36)得到,只是把间距扩大一倍.

对于二阶导数则有

$$f''(x_i)\approx\frac{f'_{i+\frac{1}{2}}-f'_{i-\frac{1}{2}}}{h}\approx\frac{\dfrac{f_{i+1}-f_i}{h}-\dfrac{f_i-f_{i-1}}{h}}{h}$$

$$=\frac{1}{h^2}(f_{i+1}-2f_i+f_{i-1}),E=O(h^2)\quad(38)$$

类似地,可得

$$f'''(x_{i+\frac{1}{2}})\approx\frac{1}{h^3}(f_{i+2}-3f_{i+1}+3f_i-f_{i-1}),E=O(h^2)$$

$$(39)$$

$$f''''(x_i)\approx\frac{1}{h^4}(f_{i+2}-4f_{i+1}+6f_i-4f_{i-1}+f_{i-2}),E=O(h^2)$$

$$(40)$$

对于不等距节点,一种形式是,原则上先作相应节点的插值多项式,对此作解析的微分,即可得到所需点

的各阶导数值. 设有一列节点

$$x_i < x_{i+1} < \cdots < x_{i+m}$$

$$f_j = f(x_j) \quad (j = i, i+1, \cdots, i+m)$$

作 m 次插值多项式

$$F_i(x) = \sum_{j=i}^{i+m} f_j l_{i,j}(x), l_{i,j}(x) = \prod_{\substack{k=i \\ k \neq j}}^{i+m} \frac{x-x_k}{x_j-x_k} \quad (41)$$

于是在点 $x = \xi$ 处的 n 阶 ($n \leqslant m$) 数值微商即差商公式就是

$$f^{(n)}(\xi) \approx F_i^{(n)}(\xi) = \sum_{j=i}^{i+m} f_j l_{i,j}^{(n)}(\xi) \quad (42)$$

特别当 $m = n$ 时

$$l_{i,j}^{(m)}(x) \equiv m! \prod_{\substack{k=i \\ k \neq j}}^{i+m} \frac{1}{x_j-x_k} = \alpha_{i,j} \quad (43)$$

为常数, 因而得 m 阶数值微商公式

$$f^{(m)}(\xi) \approx \sum_{j=i}^{i+m} \alpha_{i,j} f_j \quad (44)$$

这时, 不论 ξ 为何值, 结果是相同的, 但以 ξ 取在节点 $x_i, \cdots, x_{i+m}$ 的中点时比较精确, 于是

$$f^{(m)}(x_{i+\frac{m}{2}}) \approx \sum_{j=i}^{i+m} \alpha_{i,j} f_j \quad (45)$$

当 $m = 2q$ 为偶数时, $x_{i+\frac{m}{2}} = x_{i+q}$, 当 $m = 2q+1$ 为奇数时, $x_{i+\frac{m}{2}} = x_{i+q+\frac{1}{2}}$ 理解为"半点" $\frac{1}{2}(x_{i+q} + x_{i+q+1})$.

如果令

$$\omega_i(x) = \prod_{k=i}^{i+m} (x-x_k) \quad (46)$$

那么有

$$\omega'_i(x_j) = \prod_{\substack{k=i \\ k \neq j}}^{i+m} (x_j - x_k) \tag{47}$$

于是 $\alpha_{i,j}$ 可以表示为

$$\alpha_{i,j} = \frac{m!}{\omega'_i(x_j)} \tag{48}$$

不难验证, 在等间距 $x_{j+1} - x_j \equiv h$ 时

$$\alpha_{i,i+k} = \frac{(-1)^{m-k}}{h^m} C_m^k, \quad C_m^k = \frac{m!}{k!(m-k)!} \tag{49}$$

因此

$$f_{i+\frac{m}{2}}^{(m)} \approx \frac{1}{h^m} \sum_{k=0}^{m} (-1)^{m-k} C_m^k f_{i+k} \tag{50}$$

当 $m = 1, 2, 3, 4$ 时前面已经导出.

从数值微分的截差公式看来, 间距 h 愈小, 精度愈高. 但是在实际计算时, 问题远不是那样简单. 例如, 取五位指数函数 $f(x) = e^x$ 表（表2）, 用中心差商 $\dfrac{f_{i+1} - f_{i-1}}{2h}$ 来计算 $f'(1)$, 其真值为 $e = 2.7183$. 分别取 $h = 1.0, 0.1$ 及 0.01 的结果及误差列在表3中. 可以看到, 当 h 从 1.0 缩小到 0.1 时结果确实得到改进, 但 h 进一步缩至 0.01 时, 则结果反而恶化. 按 $\dfrac{1}{h^2}(f_{i+1} - 2f_i + f_{i-1})$ 计算 $f''(1)$（真值也是 $e = 2.7183$）时, 用同样三种步长的结果列在表4中, 其情况就更为突出. 当 h 从 0.1 缩至 0.01 时, 不仅没有提高精度, 反而把有效数字丢光了, 连最高位数字也不对.

表 2

x	e^x	...
0. 00	1. 000 0	⋮
⋮	⋮	
0. 90	2. 459 6	
⋮	⋮	
0. 99	2. 691 2	
1. 00	2. 718 3	
1. 01	2. 745 6	
⋮	⋮	
1. 10	3. 004 2	
2. 00	7. 389 1	

表 3

h	$f'(e) = \dfrac{f(1+h) - f(1-h)}{2h}$	误差
1. 0	3. 194 6	− 0. 473 6
0. 1	2. 723	− 0. 004 7
0. 01	2. 71	− 0. 008 3

表 4

h	$f''(1) = \dfrac{1}{h^2}(f(1+h) - 2f(1) + f(1-h))$	误差
1. 0	2. 952 5	0. 234 2
0. 1	2. 72	0. 001 7
0. 01	2	− 0. 718 3

N. E. Nörlund 定理

问题的根源在于,截断误差只是计算误差的一个部分,另一个部分是由原始数据的误差带来的. 原始数据含有舍入误差或其他来源的误差是不可避免的,而差商的运算恰恰对此特别敏感,它随 h 的缩小而增大,即具有不稳定性. 例如,各个样点数据的最大误差为 ε,而且由于随机性在相邻点可以反号,从而对于差商 $\dfrac{f_{i+1}-f_{i-1}}{h}$ 带来的误差在不利的情况下就达到 $\dfrac{\varepsilon+\varepsilon}{h}=\dfrac{2\varepsilon}{h}$. 因此,误差随 h 的缩小而被放大. 对于二阶差商 $\dfrac{f_{i+1}-2f_i+f_{i-1}}{h^2}$,则带来误差 $\dfrac{(1+2+1)\varepsilon}{h^2}=\dfrac{4\varepsilon}{h^2}$,正如已经看到的,误差放大更甚. 为了对比,可以看看下述情况:在数值积分时,例如 $\int_{x_0} f\mathrm{d}x \approx h[f_0+f_1+\cdots]$,其个别节点误差 ε 的影响为 $h\cdot\varepsilon$,这说明其影响被缩小了,因此是稳定的. 因为微分计算误差是截断误差和数据误差两项的叠加,当步长缩减时前者减小,后者增大,因此,要缩小误差的影响,并不是一味缩小步长所能奏效的,这里有一个最优步长选取的问题.

我们将对数值微商中数据误差(主要考虑舍入误差)和截断误差与步长之间的关系做初步的分析,并试图估计最优步长. 令真值 $f(x_i)=f_i, f'(x_i)=f'_i,$ $f''(x_i)=f''_i$;并令 f_i^* 为 f_i 带有舍入的实际表达值. 对于舍入,最好用相对误差来表示,因此将 f_i^* 表示为

$$f_i^* = f_i(1+\delta_i)=f_i+f_i\delta_i \qquad (51)$$

设相对误差的界限为 $\delta, |\delta_i|\leqslant\delta$. 当取 s 位有效数字

52

(即字长取 s 位)时 $\delta \approx 10^{-s}$. 令 M_p 表示 $|f^{(p)}|$ 在有关区段上的上界,$|f_i| \le M_0$,$|f^{(p)}(x)| \le M_p$.

数值微商实际上是对 f_i^* 进行的. 以一阶中心差商为例,总的误差是

$$\frac{1}{2h}(f_{i+1}^* - f_{i-1}^*) - f_i' = \left(\frac{1}{2h}(f_{i+1} - f_{i-1}) - f_i' \right) +$$
$$\left(\frac{1}{2h}(f_{i+1}\delta_{i+1} - f_{i-1}\delta_{i-1}) \right)$$

$$(52)$$

右端两项分别是截断误差和舍入误差. 对于截断误差,利用幂次展开得到

$$\left| \frac{1}{2h}(f_{i+1} - f_{i-1}) - f_i' \right| = \left| \frac{h^2}{6}f'''(\xi) \right| \le \frac{M_3 h^2}{6} = E_1(h)$$

至于舍入误差,则有

$$\left| \frac{1}{2h}(f_{i+1}\delta_{i+1} - f_{i-1}\delta_{i-1}) \right|$$
$$\le \frac{1}{2h}(|f_{i+1}\delta_{i+1}| - |f_{i-1}\delta_{i-1}|)$$
$$\le \frac{1+1}{2h}M_0\delta = \frac{M_0\delta}{h} = E_2(h)$$

于是

$$\left| \frac{1}{2h}(f_{i+1}^* - f_{i-1}^*) - f_i' \right| \le \frac{M_3 h^2}{6} + \frac{M_0\delta}{h}$$
$$= E_1(h) + E_2(h)$$
$$= E(h) \qquad (53)$$

右端 $E(h)$ 虽只是误差的上界,但由于舍入误差在数值上和符号上的随机性,这个界限是可以达到的. 因

此,函数 $E(h)$ 基本上能反映误差的规律性. 当 $h \to 0$ 时,$E(h) \to \infty$,其舍入误差为主导;当 $h \to \infty$ 时,$E(h) \to \infty$,其截断误差为主导;在 $0 \sim \infty$ 中间,$E(h)$ 有一个极小点 $h = h^*$. 为此只需解方程 $E'(h) = \dfrac{M_3 h}{3} - \dfrac{M_0 \delta}{h^2} = 0$,从而得到

$$h^* = \left(\frac{3M_0}{M_3}\right)^{\frac{1}{3}} \delta^{\frac{1}{3}} \approx O(\delta^{\frac{1}{3}}) \tag{54}$$

当步长 h 取为 h^* 时,数值微商的误差为最小,如取 $h < h^*$,则由于舍入的影响,而误差反而增大,因此 h^* 可以作为步长选取的下界.

对于二阶差商公式,类似可以得到估计式

$$\left| \frac{1}{h^2}(f_{i-1}^* - 2f_i^* + f_{i+1}^*) - f_i'' \right|$$

$$\leqslant \frac{M_4 h^2}{12} + \frac{4M_0 \delta}{h^2} = E_1(h) + E_2(h) = E(h) \tag{55}$$

$$h^* = \left(\frac{48M_0}{M_4}\right)^{\frac{1}{4}} \delta^{\frac{1}{4}} \approx O(\delta^{\frac{1}{4}}) \tag{56}$$

再回到前面举的实例. 对表 2 取五位数字,末位上有舍入,故 $\delta \approx 10^{-5}$;$f = f' = f'' = \cdots = e^x$,故可取 $M_0/M_3 = M_0/M_4 = 1$. 根据式(54)和(56)可以估计出:

一阶差商

$$h^* \approx 3^{\frac{1}{3}} 10^{-\frac{5}{3}} \approx 0.07$$

二阶差商

$$h^* \approx (48)^{\frac{1}{4}} 10^{-\frac{5}{4}} \approx 0.15$$

与表 3、表 4 的实况相近.

另一个较为直观的方法,是认为截断误差 E_1 与舍入误差 E_2 达到相同量级

$$E_1(h) \approx E_2(h)$$

时给出最优的即临界步长 h^*. 据此,对于二阶中心差商而言,得结果与式(54)同;对一阶中心差商而言,则得

$$h^* = \left(\frac{6M_0}{M_3}\right)^{\frac{1}{3}} \delta^{\frac{1}{3}} \approx 1.26 \left(\frac{3M_0}{M_3}\right)^{\frac{1}{3}} \delta^{\frac{1}{3}} \approx O(\delta^{\frac{1}{3}})$$

其结果与式(56)基本一致.

微分和积分运算在稳定性上的原则差别,从下面的解析例子可以更清楚地看到.

设 $f(x)$ 在图 2 中是实线,迭加了初始误差后,在图 2 中如虚线所示. 其积分 $g(x) = \int_0^x f(t)\mathrm{d}t$ 及微分 $f'(x)$ 分别如图 3 及图 4 所示. 其中,实线表示原来的函数,虚线表示叠加了误差的结果.

可以见到,初始的误差在积分过程中基本上被"吸收",而在微分过程中被恶性放大.

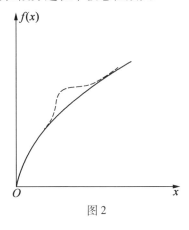

图 2

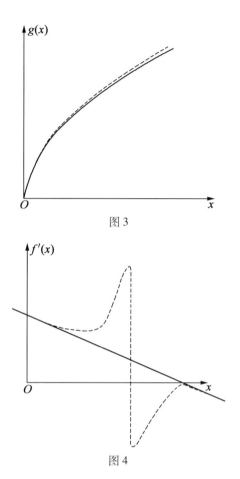

图 3

图 4

　　在上面所举的微分计算实例中，原始数据是数学
函数表，只有舍入误差，而且被控制在第五位. 这还是
比较有利的情况. 在一般的情况下，特别当初始数据是
从实验得来时，数据误差达到更高的基准，数值微分也
就更困难. 由于数值微分的不可靠性，因此，一个处理
原则是尽可能地避免它. 例如，杆件的弹性纵振动可以

56

表示为下列二阶导数波动方程

$$w_{tt} = w_{xx}$$

式中 w 为弹性位移;w_x 为应力. 数值解出波动方程,得出在离散节点上的 w. 为了求应力 w_x,则需进行数值微分. 也可以改变问题提法,例如引进函数 $u = w_x , v = w_t$,而得含一阶导数的波动方程组

$$\begin{cases} u_t = v_x \\ u_t = -u_x \end{cases}$$

直接解出在节点上的 v,这就是所要求的应力,而无须作数值微分. 这在相当的计算代价下可以得到更为可靠的结果.

当离散数据来自实验或观测时,不可避免含有随机性误差,并服从一定的概率分布. 这时数值微分的处理原则是,应该考虑到数据的整体,即必须经过平滑化以滤去随机性误差,然后在这个基础上进行微分. 一个处理方法是,先用最小二乘法拟合一个较低次的逼近多项式,然后对此微分.

此外,样条插值也可以作为数值微分的"工具". 这是因为,样条插值除了函数的收敛性(当步长缩小时)外,还保证导数的收敛性,并且这种插值在每一点的值还用到了数据的整体的,含有平滑化的因素. 为了求微分,可以先作样条插值,然后按公式(54)给出导数值. 对于二阶导数,则可以先通过样条插值取得一阶导数,然后对此一阶导数作样条插值,再取其一阶导数作为原函数的二阶导数.

倒 数 差 分

在以前所讲的对于插值法的所有方法和公式,都是以多项式作为近似函数的.这一章则是用有理分式作近似函数.它与多项式近似法之间的几个基本差异是显而易见的:这个公式在待定系数上不是线性的;已知函数的值不是线性地进入,因之在多项式的情况下所用来确定误差的推理不再能适用.

§1 用有理分式表示的近似法

设 $y = f(x)$ 是 x 的一个函数,与它有关的各对相应值

$$(x_0, y_0), (x_1, y_1), (x_2, y_2), \cdots, (x_n, y_n)$$

都是已知的.希望求得一个有理分式

$$y = -\frac{a_0 + a_1 x + a_2 x^2 + \cdots}{b_0 + b_1 x + b_2 x^2 + \cdots} \qquad (1)$$

其中各个 a 与 b 是这样决定的,即当 $x = x_i$

58

时, $y = y_i(i = 0, 1, 2, \cdots, n)$. 显而易见地, 所需的 a 和 b 的数目将是 $n + 2$ 个, 因为有 $n + 1$ 个条件要满足, 而 a 或 b 里面有一个可以任意地选定.

由式(1), 跟着有

$$a_0 + yb_0 + xa_1 + xyb_1 + x^2a_2 + x^2yb_2 + \cdots = 0$$

由于 $x = x_i, y = y_i(i = 0, 1, \cdots, n)$ 满足这个方程, 于是我们又有 $n + 1$ 个另外的方程

$$a_0 + y_ib_0 + x_ia_1 + x_iy_ib_1 + x_i^2a_2 + x_i^2y_ib_2 + \cdots = 0$$
$$(i = 0, 1, \cdots, n)$$

一共有 $n + 2$ 个方程. 适合于这 $n + 2$ 个方程的非零值解的 a 和 b 是否存在, 就看这个 $n + 2$ 阶的行列式是否为零. 如果这个行列式等于零, 便给出方程

$$\begin{vmatrix} 1 & y_0 & x_0 & x_0y_0 & x_0^2 & x_0^2y_0 & \cdots \\ 1 & y_1 & x_1 & x_1y_1 & x_1^2 & x_1^2y_1 & \cdots \\ \vdots & \vdots & \vdots & \vdots & \vdots & \vdots & \\ 1 & y_n & x_n & x_ny_n & x_n^2 & x_n^2y_n & \cdots \\ 1 & y & x & xy & x^2 & x^2y & \cdots \end{vmatrix} = 0$$

这就是所要求的结果. 很清楚地, 随便取哪一对 $(x_i, y_i)(i = 0, 1, \cdots, n)$ 都可以满足这个方程. 同时, 如果这个行列式用最后一行的代数余因子展开, 然后就 y 来解所得的方程, 我们将看到 y 被表示为两个多项式之商.

例 1　给了一组数值

$$\frac{x:\ \ 0\ \ \ 1\ \ \ 2\ \ \ 3}{y:\ \ 4\ \ \ 2\ \ \ 4\ \ \ 7}$$

试将 y 表示为 x 的有理分式.

上述的行列式成为

$$\begin{vmatrix} 1 & 4 & 0 & 0 & 0 \\ 1 & 2 & 1 & 2 & 1 \\ 1 & 4 & 2 & 8 & 4 \\ 1 & 7 & 3 & 21 & 9 \\ 1 & y & x & xy & x^2 \end{vmatrix} = 0$$

当按最后一行的代数余因子展开时,得到

$$-4 + y + 4x + xy - 4x^2 = 0$$

因而

$$y = \frac{4 - 4x + 4x^2}{1 + x}$$

§2 行列式的缩减

在第 1 节里所讲的方法,只是理论上的满足,因为在实际计算里,还需要推出一些有系统的步骤来缩减行列式的阶. 完成这种缩减的方法将对 (x_0, y_0),(x_1, y_1),$\cdots$,(x_5, y_5) 六个点的情况来加以说明. 这时,要解的方程是

$$\begin{vmatrix} 1 & y_0 & x_0 & x_0 y_0 & x_0^2 & x_0^2 y_0 & x_0^3 \\ 1 & y_1 & x_1 & x_1 y_1 & x_1^2 & x_1^2 y_1 & x_1^3 \\ \vdots & \vdots & \vdots & \vdots & \vdots & \vdots & \vdots \\ 1 & y_5 & x_5 & x_5 y_5 & x_5^2 & x_5^2 y_5 & x_5^3 \\ 1 & y & x & xy & x^2 & x^2 y & x^3 \end{vmatrix} = 0 \quad (2)$$

我们首先假定各个 y 都是互异的,然后进行如下操作:

(1)将第 1 列乘以 y_0 并由第 2 列减去它.

(2)将第 3 列乘以 y_0 并由第 4 列减去它.

(3)将第 5 列乘以 y_0 并由第 6 列减去它.

(4)将第 5 列乘以 x_0 并由第 7 列减去它.

(5)将第 3 列乘以 x_0 并由第 5 列减去它.

(6)将第 1 列乘以 x_0 并由第 3 列减去它.

这时第一行成为 $1,0,0,0,0,0,0$,于是我们看到原来 7 阶的行列式化成了 6 阶的.

在这个 6 阶行列式里:

(7)将第 1 行除以 $y_1 - y_0$.

(8)将第 2 行除以 $y_2 - y_0$.

$\cdots$

(9)将末行除以 $y - y_0$.

(10)置

$$\frac{x - x_0}{y - y_0} = \rho_1(xx_0)$$

$$\frac{x_i - x_0}{y_i - y_0} = \rho_1(x_ix_0), \cdots$$

那么结果可以写成

$$\begin{vmatrix} 1 & \rho_1(x_1x_0) & x_1 & x_1\rho_1(x_1x_0) & x_1^2 & x_1^2\rho_1(x_1x_0) \\ 1 & \rho_1(x_2x_0) & x_2 & x_2\rho_1(x_2x_0) & x_2^2 & x_2^2\rho_1(x_2x_0) \\ \vdots & \vdots & \vdots & \vdots & \vdots & \vdots \\ 1 & \rho_1(xx_0) & x & x\rho_1(xx_0) & x^2 & x^2\rho_1(xx_0) \end{vmatrix} = 0$$

$$(3)$$

式(3)里面的行列式看起来和式(2)里面的具有

完全同样的类型,只是用 $\rho_1(x_jx_0)$ 代替了 y_j,并且去掉了第一行和最后一列.

我们再用处理式(2)那样的办法来处理式(3)的行列式. 在相当于(7),(8),(9)的步骤中,所用的除式改为

$$\begin{cases} \rho_1(x_2x_0) - \rho_1(x_1x_0) \\ \rho_1(x_3x_0) - \rho_1(x_1x_0) \\ \quad\quad\vdots \\ \rho_1(xx_0) - \rho_1(x_1x_0) \end{cases}$$

现在我们暂时假定它们都不等于零.

最后结果的形式如下

$$\begin{vmatrix} 1 & u_2 & x_2 & x_2u_2 & x_2^2 \\ 1 & u_3 & x_3 & x_3u_3 & x_3^2 \\ \vdots & \vdots & \vdots & \vdots & \vdots \\ 1 & u_x & x & xu_x & x^2 \end{vmatrix} = 0 \qquad (4)$$

其中为简单起见,我们使用了

$$u_i = \frac{x_i - x_1}{\rho_1(x_ix_0) - \rho_1(x_1x_0)}$$

$$u_x = \frac{x - x_1}{\rho_1(xx_0) - \rho_1(x_1x_0)}$$

现在 $\rho_1(x_ix_j)$ 这个量就 x 的下标讲显然是对称的,因而

$$\rho_1(x_jx_i) = \rho_1(x_ix_j)$$

但这对于表达式 u 则显然是不行的,例如在它里面,x 的下标 0 和 1 就是不能互换的. 然而可用初等代数证明以下的恒等式,能够成立

$$\frac{x - x_1}{\dfrac{x - x_0}{v - v_0} - \dfrac{x_1 - x_0}{v_1 - v_0}} + v_0 \equiv \frac{x - x_0}{\dfrac{x - x_1}{v - v_1} - \dfrac{x_1 - x_0}{v_1 - v_0}} + v_1$$

$$\equiv \frac{x_1 - x_0}{\dfrac{x_1 - x}{v_1 - v} - \dfrac{x - x_0}{v - v_0}} + v$$

由于对称在结果里面是一个非常重要的东西. 我们按以下的步骤着手更进一步地修改式(4):

(11)将第 1 列乘以 y_0 并加到第 2 列里.

(12)将第 3 列乘以 y_0 并加到第 4 列里.

假若用以下的公式给 $\rho_2(xx_1x_0)$ 下一个定义

$$\rho_2(xx_1x_0) = \frac{x - x_1}{\rho_1(xx_0) - \rho_1(x_1x_0)} + y_0 \qquad (5)$$

那么方程(3)将变为

$$\begin{vmatrix} 1 & \rho_2(x_2x_1x_0) & x_2 & x_2\rho_2(x_2x_1x_0) & x_2^2 \\ 1 & \rho_2(x_3x_1x_0) & x_3 & x_3\rho_2(x_3x_1x_0) & x_3^2 \\ \vdots & \vdots & \vdots & \vdots & \vdots \\ 1 & \rho_2(xx_1x_0) & x & x\rho_2(xx_1x_0) & x^2 \end{vmatrix} = 0$$

$$(6)$$

这个行列式仍然和式(2)里面的行列式属于同一类型,只是用 $\rho_2(xx_1x_0)$ 代替了 y ,并且去掉了头两行和末两列.

再按相当于(1),(2),…,(12)的步骤来处理式(6),并且注意在(11)和(12)里,所用的乘式改为 $\rho_1(x_1x_0)$,于是我们得到

$$\begin{vmatrix} 1 & \rho_3(x_3x_2x_1x_0) & x_3 & x_3\rho_3(x_3x_2x_1x_0) \\ \vdots & \vdots & \vdots & \vdots \\ 1 & \rho_3(xx_2x_1x_0) & x & x\rho_3(xx_2x_1x_0) \end{vmatrix} = 0$$

其中

$$\rho_3(xx_2x_1x_0) = \frac{x-x_2}{\rho_2(xx_1x_0)-\rho_2(x_2x_1x_0)} + \rho_1(x_1x_0)$$

此外,我们很容易证明 $\rho_3(x_3x_2x_1x_0)$ 对于它的所有的自变数都是对称的. 缩减的方法充分地反复以后,终于得到两阶的行列式

$$\begin{vmatrix} 1 & \rho_5(x_5x_4x_3x_2x_1x_0) \\ 1 & \rho_5(xx_4x_3x_2x_1x_0) \end{vmatrix} = 0$$

因而

$$\rho_5(xx_4x_3x_2x_1x_0) = \rho_5(x_5x_4x_3x_2x_1x_0) \qquad (7)$$

由各个 ρ 的定义,跟着有

$$y = y_0 + \frac{x-x_0}{\rho_1(xx_0)}$$

$$\rho_1(xx_0) = \rho_1(x_1x_0) + \frac{x-x_1}{\rho_2(xx_1x_0)-y_0}$$

$$\rho_2(xx_1x_0) = \rho_2(x_2x_1x_0) + \frac{x-x_2}{\rho_3(xx_2x_1x_0)-\rho_1(x_1x_0)}$$

$$\vdots$$

由这些关系逐次消去 $\rho_1(xx_0)$,$\rho_2(xx_1x_0)$,$\cdots$,最后用方程(7)消去 $\rho_5(xx_4x_3x_2x_1x_0)$,我们将给 y 导出一个连分式形式的表达式

$$y = y_0 + \cfrac{x-x_0}{\rho_1(x_1x_0)+\cfrac{x-x_1}{\rho_2(x_2x_1x_0)-y_0}} +$$

$$\cfrac{x - x_2}{\rho_3(x_3 x_2 x_1 x_0) - \rho_1(x_1 x_0) + \cfrac{x - x_3}{\rho_4(x_4 x_3 x_2 x_1 x_0) - \rho_2(x_2 x_1 x_0)}} +$$

$$\cfrac{x - x_4}{\rho_5(x_5 x_4 x_3 x_2 x_1 x_0) - \rho_3(x_3 x_2 x_1 x_0)} \qquad (8)$$

这里对于六个点的情况所举出的步骤可以很容易地推广到一般的情况.

§3　倒　数　差　分

第 2 节里所介绍的各个量

$$\rho_1(x_1 x_0) = \frac{x_1 - x_0}{y_1 - y_0}$$

$$\rho_2(x_2 x_1 x_0) = \frac{x_2 - x_1}{\rho_1(x_2 x_0) - \rho_1(x_1 x_0)} + y_0$$

$$\vdots$$

$$\rho_{n+1}(x_{n+1} x_n \cdots x_0) = \frac{x_{n+1} - x_n}{\rho_n(x_{n+1} x_{n-1} \cdots x_0) - \rho_n(x_n \cdots x_0)} +$$

$$\rho_{n-1}(x_{n-1} \cdots x_0)$$

叫作倒数差分. 前面已经指明, 倒数差分 $\rho_n(x_n \cdots x_0)$ 就所有它的自变数说是对称的. 这个事实使得用一个以通常的方法建立的、像下面那样简单的差分表

$x_0 \quad y_0$

$\qquad \rho_1(x_1 x_0)$

$x_1 \quad y_1 \qquad\qquad \rho_2(x_2 x_1 x_0)$

$\qquad \rho_1(x_2 x_1) \qquad\qquad\qquad \rho_3(x_3 x_2 x_1 x_0)$

$x_2 \quad y_2 \qquad\qquad \rho_2(x_3 x_2 x_1)$

$\qquad \rho_1(x_3 x_2) \qquad\qquad\qquad \rho_3(x_4 x_3 x_2 x_1)$

$x_3 \quad y_3 \qquad\qquad \rho_2(x_4 x_3 x_2)$

$\qquad \rho_1(x_4 x_3)$

$x_4 \quad y_4$

来计算第 2 节方程(8)中的那些差分成为可能.

例如,在推出公式(8)的过程里,我们由以下的方程得到 $\rho_3(x_3 x_2 x_1 x_0)$

$$\rho_3(x_3 x_2 x_1 x_0) = \frac{x_3 - x_2}{\rho_2(x_3 x_1 x_0) - \rho_2(x_2 x_1 x_0)} + \rho_1(x_1 x_0)$$

而在上面的差分表里,$\rho_3(x_3 x_2 x_1 x_0)$ 则是由方程

$$\rho_3(x_3 x_2 x_1 x_0) = \frac{x_3 - x_0}{\rho_2(x_3 x_2 x_1) - \rho_2(x_2 x_1 x_0)} + \rho_1(x_2 x_1)$$

求得,但是倒数差分的对称性使我们能够证明两种结果是相同的.

把倒数差分表排成上面那样有一个明显的好处,就是任何顺着对角线向下的一组差分可以用来构造连分式. 例如,我们有

$$y = y_1 + \cfrac{x - x_1}{\rho_1(x_2 x_1) + \cfrac{x - x_2}{\rho_2(x_3 x_2 x_1) - y_1 + \cfrac{x - x_3}{\rho_3(x_4 x_3 x_2 x_1) - \rho_1(x_1 x_0) + \cdots}}}$$

x :	0	1	2	3	4	5	6
y :	1	$\dfrac{1}{2}$	$\dfrac{1}{5}$	$\dfrac{1}{10}$	$\dfrac{1}{17}$	$\dfrac{1}{26}$	$\dfrac{1}{37}$

构成倒数差分表,并求出使用这些值的有理分式.

所要的差分表是

$$0 \quad 1$$
$$-2$$
$$1 \quad \frac{1}{2} \qquad\qquad -1$$
$$-\frac{10}{3} \qquad\qquad 0$$
$$2 \quad \frac{1}{5} \qquad\qquad -\frac{1}{10} \qquad 0$$
$$-\frac{50}{5} \qquad\qquad 40$$
$$3 \quad \frac{1}{10} \qquad\qquad -\frac{1}{25} \qquad 0$$
$$-\frac{170}{7} \qquad\qquad 140$$
$$4 \quad \frac{1}{17} \qquad\qquad -\frac{1}{46} \qquad 0$$
$$-\frac{442}{9} \qquad\qquad 324$$
$$5 \quad \frac{1}{26} \qquad\qquad -\frac{1}{73}$$
$$-\frac{962}{11}$$
$$6 \quad \frac{1}{37}$$

由最上面对角线上的差分按照上节的方程(8)构成的连分式是

$$y = 1 + \cfrac{x-0}{-2 + \cfrac{x-1}{-2 + \cfrac{x-2}{2 + \cfrac{x-3}{1}}}}$$

当化简成一个简单分式以后,它成为

$$y = \frac{1}{1+x^2}$$

按类似的方法由次一条对角线上的差分构成的连分式是

$$y = \frac{1}{2} + \cfrac{x-1}{-\cfrac{10}{3} + \cfrac{x-2}{-\cfrac{6}{10} + \cfrac{x-3}{\cfrac{130}{3} + \cfrac{x-4}{\cfrac{1}{10}}}}}$$

在这种情形下它也化简为

$$y = \frac{1}{1+x^2}$$

倒数差分法可以在函数成为无穷大的各点附近作插值,而多项式插值法在那里是不适用的.

例 2 由 $x = 1°, 2°, 3°, 4°$ 的 csc x 的表列值计算 csc $1°30'$.

在这里,倒数差分表(表 1)将是:

表 1

x	csc x	ρ_1	ρ_2	ρ_3
1°	57. 298 677			
2°	28. 653 706	− 0. 034 910 142		
3°	19. 107 321	− 0. 104 751 69	0. 017 457	
4°	14. 335 588	− 0. 209 567 47	0. 026 225	342. 05

用顶部对角线构成的连分式,并按 $x = 1.5°$,结果是

$y = 57. 298\ 677 +$

$$\cfrac{0.5}{-0.034\ 910\ 142 + \cfrac{-0.5}{-57.281\ 220 + \cfrac{-1.5}{342.08}}}$$

经过化简,得到

$$y = 38. 201\ 548$$

函数表里面给出的 csc 1°30′ 的值是 38. 201 547.

除了上面所做的由连分式直接计算 y 的插值外,另一种方法是使用连分式

$$y = a_0 + \cfrac{x - x_0}{a_1 + \cfrac{x - x_1}{a_2 + \cfrac{x - x_2}{a_3 + \cdots}}}$$

的逐次渐近分式,这里为简单起见,我们设

$$a_n = \rho_n(x_n x_{n-1} \cdots x_0) - \rho_{n-2}(x_{n-2} \cdots x_0)$$

假若 $z_n = p_n / q_n$ 表示以上分式的 n 次渐近分式,那么根据连分式的理论

$$p_0 = 1 \qquad q_0 = 0$$

$$p_1 = a_0 p_0 \qquad q_1 = 1 \qquad z_1 = \frac{p_1}{q_1}$$

$$p_2 = a_1 p_1 + (x - x_0)p_0 \qquad q_2 = a_1 q_1 \qquad z_2 = \frac{p_2}{q_2}$$

$$p_3 = a_2 p_2 + (x - x_1)p_1 \qquad q_3 = a_2 q_2 + (x - x_1)q_1 \qquad z_3 = \frac{p_3}{q_3}$$

$$\vdots \qquad\qquad \vdots \qquad\qquad \vdots$$

$$p_{n+1} = a_n p_n + (x - x_{n-1})p_{n-1} \quad q_{n+1} = a_n q_n + (x - x_{n-1})q_{n-1} \quad z_{n+1} = \frac{p_{n+1}}{q_{n+1}}$$

由此,计算可以排成以下表格(表2)的形式.

表 2

n	a_n	$x - x_n$	p_n	q_n	z_n
0	a_0	$x - x_0$	1	0	
1	a_1	$x - x_1$	p_1	1	z_1
2	a_2	$x - x_2$	p_2	q_2	z_2
3	a_3	$x - x_3$	p_3	q_3	z_3
…	…	…	…	…	…

    各个 a 的值由倒数差分表获得,对于所想求的 x 的"$x - x_n$"各值由所给数据得出,各个 p 和 q 因而可以由上面循环的关系求得,而最后,逐次的渐近分式由 $z_n = p_n / q_n$ 得出. 按例2,计算表示如下(表3):

表3

n	a_n	$x - x_n$	p_n	q_n	z_n
0	57. 298 677	0. 5	1	0	
1	−0. 034 910 142	−0. 5	57. 298 677	1	57. 298 677
2	−57. 281 220	−1. 5	−1. 500 304 95	−0. 034 910 142	42. 976 192
3	342. 08	−2. 5	57. 289 957	1. 499 695 5	38. 201 059
4			19 599. 998 9	513. 068 20	38. 201 547

虽然这种做法不能节省工作量,但是它具有可以指明这种方法是不是向一个定值收敛的功效.

§4　倒数差分另外的性质

倒数差分可以表示为两个行列式的商,如

$$\rho_4(x_0 x_1 x_2 x_3 x_4) = \frac{\begin{vmatrix} 1 & y_i & x_i & x_i y_i & x_i^2 y_i \end{vmatrix}}{\begin{vmatrix} 1 & y_i & x_i & x_i y_i & x_i^2 \end{vmatrix}}$$

$$\rho_5(x_0 x_1 x_2 x_3 x_4 x_5) = \frac{\begin{vmatrix} 1 & y_i & x_i & x_i y_i & x_i^2 & x_i^3 \end{vmatrix}}{\begin{vmatrix} 1 & y_i & x_i & x_i y_i & x_i^2 & x_i^2 y_i \end{vmatrix}}$$

其中每一个行列式用一个代表行表明.

要证明这个,我们按行列式

$$\begin{vmatrix} 1 & y_0 & x_0 & x_0y_0 & x_0^2 & x_0^2y_0 \\ 1 & y_1 & x_1 & x_1y_1 & x_1^2 & x_1^2y_1 \\ \vdots & \vdots & \vdots & \vdots & \vdots & \vdots \\ 1 & y_4 & x_4 & x_4y_4 & x_4^2 & x_4^2y_4 \\ 1 & y & x & xy & x^2 & x^2y \end{vmatrix} = 0$$

的缩减法的步骤进行.

让 A_0 和 B_0 分别表示这个行列式最末一行的最后一个以及它前面一个元素的代数余因子;A_1 和 B_1,A_2 和 B_2,……依次对于一次缩减行列式,二次缩减行列式,……也同样定义. 我们注意到,在 A_i 和 B_i 里,除最后一列不同外,所有的列都是一样的. 在行列式的缩减中,除非 A_i 的最后一列和 B_i 的最后一列互相组合,A_i 和 B_i 虽经各列的组合,仍是保持不变的. 行列式 A_i 和 B_i 受除法的影响是同样的. 因此,假若 D_i 表示第 i 步里的各除数的积. 那么在第一步以后,我们有

$$A_1 = \frac{A_0}{D_1}$$

$$B_1 = \frac{(B_0 - y_0A_0)}{D_1}$$

同样,在第二步以后

$$A_2 = \frac{A_1}{D_2}$$

$$B_2 = \frac{B_1}{D_2} + A_2y_0$$

因此,在两步以后,我们有

$$\frac{B_2}{A_2} = \frac{B_0}{A_0}$$

再两步以后,我们有

$$\frac{B_4}{A_4} = \frac{B_2}{A_2} = \frac{B_0}{A_0}$$

而这时行列式已缩减成

$$\begin{vmatrix} 1 & \rho_4(x_0 x_1 x_2 x_3 x_4) \\ 2 & \rho_4(x_0 x_1 x_2 x_3 x) \end{vmatrix} = 0$$

从这里我们看出

$$A_4 = 1$$

$$B_4 = -\rho_4(x_0 x_1 x_2 x_3 x_4)$$

因而

$$\rho_4(x_0 x_1 x_2 x_3 x_4) = -\frac{B_0}{A_0}$$

对于其他任何偶阶的情况,证明是同样的.

在奇阶的情况,第一步得出

$$\frac{B_1}{A_1} = \frac{B_0}{A_0}$$

其后两步得出

$$\frac{B_3}{A_3} = \frac{B_1}{A_1}$$

论证进行和前面一样.

为便利起见,在这里介绍一下有理分式的"阶"这个术语,定义如下. 设 $y = N(x)/D(x)$ 是一个不可约的有理分式(即分子和分母没有多项式公因子),又设 $N(x)$ 的实际次数是 m, $D(x)$ 的实际次数是 n,那么有理分式的阶数 k 定义为

$$k = \begin{cases} 2n, & \text{如果 } m \leqslant n \\ 2m-1, & \text{如果 } m > n \end{cases}$$

假若 k 是奇数,那么

$$y = \frac{a_0 + a_1 x + \cdots + a_m x^m}{b_0 + b_1 x + \cdots + b_{m-1} x^{m-1}} \quad (a_m \neq 0)$$

假若 k 是偶数,那么

$$y = \frac{a_0 + a_1 x + \cdots + a_n x^n}{b_0 + b_1 x + \cdots + b_n x^n} \quad (b_n \neq 0)$$

不论哪种情况,都有 $k+2$ 个常数,其中有一个是任意的,因为分子和分母可以同时除以任何非零的系数.

定理 1 假若 $(x_0, y_0), (x_1, y_1), \cdots, (x_k, y_k)$ 是 $k+1$ 个与 x 互异的点,那么就不可能存在两个阶数不大于 k 的互异的既约有理分式 $y = N_1(x)/D_1(x)$ 和 $y = N_2(x)/D_2(x)$,都被给定的 $k+1$ 对值 (x_i, y_i) 所满足.

因为,如果两个分式都能满足,那么方程

$$N_1(x) \cdot D_2(x) = N_2(x) \cdot D_1(x)$$

对于 x 的 $k+1$ 个互异值都能成立. 但是这个方程的每一端都是一个次数不超过 k 的多项式. 因此,两端一定恒等,并且一定包含完全相同的线性因子(实或虚). 并且,即 $N_1(x)$ 和 $D_1(x)$ 没有公因子,所以凡是 $N_1(x)$ 的线性因子一定在 $N_2(x)$ 里面,凡是 $D_1(x)$ 的因子一定在 $D_2(x)$ 里面. 同理,凡是 $N_2(x)$ 的线性因子一定在 $N_1(x)$ 里面,凡是 $D_2(x)$ 的线性因子一定在 $D_1(x)$ 里面. 因此,$N_1(x)/D_1(x)$ 和 $N_2(x)/D_2(x)$ 是全等的分式.

定理 2 假若 $y = R_k(x)$ 是一个 k 阶的既约有理分式,则它的 k 阶的倒数差分是常数.

如果使用 $x_1, x_2, \cdots, x_{k+1}$,那么由缩减法,得

$$\rho_k(x x_k \cdots x_1) = \rho_k(x_{k+1} x_k \cdots x_1)$$

改用 $x_1, x_2, \cdots, x_k, x_0$，则得

$$\rho_k(xx_k\cdots x_1) = \rho_k(x_0 x_k \cdots x_1)$$

由于对称性

$$\rho_k(x_0 x_k \cdots x_1) = \rho_k(x_k \cdots x_0)$$

因而

$$\rho_k(x_k \cdots x_0) = \rho_k(x_{k+1} \cdots x_1)$$

按这方法，我们可以逐步地证明所有 k 阶的倒数差分完全相等.

定理 3　假若在一个按 n 对 (x_i, y_i) 组成的倒数差分表里，各 k 阶差分都是常数，$k < n - 1$，那么所有这 n 对值都适合 $y = R_k(x)$，这里 $R_k(x)$ 是一个 k 阶的有理分式.

这个情况可以由行列式的形式立刻看出. 例如，设 ρ_4 是常数，那么 ρ_5 是无穷大，因而行列式 $|1 \quad y \quad x \quad xy \quad x^2 \quad x^2y|$ 对于每一组 5 对互异的 (x_i, y_i) 都等于零，也就是对于每一组这样的 (x_i, y_i) 可以有方程

$$|1 \quad y \quad x \quad xy \quad x^2 \quad x^2y| = 0$$

又根据假定，ρ_4 是有限的，所以行列式

$$|1 \quad y \quad x \quad xy \quad x^2|$$

不会成为零，因而以上的方程确定了一个四阶的有理分式.

§5　特　殊　情　况

一直到现在,有关倒数差分和用有理分式的近似法都根据这种假定,就是在完成指定的运算中没有障碍发生. 然而,事实上是会遇到一些困难的.

(1)我们为求有理分式而构造的行列式可能恒等于零. 可以证明:这种情况将在,并且只有在 $k+1$ 对的给定值满足一个阶数不超过 $k-2$ 的有理分式 $y = R(x)$ 时发生.

这种一般证明的本质将由一个特殊的例子来表明. 假设有 5 个已知点,并且行列式是

$$\begin{vmatrix} 1 & y & x & xy & x^2 & x^2y \end{vmatrix} = 0 \qquad (9)$$

现在假定所有 5 个点满足

$$a + by + cx + dxy = 0 \quad d \neq 0$$

这种类型的关系也将满足

$$ax + bxy + cx^2 + dx^2y = 0$$

使用这样的两个关系. 我们就可以式(9)里面的各列组合起来,使得有两列在前五行里都是零. 因此,最后一行所有的代数余因子显然都等于零,因之这个行列式恒等于零.

反过来说,假定行列式恒等于零,因而最后一行的所有代数余因子都为零. 其中自然有

$$\begin{vmatrix} 1 & y_i & x_i & x_iy_i & x_i^2 \end{vmatrix} = 0 \qquad (10)$$

以及

$$\begin{vmatrix} 1 & y_i & x_i & x_iy_i & x_iy_i \end{vmatrix} = 0 \qquad (11)$$

这里第一，二，三，四行里 i 分别等于 $0,1,2,3$. 设式 (10) 的某一行 (就说是第一行) 各元的代数余因子是 A,B,C,D,E, 而对应于式 (11) 设它们是 A',B',C',D', E. 注意 E 在两者里面是相同的. 因而

$$A + By + Cx + Dxy + Ex^2 = 0$$
$$A' + B'y + C'x + D'xy + Ex^2y = 0$$

将同时被 5 对 (x_i,y_i) 所满足. 由此消去 y 所求得的 x 的方程将是

$$E^2x^4 + 较低次的 x 的乘方项 = 0$$

由于这个四次的方程被 5 个互异的 x 值所满足, 因此它恒等于零, 从而 $E = 0$. 按同样的方法我们可以证明 (10) 和 (11) 两式里最后一列的所有的代数余因子必然都等于零. 因此, 前四列是线性相关的, 所以存在一种关系

$$a + by + cx + dxy = 0$$

可以被所有的 5 个点所满足.

（2）为求有理分式而构造的行列式可能分解成两个有理因子. 由于这个行列式就 y 讲是一次的, 所以因子分解的结果一定是

$$P(x)Q(x,y) = 0 \qquad (12)$$

这里并不失去一般性, 我们可以假定 $Q(x,y)$ 是不可约的. 设 $P(x)$ 的次数为 p, 并设 $Q(x,y) = 0$ 定出一个 q 阶的有理分式 $y = R(x)$. 假若 $k+1$ 个点被用来形成原来的行列式, 那么我们必须有 $q + 2p \leqslant k$. 同样因为所

有这些点都满足式(12),而它们中至多有 p 个点能满足 $P(x) = 0$,剩下的 $k + 1 - p$ 个点必须满足 $y = R(x)$. 现在,用来确定 $R(x)$ 需要 $q + 1$ 个点,因此满足方程 $y = R(x)$ 的点数比起确定 $R(x)$ 的点数将超过

$$k + 1 - p - (q + 1) = k - p - q$$

个. 这个超过数我们将简称为 S 个过剩点. 由此

$$S = k - p - q$$

而根据以上的不等式

$$S \geqslant p$$

因此,假若这个行列式分解成

$$P(x)Q(x, y) = 0$$

其中 $P(x)$ 是 p 次,那么从 $Q(x, y) = 0$ 得到的有理分式 $y = R(x)$ 必须满足至少 p 个过剩点.

显然,在这样一种情况,想用一个 k 阶的有理分式代表所有 $k + 1$ 个给定点的打算,是注定要失败的.

例 1 求满足以下各值的有理分式

$x:$	0	1	2	3
$y:$	1	1	2	3

现在,行列式是

$$\begin{vmatrix} 1 & 1 & 0 & 0 & 0 \\ 1 & 1 & 1 & 1 & 1 \\ 1 & 2 & 2 & 4 & 4 \\ 1 & 3 & 3 & 9 & 9 \\ 1 & y & x & xy & x^2 \end{vmatrix} = 0$$

因之

$$xy = x^2$$

这个方程被所有的 4 对值所满足,但是从它得到的 $y = x$ 却不行. 对于这个问题,$k = 3$,$q = 1$,$p = 1$,$S = 1$.

(3)缩减行列式或作均差表的过程可能由于出现零除数而被迫停止.

当这种情况发生时,两个或更多的同阶均差一定相等,例如

$$\rho_3(x_1 x_2 x_3 x_4) = \rho_3(x_0 x_1 x_2 x_3)$$

这意味着存在一个三阶的有理分式 $y = R_3(x)$,能被所有 5 对值 (x_0, y_0),$\cdots$,(x_4, y_4) 所满足.

(4)按所要求的表现来表示 y 的连分式可能不返回构成它的原值.

可以指明:对于一个终止于 ρ_k 的分式,如果没有两个阶数少于 k 的同阶的倒数差分彼此相等,这种情况将不会发生.

以上对于特殊情况的讨论绝不是完尽无遗的,而只是指出了一些最常遇到的困难. 假若我们用"退化集"这个名称来称呼一个可以满足阶数少于 n 的有理分式的、$n + 1$ 个点的集,便可以总结我们的结果如下:

定理 4　假若一个含 $n + 1$ 个点的集不是退化的,并且不含有退化的子集,那么就存在一个 n 阶的既约有理分式 $y = R_n(x)$ 可以满足这些给定点. 除了在分子和分母里的常数公因子可以变动外,这个分数是唯一的.

定理里面的各项条件是充分的,但不是必要的,例如

$$y = \frac{1 + x^2}{1 + x}$$

N. E. Nörlund 定理

满足以下各值

$x:$	0	1	2	3
$y:$	1	1	$\dfrac{5}{3}$	$\dfrac{5}{2}$

而这些值含有退化子集 $(0,1),(1,1)$.

差分与数值微分法

苏联著名数学家米克拉德泽(Mikeladze)曾对差分及其应用有具体详细的论述. 他 1895 年 3 月 28 日生于捷拉维. 1929 年毕业于梯比利斯大学,同年起在那里任教. 1935 年获数学物理学博士学位,同年成为教授. 后到格鲁吉亚科学院数学研究所工作. 1950 年成为格鲁吉亚科学院通讯院士,1960 年升为院士. 1952 年因数学分析的近似方法方面的成果而获苏联国家奖金. 1962 年被授予"格鲁吉亚功勋科学家"称号.

§1 带差分的数值微分公式

所谓数值微分公式,就是指当 x 和 $f(x)$ 间的函数相依关系以表给定时,用以推求 $f(x)$ 在点 x 处的导数的公式. 这种类型的公式,可由微分内插公式得到. 由微分

第 3 章

81

或者得出 $f'(x)$ 按 $f(x)$ 的差分的展开式,或者将导数表为被微分函数的某些值确定的线性函数. 借助于数值微分公式,微分方程的数值积分问题可以近似地解出.

对于 x 的非等距离值,带自变量的非等距离值的牛顿内插公式或拉格朗日公式给出计算 $f'(x)$ 的可能性. 但是如果自变量 x 的间隔相等,那么利用适当选出的带差分的公式来计算 $f'(x)$ 更为方便,于此,对于在表的开头处的数值微分,用带下降差分的公式方便;当用来计算导数的自变量值在靠近表的中间一行时,用带中心差分的公式方便;最后,在表的末端处,用带上升差分的公式方便. 借助于这些公式,也可以计算高阶导数的值. 此时,为了算出导数分开总 $f^{(k)}(x)$ 的数值表,便要有导数 $f^{(k-1)}(x)$ 的数值表. 因此,要作 $f^{(n)}(x)$ 的数值表,就需要作 n 个函数 $f^{(k)}(x)$ 的数值表($k=0$,$1,\cdots,n-1$).

下面我们考虑这样的一些计算高阶导数的公式,使用它们时只需要做出一个与导数的阶无关的差分表.

由对于自变量的非等距离值的牛顿公式出发. 计算 $f(x)$ 的 k 阶导数,便得出

$$f^{(k)}(x) = \sum_{v=k}^{n} f(a_0,a_1,\cdots,a_v) \frac{\mathrm{d}^k}{\mathrm{d}x^k} \prod_{m=0}^{v-1}(x-a_m) +$$
$$\frac{\mathrm{d}^k}{\mathrm{d}x^k} f(x,a_0,a_1,\cdots,a_n) \prod_{m=0}^{n}(x-a_m)$$

今考虑辅助函数

$$\varphi(x) \equiv \{f(x,a_0,a_1,\cdots,a_n) - \lambda\} \prod_{m=0}^{n}(x-a_m)$$

其中 λ 为常量. 这个表达式的右端有 $n+1$ 个根 $x=a_v$ $(v=0,1,\cdots,n)$.

连续应用罗尔定理, 便知 $\varphi(x)$ 的 $k(<n)$ 阶导数至少对于 x 的 $n-k+1$ 个值为零.

设 x 取异于方程

$$\frac{\mathrm{d}^k}{\mathrm{d}x^k}\prod_{m=0}^{n}(x-a_m)=0 \quad (k\leqslant n) \qquad (1)$$

的根的一切可能值.

于是借助于适当选取的 λ, 可又一次使 $\varphi^{(k)}(x)$ 成为零.

因此, 函数 $\varphi^{(k)}(x)$ 便有 $n-k+2$ 个根介于数 a_0, $a_1,\cdots,a_n$ 和 x 之间. 根据罗尔定理, 函数 $\varphi^{(k)}(x)$ 的 $(n-k+1)$ 阶导数在包含数 $a_0,a_1,\cdots,a_n$ 和 x 的区间内至少应有一次为零.

今若计算 $f^{(k)}(x)-\varphi^{(k)}(x)$ 的 $(n-k+1)$ 阶导数, 便知

$$f^{(n+1)}(x)-\varphi^{(n+1)}(x)=\lambda(n+1)!$$

从而

$$\lambda=\frac{f^{(n+1)}(\xi)}{(n+1)!}$$

其中 ξ 为介于数 $a_0,a_1,\cdots,a_n$ 和 x 中的最大者与最小者之间的数.

最后, 可得

$$f^{(k)}(x)=\sum_{v=k}^{n}f(a_0,a_1,\cdots,a_v)\frac{\mathrm{d}^k}{\mathrm{d}x^k}\prod_{m=0}^{v-1}(x-a_m)+$$

$$\frac{f^{(n+1)}(\xi)}{(n+1)!}\frac{\mathrm{d}^k}{\mathrm{d}x^k}\prod_{m-0}^{n}(x-a_m) \qquad (2)$$

我们指出,公式(2)是在由数 $a_0, a_1, \cdots, a_n$ 中的最大者与最小者所界限的区间外的 x 导出的.

由我们的论证可见,这个公式对于类于方程(1)的根的所有 x 都是对的.

关于 x 的变化要在公式(2)的差商中所含的数 a_k 的最大者与最小者所界限的区间外的要求,得出不可能由公式(2)得到带中心差分的数值微分公式的结论. 下面指出,带中心差分的数值微分公式就可以由公式(2)适当地导出. 这就给出数值微分的新的、比微分公式更简单的剩余项. 但最主要的是,从公式(2)可推出新的、很有价值的公式. 我们把这些公式的详细研究,放到下面一节.

§2 马尔可夫公式

在特殊情形下,公式(2)可以化成便于实际应用的形式. 例如,我们引入与变量 x 以方程 $x = a - th$ 相联系的新的自变量 t,并取 $a_v = a + vh$. 在公式(2)中的差分,可作代换

$$f(a, a+h, \cdots, a+vh) = \frac{\Delta^v f(a)}{v!} \frac{1}{h^v}$$

由计算得指出

$$(-h)^k f^{(k)}(a - th)$$
$$= \sum_{v=k}^{n} (-1)^v \frac{\Delta^v f(a)}{v!} \frac{\mathrm{d}^k}{\mathrm{d}t^k} \prod_{m=0}^{v-1} (t + m) +$$

$$\frac{(-h)^{n+1}f^{(n+1)}(\xi)}{(n+1)!}\frac{\mathrm{d}^k}{\mathrm{d}t^k}\prod_{m=0}^{n}(t+m) \qquad (3)$$

这就是 $f(x)$ 的 k 阶导数用下降差分 $\Delta^k f(a)$，$\Delta^{k+1} f(a)$，$\cdots$，$\Delta^n f(a)$ 的表达式. 当导数 $f^{(k)}(x)$ 的值是在表的开头处寻找时，公式(3)是便于计算的. 特别地，当 $t=0$ 时，便得出马尔可夫(Markov)公式

$$\begin{aligned}&(-h)^k f^{(k)}(a)\\ =&\sum_{v=k}^{n}(-1)^v\frac{\Delta^v f(a)}{v!}\left(\frac{\mathrm{d}^k}{\mathrm{d}t^k}\prod_{m=0}^{v-1}(t+m)\right)_{t=0}+\\ &\frac{(-h)^{n+1}f^{(n+1)}(\xi)}{(n+1)!}\left(\frac{\mathrm{d}^k}{\mathrm{d}t^k}\prod_{m=0}^{n}(t+m)\right)_{t=0}\end{aligned}$$

它在 $k=1$ 时，成为

$$\begin{aligned}hf'(a)=&\sum_{v=1}^{n}(-1)^{v+1}\frac{\Delta^v f(a)}{v}+\\ &(-1)^n h^{n+1}\frac{f^{(n+1)}(\xi)}{n+1}\end{aligned}$$

下面列出对于 $k=1,2,\cdots,21$ 所计算出的下一马尔可夫公式的系数 A_v

$$h^k f^{(k)}(a)=\sum_{v=k}^{n}A_v\Delta^v f(a) \qquad (4)$$

对于 $k=1$

$$A_1=1, \quad A_2=-\frac{1}{2}, \quad A_3=\frac{1}{3}, \quad A_4=-\frac{1}{4}$$

$$A_5=\frac{1}{5}, \quad A_6=-\frac{1}{6}, \quad A_7=\frac{1}{7}, \quad A_8=-\frac{1}{8}$$

$$A_9=\frac{1}{9}, \quad A_{10}=-\frac{1}{10}, \quad A_{11}=\frac{1}{11}, \quad A_{12}=-\frac{1}{12}$$

$$A_{13}=\frac{1}{13}, \quad A_{14}=-\frac{1}{14}, \quad A_{15}=\frac{1}{15}, \quad A_{16}=-\frac{1}{16}$$

$$A_{17} = \frac{1}{17}, \quad A_{18} = -\frac{1}{18}, \quad A_{19} = \frac{1}{19}, \quad A_{20} = -\frac{1}{20}$$

$$A_{21} = \frac{1}{21}$$

对于 $k = 2$

$$A_2 = 1, \quad A_3 = -1, \quad A_4 = \frac{11}{12}, \quad A_5 = -\frac{5}{6}$$

$$A_6 = \frac{137}{180}, \quad A_7 = -\frac{7}{10}, \quad A_8 = \frac{363}{560}, \quad A_9 = -\frac{761}{1\ 260}$$

$$A_{10} = \frac{7\ 129}{12\ 600}, \qquad A_{11} = -\frac{671}{1\ 260}$$

$$A_{12} = \frac{83\ 711}{166\ 320}, \qquad A_{13} = -\frac{6\ 617}{13\ 860}$$

$$A_{14} = \frac{1\ 145\ 993}{2\ 522\ 520}, \qquad A_{15} = -\frac{1\ 171\ 733}{2\ 702\ 700}$$

$$A_{16} = \frac{1\ 195\ 757}{2\ 882\ 880}, \qquad A_{17} = -\frac{143\ 327}{360\ 360}$$

$$A_{18} = \frac{42\ 142\ 223}{110\ 270\ 160}, \quad A_{19} = -\frac{751\ 279}{2\ 042\ 040}$$

$$A_{20} = \frac{275\ 295\ 799}{775\ 975\ 200}, \quad A_{21} = -\frac{55\ 835\ 135}{162\ 954\ 792}$$

对于 $k = 3$

$$A_3 = 1, \quad A_4 = -\frac{3}{2}, \quad A_5 = \frac{7}{4}, \qquad A_6 = -\frac{15}{8}$$

$$A_7 = \frac{29}{15}, \quad A_8 = -\frac{469}{240}, \quad A_9 = \frac{29\ 531}{15\ 120}, \quad A_{10} = -\frac{1\ 303}{672}$$

$$A_{11} = \frac{16\ 103}{8\ 400}, \qquad A_{12} = -\frac{190\ 553}{100\ 800}$$

$$A_{13} = \frac{128\ 977}{69\ 300}, \qquad A_{14} = -\frac{9\ 061}{4\ 950}$$

$$A_{15} = \frac{30\ 946\ 717}{17\ 199\ 000}, \qquad A_{16} = -\frac{39\ 646\ 461}{22\ 422\ 400}$$

$$A_{17} = \frac{58\ 433\ 327}{33\ 633\ 600}, \qquad A_{18} = -\frac{314\ 499\ 373}{201\ 801\ 600}$$

$$A_{19} = \frac{784\ 809\ 203}{467\ 812\ 800}, \qquad A_{20} = -\frac{169\ 704\ 792\ 667}{102\ 918\ 816\ 000}$$

$$A_{21} = \frac{665\ 690\ 574\ 539}{410\ 646\ 075\ 840}$$

对于 $k = 4$

$$A_4 = 1, \quad A_5 = -2, \quad A_6 = \frac{17}{6}, \quad A_7 = -\frac{7}{2}$$

$$A_8 = \frac{967}{240}, \quad A_9 = -\frac{89}{20}, \quad A_{10} = \frac{4\ 523}{945}, \quad A_{11} = -\frac{7\ 645}{1512}$$

$$A_{12} = \frac{341\ 747}{64\ 800}, \qquad A_{13} = -\frac{412\ 009}{75\ 600}$$

$$A_{14} = \frac{9\ 301\ 169}{1\ 663\ 200}, \qquad A_{15} = -\frac{406\ 841}{71\ 280}$$

$$A_{16} = \frac{35\ 118\ 025\ 721}{6\ 054\ 048\ 800}, \quad A_{17} = -\frac{4\ 446\ 371\ 981}{756\ 756\ 000}$$

$$A_{18} = \frac{80\ 847\ 323\ 107}{13\ 621\ 608\ 000}, \quad A_{19} = -\frac{2\ 263\ 547\ 729}{378\ 378\ 000}$$

$$A_{20} = \frac{32\ 262\ 100\ 943}{5\ 360\ 355\ 000}, \quad A_{21} = -\frac{13\ 334\ 148\ 911}{2\ 205\ 403\ 200}$$

对于 $k = 5$

$$A_5 = 1, \quad A_6 = -\frac{5}{2}, \quad A_7 = \frac{25}{6}, \quad A_8 = -\frac{35}{6}$$

$$A_9 = \frac{1\ 069}{144}, \quad A_{10} = -\frac{285}{32}, \quad A_{11} = \frac{31\ 063}{3\ 024}$$

$$A_{12} = -\frac{139\ 381}{12\ 096}, \quad A_{13} = \frac{1\ 148\ 963}{90\ 720}$$

$$A_{14} = -\frac{355\ 277}{25\ 920}, \qquad A_{15} = \frac{21\ 939\ 781}{1\ 496\ 880}$$

$$A_{16} = -\frac{2\ 065\ 639}{133\ 056}, \qquad A_{17} = \frac{2\ 195\ 261\ 857}{134\ 534\ 400}$$

$$A_{18} = -\frac{371\ 446\ 039\ 969}{21\ 794\ 572\ 800}, \quad A_{19} = \frac{27\ 566\ 944\ 753}{1\ 556\ 755\ 200}$$

$$A_{20} = -\frac{31\ 938\ 836\ 201}{1\ 743\ 565\ 824}, \qquad A_{21} = \frac{52\ 460\ 655\ 692\ 911}{2\ 778\ 808\ 032\ 000}$$

对于 $k = 6$

$$A_6 = 1, \quad A_7 = -3, \quad A_8 = \frac{23}{4}, \quad A_9 = -9$$

$$A_{10} = \frac{3\ 013}{240}, \quad A_{11} = -\frac{781}{48}, \quad A_{12} = \frac{242\ 537}{12\ 096}$$

$$A_{13} = -\frac{48\ 035}{2\ 016}, \qquad A_{14} = \frac{1\ 666\ 393}{60\ 480}$$

$$A_{15} = -\frac{22\ 463}{720}, \qquad A_{16} = \frac{277\ 382\ 447}{7\ 983\ 360}$$

$$A_{17} = -\frac{38\ 101\ 097}{997\ 920}, \qquad A_{18} = \frac{1\ 356\ 664\ 151\ 597}{32\ 691\ 859\ 200}$$

$$A_{19} = -\frac{162\ 356\ 544\ 377}{3\ 632\ 428\ 800}, \quad A_{20} = \frac{694\ 142\ 313\ 941}{14\ 529\ 715\ 200}$$

$$A_{21} = -\frac{31\ 591\ 404\ 263}{622\ 702\ 080}$$

对于 $k = 7$

$$A_7 = 1, \quad A_8 = -\frac{7}{2}, \quad A_9 = \frac{91}{12}, \quad A_{10} = -\frac{105}{8}$$

$$A_{11} = \frac{4\ 781}{240}, \quad A_{12} = -\frac{13\ 321}{480}, \quad A_{13} = \frac{314\ 617}{8\ 640}$$

$$A_{14} = -\frac{790\ 153}{17\ 280},\quad A_{15} = \frac{899\ 683}{16\ 200}$$

$$A_{16} = -\frac{2\ 271\ 089}{34\ 560},\quad A_{17} = \frac{86\ 853\ 967}{1\ 140\ 480}$$

$$A_{18} = -\frac{13\ 195\ 009}{152\ 064},\quad A_{19} = \frac{227\ 663\ 026\ 369}{2\ 335\ 132\ 800}$$

$$A_{20} = -\frac{2\ 022\ 480\ 780\ 283}{18\ 681\ 062\ 400},\quad A_{21} = \frac{6\ 670\ 985\ 204\ 447}{56\ 043\ 187\ 200}$$

对于 $k = 8$

$$A_8 = 1,\quad A_9 = -4,\quad A_{10} = \frac{29}{3},\quad A_{11} = -\frac{55}{3}$$

$$A_{12} = \frac{10\ 831}{360},\quad A_{13} = -\frac{897}{20},\quad A_{14} = \frac{944\ 311}{15\ 120}$$

$$A_{15} = -\frac{35\ 717}{432},\quad A_{16} = \frac{54\ 576\ 553}{518\ 400}$$

$$A_{17} = -\frac{8\ 424\ 673}{64\ 800},\quad A_{18} = \frac{344\ 947\ 281}{2\ 138\ 400}$$

$$A_{19} = -\frac{9\ 764\ 119}{52\ 800},\quad A_{20} = \frac{5\ 013\ 017\ 410\ 969}{23\ 351\ 328\ 000}$$

$$A_{21} = -\frac{573\ 738\ 838\ 201}{2\ 335\ 132\ 800}$$

对于 $k = 9$

$$A_9 = 1,\quad A_{10} = -\frac{9}{2},\quad A_{11} = 12,\quad A_{12} = -\frac{99}{4}$$

$$A_{13} = \frac{1747}{40},\quad A_{14} = -\frac{5\ 551}{80},\quad A_{15} = \frac{515\ 261}{5\ 040}$$

$$A_{16} = -\frac{21\,878\,439}{89\,600}, \qquad A_{17} = \frac{76\,492\,463}{403\,200}$$

$$A_{18} = -\frac{21\,878\,439}{89\,600}, \qquad A_{19} = \frac{4065\,163\,957}{13\,305\,600}$$

$$A_{20} = -\frac{3\,975\,325\,483}{10\,644\,480}, \qquad A_{21} = \frac{12\,196\,364\,570\,297}{27\,243\,216\,000}$$

对于 $k = 10$

$$A_{10} = 1, \quad A_{11} = -5, \quad A_{12} = \frac{175}{12}, \quad A_{13} = -\frac{65}{2}$$

$$A_{14} = \frac{491}{8}, \quad A_{15} = -\frac{2\,485}{24}, \quad A_{16} = \frac{324\,509}{2\,016}$$

$$A_{17} = -\frac{59\,279}{252}, \qquad A_{18} = \frac{79\,243\,781}{241\,920}$$

$$A_{19} = -\frac{11\,795\,941}{26\,880}, \qquad A_{20} = \frac{6\,063\,698\,587}{10\,644\,480}$$

$$A_{21} = -\frac{109\,542\,331}{152\,064}$$

对于 $k = 11$

$$A_{11} = 1, \quad A_{12} = -\frac{11}{2}, \quad A_{13} = \frac{209}{12}, \quad A_{14} = -\frac{1\,001}{24}$$

$$A_{15} = \frac{30\,217}{360}, \quad A_{16} = -\frac{1\,199}{8}, \quad A_{17} = \frac{494\,351}{2\,016}$$

$$A_{18} = -\frac{1\,513\,391}{4\,032}, \qquad A_{19} = \frac{18\,843\,187}{3\,456}$$

$$A_{20} = -\frac{367\,394\,203}{483\,840}, \qquad A_{21} = \frac{2\,965\,638\,101}{2\,903\,040}$$

对于 $k = 12$

$$A_{12} = 1, \quad A_{13} = -6, \quad A_{14} = \frac{41}{2}, \quad A_{15} = -\frac{105}{2}$$

$$A_{16} = \frac{26\ 921}{240}, \quad A_{17} = -\frac{6\ 341}{30}, \quad A_{18} = \frac{5\ 490\ 071}{15\ 120}$$

$$A_{19} = -\frac{976\ 163}{1\ 680}, \quad A_{20} = \frac{354\ 467\ 473}{403\ 200}$$

$$A_{21} = -\frac{7\ 321\ 967}{5\ 760}$$

对于 $k = 13$

$$A_{13} = 1, \quad A_{14} = -\frac{13}{2}, \quad A_{15} = \frac{143}{6}, \quad A_{16} = -65$$

$$A_{17} = \frac{35\ 269}{240}, \quad A_{18} = -\frac{46\ 631}{160}, \quad A_{19} = \frac{3\ 965\ 533}{7\ 560}$$

$$A_{20} = -\frac{10\ 596\ 053}{12\ 096}, \quad A_{21} = \frac{5\ 002\ 333\ 921}{3\ 628\ 800}$$

对于 $k = 14$

$$A_{14} = 1, \quad A_{15} = -7, \quad A_{16} = \frac{329}{12}, \quad A_{17} = -\frac{238}{3}$$

$$A_{18} = \frac{136\ 241}{720}, \quad A_{19} = -\frac{31\ 521}{80}$$

$$A_{20} = \frac{6\ 406\ 481}{8\ 640}, \quad A_{21} = -\frac{1\ 114\ 715}{864}$$

对于 $k = 15$

$$A_{15} = 1, \quad A_{16} = -\frac{15}{2}, \quad A_{17} = \frac{125}{4}, \quad A_{18} = -\frac{765}{8}$$

$$A_{19} = \frac{11\ 519}{48}, \quad A_{20} = -\frac{50\ 255}{96}, \quad A_{21} = \frac{12\ 437\ 081}{12\ 096}$$

对于 $k = 16$

$$A_{16} = 1, \quad A_{17} = -8, \quad A_{18} = \frac{106}{3}, \quad A_{19} = -144,$$

$$A_{20} = \frac{18\ 017}{60}, \quad A_{21} = -\frac{4\ 109}{6}$$

对于 $k = 17$

$$A_{17} = 1, \quad A_{18} = -\frac{17}{2}, \quad A_{19} = \frac{119}{3}, \quad A_{20} = -\frac{1\,615}{12}$$

$$A_{21} = \frac{66\,827}{180}$$

对于 $k = 18$

$$A_{18} = 1, \quad A_{19} = -9, \quad A_{20} = \frac{177}{4}, \quad A_{21} = -\frac{315}{2}$$

对于 $k = 19$

$$A_{19} = 1, \quad A_{20} = -\frac{19}{2}, \quad A_{21} = \frac{589}{12}$$

对于 $k = 20$

$$A_{20} = 1, \quad A_{21} = -10$$

对于 $k = 21$

$$A_{21} = 1$$

在许多有应用性质的情况下,只需使用下列近似公式

$$\begin{cases} f'(a) = \dfrac{\Delta f(a)}{h} \\[2mm] f''(a) = \dfrac{\Delta^2 f(a)}{h^2} \\[2mm] \cdots \\[2mm] f^{(k)}(a) = \dfrac{\Delta^k f(a)}{h^k} \end{cases} \tag{5}$$

它们是从马尔可夫公式在 $n = k$ 时得出的.

如果被微分函数的表的数值含有误差,则高阶差分的偏差较大. 所以公式(5)的准确度,随着差分的阶的增加而减小.

今考察由舍去剩余项所得出的公式(5)的误差.
按马尔可夫公式

$$f^{(k)}(a) = \frac{\Delta^k f(a)}{h^k} - \frac{kh}{2} f^{(k+1)}(\xi) \quad (a \leqslant \xi \leqslant a + kh)$$

因之,误差(如果 $\Delta^k f(a)$ 不含误差)等于

$$-\frac{kh}{2} f^{(k+1)}(\xi)$$

如果令 $x = a + th$, $a_v = a - vh$,可得

$$f(a, a-h, \cdots, a-vh) = \frac{\Delta^v f(a-vh)}{v!\ h^v}$$

用通常的差分代替公式(2)中的差商,便得出带上升
差分的公式. 我们得到

$$h^k f^{(k)}(a + th) = \sum_{v=k}^{n} \frac{\Delta^v f(a-vh)}{v!} \frac{\mathrm{d}^k}{\mathrm{d}t^k} \prod_{m=0}^{v-1} (t+m) +$$

$$h^{n+1} \frac{f^{(n+1)}(\xi)}{(n+1)!} \frac{\mathrm{d}^k}{\mathrm{d}t^k} \prod_{m=0}^{n} (t+m) \quad (6)$$

这个用上升差分 $\Delta^k f(a-kh)$, $\Delta^{k+1} f(a-(k+1)h)$, $\cdots$,
$\Delta^n f(a-nh)$ 表达 $f(x)$ 的 k 阶导数的公式,对于在表的
末端处计算导数,是方便的.

特别地,当 $t = 0$ 时,便得到带上升差分的马尔可
夫公式

$$h^k f^{(k)}(a) = \sum_{v=k}^{n} (-1)^{v-k} A_v \Delta^v f(a-vh)$$

其中数 A_v 与公式(4)中的相同. 因此,如取带下降差
分的马尔可夫公式中的系数 A_v 的绝对值,我们就得出
上一公式的系数 $(-1)^{v-k} A_v$.

如在公式(6)中取 $k = n$, $t = 0$,便得出公式

$$f^{(k)}(a) = \frac{\Delta^k f(a - kh)}{h^k} + \frac{kh}{2} f^{(k+1)}(\xi)$$

§3 间隔的缩小

我们考虑最常遇到的把原来间隔分为两半的情形. 设间隔 h 的缩小需要从某一 $x = a$ 处开始施行, 而位于由 $f(a)$ 出发的下降斜行的下降差分 $\Delta f(a)$, $\Delta^2 f(a)$, $\Delta^3 f(a)$, … 已经算出.

在公式 (3) 中令 $t = \frac{1}{2}$, 便得

$$h^k f^{(k)}\left(a - \frac{h}{2}\right) = \sum_{v=k}^{n} M_v \Delta^v f(a)$$

下面列出对于 $k = 0, 1, \cdots, 12$ 所算出的这个公式的系数 M_v:

对于 $k = 0$

$$M_0 = 1, \quad M_1 = -\frac{1}{2}, \quad M_2 = \frac{3}{8}, \quad M_3 = -\frac{5}{16}$$

$$M_4 = \frac{35}{128}, \quad M_5 = -\frac{63}{256}, \quad M_6 = \frac{231}{1\,024}$$

$$M_7 = -\frac{429}{2\,048}, \quad M_8 = \frac{6\,435}{32\,768}$$

$$M_9 = -\frac{12\,155}{65\,536}, \quad M_{10} = \frac{46\,189}{262\,144}$$

$$M_{11} = -\frac{88\,179}{524\,288}, \quad M_{12} = -\frac{676\,039}{4\,194\,304}$$

对于 $k=1$

$$M_1 = 1, \quad M_2 = -1, \quad M_3 = \frac{23}{24}, \quad M_4 = -\frac{11}{12}$$

$$M_5 = \frac{563}{640}, \quad M_6 = -\frac{1\,627}{1\,920}, \quad M_7 = \frac{88\,069}{107\,520}$$

$$M_8 = -\frac{1\,423}{1\,792}, \qquad M_9 = \frac{1\,593\,269}{2\,064\,384}$$

$$M_{10} = -\frac{7\,759\,469}{10\,321\,920}, \quad M_{11} = \frac{31\,730\,711}{43\,253\,760}$$

$$M_{12} = -\frac{46\,522\,243}{64\,880\,640}$$

对于 $k=2$

$$M_2 = 1, \quad M_3 = -\frac{3}{2}, \quad M_4 = \frac{43}{24}, \quad M_5 = -\frac{95}{48}$$

$$M_6 = \frac{12\,139}{5\,760}, \quad M_7 = -\frac{25\,333}{11\,520}, \quad M_8 = \frac{81\,227}{35\,840}$$

$$M_9 = -\frac{498\,233}{215\,040}, \qquad M_{10} = \frac{121\,563\,469}{51\,609\,600}$$

$$M_{11} = -\frac{246\,183\,839}{103\,219\,200}, \quad M_{12} = \frac{32\,808\,117\,961}{13\,624\,934\,400}$$

对于 $k=3$

$$M_3 = 1, \quad M_4 = -2, \quad M_5 = \frac{23}{8}, \quad M_6 = -\frac{29}{8}$$

$$M_7 = \frac{8\,197}{1\,920}, \quad M_8 = -\frac{2\,317}{480}, \quad M_9 = \frac{5\,142\,611}{967\,680}$$

$$M_{10} = -\frac{1\,111\,619}{193\,536}, \quad M_{11} = \frac{316\,111\,237}{51\,609\,600}$$

$$M_{12} = -\frac{500\,569\,373}{77\,414\,400}$$

对于 $k=4$

$$M_4 = 1, \quad M_5 = -\frac{5}{2}, \quad M_6 = \frac{101}{24}, \quad M_7 = -\frac{287}{48}$$

$$M_8 = \frac{14\ 861}{1\ 920}, \quad M_9 = -\frac{12\ 103}{1\ 280}, \quad M_{10} = \frac{10\ 749\ 419}{967\ 680}$$

$$M_{11} = -\frac{24\ 563\ 869}{1\ 935\ 360}, \quad M_{12} = \frac{6\ 598\ 023\ 581}{464\ 486\ 400}$$

对于 $k = 5$

$$M_5 = 1, \quad M_6 = -3, \quad M_7 = \frac{139}{24}, \quad M_8 = -\frac{55}{6}$$

$$M_9 = \frac{14\ 927}{1\ 152}, \qquad M_{10} = -\frac{19\ 627}{1\ 152}$$

$$M_{11} = \frac{4\ 124\ 677}{193\ 536}, \quad M_{12} = -\frac{829\ 385}{32\ 256}$$

对于 $k = 6$

$$M_6 = 1, \quad M_7 = -\frac{7}{2}, \quad M_8 = \frac{61}{8}, \quad M_9 = -\frac{213}{16}$$

$$M_{10} = \frac{39\ 209}{1\ 920}, \quad M_{11} = -\frac{110\ 539}{3\ 840}, \quad M_{12} = \frac{37\ 006\ 861}{967\ 680}$$

对于 $k = 7$

$$M_7 = 1, \quad M_8 = -4, \quad M_9 = \frac{233}{24}, \quad M_{10} = -\frac{445}{24}$$

$$M_{11} = \frac{58\ 933}{1\ 920}, \quad M_{12} = -\frac{44\ 359}{960}$$

对于 $k = 8$

$$M_8 = 1, \quad M_8 = -\frac{9}{2}, \quad M_{10} = \frac{289}{24}$$

$$M_{11} = -\frac{1\ 199}{48}, \quad M_{12} = \frac{255\ 751}{5\ 760}$$

对于 $k = 9$

96

$$M_9 = 1, \quad M_{10} = -5, \quad M_{11} = \frac{117}{8}, \quad M_{19} = -\frac{131}{4}$$

对于 $k = 10$

$$M_{10} = 1, \quad M_{11} = -\frac{11}{2}, \quad M_{12} = \frac{419}{24}$$

对于 $k = 11$

$$M_{11} = 1, \quad M_{12} = -6$$

对于 $k = 12$

$$M_{12} = 1$$

§4　差分按阶为渐增的差分的展开式

如果按泰勒(Taylor)公式将函数 $f(a+h)$ 展开并在所得的展开式中按公式(5)以差分代替导数,便得到在微分方程的数值积分时有用的关系式

$$\Delta f(a) = \Delta f(a-h) + \Delta^2 f(a-2h) + \Delta^3 f(a-3h) + \cdots$$

$$(7)$$

公式(7)使我们易于用逐步逼近法去解微分方程的积分问题. 如果我们把此公式写成

$$f(a+h) = f(a) + \Delta f(a-h) + \Delta^2 f(a-2h) +$$
$$\Delta^3 f(a-3h) + \cdots$$

并注意,在上一公式中出现的所有差分都位于由 $f(a)$ 起的同一上升行上,便能对 $f(x)$ 的差分表增添由 $f(a+h)$ 出发的新的上升行.

公式(7)可以用于外推法. 计算之,即得($a=$

$1.60, h = 0.05$）

$$f(a+h) = \mathrm{sh}(1.65)$$
$$= 2.375\ 568 + 0.125\ 957 + 0.005\ 625$$
$$= 2.507\ 150$$

这个数值颇符合准确值 $\mathrm{sh}(1.65) = 2.507\ 465.$

§5 带中心差分的数值微分公式

现在来推导带中心差分的公式. 设 k 为奇数. 我们取点 $a, a \pm h, \cdots, a \pm nh$ 作为内插点. 以 $a + th$ 代替公式（2）中的 x. 如果在公式（2）中，先令 $a_{2v-1} = a + vh$，$a_{2v} = a - vh$，再令 $a_{2v-1} = a - vh$，$a_{2v} = a + vh$ 并作所得式子的算术平均，且可以把它们写成

$$h^{2v-1}f(a, a \pm h, \cdots, a \pm (v-1)h, a - vh) = \frac{\Delta^{2v-1}f(a-vh)}{(2v-1)!}$$

$$h^{2v-1}f(a, a \pm h, \cdots, a \pm (v-1)h, a + vh)$$
$$= \frac{\Delta^{2v-1}f(a-(v-1)h)}{(2v-1)!}$$

$$h^{2v}f(a, a \pm h, \cdots, a \pm vh) = \frac{\Delta^{2v}f(a-vh)}{(2v)!}$$

便得到

$$h^k f^{(k)}(a + th)$$

$$= \sum_{v=\frac{k+1}{2}}^{n} \left(\frac{\mu\delta^{2v-1}f(a)}{(2v-1)!} \frac{\mathrm{d}^k}{\mathrm{d}t^k} t \prod_{m=1}^{v-1}(t^2 - m^2) + \right.$$

98

$$\frac{\delta^{2v}f(a)}{(2v)!}\frac{\mathrm{d}^k}{\mathrm{d}t^k}\prod_{m=0}^{v-1}(t^2-m^2)\Big)+$$

$$\frac{f^{(2n+1)}(\xi)}{(2n+1)!}h^{2n+1}\frac{\mathrm{d}^k}{\mathrm{d}t^k}t\prod_{m=1}^{n}(t^2-m^2)\qquad(8)$$

由式(8)便可求得计算奇阶导数的简单公式. 事实上, 令 $t=0$, 便有

$$h^kf^{(k)}(a)=\sum_{v=\frac{k+1}{2}}^{n}\frac{\mu\delta^{2v-1}f(a)}{(2v-1)!}\Big(\frac{\mathrm{d}^k}{\mathrm{d}t^k}t\prod_{m=1}^{v-1}(t^2-m^2)\Big)_{t=0}+$$

$$\frac{h^{2n+1}f^{(2n+1)}(\xi)}{(2n+1)!}\Big(\frac{\mathrm{d}^k}{\mathrm{d}t^k}t\prod_{m=1}^{n}(t^2-m^2)\Big)_{t=0}$$

$$(9)$$

现在设 k 取偶数值, 与上面所述类似, 便知

$$h^kf^{(k)}(a+th)$$

$$=\sum_{v=\frac{k}{2}}^{n-1}\frac{\delta^{2v}f(a)}{(2v)!}\frac{\mathrm{d}^k}{\mathrm{d}t^k}\prod_{m=0}^{v-1}(t^2-m^2)+$$

$$\sum_{v=1+\frac{k}{2}}^{n}\frac{\mu\delta^{2v-1}f(a)}{(2v-1)!}\frac{\mathrm{d}^k}{\mathrm{d}t^k}t\prod_{m=1}^{v-1}(t^2-m^2)+$$

$$\frac{h^{2n}}{2(2n)!}\Big(f^{(2n)}(\xi)\frac{\mathrm{d}^k}{\mathrm{d}t^k}t(t+n)\prod_{m=1}^{n-1}(t^2-m^2)+$$

$$f^{(2n)}(\eta)\frac{\mathrm{d}^k}{\mathrm{d}t^k}t(t-n)\prod_{m=1}^{n-1}(t^2-m^2)\Big)\qquad(10)$$

由式(10)容易得到计算偶阶导数的简单公式. 事实上, 令 $t=0$, 便得

$$h^kf^{(k)}(a)=\sum_{v=\frac{k}{2}}^{n-1}\frac{\delta^{2v}f(a)}{(2v)!}\Big(\frac{\mathrm{d}^k}{\mathrm{d}t^k}\prod_{m=0}^{v-1}(t^2-m^2)\Big)_{t=0}+$$

$$\frac{h^{2n}f^{(2n)}(\xi)}{(2n)!}\left(\frac{\mathrm{d}^k}{\mathrm{d}t^k}\prod_{m=0}^{n-1}(t^2-m^2)\right)_{t=0}$$

（11）

最后，在式（9）和式（11）中令 $k = 1,2,\cdots$，便得到下列计算导数的公式

$$hf'(a) = \sum_{v=1}^{n}\frac{(-1)^{v-1}((v-1)!)^2}{(2v-1)!}\mu\delta^{2v-1}f(a) +$$

$$(-1)^n(n!)^2\frac{h^{2n+1}f^{(2n+1)}(\xi)}{(2n+1)!} \qquad (12)$$

$$h^2f''(a) = 2\sum_{v=1}^{n-1}\frac{(-1)^{v-1}((v-1)!)^2}{(2v)!}\delta^{2v}f(a) +$$

$$(-1)^{n-1}((n-1)!)^2\frac{2h^{2n}f^{(2n)}(\xi)}{(2n)!}$$

（13）

$$h^3f'''(a) = \sum_{v=2}^{n}\frac{(-1)^v 6((v-1)!)^2}{(2v-1)!}\cdot$$

$$\sum_{m=1}^{v-1}\frac{1}{m^2}\mu\delta^{2v-1}f(a) + (-1)^{n-1}6(n!)^2\cdot$$

$$\sum_{m=1}^{n}\frac{1}{m^2}\frac{h^{2n+1}f^{(2n+1)}(\xi)}{(2n+1)!}$$

$$h^4f^{(4)}(a) = \sum_{v=2}^{n-1}\frac{(-1)^v 24((v-1)!)^2}{(2v)!}\cdot$$

$$\sum_{m=1}^{v-1}\frac{1}{m^2}\delta^{2v}f(a) + (-1)^n\cdot$$

$$((n-1)!)^2\sum_{m=1}^{n-1}\frac{1}{m^2}\frac{24h^{2n}f^{(2n)}(\xi)}{(2n)!}$$

$$h^5f^{(5)}(a) = \sum_{v=3}^{n}\frac{(-1)^{v-1}60((v-1)!)^2}{(2v-1)!}\cdot$$

$$\left(\left(\sum_{m=1}^{v-1}\frac{1}{m^2}\right)^2-\sum_{m=1}^{v-1}\frac{1}{m^4}\right)\mu\delta^{2v-1}f(a)\ +$$

$$(-1)^n60(n!)^2\left(\left(\sum_{m=1}^{n}\frac{1}{m^2}\right)^2-\right.$$

$$\sum_{m=1}^{n}\frac{1}{m^4}\right)\frac{h^{2n+1}f^{(2n+1)}(\xi)}{(2n+1)!}$$

$$h^6f^{(6)}(a)\ =\ \sum_{v=8}^{n-1}\frac{(-1)^{v-1}360((v-1)!)^2}{(2v)!}\ \cdot$$

$$\left(\left(\sum_{m=1}^{v-1}\frac{1}{m^2}\right)^2-\sum_{m=1}^{v-1}\frac{1}{m^4}\right)\delta^{2v}f(a)\ +$$

$$(-1)^{n-1}360[(n-1)!]^2\left(\left(\sum_{m=1}^{n-1}\frac{1}{m^2}\right)^2-\right.$$

$$\sum_{m=1}^{n-1}\frac{1}{m^4}\right)\frac{h^{2n}f^{(2n)}(\xi)}{(2n)!}$$

等等.

以下将列出对于 $k=1,2,\cdots,10$ 算出的带有中心差分的数值微分公式

$$h^kf^{(k)}(a)\ =\ \sum_{v=\frac{k+1}{2}}^{n}B_v\mu\delta^{2v-1}f(a)\quad（k\ 为奇数）$$

$$h^kf^{(k)}(a)\ =\ \sum_{v=\frac{k}{2}}^{n}D_v\delta^{2v}f(a)\quad（k\ 为偶数）$$

的系数 B_v 和 D_v,显然,它们对于实际提出的问题是足够的:

对于 $k=1$

$$B_1=1,\quad B_2=-\frac{1}{6},\quad B_3=\frac{1}{30},\quad B_4=-\frac{1}{140},$$

$$B_5 = \frac{1}{630}, \quad B_6 = -\frac{1}{2\,772};$$

对于 $k = 2$

$$D_1 = 1, \quad D_2 = -\frac{1}{12}, \quad D_3 = \frac{1}{90}, \quad D_4 = -\frac{1}{560},$$

$$D_5 = \frac{1}{3\,150}, \quad D_6 = -\frac{1}{16\,632};$$

对于 $k = 3$

$$B_2 = 1, \quad B_3 = -\frac{1}{4}, \quad B_4 = \frac{7}{120}, \quad B_5 = -\frac{41}{3\,024},$$

$$B_6 = -\frac{479}{151\,200};$$

对于 $k = 4$

$$D_2 = 1, \quad D_3 = -\frac{1}{6}, \quad D_4 = \frac{7}{240}, \quad D_5 = -\frac{41}{7\,560},$$

$$D_6 = \frac{479}{453\,600};$$

对于 $k = 5$

$$B_3 = 1, \quad B_4 = -\frac{1}{3}, \quad B_5 = \frac{13}{144}, \quad B_6 = -\frac{139}{6\,048};$$

对于 $k = 6$

$$D_3 = 1, \quad D_4 = -\frac{1}{4}, \quad D_5 = \frac{13}{240}, \quad D_6 = -\frac{139}{12\,096};$$

对于 $k = 7$

$$B_4 = 1, \quad B_5 = -\frac{5}{12}, \quad B_6 = \frac{31}{240};$$

对于 $k = 8$

$$D_4 = 1, \quad D_5 = -\frac{1}{3}, \quad D_6 = \frac{31}{360};$$

对于 $k = 9$

$$B_5 = 1, \quad B_6 = -\frac{1}{2};$$

对于 $k = 10$

$$D_5 = 1, \quad D_6 = -\frac{5}{12}.$$

易于看出,关系式(8)和(10)也可以由微分斯特林(Stirling)公式导出,但是那样得不到在实用上有方便形式的剩余项.

今指明所得的公式在实际上的应用. 例如,设在点 $a = 1.70$ 处推求由伽马函数表取出的表 1 所给定的函数 $\lg \Gamma(a)$ 的起首两阶导数.

表 1

a	$\lg \Gamma(a)$	Δ	Δ^2	Δ^3	Δ^4
1.60	9.951 102				
		3 197			
1.65	9.954 299		895		
		4 092		-33	
1.70	9.958 391		862		1
		4 954		-32	
1.75	9.963 345		830		
		5 784			
1.80	9.969 129				

如应用刚才得出的计算 $f'(a)$ 和 $f''(a)$ 的带有中

心差分的公式,便可写出

$$0.05(\lg \Gamma(a))'_{a=1.70} = \frac{0.004\,092 + 0.004\,594}{2} +$$

$$\frac{1}{6} \cdot \frac{0.000\,033 + 0.000\,032}{2}$$

$$= 0.004\,528\,4$$

$$0.002\,5(\lg \Gamma(a))''_{a=1.70} = 0.000\,862 -$$

$$\frac{1}{12} \cdot (0.000\,001)$$

$$= 0.000\,861\,92$$

最后求得

$$(\ln \Gamma(a))'_{a=1.70} = 0.208\,54$$

$$(\ln \Gamma(a))''_{a=1.70} = 0.793\,9$$

而在伽马函数的表中的为 0.208 55 和 0.793 2 两数.

我们可以通过微分贝塞尔(Bessel)内插公式的两端求得某些数值微分公式,虽然它们也可由变换公式(2)得出.

微分贝塞尔公式的两端,便求得两个近似公式. 其一具有下形

$$h^k f^{(k)}\left(a + \frac{h}{2} + th\right)$$

$$= \sum_{v=1+\frac{k}{2}}^{n} \left(\frac{\mu\delta^{2v-2}f\left(a + \frac{h}{2}\right)}{(2v-2)!} \frac{\mathrm{d}^k}{\mathrm{d}t^k} \prod_{m=2}^{v} \left(t^2 - \left(\frac{2m-3}{2}\right)^2 \right) + \right.$$

$$\left. \frac{\delta^{2v-1}f\left(a + \frac{h}{2}\right)}{(2v-1)!} \frac{\mathrm{d}^k}{\mathrm{d}t^k} t \prod_{m=2}^{v} \left(t^2 - \left(\frac{2m-3}{2}\right)^2 \right) \right)$$

且对于 k 的偶数值是合理的;另一个为

$$h^k f^{(k)}\left(a + \frac{h}{2} + th\right) = \sum_{v=\frac{1+k}{2}}^{n} \frac{\delta^{2v-1} f\left(a + \frac{h}{2}\right)}{(2v-1)!} \cdot$$

$$\frac{\mathrm{d}^k}{\mathrm{d}t^k} t \prod_{m=2}^{v}\left(t^2 - \left(\frac{2m-3}{2}\right)^2\right) +$$

$$\sum_{v=\frac{3+k}{2}}^{n} \frac{\mu\delta^{2v-2} f\left(a + \frac{h}{2}\right)}{(2v-2)!} \frac{\mathrm{d}^k}{\mathrm{d}t^k} \prod_{m=2}^{v}\left(t^2 - \left(\frac{2m-3}{2}\right)^2\right)$$

在 k 为奇数值时合理.

在这些公式中令 $t = 0$, 便得出对于 k 是偶数值的公式

$$h^k f^{(k)}\left(a + \frac{h}{2}\right) = \sum_{v=1+\frac{k}{2}}^{n} \mu\delta^{2v-2} \frac{f\left(a + \frac{h}{2}\right)}{(2v-2)!} \cdot$$

$$\left(\frac{\mathrm{d}^k}{\mathrm{d}t^k} \prod_{m=2}^{v}\left(t^2 - \left(\frac{2m-3}{2}\right)^2\right)\right)_{t=0}$$

和对于 k 是奇数值的公式

$$h^k f^{(k)}\left(a + \frac{h}{2}\right) = \sum_{v=\frac{1+k}{2}}^{n} \frac{\delta^{2v-1} f\left(a + \frac{h}{2}\right)}{(2v-1)!} \cdot$$

$$\left(\frac{\mathrm{d}^{k-1}}{\mathrm{d}t^{k-1}} \prod_{m=2}^{v}\left(t^2 - \left(\frac{2m-3}{2}\right)^2\right)\right)_{t=0}$$

下面列出数值微分公式

$$h^k f^{(k)}\left(a + \frac{h}{2}\right) = \sum_{v=1+\frac{k}{2}}^{n} C_v \mu\delta^{2v-2} f\left(a + \frac{h}{2}\right) \quad (k \text{ 为偶数})$$

$$h^k f^{(k)}\left(a + \frac{h}{2}\right) = \sum_{v=\frac{1+k}{2}}^{n} E_v \delta^{2v-1} f\left(a + \frac{h}{2}\right) \quad (k \text{ 为奇数})$$

105

的系数 C_v 和 E_v：

对于 $k = 1$

$$E_1 = 1, \quad E_2 = -\frac{1}{24}, \quad E_3 = \frac{3}{640}, E_4 = -\frac{5}{7\,168},$$

$$E_5 = \frac{35}{294\,912}, E_6 = -\frac{315}{14\,417\,920};$$

对于 $k = 2$

$$C_2 = 1, \quad C_3 = -\frac{5}{24}, \quad C_4 = \frac{259}{5\,760}, C_5 = -\frac{3\,229}{322\,560},$$

$$C_6 = \frac{117\,469}{51\,609\,600};$$

对于 $k = 3$

$$E_2 = 1, \quad E_3 = -\frac{1}{8}, \quad E_4 = \frac{37}{1\,920}, E_5 = -\frac{3\,229}{967\,680},$$

$$E_6 = \frac{117\,469}{189\,235\,200};$$

对于 $k = 4$

$$C_3 = 1, \; C_4 = -\frac{7}{24}, \; C_5 = \frac{47}{640}, \; C_6 = -\frac{17\,281}{967\,680}.$$

§6　各阶差分和导数之间的相依关系

我们曾用差分表示过 $f(x)$ 的导数. 今指出，差分也可用导数来表达.

我们考虑函数

$$\varphi(x) \equiv f(x) - \sum_{v=0}^{n} \frac{x^v}{v!} f^{(v)}(0) - \lambda \frac{x^{n+1}}{(n+1)!}$$

$$(14)$$

其中 λ 为某一常数. 我们推求 $\varphi^{(m)}(x)$ 的借助于麦克劳林(Maclaurin)公式的展开式. 计算之,便得

$$\varphi(0) = \varphi'(0) = \cdots = \varphi^{(n)}(0) = 0$$

设 $m \leqslant n$. 根据麦克劳林公式

$$\varphi^{(m)}(x) = \frac{x^{n-m+1}}{(n-m+1)!} \varphi^{(n+1)}(\xi) \quad (0 < \xi < x)$$

将恒等式(14)微分 $n+1$ 次,便给出

$$\varphi^{(n+1)}(x) = f^{(n+1)}(x) - \lambda$$

因此,便有

$$\varphi^{(m)}(x) = \frac{x^{n-m+1}}{(n-m+1)!} (f^{(n+1)}(\xi) - \lambda) \quad (15)$$

如对于不同时为零的自变量值 $a_0, a_1, \cdots, a_m$ 来计算函数 $\varphi(x)$ 的 m 阶差商($a_0 = a_1 = \cdots = a_m = 0$ 的情形是显然的),便求得

$$\varphi(a_0, a_1, \cdots, a_m)$$

$$= f(a_0, a_1, \cdots, a_m) - \sum_{v=m}^{n} \frac{f^{(v)}(0)}{v!} \sum_{\mu=0}^{m} \cdot$$

$$\frac{a_\mu^v}{\prod\limits_{\substack{k=0 \\ k \neq \mu}}^{m} (a_\mu - a_k)} - \frac{\lambda}{(n+1)!} \sum_{\mu=0}^{m} \frac{a_\mu^{n+1}}{\prod\limits_{\substack{k=0 \\ k \neq \mu}}^{m} (a_\mu - a_k)}$$

$$(16)$$

其中带乘数 $\dfrac{\lambda}{(n+1)!}$ 的和是函数 x^{n+1} 的 m 阶差商. 容易看出,这个和等于

$$\frac{1}{m!}\left(\frac{\mathrm{d}^m x^{n+1}}{\mathrm{d}x^m}\right)_{x=\theta} = \binom{n+1}{m}\theta^{n-m+1}$$

其中 θ 位于由数 $a_0, a_1, \cdots, a_m$ 中的最大者与最小者所界限的区间内. 设这些数不为负. 于是 $\theta > 0$, 因而我们所注意的和是正的. 这就使我们能选择常数 λ, 使得等式(16)的右端变为零. 因此

$$\varphi(a_0, a_1, \cdots, a_m) = \varphi^{(m)}(\theta) = 0 \quad (\theta > 0)$$

如应用等式(15), 便可写出

$$\lambda = f^{(n+1)}(\xi)$$

最后, 如将所得的 λ 值代入等式(16), 便求得

$$f(a_0, a_1, \cdots, a_m) = \sum_{v=m}^{n} \frac{f^{(v)}(0)}{v!} \sum_{\mu=0}^{m} \frac{a_\mu^v}{\prod\limits_{\substack{k=0 \\ k \neq \mu}}^{m}(a_\mu - a_k)} +$$

$$\frac{f^{(n+1)}(\xi)}{(n+1)!} \sum_{\mu=0}^{m} \frac{a_v^{n+1}}{\prod\limits_{\substack{k=0 \\ k \neq \mu}}^{m}(a_\mu - a_k)}$$

$$(17)$$

其中 ξ 位于数 $a_0, a_1, \cdots, a_m$ 之间.

在数 $a_0, a_1, \cdots, a_m$ 不为正的情况下, 重复同样的论证, 又可得到公式(17).

我们指出, 当 $a_v = a + vh (v = 0, 1, \cdots, m)$ 时, 如变换出现于公式(17)中的差商, 便得到重要的公式. 它具有形式

$$\Delta^m f(a) = \sum_{v=m}^{n} f^{(v)}(0) \frac{\Delta^m a^v}{v!} + f^{(n+1)}(\xi) \frac{\Delta^m a^{n+1}}{(n+1)!}$$

特别是对于 $a=0$ 和 $h=1$, 我们得到带差分 $\Delta^m 0^v$

的公式,如果在这个公式中以 $f(u+x)$ 代替 $f(u)$,便得到马尔可夫公式

$$\Delta^m f(x) = \sum_{v=m}^{n} f^{(v)}(x) \frac{\Delta^m 0^v}{v!} + f^{(n+1)}(\xi) \frac{\Delta^m 0^{n+1}}{(n+1)!}$$

§7　不带差分的公式

设 $x_0, x_1, \cdots, x_n$ 和 $y_0, y_1, \cdots, y_n$ 分别表示列在表中的自变量和函数的数值. 设要推求 $f'(x_k)$.

如上面所曾指出,对于给定的 x 值去计算函数 $f(x)$ 的导数,不但可以借助于差分公式,而且也可以借助于含有以适当方式选定的 $f(x)$ 的数值的公式.

这些公式具有形式

$$y_k^{(n)} = \sum_i A_i y_i + R$$

其中 $y_k^{(n)}$ 表示函数 $f(x)$ 在点 x_k 处的 n 阶导数的量, A_i 表示数值系数(每一个 $y_n^{(k)}$ 所自有的),而 R 表示剩余项. 新公式较之带差分的公式具有一系列实用性质的优点. 这些优点在解边界问题与关于特征值问题时,就显示出来了.

现在我们导出几个(含有被微分函数的值的)公式,它们不但从一般性的观点看,并且从应用的观点看,都是要紧的. 我们把有下列公式

N. E. Nörlund 定理

$$f'(x) = \sum_{v=1}^{n} \frac{\prod\limits_{k=1}^{n}(x-a_k)}{\prod\limits_{\substack{k=1\\k\neq v}}^{n}(a_v-a_k)} \frac{f(x)-f(a_v)}{(x-a_v)^2} +$$

$$\frac{f^{(n+1)}(\xi)}{(n+1)!}\prod_{k=1}^{n}(x-a_k) \tag{18}$$

并假定已经知道在所写出的公式中的不同自变量值 $a_v(v=1,2,\cdots,n)$ 与对应的函数值 $f(a_v)$. 设 x 的变化区间的边界含于已知数 a_v 中间. 为了在点 $x=x_0$ 处近似地计算 $f'(x)$,其中 $x_0\neq a_v(v=1,2,\cdots,n)$,便应该在所得的公式中以 x_0 代替 x,并舍去剩余项.

例如,当 $n=1,x=a,a_1=a+h$ 时,便有

$$f'(a) = \frac{f(a+h)-f(a)}{h} - \frac{h}{2}f''(\xi) \quad (a<\xi<a+h)$$

由此,舍去剩余项,便求得近似公式

$$f'(a) = \frac{f(a+h)-f(a)}{h}$$

当 $n=2,x=a,a_1=a+h,a_2=a+2h$ 时

$$f'(a) = \frac{-3f(a)+4f(a+h)-f(a+2h)}{2h} + \frac{h^2}{3}f'''(\xi) \tag{19}$$

其中 ξ 含于 a 与 $a+2h$ 之间.

如果在其中取 $m=3$,便得

$$f''(x) = 2\sum_{v=1}^{n} \frac{\prod\limits_{k=1}^{n}(x-a_k)}{(x-a_v)^2\prod\limits_{\substack{k=1\\k\neq v}}^{n}(a_v-a_k)}f'(x) -$$

110

$$2 \sum_{v=1}^{n} \frac{\displaystyle\prod_{k=1}^{n}(x - a_k)}{\displaystyle\prod_{\substack{k=1 \\ k \neq v}}^{n}(a_v - a_k)} \frac{f(x) - f(a_v)}{(x - a_v)^3} +$$

$$2 \frac{f^{(n+2)}(\xi)}{(n+2)!} \prod_{k=1}^{n}(x - a_k)$$

如在此公式中,按公式(18)代换 $f'(x)$,便得到使我们能根据 $f(x)$ 在点 $a_v(v=1,2,\cdots,n)$ 处的已知数值来计算 $f''(x)$ 的公式.

当点 a_v 关于推求导数处的点对称时,所得公式具有特别简单的形式.

基本的微分公式具有形式

$$h^k f^{(k)}(a + th)$$

$$= \frac{P_0^{(k)}(t)}{P_0(0)} f(a) + \frac{1}{2} \sum_{v=1}^{r} \frac{\mathrm{d}^k}{\mathrm{d}t^k} \Big(\frac{P_v(t)}{t_v P_v(t_v)} ((t + t_v) \cdot$$

$$f(a + t_v h) + (t - t_v) f(a - t_v h)) \Big) +$$

$$h^{2r+1} \frac{\mathrm{d}^k}{\mathrm{d}t^k} (P(t) f(a + th, a, a \pm t_1 h, \cdots, a \pm t_r h))$$

$$(20)$$

它可由内插公式的 k 次微分而得出.

由这个公式,便可求出计算导数的简单公式. 事实上,令 $k = 1$,便得

$$hf'(a + th)$$

$$= \frac{P_0'(t)}{P_0(0)} f(a) + \frac{1}{2} \sum_{v=1}^{r} \frac{P_v'(t)}{t_v P_v(t_v)} ((t + t_v) f(a + t_v h) +$$

$$(t - t_v) f(a - t_v h)) + \frac{1}{2} \sum_{v=1}^{r} \frac{P_v(t)}{t_v P_v(t_v)} (f(a + t_v h) +$$

$$f(a - t_v h)) + h^{2r+1} P'(t) f(a + th, a, a \pm$$
$$t_1 h, \cdots, a \pm t_r h) + h^{2r+2} P(t) f(a + th, a + th,$$
$$a, a \pm t_1 h, \cdots, a \pm t_r h)$$

此处,如以 0 代替 t,便给出

$$hf'(a) = \frac{1}{2} \sum_{v=1}^{r} (-1)^{r-1} \frac{t_1^2 t_2^2 \cdots t_r^2}{t_v^3 \prod_{\substack{k=1 \\ k \neq v}}^{r} (t_v^2 - t_k^2)} \cdot$$
$$(f(a + t_v h) - f(a - t_v h)) +$$
$$(-1)^r t_1^2 t_2^2 \cdots t_r^2 \frac{h^{2r+1} f^{(2r+1)}(a + \eta h)}{(2r+1)!}$$

$$(21)$$

其中 η 位于区间 $(-t_r, t_r)$ 内.

如在此公式中取 $r = 2$, $t_1 = \frac{1}{2}$, $t_2 = \frac{3}{2}$,则对于计算 $f'(a)$ 便有下一公式

$$f'(a) = \frac{f\left(a - \frac{3}{2}h\right) - 27f\left(a - \frac{h}{2}\right) + 27f\left(a + \frac{h}{2}\right) - f\left(a + \frac{3}{2}h\right)}{24h} +$$
$$\frac{3h^4}{640} f^{(5)}(a + \eta h)$$

由简单的计算可知,当 $t_v = v (v = 1, 2, \cdots, r)$ 时,公式(21)具有形式

$$hf'(a) = \sum_{v=1}^{r} \frac{(-1)^{v-1}(r!)^2}{v(r-v)!(r+v)!} \cdot$$
$$(f(a + vh) - f(a - vh)) + R \quad (22)$$

其中

$$R = (-1)^r (r!)^2 \frac{h^{2r+1} f^{(2r+1)}(a + \eta h)}{(2r+1)!} \quad (-r < \eta < r)$$

现在我们计算 $f''(a)$. 为此,我们在公式(20)中取 $k=2$,求式(20)右端表达式的二阶导数并以 0 代换其中的 t. 我们得到

$$
\begin{aligned}
h^2 f''(a) = & -2f(a) \sum_{v=1}^{r} \frac{1}{t_v^2} + \sum_{v=1}^{r} \frac{(-1)^{r-1} t_1^2 t_2^2 \cdots t_r^2}{t_v^4 \prod_{\substack{k=1 \\ k \neq v}}^{r} (t_v^2 - t_k^2)} \cdot \\
& (f(a+t_v h) + f(a-t_v h)) + \\
& 2(-1)^r t_1^2 t_2^2 \cdots t_r^2 \frac{h^{2r+2} f^{(2r+2)}(a+\vartheta h)}{(2r+2)!}
\end{aligned}
$$

(23)

其中 ϑ 位于 $-t_r$ 与 t_r 之间.

当 $t_v = v(v = 1, 2, \cdots, r)$ 时,由公式(23),特别地可得出下列公式

$$
\begin{aligned}
h^2 f''(a) = & -2f(a) \sum_{v=1}^{r} \frac{1}{v^2} + 2 \sum_{v=1}^{r} \frac{(-1)^{v-1}(r!)^2}{v^2 (r-v)!(r+v)!} \cdot \\
& (f(a+vh) + f(a-vh)) + R
\end{aligned}
$$

(24)

其中剩余项具有形式

$$
R = (-1)^r 2(r!)^2 \frac{h^{2r+2} f^{(2r+2)}(a+\vartheta h)}{(2r+2)!} \quad (-r < \vartheta < r)
$$

类似地可得出计算 $f'''(a)$ 与 $f^{(4)}(a)$ 的公式

$$
\begin{aligned}
h^3 f'''(a) = & 3 \sum_{v=1}^{r} \frac{(-1)^r t_1^2 t_2^2 \cdots t_r^2 \left(\left(\sum_{k=1}^{r} \frac{1}{t_k^2} \right) - \frac{1}{t_v^2} \right)}{t_v^3 \prod_{\substack{k=1 \\ k \neq v}}^{r} (t_v^2 - t_k^2)} \cdot \\
& (f(a+t_v h) - f(a-t_v h)) + \\
& (-1)^r 6 t_1^2 t_2^2 \cdots t_r^2 \frac{h^{2r+3} f^{(2r+3)}(a+\vartheta h)}{(2r+3)!} +
\end{aligned}
$$

113

$$(-1)^{r-1}6t_1^2 t_2^2 \cdots t_r^2 \sum_{v=1}^{r} \frac{1}{t_v^2} \frac{h^{2r+1} f^{(2r+1)}(a+\vartheta h)}{(2r+1)!}$$

$$(25)$$

$$h^4 f^{(4)}(a) = 12\left(\left(\sum_{v=1}^{r} \frac{1}{t_v^2}\right)^2 - \sum_{v=1}^{r} \frac{1}{t_v^4}\right)f(a) +$$

$$12\sum_{v=1}^{r} \cdot \frac{(-1)^r t_1^2 t_2^2 \cdots t_r^2\left(\left(\sum_{k=1}^{r} \frac{1}{t_k^2}\right) - \frac{1}{t_v^2}\right)}{t_v^4 \prod_{\substack{k=1 \\ k \neq v}}^{r}(t_v^2 - t_k^2)} \cdot$$

$$(f(a+t_v h) + f(a - t_v h)) - (-1)^r 24 t_1^2 t_2^2 \cdots t_r^2 \cdot$$

$$\sum_{v=1}^{r} \frac{1}{t_v^2} \frac{h^{2r+2} f^{(2r+2)}(a+\vartheta h)}{(2r+2)!} +$$

$$(-1)^r 24 t_1^2 t_2^2 \cdots t_r^2 \frac{h^{2r+4} f^{(2r+4)}(a+\theta h)}{(2r+4)!}$$

$$(26)$$

其中 ϑ 与 θ 位于 $-t_r$ 与 t_r 之间.

在公式(25)与(26)中,令 $t_v = v\ (v = 1,2,\cdots,r)$,便得到

$$h^3 f'''(a) = 6\sum_{v=1}^{r} \frac{(-1)^v (r!)^2\left(\left(\sum_{k=1}^{r} \frac{1}{k^2}\right) - \frac{1}{v^2}\right)}{v(r-v)!(r+v)!} \cdot$$

$$(f(a+vh) - f(a-vh)) + (-1)^{r-1} \cdot$$

$$6(r!)^2 \sum_{v=1}^{r} \frac{1}{v^2} \frac{h^{2r+1} f^{(2r+1)}(a+\vartheta h)}{(2r+1)!} +$$

$$(-1)^r 6(r!)^2 \frac{h^{2r+3} f^{(2r+3)}(a+\vartheta h)}{(2r+3)!}$$

$$h^4 f^{(4)}(a) = 12\left(\left(\sum_{v=1}^{r} \frac{1}{v^2}\right)^2 - \sum_{v=1}^{r} \frac{1}{v^4}\right)f(a) +$$

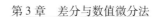

$$24(r!)^2 \cdot \sum_{v=1}^{r} \frac{(-1)^v \left(\left(\sum_{k=1}^{r} \frac{1}{k^2} \right) - \frac{1}{v^2} \right)}{v^2 (r-v)!(r+v)!} \cdot$$

$$(f(a+vh) + f(a-vh)) - (-1)^r \cdot$$

$$24(r!)^2 \sum_{v=1}^{r} \frac{1}{v^2} \frac{h^{2r+2} f^{(2r+2)}(a+\vartheta h)}{(2r+2)!} +$$

$$(-1)^r 24(r!)^2 \frac{h^{2r+4} f^{(2r+4)}(a+\vartheta h)}{(2r+4)!}$$

其中 $-r < \vartheta < r$，$-r < \theta < r$.

下面引入几个近似地计算前六阶导数的公式

$$f'(a) = \frac{\alpha_1}{2h} - \frac{h^2}{6} f'''(\xi) = \frac{-\alpha_2 + 8\alpha_1}{12h} + \frac{h^4}{30} f^{(5)}(\eta)$$

$$= \frac{\alpha_3 - 9\alpha_2 + 45\alpha_1}{60h} - \frac{h^6}{140} f^{(7)}(\theta)$$

$$f''(a) = \frac{\beta_1 - 2f(a)}{h^2} - \frac{h^2}{12} f^{(4)}(\xi)$$

$$= \frac{-\beta_2 + 16\beta_1 - 30f(a)}{12h^2} + \frac{h^4}{90} f^{(6)}(\eta)$$

$$= \frac{2\beta_3 - 27\beta_2 + 270\beta_1 - 490f(a)}{180h^2} - \frac{h^6}{560} f^{(8)}(\theta)$$

$$f'''(a) = \frac{\alpha_2 - 2\alpha_1}{2h^3} - \frac{h^2}{4} f^{(5)}(\xi)$$

$$= \frac{-\alpha_3 + 8\alpha_2 - 13\alpha_1}{8h^3} + \frac{7h^4}{720} f^{(7)}(\xi)$$

$$f^{(4)}(a) = \frac{\beta_2 - 4\beta_1 + 6f(a)}{h^4} - \frac{h^2}{6} f^{(6)}(\eta)$$

$$= \frac{-\beta_3 + 12\beta_2 - 39\beta_1 + 56f(a)}{6h^4} + \frac{7h^4}{740} f^{(8)}(\xi)$$

$$f^{(5)}(a) = \frac{\alpha_3 - 4\alpha_2 + 5\alpha_1}{2h^5} + \frac{h^2}{3} f^{(7)}(\xi)$$

$$f^{(6)}(a) = \frac{\beta_3 - 6\beta_2 + 15\beta_1 - 20f(a)}{h^6} - \frac{h^2}{4} f^{(8)}(\xi)$$

此处

$$\alpha_v = f(a + vh) - f(a - vh)$$
$$\beta_v = f(a + vh) + f(a - vh)$$

根据不带差分的公式和相应的差分公式的恒等性,可将剩余项简化.

今来指出不带差分的公式的应用. 为此,我们再考虑 §5 的例子,并计算函数 $\ln \Gamma(x)$ 在点 $x = 1.70$ 处的前两阶导数.

借助在 §10 中详细写出的具有准确度 h^4 的公式,便知

$$(\lg \Gamma(a))'_{a=1.70} = (9.951\,102 - 8 \cdot (9.954\,299) +$$
$$8 \cdot (9.963\,345) - 9.969\,129):$$
$$12 \cdot (0.05) = 0.090\,568\,3$$

$$(\lg \Gamma(a))''_{a=1.70} = (-9.951\,102 + 16 \cdot$$
$$(9.954\,299) - 30 \cdot$$
$$(9.958\,391) + 16 \cdot$$
$$(9.963\,345) - 9.969\,125):$$
$$12 \cdot (0.05)^2 = 0.344\,767$$

最后我们求出

$$(\ln \Gamma(1.70))' = 0.208\,54$$

和

$$(\ln 1.70)'' = 0.793\,855$$

116

§8　单侧导数的公式

　　单侧导数的数值微分公式关于被微分函数在一些点处的某些值是线性的,这些点位于计算单侧导数处的点的同侧. 它们可以应用于带不连续系数的线性微分方程的近似积分. 借助于单侧导数的公式,可以推求出带有不连续导数的 n 阶微分方程的不连续解(这些导数在积分区间内具有有限个第一类间断点,假若除原始(边界)条件外,还知道所求积分的(第一类)间断点及其跳动,以及它在间断点处的 $n-1$ 个相继的导数).

　　单侧导数的公式可从公式(20)得出. 例如,当 $r = 2, t = -2, t_1 = 1, t_2 = 2, k = 1$ 和 $a = x$ 时,对于单侧右导数,公式(20)给出

$$
\begin{aligned}
12hf'(x+0) = &-25f(x+0) + 48f(x+h) - \\
&36f(x+2h) + 16f(x+3h) - \\
&3f(x+4h) + \frac{h^5}{5}y^{(5)}(\xi)
\end{aligned} \tag{27}
$$

对于左导数,我们求出

$$
\begin{aligned}
12hf'(x-0) = &3f(x-4h) - 16f(x-3h) + \\
&36f(x-2h) - 48f(x-h) + \\
&25f(x-0) - \frac{h^5}{5}y^{(5)}(\xi)
\end{aligned}
$$

　　在解边界问题和特征值问题时,单侧导数的数值微分公式使我们能以关于所求函数的某些值为线性的

条件代替线性边界条件. 这一种代换通常是借助于粗略的近似公式(5)

$$h^k f^{(k)}(a) = \Delta^k f(a)$$
$$= f(a+kh) - kf(a+(k-1)h) +$$
$$\frac{k(k-1)}{2}f(a+(k-2))h + \cdots +$$
$$(-1)^k f(a)$$

表 1   用以计算导数 $f'(a-vh)$ 的系数表

(1) $v = 0$

f_{-4}	f_{-3}	f_{-2}	f_{-1}	f_0	f_1	f_2	f_3	f_4
			$-\frac{1}{2}$	0	$\frac{1}{2}$			
		$\frac{1}{12}$	$-\frac{2}{3}$	0	$\frac{2}{3}$	$-\frac{1}{12}$		
	$-\frac{1}{60}$	$\frac{3}{20}$	$-\frac{3}{4}$	0	$\frac{3}{4}$	$-\frac{3}{20}$	$\frac{1}{60}$	
$\frac{1}{280}$	$-\frac{4}{105}$	$\frac{1}{5}$	$-\frac{4}{5}$	0	$\frac{4}{5}$	$-\frac{1}{5}$	$\frac{4}{105}$	$-\frac{1}{280}$

(2) $v = 1$

f_{-4}	f_{-3}	f_{-2}	f_{-1}	f_0	f_1	f_2	f_3	f_4
			$-\frac{3}{2}$	2	$-\frac{1}{2}$			
		$-\frac{1}{4}$	$-\frac{5}{6}$	$\frac{3}{2}$	$-\frac{1}{2}$	$\frac{1}{12}$		
	$\frac{1}{30}$	$-\frac{2}{5}$	$-\frac{7}{12}$	$\frac{4}{3}$	$-\frac{1}{2}$	$\frac{2}{15}$	$-\frac{1}{60}$	
$-\frac{1}{168}$	$\frac{1}{14}$	$-\frac{1}{2}$	$-\frac{9}{20}$	$\frac{5}{4}$	$-\frac{1}{2}$	$\frac{1}{6}$	$-\frac{1}{28}$	$\frac{1}{280}$

（3）$v=2$

f_{-4}	f_{-3}	f_{-2}	f_{-1}	f_0	f_1	f_2	f_3	f_4
		$-\dfrac{25}{12}$	4	-3	$\dfrac{4}{3}$	$-\dfrac{1}{4}$		
	$-\dfrac{1}{6}$	$-\dfrac{77}{60}$	$\dfrac{5}{2}$	$-\dfrac{5}{3}$	$\dfrac{5}{6}$	$-\dfrac{1}{4}$	$\dfrac{1}{30}$	
$\dfrac{1}{56}$	$-\dfrac{2}{7}$	$-\dfrac{19}{20}$	2	$-\dfrac{5}{4}$	$\dfrac{2}{3}$	$-\dfrac{1}{4}$	$\dfrac{2}{35}$	$-\dfrac{1}{168}$

（4）$v=3$

f_{-4}	f_{-3}	f_{-2}	f_{-1}	f_0	f_1	f_2	f_3	f_4
	$-\dfrac{49}{20}$	6	$-\dfrac{15}{2}$	$\dfrac{20}{3}$	$-\dfrac{15}{4}$	$\dfrac{6}{5}$	$-\dfrac{1}{6}$	
$-\dfrac{1}{8}$	$-\dfrac{223}{140}$	$\dfrac{7}{2}$	$-\dfrac{7}{2}$	$\dfrac{35}{12}$	$-\dfrac{7}{4}$	$\dfrac{7}{10}$	$-\dfrac{1}{6}$	$\dfrac{1}{56}$

（5）$v=4$

f_{-4}	f_{-3}	f_{-2}	f_{-1}	f_0	f_1	f_2	f_3	f_4
$-\dfrac{761}{280}$	8	-14	$\dfrac{56}{3}$	$-\dfrac{35}{2}$	$\dfrac{56}{5}$	$-\dfrac{14}{3}$	$\dfrac{8}{7}$	$-\dfrac{1}{8}$

表 2　用以计算导数 $f''(a-vh)$ 的系数表

（1）$v=0$

f_{-4}	f_{-3}	f_{-2}	f_{-1}	f_0	f_1	f_2	f_3	f_4
			1	-2	1			
		$-\dfrac{1}{12}$	$\dfrac{4}{3}$	$-\dfrac{5}{2}$	$\dfrac{4}{3}$	$-\dfrac{1}{12}$		
	$\dfrac{1}{90}$	$-\dfrac{3}{20}$	$\dfrac{3}{2}$	$-\dfrac{49}{18}$	$\dfrac{3}{2}$	$-\dfrac{3}{20}$	$\dfrac{1}{90}$	
$-\dfrac{1}{560}$	$\dfrac{8}{315}$	$-\dfrac{1}{5}$	$\dfrac{8}{5}$	$-\dfrac{205}{72}$	$\dfrac{8}{5}$	$-\dfrac{1}{5}$	$\dfrac{8}{315}$	$-\dfrac{1}{560}$

$(2)\,v=1$

f_{-4}	f_{-3}	f_{-2}	f_{-1}	f_0	f_1	f_2	f_3	f_4
		$\dfrac{11}{12}$	$-\dfrac{5}{3}$	$\dfrac{1}{2}$	$\dfrac{1}{3}$	$-\dfrac{1}{12}$		
	$-\dfrac{13}{180}$	$\dfrac{19}{15}$	$-\dfrac{7}{3}$	$\dfrac{10}{9}$	$\dfrac{1}{12}$	$-\dfrac{1}{15}$	$\dfrac{1}{90}$	
$\dfrac{47}{5\,040}$	$-\dfrac{19}{140}$	$\dfrac{29}{20}$	$-\dfrac{118}{45}$	$\dfrac{11}{8}$	$-\dfrac{1}{20}$	$-\dfrac{7}{180}$	$\dfrac{1}{70}$	$-\dfrac{1}{560}$

$(3)\,v=2$

f_{-4}	f_{-3}	f_{-2}	f_{-1}	f_0	f_1	f_2	f_3	f_4
		$\dfrac{35}{12}$	$-\dfrac{26}{3}$	$\dfrac{19}{2}$	$-\dfrac{14}{3}$	$\dfrac{11}{12}$		
	$\dfrac{137}{180}$	$-\dfrac{49}{60}$	$-\dfrac{17}{12}$	$\dfrac{47}{18}$	$-\dfrac{19}{12}$	$\dfrac{31}{60}$	$-\dfrac{13}{180}$	
$-\dfrac{29}{560}$	$\dfrac{39}{35}$	$-\dfrac{331}{180}$	$\dfrac{1}{5}$	$\dfrac{9}{8}$	$-\dfrac{37}{45}$	$\dfrac{7}{20}$	$-\dfrac{3}{35}$	$\dfrac{47}{5\,040}$

$(4)\,v=3$

f_{-4}	f_{-3}	f_{-2}	f_{-1}	f_0	f_1	f_2	f_3	f_4
	$\dfrac{203}{45}$	$-\dfrac{87}{5}$	$\dfrac{117}{4}$	$-\dfrac{254}{9}$	$\dfrac{33}{2}$	$-\dfrac{27}{5}$	$\dfrac{137}{180}$	
$\dfrac{363}{560}$	$\dfrac{8}{315}$	$-\dfrac{83}{20}$	$\dfrac{153}{20}$	$-\dfrac{529}{72}$	$\dfrac{47}{10}$	$-\dfrac{39}{20}$	$\dfrac{599}{1\,260}$	$-\dfrac{29}{560}$

$(5)\,v=4$

f_{-4}	f_{-3}	f_{-2}	f_{-1}	f_0	f_1	f_2	f_3	f_4
$\dfrac{29\,531}{5\,040}$	$-\dfrac{962}{35}$	$\dfrac{621}{10}$	$-\dfrac{4\,006}{45}$	$\dfrac{691}{8}$	$-\dfrac{282}{5}$	$\dfrac{2\,143}{90}$	$-\dfrac{206}{35}$	$\dfrac{363}{560}$

表3　用以计算导数 $f'''(a-vh)$ 的系数表

（1）$v=0$

f_{-4}	f_{-3}	f_{-2}	f_{-1}	f_0	f_1	f_2	f_3	f_4
		$-\dfrac{1}{2}$	1	0	-1	$\dfrac{1}{2}$		
	$\dfrac{1}{8}$	-1	$\dfrac{13}{8}$	0	$-\dfrac{13}{8}$	1	$-\dfrac{1}{8}$	
$-\dfrac{7}{240}$	$\dfrac{3}{10}$	$-\dfrac{169}{120}$	$\dfrac{61}{30}$	0	$-\dfrac{61}{30}$	$\dfrac{169}{120}$	$-\dfrac{3}{10}$	$\dfrac{7}{240}$

（2）$v=1$

f_{-4}	f_{-3}	f_{-2}	f_{-1}	f_0	f_1	f_2	f_3	f_4
		$-\dfrac{3}{2}$	5	-6	3	$-\dfrac{1}{2}$		
	$-\dfrac{1}{8}$	-1	$\dfrac{35}{8}$	-6	$\dfrac{29}{8}$	-1	$\dfrac{1}{8}$	
$\dfrac{3}{80}$	$-\dfrac{43}{120}$	$-\dfrac{5}{12}$	$\dfrac{147}{40}$	$-\dfrac{137}{24}$	$\dfrac{463}{120}$	$-\dfrac{27}{20}$	$\dfrac{7}{24}$	$-\dfrac{7}{240}$

（3）$v=2$

f_{-4}	f_{-3}	f_{-2}	f_{-1}	f_0	f_1	f_2	f_3	f_4
		$-\dfrac{5}{2}$	9	-12	7	$-\dfrac{3}{2}$		
	$-\dfrac{15}{8}$	7	$-\dfrac{83}{8}$	8	$-\dfrac{29}{8}$	1	$-\dfrac{1}{8}$	
$-\dfrac{1}{48}$	$-\dfrac{53}{30}$	$\dfrac{273}{40}$	$-\dfrac{313}{30}$	$\dfrac{103}{12}$	$-\dfrac{9}{2}$	$\dfrac{197}{120}$	$-\dfrac{11}{30}$	$\dfrac{3}{80}$

（4）$v=3$

f_{-4}	f_{-3}	f_{-2}	f_{-1}	f_0	f_1	f_2	f_3	f_4
	$-\dfrac{49}{8}$	29	$-\dfrac{461}{8}$	62	$-\dfrac{307}{8}$	13	$-\dfrac{15}{8}$	
$-\dfrac{469}{240}$	$\dfrac{303}{40}$	$-\dfrac{731}{60}$	$\dfrac{269}{24}$	$-\dfrac{57}{8}$	$\dfrac{407}{120}$	$-\dfrac{67}{60}$	$\dfrac{9}{40}$	$-\dfrac{1}{48}$

（5）$v=4$

f_{-4}	f_{-3}	f_{-2}	f_{-1}	f_0	f_1	f_2	f_3	f_4
$-\dfrac{801}{80}$	$\dfrac{349}{6}$	$-\dfrac{18\,353}{120}$	$\dfrac{2\,391}{10}$	$-\dfrac{1\,457}{6}$	$\dfrac{4\,891}{30}$	$-\dfrac{561}{8}$	$\dfrac{527}{30}$	$-\dfrac{469}{240}$

表4　用以计算导数 $f^{(4)}(a-vh)$ 的系数表

（1）$v=0$

f_{-4}	f_{-3}	f_{-2}	f_{-1}	f_0	f_1	f_2	f_3	f_4
		1	-4	6	-4	1		
	$-\dfrac{1}{6}$	2	$-\dfrac{13}{2}$	$\dfrac{28}{3}$	$-\dfrac{13}{2}$	2	$-\dfrac{1}{6}$	
$\dfrac{7}{240}$	$-\dfrac{2}{5}$	$\dfrac{169}{60}$	$-\dfrac{122}{15}$	$\dfrac{91}{8}$	$-\dfrac{122}{15}$	$\dfrac{169}{60}$	$-\dfrac{2}{5}$	$\dfrac{7}{240}$

（2）$v=1$

f_{-4}	f_{-3}	f_{-2}	f_{-1}	f_0	f_1	f_2	f_3	f_4
	$\dfrac{5}{6}$	-3	$\dfrac{7}{2}$	$-\dfrac{2}{3}$	$-\dfrac{3}{2}$	1	$-\dfrac{1}{6}$	
$-\dfrac{11}{80}$	$\dfrac{53}{30}$	$-\dfrac{341}{60}$	$\dfrac{77}{10}$	$-\dfrac{107}{24}$	$\dfrac{11}{30}$	$\dfrac{13}{20}$	$-\dfrac{7}{30}$	$\dfrac{7}{240}$

（3）$v=2$

f_{-4}	f_{-3}	f_{-2}	f_{-1}	f_0	f_1	f_2	f_3	f_4
	$\dfrac{17}{7}$	-14	$\dfrac{57}{2}$	$-\dfrac{92}{3}$	$\dfrac{37}{2}$	-6	$\dfrac{5}{6}$	
$\dfrac{127}{240}$	$-\dfrac{11}{15}$	$-\dfrac{77}{20}$	$\dfrac{193}{15}$	$-\dfrac{407}{24}$	$\dfrac{61}{5}$	$-\dfrac{311}{60}$	$\dfrac{19}{15}$	$-\dfrac{11}{80}$

（4）$v=3$

f_{-4}	f_{-3}	f_{-2}	f_{-1}	f_0	f_1	f_2	f_3	f_4
	$\dfrac{35}{6}$	-31	$\dfrac{137}{2}$	$-\dfrac{242}{3}$	$\dfrac{107}{2}$	-19	$\dfrac{17}{6}$	
$\dfrac{967}{240}$	$-\dfrac{229}{10}$	$\dfrac{3\,439}{60}$	$-\dfrac{2\,509}{30}$	$\dfrac{631}{8}$	$-\dfrac{1\,489}{30}$	$\dfrac{1\,219}{60}$	$-\dfrac{49}{10}$	$\dfrac{127}{240}$

（5）$v=4$

f_{-4}	f_{-3}	f_{-2}	f_{-1}	f_0	f_1	f_2	f_3	f_4
$\dfrac{1\,069}{80}$	$-\dfrac{1\,316}{15}$	$\dfrac{15\,289}{60}$	$-\dfrac{2\,144}{5}$	$\dfrac{10\,993}{24}$	$-\dfrac{4\,772}{15}$	$\dfrac{2\,803}{20}$	$-\dfrac{536}{15}$	$\dfrac{967}{240}$

表 5　用以计算导数 $f^{(6)}(a-vh)$ 的系数表

（1）$v=0$

f_{-4}	f_{-3}	f_{-2}	f_{-1}	f_0	f_1	f_2	f_3	f_4
	1	-6	15	-20	15	-6	1	
$-\dfrac{1}{4}$	3	-13	29	$-\dfrac{75}{2}$	29	-13	3	$-\dfrac{1}{4}$

$$(2)v=1$$

f_{-4}	f_{-3}	f_{-2}	f_{-1}	f_0	f_1	f_2	f_3	f_4
$\dfrac{3}{4}$	-4	8	-6	$-\dfrac{5}{2}$	8	-6	2	$-\dfrac{1}{4}$

$$(3)v=2$$

f_{-4}	f_{-3}	f_{-2}	f_{-1}	f_0	f_1	f_2	f_3	f_4
$\dfrac{11}{4}$	-19	57	-97	$\dfrac{205}{2}$	-69	29	-7	$\dfrac{3}{4}$

$$(4)v=3$$

f_{-4}	f_{-3}	f_{-2}	f_{-1}	f_0	f_1	f_2	f_3	f_4
$\dfrac{23}{4}$	-42	134	-244	$\dfrac{555}{2}$	-202	92	-24	$\dfrac{11}{4}$

$$(5)v=4$$

f_{-4}	f_{-3}	f_{-2}	f_{-1}	f_0	f_1	f_2	f_3	f_4
$\dfrac{39}{4}$	-73	239	-447	$\dfrac{1\,045}{2}$	-391	183	-49	$\dfrac{23}{4}$

§9 关于不带差分的公式的附记

在前几节中我们得出了带差分的和不带差分的数值微分公式.可以证明(在自变量的等距离值情况下)由带差分的公式,经过变形,可得出不带差分的公式,反之亦然.

例如,在公式(12)和(13)中分别令 $n=2$ 与 3,便

得出公式

$$hf'(a) = \frac{\Delta f(a-h) + \Delta f(a)}{2} - \frac{1}{6} \cdot$$

$$\frac{\Delta^3 f(a-2h) + \Delta^3 f(a-h)}{2} + \frac{h^5}{30} f^{(5)}(\xi)$$

$$h^2 f''(a) = \Delta^2 f(a-h) - \frac{1}{12} \Delta^4 f(a-2h) +$$

$$\frac{h^6}{90} f^{(6)}(\xi)$$

如以函数值表示差分,便知

$$f'(a) = \frac{f(a-2h) - 8f(a-h) + 8f(a+h) - f(a+2h)}{12h} +$$

$$\frac{h^4}{30} f^{(5)}(\xi) \tag{29}$$

$$f''(a) = \frac{-f(a-2h) + 16f(a-h) - 30f(a) + 16f(a+h) - f(a+2h)}{12h^2} +$$

$$\frac{h^4}{90} f^{(6)}(\xi) \tag{30}$$

反之,如将函数在一系列点处的值表为一系列有限差分的线性组合,便可由不带差分的公式引出带差分的公式.

以上的公式,特别地,既可由一般的公式(20)得出,也可以由公式(22)和(24)得出. 因为公式(20)既能给出对于自变量的等距离值的数值微分公式,也能给出对于非等距离值的数值微分公式,所以我们称它为普遍公式.

§7 中不带差分的公式可以由 1934 年 4 月 25 日在苏联科学院物理数学会上的报告所指出的另外的方法得出,这个方法是基于泰勒公式的应用.

我们要讲的是对于微分方程的数值积分的"更高度近似的"差分方程的新的作法(因而,特别地,也就是要讲关于作数值微分公式的方法).

如将函数 $f(a+vh)$ 和 $f(a-vh)$ 按泰勒公式在点 a 处展开,把所得的展开式分别乘以待定系数 a_{+v} 和 a_{-v}(为了简便,此处只限于常量因子),并做出和式

$$\sum_{v=-n}^{n} a_v f(a+vh) = f(a)\sum_{v=-n}^{n} a_v + H + R$$

其中

$$H = hf'(a)\{-na_{-n}-\cdots-a_{-1}+a_1+2a_2+\cdots+na_n\} +$$

$$\frac{h^2}{2}f''(a)\{n^2 a_{-n}+\cdots+a_{-1}+a_1+4a_2+\cdots+$$

$$n^2 a_n\}+\cdots+\frac{h^r}{r!}f^{(r)}(a)\{(-n)^r a_{-n}+\cdots+$$

$$(-1)^r a_{-1}+a_1+2^r a_2+\cdots+n^r a_n\}$$

而 R 为剩余项.

其次,我们这样来选择待定系数 a_v 和 a_{-v},使得剩余项 R 对于 h 为仅可能高阶的微小量. 由此显然可知,如果是要积分一阶微分方程或推求用以计算 $f'(a)$ 的数值微分公式,则为了达到最大的准确度,便应该这样来寻求因子 a_v 和 a_{-v},使得表达式

$$\frac{h^2}{2!}f''(a), \frac{h^3}{3!}f'''(a), \cdots, \frac{h^r}{r!}f^{(r)}(a)$$

的系数为零. 而 $hf'(a)$ 的系数可以使之等于任一不为零的数. 在以下我们使之等于 1.

如取 $a_{-v}=-a_v$,便得到最简单的公式. 用以确定未知的 a_v 的方程具有形式

$$a_1+2a_2+\cdots+na_n=\frac{1}{2}$$

$$a_1 + 2^3 a_2 + \cdots + n^3 a_n = 0$$

$$a_1 + 2^5 a_2 + \cdots + n^5 a_n = 0$$

$$\vdots$$

当 $n = 2$ 时, 为了确定未知的 a_1 和 a_2, 便可求得下列方程组

$$\begin{cases} a_1 + 2a_2 = \dfrac{1}{2} \\ a_1 + 8a_2 = 0 \end{cases}$$

从而

$$a_1 = \frac{2}{3}, a_2 = -\frac{1}{12}$$

因之又得到公式 (29).

同样地, 也可以做出别的更准确的数值微分公式, 它们可应用于做更准确的逼近于微分方程的差分方程.

§10　关于待定系数法

在计算数值微分公式的系数时, 可以使用下面引入的待定系数法. 以下就是这个方法的实质. 今将拉格朗日内插公式的两端微分. 我们得到 (以后, 在记号 $l_v^{(n)}(x)$ 中省略附标 (n))

$$f^{(k)}(x) = \sum_{v=0}^{n} f(a_v) \frac{\mathrm{d}^k}{\mathrm{d}x^k} l_v(x) + \frac{\mathrm{d}^k}{\mathrm{d}x^k} \prod_{v=0}^{n} (x - a_v) \cdot$$

$$f(x, a_0, a_1, \cdots, a_n) \quad (k < n) \qquad (31)$$

如在这个方程中令 $x = a$, 就将导数 $f^{(k)}(a)$ 的值以函数 $f(x)$ 在内插节点处的值表出.

我们看出,去作计算 $f^{(k)}(a)$ 的公式,需要计算在点 $x = a$ 处的导数 $\dfrac{\mathrm{d}^k}{\mathrm{d}x^k} l_v(x)$. 我们也可不必求助于 $l_v(x)$ 的 k 阶导数的计算而得出数值微分公式.

事实上,公式(31)对于起首 $n+1$ 次的多项式为真. 如以 x 的乘幂代替 $f(x)$,便得到

$$\frac{\mathrm{d}^k}{\mathrm{d}x^k} x^m = \sum_{v=0}^{n} a_v^m \frac{\mathrm{d}^k}{\mathrm{d}x^k} l_v(x) \quad (m = 0, 1, \cdots, n)$$

$$(32)$$

如以 A_v 表示导数 $\dfrac{\mathrm{d}_k}{\mathrm{d}x^k} l_v(x)$ 在点 $x = a$ 处的值,则方程组(32)便有如下的形式

$$A_0 + A_1 + \cdots + A_n = 0$$
$$a_0 A_0 + a_1 A_1 + \cdots + a_n A_n = 0$$
$$\vdots$$
$$a_0^k A_0 + a_1^k A_1 + \cdots + a_n^k A_n = k!$$
$$a_0^{k+1} A_0 + a_1^{k+1} A_1 + \cdots + a_n^{k+1} A_n = (k+1)! \, a$$
$$\vdots$$
$$a_0^n A_0 + a_1^n A_1 + \cdots + a_n^n A_n = n(n-1)\cdots(n-(k-1)) a^{n-k}$$

如果拉格朗日公式的内插节是不同的,那么所得的方程组不会是矛盾的. 因此,方程组(32)以及与其同时的数值微分的问题,具有一唯一的解. 为了写出当 $x = a$ 时的公式(31),只需由上面的方程组确定系数 A_v,然后在式(31)中以 $f^{(k)}(a)$ 代替 $f^{(k)}(x)$,以 A_v 代替 $\dfrac{\mathrm{d}^k}{\mathrm{d}x^k} l_v(a)$ 即可.

作为一个例子,我们做出计算在点 $a = a_0 + h$ 处的导数 $f'(x)$ 的公式. 令 $k = 1, n = 3$. 我们取点 $a_0, a_1 =$

$a_0 + h, a_2 = a_0 + 2h, a_3 = a_0 + 3h$ 作为内插节. 由于所要作的公式的系数 A_v 与 a_0 无关, 所以可设 $a_0 = 0$.

当 $a_0 = 0$ 和 $a = h$ 时, 方程组 (32) 有如下形式

$$A_0 + A_1 + A_2 + A_3 = 0$$

$$hA_1 + 2hA_2 + 3hA_3 = 1$$

$$h^2 A_1 + 4h^2 A_2 + 9h^2 A_3 = 2h$$

$$h^3 A_1 + 8h^3 A_2 + 27h^3 A_3 = 3h^2$$

就 A_v 来解这些方程并利用公式 (31), 便得到

$$f'(a_0 + h) = \frac{-2f(a_0) - 3f(a_0 + h) + 6f(a_0 + 2h) - f(a_0 + 3h)}{6h}$$

$$(33)$$

在专门文献中, 所谓待定系数法指的是有下一要求的确定数值微分公式的系数的方法, 就是要所做的公式对于不高于 n 次的多项式为真, 此处 n 较所使用的函数 $f(x)$ 的值的个数少 1. 例如, 数值微分公式 (33) 就可以这样来导出, 就是从要使所求的公式对于起首三次多项式为真的这一要求来确定方程

$$f'(a_0 + h) = A_0 f(a_0) + A_1 f(a_0 + h) +$$
$$A_2 f(a_0 + 2h) + A_3 f(a_0 + 3h)$$

的系数 $A_v (v = 0, 1, 2, 3)$. 然而当 $f(x)$ 不是三次多项式时, 这一确定系数 A_v 的方法并不给定关于逼近的误差的概念.

直差分和斜差分

第 4 章

在 $R\{z\} \subseteq F\{z,y\}$ 的基上,对于整数 $n \geq 1$,建立两个运算

$$\delta_{x,y}z^n = \frac{x^n - y^n}{x - y}, \quad \partial_{x,y}z^n = \frac{yx^n - xy^n}{x - y}$$

分别称它们为直差分和斜差分.

对 $\forall f(z) \in R\{z\}$,通过线性扩张分别得到 $f = f(z)$ 的直差分和斜差分

$$\delta_{x,y}f = \frac{f(x) - f(y)}{x - y} \tag{1}$$

$$\partial_{x,y}f = \frac{yf(x) - xf(y)}{x - y} \tag{2}$$

定理 1 对 $\forall f(z) \in R\{z\}$,令 $f = f(z)$,则

$$\partial_{x,y}(zf) = xy\delta_{x,y}f \tag{3}$$

证明 由运算 $\partial_{x,y}$ 和 $\delta_{x,y}$ 的线性性,可知只需讨论 $f(z) = z^n(n > 0)$. 因为

$$\partial_{x,y}(zf) = \partial_{x,y}z^{n+1} = \frac{yx^{n+1} - xy^{n+1}}{x - y}$$

$$= xy\frac{x^n - y^n}{x - y} = xy\delta_{x,y}z^n = xy\delta_{x,y}f$$

所以式(3)成立.

定理 2　对 $\forall f \in R\{z\}$,有

$$x^2 y^2 \delta_{x^2,y^2}^2 (zf) - \delta_{x^2,y^2}^2 (zf) = x^2 y^2 \delta_{x^2,y^2} (zf^2) \quad (4)$$

证明　由式（1）和式（2）,可知式（4）的左端为

$$\frac{x^2 y^2 ((x^2 f(x^2) - y^2 f(y^2))^2 - x^2 y^2 (f(x^2) - f(y^2))^2)}{x^2 - y^2}$$

$$= \frac{x^2 y^2 (x^2 f^2(x^2) - y^2 f^2(y^2))}{x^2 - y^2}$$

由式（1）,这就是式（4）的右端.

对于构造的一个集合 A ,令

$$f_A(x,y) = \sum_{a \in A} x^{m(a)} y^{n(a)} \quad (5)$$

其中 $m(a) \geq 0$ 和 $n(a) \geq 0$ 分别为 A 上在同一个同构类中的不变数和不变向量. 记 $F_A(x,y)$ 为这样的一个二元函数,使得

$$F_A(x,y) = \int^y f_A(x,y) \quad (6)$$

将 $F_A(x,y)$ 中 x 和 y 的幂分别称为第一参数和第二参数.

定理 3　令 S 和 T 为构造的两个集合. 若对于 $t \in T$,存在从 T 到 S 的一个映射 $\lambda(t) = \{S_1, S_2, \cdots, S_{m(t)+1}\}$,使得 S_i 与 $\{i, m(t)+2-i\}$ 一一对应,其中 i 和 $m(t)+2-i$ 分别为对第一参数和第三参数的贡献 $(i = 1, 2, \cdots, m(t)+1)$,且满足条件

$$S = \sum_{t \in T} \lambda(t)$$

则

$$F_S(x,y) = xy \delta_{x,y} (zf_T) \quad (7)$$

其中 $f_T = f_T(z) = f_T(z,y)$.

131

证明　由 λ 的确定方式,有

$$
\begin{aligned}
F_S(x,y) &= \sum_{t\in T}\sum_{i=1}^{m(t)+1} x^i y^{m(t)-i+2} y^n(t) \\
&= xy\sum_{t\in T}\frac{x^{m(t)+1}-y^{m(t)+1}}{x-y}y^{n(t)} \\
&= xy\delta_{x,y}(zf_T)
\end{aligned}
$$

这就是式(7).

推论 1　令 f_T 和 F_S 分别由式(5)和式(6)确定,则

$$
f_S(x,y) = \int_y xy\delta_{x,y}(zf_T)
$$

证明　由式(6)和定理3,即可得欲证的结论.

定理 4　令 S 和 T 为构造的两个集合. 若对于 $t\in T$,存在从 T 到 S 的一个映射 $\lambda(t)=\{S_1,S_2,\cdots,S_{m(t)-1}\}$,使得 S_i 与 $\{i,m(t)-i\}$ 一一对应,其中 i 和 $m(t)+2-i$ 分别为对第一参数和第二参数的贡献 $(i=1,2,\cdots,m(t)-1)$,且满足条件

$$
S = \sum_{t\in T}\lambda(t)
$$

则

$$
F_S(x,y) = \partial_{x,y}(f_T) \tag{8}
$$

其中 $f_T=f_T(z)=f_T(z,y)$.

证明　由 λ 的确定方式,有

$$
\begin{aligned}
F_S(x,y) &= \sum_{t\in T}\sum_{i=1}^{m(t)-1} x^i y^{m(t)-i} y^{n(t)} \\
&= xy\sum_{t\in T}\frac{yx^{m(t)}-xy^{m(t)}}{x-y}y^{n(t)} \\
&= \partial_{x,y}(f_T)
\end{aligned}
$$

这就是式(8).

推论 2　令 f_T 和 F_S 分别如式(5)和式(6)所确定,则

$$f_S(x,y) = \int_y \partial_{x,y}(f_T)$$

证明　由式(6)和定理 4,即得欲证的结论.

离散分数阶和分算子
与差分算子的互逆性[①]

本章对连续函数进行离散化,给出离散序列的分数阶和分算子与分数阶差分算子的解析表达式,证明了两算子满足交换律、指数率与互逆性.

§1 已有的研究成果

自莱布尼茨(Leibniz)和洛必达(L'Hospital)提出分数阶微积分以来,已取得大量研究成果[1-4].分数阶微积分作为整数阶微积分的拓展,在流体力学,流变学,粘弹性力学,控制系统等领域得到广泛应用[5].鉴于求解分数阶微分方程的精确解非常困难,作为分数阶微分方程的离散化形式和主要求解工具,分数阶差分方程

---

① 选自《数学的实践与认识》,2015 年第 45 卷第 16 期.

及其数值解计算方法便受到研究人员重视[6-18].

文献[6]给出离散分数阶差分算子

$$\Delta^{\alpha} f(x) = \sum_{k=0}^{\infty} (-1)^k \binom{\alpha}{k} f(x + \alpha - k) \qquad (1)$$

其中

$$\binom{\alpha}{k} \triangleq \frac{\alpha(\alpha-1)(\alpha-2)\cdots(\alpha-n+1)}{k!}$$

$$= \frac{\Gamma(\alpha+1)}{\Gamma(\alpha-k+1)k!} \qquad (2)$$

针对文献[6]定义的分数阶向前差分算子不满足指数率,文献[8]定义了分数阶向后差分算子

$$\nabla^{\alpha} f(x) = \sum_{k=0}^{\infty} (-1)^k \binom{\alpha}{k} f(x - k) \qquad (3)$$

文献[6]与文献[8]定义的分数阶差分算子均是无穷级数形式,不利于求解高精度数值解和理论解析解,也未研究分数阶和分算子及其与分数阶差分算子之间的关系. 文献[16]将分数阶和分算子与分数阶差分算子结合起来,先给出分数阶和分算子的定义,再通过分数阶和分算子给出分数阶差分算子的定义.

定义 1　称

$$\nabla^{-\upsilon} x(n) = \binom{\upsilon}{n} * x(n) = \sum_{r=0}^{n} \binom{\upsilon}{n-r} x(r) \qquad (4)$$

为 $x(n)$ 的 υ 阶和分[16],其中 $\upsilon \in \mathbf{R}^*$.

定义 2　称

$$\nabla^{\mu} x(n) = \nabla^m \nabla^{-(m-\mu)} x(n) \qquad (5)$$

为 $x(n)$ 的 μ 阶差分[16],其中 $m \in \mathbf{Z}^+, \mu \in \mathbf{R}^+$.

文献[16]在求解分数阶差分时,需先求一个分数阶和分"凑齐"到整数阶差分,然后再做一个正整数阶差分,未直接给出分数阶差分算子的解析表达式. 对于任意实数,所给分数阶差分算子一般不满足指数法则,即$\nabla^\mu \nabla^\nu x(n) = \nabla^{\mu+\nu}x(n)$一般不成立[16].

不同于文献[6,8,15 - 16]通过定义的方式给出分数阶和分算子与分数阶差分算子表达式,本章是通过将连续函数离散化,得到离散序列,在离散一阶和分算子定义的基础上推导出离散整数阶和分算子,在离散一阶差分算子定义的基础上推导出离散整数阶差分算子,再利用伽马函数作为阶乘的延拓,得到分数阶和分算子与分数阶差分算子的解析表达式,再证明分数阶和分算子与分数阶差分算子是否满足交换律、指数率与互逆性. 特别需要指出的是,伽马函数的定义域不能取负整数的特点正好可实现分数阶差分算子与整数阶差分算子表达式的统一,本章提出的分数阶和分算子与分数阶差分算子满足交换律、指数率与互逆性,解析表达式形式简单,易于编程计算,这将有助于研究更精确的分数阶微分方程与分数阶差分方程的数值求解方法.

§2　预　备　知　识

定义 3　设有连续函数 $y = f(x)$,$x \in [a, b]$,取

$\Delta x = x_{k+1} - x_k = h$，对其离散化，$n = 1 + \dfrac{b-a}{h}$，得到离散

化序列 $X^{(0)} = (x^{(0)}(1), x^{(0)}(2), \cdots, x^{(0)}(n))$，其中

$$x^{(0)}(k) = f(a + h(k-1)) \quad (k = 1, 2, \cdots, n) \quad (6)$$

当 $k = 1$ 时，$x^{(0)}(1) = f(a)$.

当 $k = n = 1 + \dfrac{b-a}{h}$ 时，$x^{(0)}(n) = f(b)$.

定义 4　设 $X^{(0)} = (x^{(0)}(1), x^{(0)}(2), \cdots, x^{(0)}(n))$
为原始序列，Δ^1 为一阶和分算子，$\Delta^1 X^{(0)} = X^{(1)} =$
$(x^{(1)}(1), x^{(1)}(2), \cdots, x^{(1)}(n))$，其中

$$x^{(1)}(k) = \sum_{i=1}^{k} x^{(0)}(i) \quad (k = 1, 2, \cdots, n) \quad (7)$$

定义 5　设 $X^{(0)} = (x^{(0)}(1), x^{(0)}(2), \cdots, x^{(0)}(n))$
为原始序列，∇^1 为一阶向后差分算子，$\nabla^1 X(0) =$
$X^{(-1)} = (x^{(-1)}(1), x^{(-1)}(2), \cdots, x^{(-1)}(n))$，其中

$$x^{(-1)}(k) = x^{(0)}(k) - x^{(0)}(k-1) \quad (k = 1, 2, \cdots, n)$$
$$(8)$$

在不做具体说明情况下，一阶差分算子默认为一
阶向后差分算子.

注 1　现有成果用符号 ∇^r 表示 r 阶向前差分算
子，Δ^r 表示 r 阶向后差分算子，∇^{-r} 表示 r 阶和分算子.
本章用 ∇^r 表示 r 阶差分算子，$r \in \mathbf{R}^+$ 默认为向前差
分，Δ^r 表示 r 阶和分算子，用 $X^{(0)}$ 表示原始离散序列，
$X^{(r)}$ 表示 $X^{(0)}$ 的 r 阶和分序列，$X^{(-r)}$ 表示 $X^{(0)}$ 的 r 阶差
分序列，符号形式与含义一致.

定义 6　设 $X^{(0)} = (x^{(0)}(1), x^{(0)}(2), \cdots, x^{(0)}(n))$
为原始序列，∇^0 为零阶差分算了，Δ^0 为零阶和分算子

$$\Delta^0 X^{(0)} = \nabla^0 X^{(0)} = X^{(0)}$$
$$= (x^{(0)}(1), x^{(0)}(2), \cdots, x^{(0)}(n)) \tag{9}$$

§3 分数阶和分算子与差分算子

定理 1 设 $X^{(0)} = (x^{(0)}(1), x^{(0)}(2), \cdots, x^{(0)}(n))$ 为原始序列,$r \in \mathbf{Z}^+$,$\Delta^r X^{(0)} = X^{(r)} = (x^{(r)}(1), x^{(r)}(2), \cdots, x^{(r)}(n))$ 为 $X^{(0)}$ 的 r 整数阶和分序列,r 整数阶和分算子 Δ^r 为

$$x^{(r)}(k) = \sum_{i=1}^{k} \frac{(r+k-i-1)!}{(k-i)!(r-1)!} x^{(0)}(i)$$
$$(k = 1, 2, \cdots, n) \tag{10}$$

使用数学归纳法可证明,限于篇幅,过程略.

定义 7 设 $X^{(0)} = (x^{(0)}(1), x^{(0)}(2), \cdots, x^{(0)}(n))$ 为原始序列,$r \in \mathbf{R}^+$,$\Delta^r X^{(0)} = X^{(r)} = (x^{(r)}(1), x^{(r)}(2), \cdots, x^{(r)}(n))$ 为 $X^{(0)}$ 的 r 阶和分序列,r 阶和分算子 Δ^r 为

$$x^{(r)}(k) = \sum_{i=1}^{k} \frac{\Gamma(r+k-i)}{\Gamma(k-i+1)\Gamma(r)} x^{(0)}(i)$$
$$(k = 1, 2, \cdots, n) \tag{11}$$

定理 2 设 $X^{(0)} = (x^{(0)}(1), x^{(0)}(2), \cdots, x^{(0)}(n))$ 为原始序列,$r \in \mathbf{Z}^+$,$\nabla^r X^{(0)} = X^{(-r)} = (x^{(-r)}(1), x^{(-r)}(2), \cdots, x^{(-r)}(n))$ 为 $X^{(0)}$ 的 r 整数阶差分序列,r 整数阶差分算子 ∇^r 为

$$x^{(-r)}(k) = \begin{cases} \sum_{i=0}^{k-1}(-1)^i \dfrac{r!}{i!(r-i)!}x^{(0)}(k-i) \\ (k=1,2,\cdots,r) \\ \sum_{i=0}^{r}(-1)^i \dfrac{r!}{i!(r-i)!}x^{(0)}(k-i) \\ (k=r+1,r+2,\cdots,n) \end{cases}$$

$$(12)$$

使用数学归纳法可证明,限于篇幅,过程略.

命题 1　当 $r \in \mathbf{Z}^+$ 时,公式(12)可简写成

$$x^{(-r)}(k) = \sum_{i=0}^{k-1}(-1)^i \frac{\Gamma(r+1)}{\Gamma(i+1)\Gamma(r-i+1)}x^{(0)}(k-i)$$

$$(k=1,2,\cdots,n) \qquad (13)$$

证明　根据伽马函数性质, $n \in \mathbf{Z}^+$ 时, $\Gamma(n+1)=n!$.

当 $1 \leqslant k \leqslant r$ 时

$$x^{(-r)}(k) = \sum_{i=0}^{k-1}(-1)^i \frac{\Gamma(r+1)}{\Gamma(i+1)\Gamma(r-i+1)}x^{(0)}(k-i)$$

成立.

当 $r+1 \leqslant k \leqslant n$ 时,又因 $k-i \geqslant 1$,则 $i \leqslant k-1$.

当 $r+1 \leqslant i \leqslant k-1$ 时, $r-i+1=0,-1,-2,\cdots$,有

$$\frac{1}{\Gamma(r-i+1)}=0$$

$$x^{(-r)}(k) = \sum_{i=0}^{r}(-1)^i \frac{\Gamma(r+1)}{\Gamma(i+1)\Gamma(r-i+1)}x^{(0)}(k-i)$$

$$= \sum_{i=0}^{r}(-1)^i \frac{\Gamma(r+1)}{\Gamma(i+1)\Gamma(r-i+1)}x^{(0)}(k-i) +$$

$$\sum_{i=r+1}^{k-1}(-1)^i \frac{\Gamma(r+1)}{\Gamma(i+1)\Gamma(r-i+1)}x^{(0)}(k-i)$$

$$= \sum_{i=0}^{k-1} (-1)^i \frac{\Gamma(r+1)}{\Gamma(i+1)\Gamma(r-i+1)} x^{(0)}(k-i)$$

因此,命题得证.

定义 8 设 $X^{(0)} = (x^{(0)}(1), x^{(0)}(2), \cdots, x^{(0)}(n))$ 为原始序列, $r \in \mathbf{R}^+$, $\nabla^r X^{(0)} = X^{(-r)} = (x^{(-r)}(1), x^{(-r)}(2), \cdots, x^{(-r)}(n))$ 为 $X^{(0)}$ 的 r 阶差分序列, r 阶差分算子 ∇^r 为

$$x^{(-r)}(k) = \sum_{i=0}^{k-1} (-1)^i \frac{\Gamma(r+1)}{\Gamma(i+1)\Gamma(r-i+1)} x^{(0)}(k-i)$$

$$(k = 1, 2, \cdots, n) \tag{14}$$

注 2 分数阶和分算子展开式具有确定项数. 分数阶差分算子当 $r \in \mathbf{Z}^+$ 时, $x^{(-r)}(k)$ 在 $1 \leqslant k \leqslant r$ 与 $r+1 \leqslant k \leqslant n$ 时表达式关于 $x^{(0)}(k-i)$ 的项数分别是 k 项和 r 项, 而当 $r \in \mathbf{R}^+$ 且 $r \notin \mathbf{Z}^+$ 时, $x^{(-r)}(k)$ 的表达式关于 $x^{(0)}(k-i)$ 的项数均为 k 项. 利用伽马函数定义域不能取负整数的特点, 无穷大的倒数为 0 作为系数正好消去部分项, 解决了 r 阶差分序列展开式中关于 $x^{(0)}(k-i)$ 的项数不等的难题, 分数阶差分算子与整数阶差分算子得到了统一的解析表达式.

§4 主要定理及证明

定理 3 $p \in \mathbf{R}^+$, $q \in \mathbf{R}^+$, Δ^p 是 p 阶和分算子, Δ^q 是 q 阶和分算子, Δ^{p+q} 是 $p+q$ 阶和分算子, 多重和分算子满足交换律与指数率, 即

$$\Delta^p \Delta^q = \Delta^q \Delta^p = \Delta^{p+q} \tag{15}$$

第5章　离散分数阶和分算子与差分算子及互逆性

使用数学归纳法可证明,限于篇幅,过程略.

定理 4　$p \in \mathbf{R}^+$,$q \in \mathbf{R}^+$,∇^p 是 p 阶差分算子,∇^q 是 q 阶差分算子,∇^{p+q} 是 $p+q$ 阶差分算子,多重差分算子满足交换律与指数率,即

$$\nabla^p \nabla^q = \nabla^q \nabla^p = \nabla^{p+q} \qquad (16)$$

证明　设 $X^{(0)} = (x^{(0)}(1), x^{(0)}(2), \cdots, x^{(0)}(n))$ 为原始序列,根据定义 7,等价于证明

$$(X^{(-p)})^{(-q)} = (X^{(-q)})^{(-p)} = X^{(-p-q)}$$

其中,$X^{(-p)}$ 是 $X^{(0)}$ 的 p 阶差分序列,$X^{(-q)}$ 是 $X^{(0)}$ 的 q 阶差分序列,$X^{(-p-q)}$ 是 $X^{(0)}$ 的 $p+q$ 阶差分序列,$(X^{(-p)})^{(-q)}$ 是 $X^{(-p)}$ 的 q 阶差分序列,$(X^{(-q)})^{(-p)}$ 是 $X^{(-q)}$ 的 p 阶差分序列.

因 $r \in \mathbf{Z}^+$ 时,$x^{(-r)}(k)$ 在 $1 \le k \le r$ 与 $r+1 \le k \le n$ 时表达式关于 $x^{(0)}(k-i)$ 的项数分别是 k 项和 r 项,而当 $r \in \mathbf{R}^+$ 且 $r \notin \mathbf{Z}^+$ 时,$x^{(-r)}(k)$ 表达式关于 $x^{(0)}(k-i)$ 的项数均为 k 项,理论证明较困难,利用随机数值模拟方法可验证,限于篇幅,过程略.

定理 5　$p \in \mathbf{R}^+$,$q \in \mathbf{R}^+$,Δ^p 是 p 阶和分算子,∇^q 是 q 阶差分算子. 若 $p-q>0$,Δ^{p-q} 是 $p-q$ 阶和分算子,若 $p-q<0$,∇^{-p+q} 是 $q-p$ 阶差分算子,多重和分算子与差分算子满足交换律和指数率,即

$$\Delta^p \nabla^q = \nabla^q \Delta^p = \begin{cases} \Delta^{p-q}, & p-q>0 \\ \nabla^{q-p}, & p-q<0 \end{cases} \qquad (17)$$

利用随机数值模拟方法可验证,限于篇幅,过程略.

引理 1　$r \in \mathbf{R}^+$,Δ^r 是 r 阶和分算子,∇^r 是 r 阶差分算子,r 阶和分算子与 r 阶差分算子互为逆运算,即

141

N. E. Nörlund 定理

$$\Delta^r \nabla^r = \nabla^r \Delta^r = \nabla^0 = \Delta^0 \qquad (18)$$

结论显然成立.

§5 数 值 算 例

例1 取 $f(x) = x^x, x \in [1,2], h = 0.2$,生成实验数据序列

$$X_0 = (1,1.110\ 5,1.244\ 6,1.406\ 5,1.601\ 7,$$
$$1.837\ 1,2.121\ 3,2.464\ 7,2.880\ 7,3.385\ 6,4)$$

取 $p = 0.5, q = 1$,经计算可得

$$X_1 = \Delta^{0.5} X^{(0)} = \Delta^1 \nabla^{0.5} X^{(0)} = \Delta^1 X^{(-0.5)}$$
$$= \nabla^{0.5} \Delta^1 X^{(0)} = \nabla^{0.5} X^{(1)} = X^{(0.5)}$$
$$= (1,1.610\ 5,2.174\ 9,2.757\ 7,3.392\ 1,$$
$$4.104\ 1,4.919\ 2,5.865\ 7,6.976\ 5,8.291\ 2,$$
$$9.857\ 9)$$

$$X_2 = \Delta^{0.5} \Delta^{(0.5)} X^{(0)} = \Delta^{0.5} X^{(0.5)} = \Delta^1 X^{(0)} = X^{(1)}$$
$$= (1,2.110\ 5,3.355\ 1,4.761\ 6,6.363\ 3,$$
$$8.200\ 4,10.322\ 0,12.786\ 0,15.667\ 0,$$
$$19.053\ 0,23.053\ 0)$$

$$X_3 = \nabla^{0.5} X^{(0)} = \nabla^1 \Delta^{0.5} X^{(0)} = \nabla^1 X^{(0.5)} = \Delta^{0.5} \nabla^1 X^{(0)}$$
$$= \Delta^{0.5} X^{(-1)} = X^{(-0.5)}$$
$$= (1,0.610\ 5,0.564\ 4,0.582\ 9,0.634\ 4,$$
$$0.711\ 9,0.815\ 1,0.946\ 5,1.110\ 8,$$
$$1.314\ 7,1.566\ 8)$$

142

$$X_4 = \nabla^{0.5}\nabla^{0.5}X^{(0)} = \nabla^{0.5}X^{(-0.5)} = \nabla^1 X^{(0)} = X^{(-1)}$$

$$= (1, 0.110\ 5, 0.134\ 1, 0.161\ 9, 0.195\ 2,$$

$$0.235\ 4, 0.284\ 2, 0.343\ 4, 0.416\ 0,$$

$$0.504\ 9, 0.614\ 4)$$

$$X_5 = \Delta^1 \Delta^{0.5}X^{(0)} = \Delta^1 X^{(0.5)} = \Delta^{0.5}\Delta^1 X^{(0)}$$

$$= \Delta^{0.5}X^{(1)} = \Delta^{1.5}X^{(0)} = X^{(1.5)}$$

$$= (1, -0.389\ 5, -0.046\ 2, 0.018\ 5, 0.051\ 5,$$

$$0.077\ 5, 0.103\ 2, 0.131\ 3, 0.164\ 4,$$

$$0.203\ 8, 0.252\ 1)$$

$$X_6 = \nabla^1 \nabla^{0.5}X^{(0)} = \Delta^1 X^{(-0.5)} = \nabla^{0.5}\Delta^{(1)}X^{(0)}$$

$$= \nabla^{0.5}X^{(-1)} = \nabla^{1.5}X^{(0)} = X^{(-1.5)} = (1, 2.610\ 5,$$

$$4.785\ 4, 7.543\ 1, 10.935\ 0, 15.039\ 0, 19.959\ 0,$$

$$25.824\ 0, 32.801\ 0, 41.092\ 0, 50.950\ 0)$$

$$X_7 = \Delta^{0.5}\nabla^{0.5}X^{(0)} = \Delta^{0.5}X^{(-0.5)} = \nabla^{0.5}\Delta^{0.5}X^{(0)}$$

$$= \nabla^{0.5}X^{(0.5)} = \Delta^1 \nabla^1 X^{(0)} = \Delta^1 X^{(-1)} = \nabla^1 \Delta^1 X^{(0)}$$

$$= \nabla^1 X^{(1)} = \Delta^{1.5}\nabla^{1.5}X^{(0)} = \Delta^{1.5}X^{(-1.5)}$$

$$= \nabla^{1.5}\Delta^{1.5}X^{(0)} = \nabla^{1.5}X^{(1.5)} = \Delta^0 X^{(0)} = X^{(0)}$$

$$= (1, 1.1105, 1.2446, 1.4065, 1.6017,$$

$$1.8371, 2.1213, 2.4647, 2.8807, 3.3856, 4)$$

参考文献

[1] OLDHAM K B, SPANIER J. The Fractional Calculus[M]. New York: Acad Press, 1974.

[2] SAMKO S G, KILBAS A A, MARITCHEV O I. Integrals and Derivatives of the Fractional Order and Some of their Applications[M]. Minsk: Naukai Tekhnika, 1987.

[3] MILLER K S, ROSS B. An Introduction to the Fractional Calculus and Fractional Differential Equations[M]. New York：Wiley, 1993.

[4] SAMKO S G, KILBAS A A, MARICHEV O I. Fractional Integral and Derivatives(Theorey and Applications) [M]. Switzerland：Gordon and Breach, 1993.

[5] 徐明瑜,谭文长. 中间过程、临界现象——分数阶算子理论、方法、进展及其在现代力学中的应用[J]. 中国科学 G 辑：物理学、力学、天文学,2006,36(03):225-238.

[6] DIAZ J B, OLSER T J. Differences of fractional order, Mathematics of Computation[M]. 1974,28(1):185-202.

[7] GRANGER C W, JOYEUX J R. An introduction to long-memory time series models and fractional differencing [J]. J Time Ser Anal, 1980,1(1):15-29.

[8] GRAY H L, ZHANG N F. On a new definition of the fractional difference[J]. Mathematics of Computation, 1988, 50(4):513 – 529.

[9] DIETHELM K, WALZ G. Numerical solution of fractional order differential equations by extrapolation [J]. Numberical Algorithms, 1997,16(3 – 4):231-253.

[10] DIETHELM K. An algorithm for the numerical solution of differential equations of fractional order[J]. Electron Trans Numer Anal, 1997, 5(1):1-6.

[11] SRIVASTAVA H M, SAXENA R K. Operators of fractional integration and their applications[J]. Applied Mathematics and Computation, 2001, 118(1):1-52.

[12] PODLUBNY I. Fractional Differential Equations[M]. San Diego：Acad Press, 1999.

[13] ATICI F M, ELOE P W. Discrete fractional calculus with the Nabla operator[J]. Electronic Journal of Qualtative Theory of Differential Equations, 2009(3):1-12.

[14] HOLM M. Sum and difference compositions in discrete fractional caculus[J]. Cubo, 2011,13(3):153-184.

［15］　程金发.分数阶差分方程理论［M］.厦门：厦门大学出版社，
2011.

［16］　程金发，吴国春.（2,q）阶分数差分方程的解［J］.数学学报，
2012,55(03):469-480.

［17］　SHAKOOR P, RICARDO A, DELFIM F M T. Approximation of
fractional integrals by means of derivatives［J］. Computer Math Ap-
pl, 2012,64(13):3090-3100.

［18］　JOHN E, ROBERT J E, HONG M. Fractional differencing in dis-
crete time［J］. Quantitative Finance, 2013,13(2):195-204.

第二编

差分方程
与差分方程组

简单差分方程

一个包含自变数 x , 因变数 y 以及一个或更多个导数 $\dfrac{dy}{dx}, \dfrac{d^2y}{dx^2}, \cdots$ 的方程叫作微分方程. 同样地, 一个包含自变数 x , 因变数 y 以及一个或更多个差分 $\Delta y, \Delta^2 y, \cdots$ 的方程叫作差分方程. 因而在微分方程与差分方程之间有着非常类似的性质. 看起来, 多数微分方程的理论都可以完整地转用到差分方程上. 不过实际情况并不是那样简单, 事实上差分方程的一般解所遇到的困难与我们在微分方程中所具有的经验并不一致. 为了使我们的分析不超越初等的水平, 有必要将对差分方程的讨论限于少数特别简单的情况.

§1　差分方程的解

为方便起见, 最好将自变数 x 根据

$\Delta x = h$ 变为一个新的变数 s，它们的关系是

$$x = hs$$

使得 $\Delta s = 1$. 今后我们假定这一步已做好，同时因为

$$\Delta u_s = u_{s+1} - u_s$$

$$\Delta^2 u_s = u_{s+2} - 2u_{s+1} + u_s$$

$$\vdots$$

所以我们常常将一阶的差分方程用 s, u_s, u_{s+1} 写出，而不用 $s, u_s, \Delta u_s$，对于较高阶的也类似地这样做. 例如

$$u_{s+1} = su_s - s^2$$

是一个一阶的差分方程.

$$u_{s+2} - su_{s+1} + u_s = 0$$

是一个二阶的差分方程，其余可以依此类推.

重要的问题是，"一个差分方程的解到底是什么意思？"我们将以一个例子设法弄清楚这个问题.

例 1 求解方程

$$u_{s+1} = 2u_s + s^2 - 2s - 1 \qquad (1)$$

它的初始值是 $u_0 = 1$.

我们先按纯数字的办法处理这个方程. 置 $s = 0$，由于 $u_0 = 1$，我们得

$$u_1 = 2 - 1 = 1$$

而当 $s = 1$ 时

$$u_2 = 0$$

这样逐步进行，得到数值如下（表 1）：

表 1

s	0	1	2	3	4	5	6	7	8	9	10	$\cdots$
u_s	1	1	0	-1	0	7	28	79	192	431	924	$\cdots$

这个数值表构成以上差分方程特别的数值解. 这

个解不是 s 的连续函数,而只确定于 s 的各整数值. 我们可以将它叫作以上差分方程的离散特解. 显然,这个解是唯一确定的. 这里, s 的连续函数

$$u_s = C2^s - s^2 \qquad (2)$$

也满足以上的差分方程,由于

$$u_{s+1} = C2^{s+1} - (s+1)^2 = 2C2^s - s^2 - 2s - 1$$

因而

$$u_{s+1} = 2u_s + s^2 - 2s - 1$$

在方程(2)里面,当 $s=0$ 时,如果 C 要确定得满足 $C=1$,将求得 $C=1$,而

$$u_s = 2^s - s^2$$

就是以上差分方程的连续特解,对于 s 的整数值. 这个解将给出刚才求得的那些数值.

由于解法(2)包含一个任意常数,使我们不免想起它与微分方程相类似的地方,因而假定式(2)表示式(1)的一般解,而所有的特解都可以给 C 以适当的特定值求出. 在一定限度的意义上,这是真实的. 所有式(1)的离散特解都包括在式(2)以内. 但是式(2)还不是式(1)的通解. 因为,作为一个例子

$$u_s = 2^s(a + b\cos 2\pi s + c\sin 2\pi s) - s^2 \qquad (3)$$

其中 a,b,c 都是常数,也是方程(1)的解,读者利用正弦,余弦的周期性,可以用代入法来证明. 事实上,考察式(3)以后,我们看出

$$u_s = 2^s w(s) - s^2 \qquad (4)$$

是式(1)的一个解,其中 $w(s)$ 是周期为1的任何函数. 式(4)比式(2)更好地给出了式(1)的通解.

从这个例子加以一般化,我们将陈述(不加证明)一阶差分方程的通解包含一个周期为1的任意周期函数.

相反地,假定

$$G(s, u_s, w(s)) = 0$$

是一个包含 s, u_s 并包含一个周期为 1 的周期函数 $w(s)$ 的方程. 以 $s+1$ 替代 s 以后,得到

$$G(s+1, u_{s+1}, w(s)) = 0$$

由这两个方程消去 $w(s)$,我们得出一个联系 s, u_s 和 u_{s+1} 的关系式

$$F(s, u_s, u_{s+1}) = 0$$

而这是一个一阶的差分方程. 如果我们从包含两个周期函数的关系式着手,消去的结果将是一个二阶的差分方程,其余可依此类推.

由以上的讨论,可以知道当让我们解一个差分方程时,很重要的一点是应当了解需要什么样的解. 如果所要求的是离散的特解,是按单位步长的一组 s 所求得的值,这种解总是可以求得的,除所包含的计算工作外别无其他困难. 另外,如果所要求的是以已知初等函数的闭合形式表示的连续解,那么情形就很不同了. 这样的解只有对于相当少数种类的差分方程可能得到.

§2 差 分 法

简单的微分方程 $\dfrac{\mathrm{d}y}{\mathrm{d}x} = f(x)$ 的通解就是 $f(x)$ 的不

定积分;和这相似,我们也可以来考虑差分方程

$$u_{s+1} - u_s = f(x) \tag{5}$$

正像在初等微积分里,不定积分是由微分的逆运算发展而成的,积分特殊函数的方法是从事先按微分求得的结果解出来的,因而在这里,如果先求出对于各种初等函数的差分公式,我们就可以解决许多问题. 一部分初等的差分公式列出如下. 读者可以对这些公式加以验证.

差分公式表

（在这里,$w, w_1, w_2, \cdots$ 指周期为 1 的周期函数. ）

1. $\Delta w = 0.$

2. $\Delta w \cdot u = w \cdot \Delta u.$

3. $\Delta (w_1 \cdot u + w_2 \cdot v) = w_1 \cdot \Delta u + w_2 \cdot \Delta v.$

4. $\Delta u_s v_s = v_{s+1} \Delta u_s + u_s \Delta v_s = u_{s+1} \Delta v_s + v_s \Delta u_s.$

5. $\Delta \dfrac{u_s}{v_s} = \dfrac{v_s \Delta u_s - u_s \Delta v_s}{v_s v_{s+1}}.$

6. $\Delta s^{(n)} = n s^{(n-1)}.$

（由于任何多项式都可以表示为 $a_0 s^{(n)} + a_1 s^{(n-1)} + \cdots + a_n$,因此它的差分都可以由公式 6 求得. 任何有理分式的差分可以用公式 5 和 6 求得. ）

7. $\Delta \dfrac{1}{s^{(n)}} = \dfrac{-n}{(s+1)^{(n+1)}}.$

8. $\Delta a^s = a^s (a - 1).$

9. $\Delta a^{-s} = a^{-s} \left(\dfrac{1}{a} - 1 \right), a \neq 0.$

10. $\Delta \ln s = \ln \left(1 + \dfrac{1}{s} \right), \quad s > 0.$

11. $\Delta \sin ms = 2 \sin \dfrac{m}{2} \cos \left(ms + \dfrac{m}{2} \right).$

12. $\Delta \cos ms = -2 \sin \dfrac{m}{2} \sin \left(ms + \dfrac{m}{2} \right).$

13. $\Delta \sinh ms = 2 \sinh \dfrac{m}{2} \cosh \left(ms + \dfrac{m}{2} \right).$

14. $\Delta \cos h\, ms = 2 \sinh \dfrac{m}{2} \sinh \left(ms + \dfrac{m}{2} \right).$

15. $\Delta (u_{s-1} + u_{s-2} + \cdots + u_{s-n}) = u_s - u_{s-n}.$

16. $\Delta (u_{s-1} \cdot u_{s-2} \cdot \cdots \cdot u_{s-n}) = u_{s-1} \cdot u_{s-2} \cdot \cdots \cdot u_{s-n+1} (u_s - u_{s-n}).$

其余的公式包括 Γ 函数 $\Gamma(x)$,这里假定读者对它们是熟悉的. 我们现在所需用的 $\Gamma(x)$ 的性质如下.

递推关系

$$\Gamma(x+1) = x\Gamma(x) \tag{6}$$

对于 x 的整数值,如 $x = n \geqslant 0$,我们有

$$\Gamma(n+1) = n! \tag{7}$$

另外,$\Gamma(x+1) = x!$ 的记法即使 x 不是整数也经常使用.

渐近展开

$$\Gamma(x+1) = \sqrt{2\pi x}\, \mathrm{e}^{-x} x^x \left(1 + \frac{1}{12x} + \frac{1}{288x^2} - \right.$$
$$\left. \frac{139}{51\,840x^3} - \frac{571}{2\,488\,320x^4} + \cdots \right) \tag{8}$$

$\Gamma(x+1)$ 的对数的微分叫作双 Γ 函数,把它记为 $\Psi(x)$,因而

$$\Psi(x) = \frac{\mathrm{d}}{\mathrm{d}x} \ln \Gamma(x+1) \tag{9}$$

双 Γ 函数具有渐近展开式

154

$$\Psi(x) = \frac{1}{2}\ln x(x+1) + \frac{1}{6}\left(\frac{1}{x} - \frac{1}{x+1}\right) -$$

$$\frac{1}{90}\left(\frac{1}{x^3} - \frac{1}{(x+1)^3}\right) + \frac{1}{210}\left(\frac{1}{x^5} - \frac{1}{(x+1)^5}\right) - \cdots$$

$$(10)$$

导数 $\Psi'(x), \Psi''(x), \Psi'''(x), \cdots$ 分别叫作三 Γ,四 Γ,五 Γ,……函数. 它们的渐近展开式可由式(10)的逐次微分得出.

差分公式表(续)

17. $\Delta\Gamma(s+1) = s\Gamma(s+1)$.

18. $\Delta\ln\Gamma(s+1) = \ln(s+1)$.

19. $\dfrac{\Gamma(s+1+a_1)\Gamma(s+1+a_2)}{\Gamma(s+1+b_1)\Gamma(s+1+b_2)}$

$$= \frac{(s+a_1)(s+a_2)}{(s+b_1)(s+b_2)}\frac{\Gamma(s+a_1)\Gamma(s+a_2)}{\Gamma(s+b_1)\Gamma(s+b_2)}$$

20. $\Gamma(s+1)\Gamma(s)\Gamma(s-1)\cdots\Gamma(s-n+2)$

$$= s^{(n)}\Gamma(s)\Gamma(s-1)\cdots\Gamma(s-n+1)$$

21. $a^{s+1}\Gamma\left(s+1+\dfrac{b}{a}\right) = (as+b)a^s\Gamma\left(s+\dfrac{b}{a}\right)$.

22. $\Delta\Psi(s) = \dfrac{1}{s+1}$.

23. $\Delta\Psi'(s) = \dfrac{-1}{(s+1)^2}$.

24. $\Delta\Psi''(s) = \dfrac{2}{(s+1)^3}$.

25. $\Delta\Psi'''(s) = \dfrac{-6}{(s+1)^4}$.

26. $\Delta\left(\dfrac{1}{2ai}(\Psi(s+ai) - \Psi(s-ai))\right) = \dfrac{-1}{(s+1)^2 + a^2}$,

155

其中 $i = \sqrt{-1}$.

§3 差分方程 $\Delta u_s = f(s)$

上一节的差分公式提供了
$$\Delta u_s = f(s)$$
这种形式的多种差分方程的解法.

第一种情况. $f(s)$ 是多项式. 如果 $f(s)$ 是表示为阶乘(这总是可能的)的多项式
$$f(s) = a_0 s^{(n)} + a_1 s^{(n-1)} + \cdots + a_n$$
那么由上节的差分公式 6 可得
$$u_s = \frac{a_0 s^{(n+1)}}{n+1} + \frac{a_1 s^{(n)}}{n} + \cdots + a_n s + w$$

例 1 求最初一百个整数的立方和.

现在, 适当的差分方程是
$$\Delta u_s = s^3 = s^{(3)} + 3s^{(2)} + s^{(1)}$$
因而它的解是
$$u_s = \frac{s^{(4)}}{4} + s^{(3)} + \frac{s^{(2)}}{2} + w(s)$$
由差分公式 15 很容易知道所求的和等于
$$u_{101} - u_0 = 25\ 502\ 500$$

第二种情况. $f(s)$ 是有理分式. 如果 $f(s)$ 是任意的有理分式, 在必要时应先以除法将它化为真分式. 如果由此得出了整式部分, 可按第一种情况处理. 这样, 分

子的次数一定低于分母,因而这个分式可以按通常的方法表示为部分分式. 如果我们先假定分母的一次因子都是实的且互异, 我们将得到一个

$$\Delta u_s = \frac{A}{s+a} + \frac{B}{s+b} + \cdots + \frac{K}{s+k}$$

类型的差分方程.

根据差分公式22,这里显然

$$u_s = A\Psi(s+a-1) + B\Psi(s+b-1) + \cdots + K\Psi(s+k-1) + w(s)$$

由此将有助于实现使函数 $\Psi(s)$ 在差分中能起 $\ln(1+s)$ 在微分中相似的作用. 事实上,当 $s > -1$ 时,$\Psi(s)$ 的图形看上去与 $\ln(s+1)$ 的是十分相似的.

例 2　试求 $\sum\limits_{k=1}^{50} \dfrac{1}{(k+1)(2k+1)}$ 的值.

这里差分方程是

$$\Delta u_s = \frac{1}{(s+1)(2s+1)} = \frac{1}{s+\frac{1}{2}} - \frac{1}{s+1}$$

因之

$$u_s = \Psi(s-0.5) - \Psi(s)$$

而所求的和是

$$u_{51} - u_1 = \Psi(50.5) - \Psi(51) - \Psi(0.5) + \Psi(1)$$

查表可知

$$\Psi(1) = 0.422\ 78$$
$$\Psi(0.5) = 0.036\ 49$$

由上节的渐近公式得

$$\Psi(50.5) - \Psi(51) = \frac{1}{2}\ln\left(\frac{(50.5)(51.5)}{51 \times 52}\right) +$$

$$\frac{1}{6}\left(\frac{1}{50.5}-\frac{1}{51}-\frac{1}{51.5}+\frac{1}{52}+\cdots\right)$$

$$=-0.00976$$

因此

$$\sum_{k=1}^{50}\frac{1}{(k+1)(2k+1)}=0.37653$$

例3 求以下收敛的无穷级数的和

$$\sum_{k=1}^{\infty}\frac{1}{(k+1)(2k+1)(5k+2)}$$

所要的差分方程将是

$$\Delta u_s=\frac{1}{(s+1)(2s+1)(5s+2)}$$

$$=\frac{1}{3}\left(\frac{1}{s+1}-\frac{6}{s+\dfrac{1}{2}}+\frac{5}{s+\dfrac{2}{5}}\right)$$

它的解是

$$u_s=\frac{1}{3}\left(\Psi(s)-6\Psi\left(s-\frac{1}{2}\right)+5\Psi\left(s-\frac{3}{5}\right)\right)+w(s)$$

这个级数前 n 项的和将是

$$u_{n+1}-u_1=\frac{1}{3}\left(\Psi(n+1)-6\Psi\left(n+\frac{1}{2}\right)+5\Psi\left(n+\frac{2}{5}\right)\right)-$$

$$\frac{1}{3}\left(\Psi(1)-6\Psi\left(\frac{1}{2}\right)+5\Psi\left(\frac{2}{5}\right)\right)$$

由渐近公式很容易证明,如果

$$A+B+C=0$$

就有

$$\lim_{s\to\infty}(A\Psi(s+a)+B\Psi(s+b)+C\Psi(s+c))=0$$

因此,这个无穷级数的和为

$$\sum_{k=1}^{\infty} \frac{1}{(k+1)(2k+1)(5k+2)}$$

$$= -\frac{1}{3}\left(\Psi(1) - 6\Psi\left(\frac{1}{2}\right) + 5\Psi\left(\frac{2}{5}\right)\right) = 0.034\ 36$$

分母中某一个重复的一次因子,例如 $(s+a)^3$,则在代表 $f(x)$ 的部分分式中将产生

$$\frac{A''}{(s+a)^3} + \frac{A'}{(s+a)^2} + \frac{A}{s+a}$$

形式的几项. 对应于这样的一个因子,差分方程的解将包含

$$\frac{1}{2}A''\Psi''(s+a-1) - A'\Psi'(s+a-1) + A\Psi(s+a-1)$$

几项.

一个不可约的二次因子将产生

$$\frac{\alpha + i\beta}{s+a+ib} + \frac{\alpha - i\beta}{s+a-ib}, \quad i = \sqrt{-1}$$

形式的两项,而解中的相应项是

$$a(\Psi(s+a-1+ib) + \Psi(s+a-1-ib)) +$$
$$i\beta(\Psi(s+a-1+ib) - \Psi(s+a-1-ib))$$

然而这个结果,如果没有复自变数的 $\Psi(x)$ 表,它的实用价值不大.

第三种情况. $f(s)$ 是指数函数. 根据差分公式 8

$$\Delta u_s = a^s, \quad a \neq 1$$

的解是

$$u_s = \frac{a^s}{a-1} + w(s)$$

如果遇到指数函数与多项式相乘的情况,可以用待定系数来解.

例 4　求解

$$\Delta u_s = (s^2 - 2s)2^s$$

假定

$$u_s = (As^2 + Bs + C)2^s$$

便有

$$\Delta u_s = (As^2 + (4A + B)s + (2A + 2B + C))2^s$$

比较同类项的系数,我们得

$$A = 1, B = -6 \quad C = 10$$

由此

$$u_s = (s^2 - 6s + 10)2^s + w(s)$$

第四种情形. $f(s)$ 是三角、对数等函数

$$\Delta u_s = \cos \ ms$$

或

$$\Delta u_s = \sin \ ms \quad (0 < m < 2\pi)$$

类型的差分方程可以用差分公式 11 和 12 来解. 遇到多项式与正弦函数或余弦函数相乘的情况,可以使用和例 4 相似的方法以待定系数法来处理. 细节留给读者去完成. 包含对数的简单表达式可以用差分公式 18来处理.

§4　正合方程

变数分离的办法对于微分方程很重要,对于差分方程则不大有用. 因为在我们的差分公式中, Δs 是常

数(实际上选用单位 1),但是 Δu 不是常数,而我们没有办法将含有 Δu 的表达式加起来. 例如,方程

$$\Delta u = a^s u$$

可以整理成

$$\sum \frac{\Delta u}{u} = \sum a^s$$

的形式,但由于我们不知道如何对变数 Δu 求 $\sum \dfrac{\Delta u}{u}$ 的值,我们仍不能求得这个解.

但是,如果可能将一个差分方程表示成等于零的差分,便可以立刻得到解.

例 5　差分方程

$$(u_{s+1} - u_s)(u_{s+1} + u_s + 2s) + 2(u_s - s) = 0$$

可以写成差分

$$(u_{s+1}^2 + 2su_{s+1} - s(s+1)) - (u_s^2 + 2(s-1)u_s - s(s-1)) = 0$$

它具有

$$F(u_{s+1}, s+1) - F(u_s, s) = 0$$

的形式. 因之它的解是

$$F(u_s, s) = w(s)$$

在本例的情况下,我们有

$$u_s^2 + 2(s-1)u_s - s(s-1) = w(s)$$

例 6　一次差分方程

$$u_{s+1} - au_s = 0 \quad (a \neq 1)$$

乍看起来并不是正合的. 然而只需乘以因子 a^{-s-1} 就可以将它变为正合的形式

$$a^{-(s+1)} u_{s+1} - a^{-s} u_s = 0$$

它的解是

$$a^{-s}u_s = w(s)$$

或

$$u_s = a^s w(s)$$

例 7 一次差分方程

$$u_{s+1} - \frac{(s+a)(s+b)}{(s+c)}u_s = 0$$

可以用因子

$$\frac{\Gamma(s+1+c)}{\Gamma(s+1+a)\Gamma(s+1+b)}$$

来乘它,使其成为正合的. 因为据关系式

$$\Gamma(s+1+c) = (s+c)\Gamma(s+c)$$

等,最后所得的方程是

$$\frac{\Gamma(s+1+c)}{\Gamma(s+1+a)\Gamma(s+1+b)}u_{s+1} - \frac{\Gamma(s+c)}{\Gamma(s+a)\Gamma(s+b)}u_s = 0$$

而所求的解是

$$u_s = \frac{\Gamma(s+a)\Gamma(s+b)}{\Gamma(s+c)}w(s)$$

这个例子的推广是显而易见的.

例 8 非齐次的一次差分方程

$$u_{s+1} - au_s = bs$$

可以用因子 $a^{-(s+1)}$ 使其变为正合的. 因为我们有

$$a^{-(s+1)}u_{s+1} - a^{-s}u_s = bsa^{-s-1}$$

这里左端已经是正合的,而右端可以用待定系数使其正合. 因此我们有

$$a^{-(s+1)}u_{s+1} - a^{-s}u_s = -b\left(\frac{s+1}{a-1} + \frac{1}{(a-1)^2}\right)a^{-s-1} +$$

$$b\left(\frac{s}{a-1} + \frac{1}{(a-1)^2}\right)a^{-s}$$

这个方程给出

$$a^{-s}u_s = -b\left(\frac{s}{a-1} + \frac{1}{(a-1)^2}\right)a^{-s} + w(s)$$

由此

$$u_s = a^s w(s) - \frac{bs}{a-1} - \frac{b}{(a-1)^2}$$

§5　高于一阶的线性差分方程

二阶以上的差分方程中,唯一的一种类型可以做得令人满意的是具有常系数的齐次线性差分方程. 所用的步骤以例题说明如下.

例9　求解差分方程

$$u_{s+2} - 7u_{s+1} + 10u_s = 0$$

就像解常系数齐次线性微分方程那样,我们假定有一个解

$$u_s = a^s$$

其中 a 是待定的. 将它代入上面的差分方程并除掉因子 a^s ,得出方程

$$a^2 - 7a + 10 = 0$$

由此 $a = 2$,或 $a = s$. 因而两个特解是

$$u_s = 2^s \text{ 和 } u_s = 5^s$$

读者很容易证明:如果 y_s 和 z_s 是任何齐次线性差分方程的两个解,那么

163

$$u_s = y_s w_1 + z_s w_2$$

也是它的解,这里 w_1 和 w_2 是任意的周期为 1 的函数.
在现在的例题里

$$u_s = w_1 2^s + w_2 5^s$$

将是一个解,而且实际上正是通解.

例 10 对于差分方程

$$u_{s+3} - 6u_{s+2} + 12u_{s+1} - 8u_s = 0$$

作同样的处理,得出方程

$$a^3 - 6a^2 + 12a - 8 = 0$$

它的三个根都等于 2. 因之一个特解是

$$u_s = 2^s$$

按照微分方程中类似的情况类推,我们预期得到 $u_s = s2^s$ 与 $u_s = s^{(2)}2^s$ 也是解,而这个期望用实际的代入将证明它确能成立. 因此所求的通解是

$$u_s = (w_1 + sw_2 + s^{(2)}w_3)2^s$$

例 11 在差分方程

$$u_{s+2} - 4u_{s+1} + 13u_s = 0$$

里,进行代换

$$u_s = a^s$$

求得

$$a^2 - 4a + 13 = 0$$

以及它的根

$$a = 2 \pm 3i$$

因而所求的通解是

$$u_s = w_1(2 + 3i)^s + w_2(2 - 3i)^s$$

为了避免复数运算,可将这个解表示为三角形式

$$u_s = 13^{\frac{s}{2}} \left(w_3 \cos s\theta + w_4 \sin s\theta \right)$$

其中 θ 是 $\arctan\left(\dfrac{3}{2}\right)$ 或 $\arctan\left(-\dfrac{3}{2}\right)$ 的主值 $\left(-\dfrac{\pi}{2} < \theta \leqslant \dfrac{\pi}{2}\right)$.

少数常系数的非齐次线性差分方程也可以用待定系数法来求解. 正如线性微分方程那样, 非齐次差分方程的通解, 可将这个非齐次方程的一个特解与它的相伴齐次方程的通解两者相加得出.

例 12　求解方程

$$u_{s+2} - 7u_{s+1} + 10u_s = 12 \cdot 4^s$$

我们先求它的相伴齐次方程

$$u_{s+2} - 7u_{s+1} + 10u_s = 0$$

的通解. 这就是例 9 的方程, 已知它的通解是

$$u_s = w_1 2^s + w_2 5^s$$

然后, 我们找出原来的非齐次方程的一个特解. 为了这个目的, 假定

$$u_s = A4^s$$

其中 A 是一个待定常数. 将它代入原来的差分方程中, 得出

$$A4^s (4^2 - 7 \cdot 4 + 10) = 12 \cdot 4^s$$

因之 $A = -6$. 于是所求通解是

$$u_s = w_1 2^s + w_2 5^s - 6 \cdot 4^s$$

例 13　例 12 的方法, 如果方程的右端恰好满足左端的相伴齐次方程, 如方程

$$u_{s+2} - 7u_{s+1} + 10u_s = 12 \cdot 5^s$$

那么这个方法就不能用了. 遇到这样的情况, 可假定有一个

$$u_s = As \cdot 5^s$$

形式的特解,求得 $A = \dfrac{4}{5}$. 于是所求的解是

$$u_s = w_1 2^s + w_2 5^s + \frac{4}{5} s \cdot 5^s$$

例 14 方程的右端是一个多项式时,解法的步骤可以由解

$$u_{s+2} - 4u_s = 9s^2$$

来说明.

这里,相伴齐次方程的解是

$$u_s = w_1 2^s + w_2 (-2)^s$$

为了求特解,我们假定

$$u_s = As^2 + Bs + C$$

然后求出当 $A = -3, B = -4, C = -\dfrac{20}{3}$ 时可满足原方程,因而通解是

$$u_s = w_1 2^s + w_2 (-2)^s - 3s^2 - 4s - \frac{20}{3}$$

以上的各个例题已足以引导所有熟悉线性微分方程的读者对常系数线性差分方程有所理解,并对于这里所没有讲到的情况想出解决的方法.

§6 变系数线性方程

具有变系数的线性差分方程的解,常常可以用

166

$$u_s = a_0 + a_1 s + a_2 s^{(2)} + a_3 s^{(3)} + a_4 s^{(4)} + \cdots$$

形式的阶乘级数求得. 当 s 是正整数时,这样的级数就一定有个终止,因而如果这种级数的使用限于 s 是正整数,那么级数是否收敛的麻烦问题就不会发生.

例 15　试求差分方程

$$(n-s)u_{s+1} + (2t-n)u_s + su_{s-1} = 0$$

的一个解,其中 n 和 t 都是正整数,并且 $t \leqslant n$.

假定

$$u_s = \sum_{k=0}^{\infty} a_k s^{(k)}$$

于是

$$su_{s-1} = \sum a_k s^{(k+1)}$$

$$u_{s+1} = \sum a_k s^{(k)} + \sum k a_k s^{(k-1)}$$

$$su_{s+1} = \sum a_k s^{(k+1)} + 2 \sum k a_k s^{(k)} + \sum k(k-1) a_k s^{(k-1)}$$

把这些表达式代入上面的差分方程,并将同次阶乘积的系数加以合并,结果 $s^{(k)}$ 的系数是

$$(k+1)(n-k)a_{k+1} + 2(t-k)a_k$$

由于这些系数必须全部为零,因之

$$a_{k+1} = -\frac{2(t-k)}{(k+1)(n-k)}a_k$$

这个一阶差分方程的一个解显然是

$$a_k = (-1)^k \frac{2^k t^{(k)}}{k! \, n^{(k)}} a_0$$

当这些系数代进我们最初假定的 u_s 的级数时,结果得

$$u_s = a_0 \sum (-1)^k \frac{2^k t^{(k)} s^{(k)}}{k! n^{(k)}}$$

由于 t 已假定是一个不大于 n 的整数,因此很容易知道这个级数将终止于 $k = t$ 的那一项,而 u_s 只是 s 的 t 次多项式.

应当注意到现在只得到一个解,虽然这个差分方程实际上具有两个独立的特解. 对这一点以及其他可能碰到的特殊问题的精密分析,将超越本书所讨论的范围. 读者可在米伦－汤姆生(Milne－Thompson)所著的《有限差计算》(*The Calculus of Finite Differences*)一书的第十四章中找到对这一问题适当的讨论.

§7 记法和符号

符号庞杂常使初学者感到烦恼. 为了尽量减少这种造成混乱的根源,我们已使书中所有的新符号尽可能地减少. 另外,由于许多其他的符号已在文献中经常使用,所以这里也提到少数比较重要的.

1. 由 $\Delta u_x = u_{x+1} - u_x$ 所定义的符号 Δ 是相当标准的.

然而,也有些作者将 Δ 只用于自变数的数值变化步长为 1 的情况,对于步长为 h 的一般情况用 ∇_h.

2. 由 $\nabla u_x = u_x - u_{x-1}$ 所定义的符号 ∇ 偶尔用于向后差分.

3. 由 $E = 1 + \Delta$ 或 $Eu_x = u_{x+1}$ 所定义的位移算符 E 常被作者用于有限差分,并且确实是很便于使用的.

4. 由 $\delta u_x = u_{x+\frac{1}{2}} - u_{x-\frac{1}{2}}$ 和 $\mu u_x = \frac{1}{2}\left(u_{x+\frac{1}{2}} + u_{x-\frac{1}{2}}\right)$

所定义的谢派得(Sheppard)中心差分记法,特别适用于中心差分公式的符号处理.

5. 对于均差的记法. 对于自变数 $x_0, x_1, x_2, x_3, \cdots$ 和函数值 $f(x_1), f(x_1), f(x_2), \cdots$ 或 $u_0, u_1, u_2, \cdots$ 的各阶均差有各种不同的记法.

(1) $[x_0, x_1], [x_0, x_1, x_2], \cdots$ 用于米伦－汤姆生,福特(Fort)所写的书中.

(2) $(x_0, x_1), (x_0, x_1, x_2), \cdots$ 用于谢派得的书中.

(3) $f(x_0, x_1), f(x_0, x_1, x_2), \cdots$ 用于斯蒂芬森(Steffensen)的书中.

(4) $\underset{x_1}{\triangle} u_{x_0}, \underset{x_1, x_2}{\triangle}{}^2 u_{x_0}, \cdots$ 用于艾特肯(Aitken),弗利门(Freeman)的书中.

(5) $Df(x_0), D^2 f(x_0), \cdots$ 用于若尔当(Jordan)的书中.

一类高阶有理差分方程的解

太原理工大学数学学院的李丽丽,董玲珍,杨倩老师对下面一类有理差分方程

$$x_{n+1} = \frac{\lambda y_n y_{n-2}}{x_{n-1}(\pm\lambda \pm y_n y_{n-2})}$$

$$y_{n+1} = \frac{\lambda x_n x_{n-2}}{y_{n-1}(\pm\lambda \pm x_n x_{n-2})}$$

进行研究,给出了任意非零初值问题解的具体表达形式,并讨论了解的周期性.

1. 引言

物理学,控制理论,生物学,医学和经济学等应用学科和边缘交叉学科的进一步发展,提出了大量由差分方程描述的数学模型,因而对差分方程动力学行为的研究在理论和实际应用方面都具有很重要的意义. 有理差分方程作为非线性差分方程中的一类,不仅应用广泛,而且在理论上也非常重要. 因此,近年来关于有理差分方程的研究引起了大家极大的兴趣,已经积累了丰富的研究成果[1-5]. 特别地,Touafek[3]等探讨了下面这类有理差分系统

$$x_{n+1} = \frac{x_{n-3}}{\pm 1 \pm x_{n-3}y_{n-1}}, y_{n+1} = \frac{y_{n-3}}{\pm 1 \pm y_{n-3}x_{n-1}},$$ 得到了这

类系统的解的形式,进而研究了解的周期性. El-

sayed[4] 得到了下面一类有理差分系统的解的形式

$$x_{n+1} = \frac{x_{n-1}}{\pm 1 + x_{n-1}y_n}, y_{n+1} = \frac{y_{n-1}}{\mp 1 + y_{n-1}x_n}.$$ Elsayed[5] 等得

到了三阶非线性差分系统

$$x_{n+1} = \frac{x_n y_{n-2}}{y_{n-1}(\pm 1 \pm x_n y_{n-2})}$$

$$y_{n+1} = \frac{y_n x_{n-2}}{x_{n-1}(\pm 1 \pm y_n x_{n-2})}$$

的解的形式,并探讨了解的周期性. 本章,我们将讨论

另外一类有理差分方程

$$x_{n+1} = \frac{\lambda y_n y_{n-2}}{x_{n-1}(\pm \lambda \pm y_n y_{n-2})}$$

$$y_{n+1} = \frac{\lambda x_n x_{n-2}}{y_{n-1}(\pm \lambda \pm x_n x_{n-2})}$$

研究其任意非零初值解的形式,并讨论其解的周期性,

其中 $\lambda \neq 0$. 为讨论方便,记 $x_{-2} = c, x_{-1} = b, x_0 = a,$

$y_{-2} = f, y_{-1} = e, y_0 = d.$

定义 1　对于序列 $\{x_n\}_{n=-k}^{+\infty}$,如果存在一个常数

T,对于任意整数 $n \geqslant -k$,恒有 $x_{n+T} = x_n$ 成立,那么称

序列 $\{x_n\}$ 是从第 k 项起的周期为 T 的周期序列.

2. 系统 $x_{n+1} = \dfrac{\lambda y_n y_{n-2}}{x_{n-1}(\lambda + y_n y_{n-2})}, y_{n+1} = \dfrac{\lambda x_n x_{n-2}}{y_{n-1}(\lambda + x_n x_{n-2})}$

的解

我们先来考虑下面这个差分系统

N. E. Nörlund 定理

$$\begin{cases} x_{n+1} = \dfrac{\lambda y_n y_{n-2}}{x_{n-1}(\lambda + y_n y_{n-2})} \\[4mm] y_{n+1} = \dfrac{\lambda x_n x_{n-2}}{y_{n-1}(\lambda + x_n x_{n-2})} \end{cases} \quad (1)$$

其中 $n \in \mathbf{N}_0 = \{0,1,2,\cdots\}$.

定理 1 设 (x_n, y_n) 为系统(1)的解,且有 $ac \neq -\lambda, df \neq -\lambda$,则当 $n = 0,1,2,\cdots$ 时,系统(1)的解可由下面的公式给出

$$x_{4n-2} = c \prod_{i=0}^{n-1} \frac{(\lambda + (4i)ac)}{(\lambda + (4i+2)ac)}$$

$$x_{4n-1} = b \prod_{i=0}^{n-1} \frac{(\lambda + (4i+1)df)}{(\lambda + (4i+3)df)}$$

$$x_{4n} = a \prod_{i=0}^{n-1} \frac{(\lambda + (4i+2)ac)}{(\lambda + (4i+4)ac)}$$

$$x_{4n+1} = \frac{\lambda df}{b(\lambda + df)} \prod_{i=0}^{n-1} \frac{(\lambda + (4i+3)df)}{(\lambda + (4i+5)df)}$$

$$y_{4n-2} = f \prod_{i=0}^{n-1} \frac{(\lambda + (4i)df)}{(\lambda + (4i+2)df)}$$

$$y_{4n-1} = e \prod_{i=0}^{n-1} \frac{(\lambda + (4i+1)ac)}{(\lambda + (4i+3)ac)}$$

$$y_{4n} = d \prod_{i=0}^{n-1} \frac{(\lambda + (4i+2)df)}{(\lambda + (4i+4)df)}$$

$$y_{4n+1} = \frac{\lambda ac}{e(\lambda + ac)} \prod_{i=0}^{n-1} \frac{(\lambda + (4i+3)ac)}{(\lambda + (4i+5)ac)}$$

证明 对于 $n = 0$,结论显然成立. 假设对于 $n - 1$ 结论成立,则有

$$x_{4n-6} = c\prod_{i=0}^{n-2} \frac{(\lambda + (4i)ac)}{(\lambda + (4i+2)ac)}$$

$$x_{4n-5} = b\prod_{i=0}^{n-2} \frac{(\lambda + (4i+1)df)}{(\lambda + (4i+3)df)}$$

$$x_{4n-4} = a\prod_{i=0}^{n-2} \frac{(\lambda + (4i+2)ac)}{(\lambda + (4i+4)ac)}$$

$$x_{4n-3} = \frac{\lambda df}{b(\lambda + df)}\prod_{i=0}^{n-2} \frac{(\lambda + (4i+3)df)}{(\lambda + (4i+5)df)}$$

$$y_{4n-6} = f\prod_{i=0}^{n-2} \frac{(\lambda + (4i)df)}{(\lambda + (4i+2)df)}$$

$$y_{4n-5} = e\prod_{i=0}^{n-2} \frac{(\lambda + (4i+1)ac)}{(\lambda + (4i+3)ac)}$$

$$y_{4n-4} = d\prod_{i=0}^{n-2} \frac{(\lambda + (4i+2)df)}{(\lambda + (4i+4)df)}$$

$$y_{4n-3} = \frac{\lambda ac}{e(\lambda + ac)}\prod_{i=0}^{n-2} \frac{(\lambda + (4i+3)ac)}{(\lambda + (4i+5)ac)}$$

从而

$$x_{4n-2} = \frac{\lambda y_{4n-3} y_{4n-5}}{x_{4n-4}(\lambda + y_{4n-3} y_{4n-5})}$$

$$= \frac{\lambda \left(\frac{\lambda ac}{e(\lambda + ac)}\prod_{i=0}^{n-2} \frac{(\lambda + (4i+3)ac)}{(\lambda + (4i+5)ac)} \right)\left(e\prod_{i=0}^{n-2} \frac{(\lambda + (4i+1)ac)}{(\lambda + (4i+3)ac)} \right)}{\left(a\prod_{i=0}^{n-2} \frac{(\lambda + (4i+2)ac)}{(\lambda + (4i+4)ac)} \right)\left(\lambda + \left(\frac{\lambda ac}{e(\lambda + ac)}\prod_{i=0}^{n-2} \frac{(\lambda + (4i+3)ac)}{(\lambda + (4i+5)ac)} \right)\left(e\prod_{i=0}^{n-2} \frac{(\lambda + (4i+1)ac)}{(\lambda + (4i+3)ac)} \right) \right)}$$

$$= \frac{\lambda \left(\frac{\lambda ac}{\lambda + ac}\prod_{i=0}^{n-2} \frac{(\lambda + (4i+1)ac)}{(\lambda + (4i+5)ac)} \right)}{\left(a\prod_{i=0}^{n-2} \frac{(\lambda + (4i+2)ac)}{(\lambda + (4i+4)ac)} \right)\left(\lambda + \frac{\lambda ac}{\lambda + ac}\prod_{i=0}^{n-2} \frac{(\lambda + (4i+1)ac)}{(\lambda + (4i+5)ac)} \right)}$$

$$= \frac{\frac{\lambda^2 ac}{\lambda + (4n-3)ac}}{\left(a\prod_{i=0}^{n-2} \frac{(\lambda + (4i+2)ac)}{(\lambda + (4i+4)ac)} \right)\left(\lambda + \frac{\lambda ac}{\lambda + (4n-3)ac} \right)}$$

173

$$= \frac{\lambda c}{\lambda + (4n-2)ac} \prod_{i=0}^{n-2} \frac{(\lambda + (4i+4)ac)}{(\lambda + (4i+2)ac)}$$

$$= c \prod_{i=0}^{n-1} \frac{(\lambda + (4i)ac)}{(\lambda + (4i+2)ac)}$$

$$y_{4n-2} = \frac{\lambda x_{4n-3} x_{4n-5}}{y_{4n-4}(\lambda + x_{4n-3} x_{4n-5})}$$

$$= \frac{\lambda \left(\frac{\lambda df}{b(\lambda + df)} \prod_{i=0}^{n-2} \frac{(\lambda + (4i+3)df)}{(\lambda + (4i+5)df)} \right) \left(b \prod_{i=0}^{n-2} \frac{(\lambda + (4i+1)df)}{(\lambda + (4i+3)df)} \right)}{\left(d \prod_{i=0}^{n-2} \frac{(\lambda + (4i+2)df)}{(\lambda + (4i+4)df)} \right) \left(\lambda + \left(\frac{\lambda df}{b(\lambda + df)} \prod_{i=0}^{n-2} \frac{(\lambda + (4i+3)df)}{(\lambda + (4i+5)df)} \right) \left(b \prod_{i=0}^{n-2} \frac{(\lambda + (4i+1)df)}{(\lambda + (4i+3)df)} \right) \right)}$$

$$= \frac{\lambda \left(\frac{\lambda df}{\lambda + df} \prod_{i=0}^{n-2} \frac{(\lambda + (4i+1)df)}{(\lambda + (4i+5)df)} \right)}{\left(d \prod_{i=0}^{n-2} \frac{(\lambda + (4i+2)df)}{(\lambda + (4i+4)df)} \right) \left(\lambda + \frac{\lambda df}{\lambda + df} \prod_{i=0}^{n-2} \frac{(\lambda + (4i+1)df)}{(\lambda + (4i+5)df)} \right)}$$

$$= \frac{\frac{\lambda^2 df}{\lambda + (4n-3)df}}{\left(d \prod_{i=0}^{n-2} \frac{(\lambda + (4i+2)df)}{(\lambda + (4i+4)df)} \right) \left(\lambda + \frac{\lambda df}{\lambda + (4n-3)df} \right)}$$

$$= \frac{\lambda f}{\lambda + (4n-2)df} \prod_{i=0}^{n-2} \frac{(\lambda + (4i+4)df)}{(\lambda + (4i+2)df)}$$

$$= f \prod_{i=0}^{n-1} \frac{(\lambda + (4i)df)}{(\lambda + (4i+2)df)}$$

同法可以证明余下的等式也成立. 结论得证.

考虑系统

$$\begin{cases} x_{n+1} = \dfrac{\lambda y_n y_{n-2}}{x_{n-1}(-\lambda + y_n y_{n-2})} \\[2ex] y_{n+1} = \dfrac{\lambda x_n x_{n-2}}{y_{n-1}(-\lambda - x_n x_{n-2})} \end{cases} \tag{2}$$

定理 2 设 (x_n, y_n) 为系统(2)的解,且有 $ac \neq -\lambda$, $df \neq \lambda$,则当 $n = 0,1,2,\cdots$ 时,系统(2)的解可由下面的公式给出

$$x_{4n-2} = c \prod_{i=0}^{n-1} \frac{(\lambda + (4i)ac)}{(\lambda + (4i+2)ac)}$$

$$x_{4n-1} = b \prod_{i=0}^{n-1} \frac{(-\lambda + (4i+1)df)}{(-\lambda + (4i+3)df)}$$

$$x_{4n} = a \prod_{i=0}^{n-1} \frac{(\lambda + (4i+2)ac)}{(\lambda + (4i+4)ac)}$$

$$x_{4n+1} = \frac{\lambda df}{b(-\lambda + df)} \prod_{i=0}^{n-1} \frac{(-\lambda + (4i+3)df)}{(-\lambda + (4i+5)df)}$$

$$y_{4n-2} = f \prod_{i=0}^{n-1} \frac{(\lambda - (4i)df)}{(\lambda - (4i+2)df)}$$

$$y_{4n-1} = e \prod_{i=0}^{n-1} \frac{(-\lambda - (4i+1)ac)}{(-\lambda - (4i+3)ac)}$$

$$y_{4n} = d \prod_{i=0}^{n-1} \frac{(\lambda - (4i+2)df)}{(\lambda - (4i+4)df)}$$

$$y_{4n+1} = \frac{\lambda ac}{e(-\lambda - ac)} \prod_{i=0}^{n-1} \frac{(-\lambda - (4i+3)ac)}{(-\lambda - (4i+5)ac)}$$

证明方法同定理 1,故不赘述.

3. **系统** $x_{n+1} = \dfrac{\lambda y_n y_{n-2}}{x_{n-1}(\lambda + y_n y_{n-2})}, y_{n+1} = \dfrac{\lambda x_n x_{n-2}}{y_{n-1}(\lambda - x_n x_{n-2})}$

的解及其周期性

本节,我们得到了系统(3)和(4)的解的形式,并讨论了解的周期性.

$$\begin{cases} x_{n+1} = \dfrac{\lambda y_n y_{n-2}}{x_{n-1}(\lambda + y_n y_{n-2})} \\ y_{n+1} = \dfrac{\lambda x_n x_{n-2}}{y_{n-1}(\lambda - x_n x_{n-2})} \end{cases} \tag{3}$$

定理 3 设 (x_n, y_n) 为系统(3)的解,且有 $ac \neq \lambda$,

$df \neq -\lambda$，则当 $n = 0,1,2,\cdots$ 时，系统（3）的解可由下面的公式给出

$$x_{4n-2} = c, x_{4n-1} = b, x_{4n} = a, x_{4n+1} = \frac{\lambda df}{b(\lambda + df)}$$

$$y_{4n-2} = f, y_{4n-1} = e, y_{4n} = d, y_{4n+1} = \frac{\lambda ac}{e(\lambda - ac)}$$

证明　对于 $n = 0$ 结论显然成立. 假设对于 $n - 1$ 结论成立，则有

$$x_{4n-6} = c, x_{4n-5} = b, x_{4n-4} = a, x_{4n-3} = \frac{\lambda df}{b(\lambda + df)}$$

$$y_{4n-6} = f, y_{4n-5} = e, y_{4n-4} = d, y_{4n-3} = \frac{\lambda ac}{e(\lambda - ac)}$$

从而

$$x_{4n-2} = \frac{\lambda y_{4n-3} y_{4n-5}}{x_{4n-4}(\lambda + y_{4n-3} y_{4n-5})}$$

$$= \frac{\lambda e\left(\dfrac{\lambda ac}{e(\lambda - ac)}\right)}{a\left(\lambda + e\left(\dfrac{\lambda ac}{e(\lambda - ac)}\right)\right)}$$

$$= \frac{\dfrac{\lambda^2 c}{\lambda - ac}}{\lambda + \dfrac{\lambda ac}{\lambda - ac}} = c$$

$$y_{4n-2} = \frac{\lambda x_{4n-3} x_{4n-5}}{y_{4n-4}(\lambda - x_{4n-3} x_{4n-5})}$$

$$= \frac{\lambda b\left(\dfrac{\lambda df}{b(\lambda + df)}\right)}{d\left(\lambda - b\left(\dfrac{\lambda df}{b(\lambda + df)}\right)\right)}$$

$$= \frac{\dfrac{\lambda^2 f}{\lambda + df}}{\lambda - \dfrac{\lambda df}{\lambda + df}} = f$$

同理可证明余下的等式也成立.

推论 1　当 $ac \neq \lambda, df \neq -\lambda$ 时,系统(3)任意一个非零初值的解 (x_n, y_n) 均为周期为 4 的周期解,并可表为

$$\{x_n\} = \{c, b, a, \frac{\lambda df}{b(\lambda + df)}, c, b, a, \cdots\}$$

$$\{y_n\} = \{f, e, d, \frac{\lambda ac}{e(\lambda - ac)}, f, e, d, \cdots\}$$

考虑系统

$$\begin{cases} x_{n+1} = \dfrac{\lambda y_n y_{n-2}}{x_{n-1}(-\lambda + y_n y_{n-2})} \\ y_{n+1} = \dfrac{\lambda x_n x_{n-2}}{y_{n-1}(-\lambda + x_n x_{n-2})} \end{cases} \quad (4)$$

定理 4　设 (x_n, y_n) 为系统(4)的解,且有 $ac \neq \lambda$, $df \neq \lambda$,则当 $n = 0, 1, 2, \cdots$ 时,系统(4)的解可由下面的公式给出

$$x_{4n-2} = c, x_{4n-1} = b, x_{4n} = a, x_{4n+1} = \frac{\lambda df}{b(-\lambda + df)}$$

$$y_{4n-2} = f, y_{4n-1} = e, y_{4n} = d, y_{4n+1} = \frac{\lambda ac}{e(-\lambda + ac)}$$

证明方法同定理 3.

推论 2　当 $ac \neq \lambda, df \neq \lambda$ 时,系统(4)任意一个非零初值的解 (x_n, y_n) 均为周期为 4 的周期解,并可表示为

$$\{x_n\} = \{c, b, a, \frac{\lambda df}{b(-\lambda + df)}, c, b, a, \cdots\}$$

$$\{y_n\} = \left\{ f, e, d, \frac{\lambda ac}{e(-\lambda + ac)}, f, e, d, \cdots \right\}$$

4. 系统 $x_{n+1} = \dfrac{\lambda y_n y_{n-2}}{x_{n-1}(\lambda + y_n y_{n-2})}, y_{n+1} = \dfrac{\lambda x_n x_{n-2}}{y_{n-1}(-\lambda + x_n x_{n-2})}$

的解

$$\begin{cases} x_{n+1} = \dfrac{\lambda y_n y_{n-2}}{x_{n-1}(\lambda + y_n y_{n-2})} \\[4mm] y_{n+1} = \dfrac{\lambda x_n x_{n-2}}{y_{n-1}(-\lambda + x_n x_{n-2})} \end{cases} \tag{5}$$

定理 5 设 (x_n, y_n) 为系统 (5) 的解, $ac \neq \dfrac{\lambda}{2}$, 且 $ac \neq \lambda$, $df \neq \pm \lambda$, 则当 $n = 0, 1, 2, \cdots$ 时, 系统 (5) 的解可由下面的公式给出

$$x_{4n-2} = c\left(\frac{\lambda}{-\lambda + 2ac}\right)^n, \quad x_{4n-1} = b\left(\frac{\lambda + df}{-\lambda + df}\right)^n$$

$$x_{4n} = a\left(\frac{-\lambda + 2ac}{\lambda}\right)^n, \quad x_{4n+1} = \frac{\lambda df}{b(\lambda + df)}\left(\frac{-\lambda + df}{\lambda + df}\right)^n$$

$$y_{4n-2} = (-1)^n f, \quad y_{4n-1} = (-1)^n e$$

$$y_{4n} = (-1)^n d, \quad y_{4n+1} = (-1)^n \frac{\lambda ac}{e(-\lambda + ac)}$$

证明 对于 $n = 0$ 结论显然成立. 假设对于 $n - 1$ 结论成立, 则有

$$x_{4n-6} = c\left(\frac{\lambda}{-\lambda + 2ac}\right)^{n-1}, \quad x_{4n-5} = b\left(\frac{\lambda + df}{-\lambda + df}\right)^{n-1}$$

$$x_{4n-4} = a\left(\frac{-\lambda + 2ac}{\lambda}\right)^{n-1}, \quad x_{4n-3} = \frac{\lambda df}{b(\lambda + df)}\left(\frac{-\lambda + df}{\lambda + df}\right)^{n-1}$$

$$y_{4n-6} = (-1)^{n-1} f, \quad y_{4n-5} = (-1)^{n-1} e$$

$$y_{4n-4} = (-1)^{n-1} d, \quad y_{4n-3} = (-1)^{n-1} \frac{\lambda ac}{e(-\lambda + ac)}$$

从而

$$x_{4n-2} = \frac{\lambda y_{4n-3} y_{4n-5}}{x_{4n-4}(\lambda + y_{4n-3} y_{4n-5})}$$

$$= \frac{\lambda \left((-1)^{n-1} \dfrac{\lambda ac}{e(-\lambda+ac)} \right)\left((-1)^{n-1} e \right)}{a\left(\dfrac{-\lambda+2ac}{\lambda} \right)^{n-1} \left(\lambda + \left((-1)^{n-1} \dfrac{\lambda ac}{e(-\lambda+ac)} \right)\left((-1)^{n-1} e \right) \right)}$$

$$= \frac{\dfrac{\lambda^2 ac}{-\lambda+ac}}{a\left(\dfrac{-\lambda+2ac}{\lambda} \right)^{n-1} \left(\lambda + \dfrac{\lambda ac}{-\lambda+ac} \right)}$$

$$= c\left(\frac{\lambda}{-\lambda+2ac} \right)^{n}$$

$$y_{4n-2} = \frac{\lambda x_{4n-3} x_{4n-5}}{y_{4n-4}(-\lambda + x_{4n-3} x_{4n-5})}$$

$$= \frac{\lambda \left(\dfrac{\lambda df}{b(\lambda+df)} \left(\dfrac{-\lambda+df}{\lambda+df} \right)^{n-1} \right)\left(b\left(\dfrac{\lambda+df}{-\lambda+df} \right)^{n-1} \right)}{(-1)^{n-1} d\left(-\lambda + \left(\dfrac{\lambda df}{b(\lambda+df)} \left(\dfrac{-\lambda+df}{\lambda+df} \right)^{n-1} \right)\left(b\left(\dfrac{\lambda+df}{-\lambda+df} \right)^{n-1} \right) \right)}$$

$$= \frac{\dfrac{\lambda^2 df}{\lambda+df}}{(-1)^{n-1} d\left(-\lambda + \dfrac{\lambda df}{\lambda+df} \right)} = (-1)^{n} f$$

同理可以证明余下的等式也成立. 结论得证.

接下来,我们考虑下面的系统

$$\begin{cases} x_{n+1} = \dfrac{\lambda y_n y_{n-2}}{x_{n-1}(\lambda + y_n y_{n-2})} \\[4mm] y_{n+1} = \dfrac{\lambda x_n x_{n-2}}{y_{n-1}(-\lambda - x_n x_{n-2})} \end{cases} \tag{6}$$

$$\begin{cases} x_{n+1} = \dfrac{\lambda y_n y_{n-2}}{x_{n-1}(-\lambda + y_n y_{n-2})} \\[4mm] y_{n+1} = \dfrac{\lambda x_n x_{n-2}}{y_{n-1}(\lambda + x_n x_{n-2})} \end{cases} \tag{7}$$

$$\begin{cases} x_{n+1} = \dfrac{\lambda y_n y_{n-2}}{x_{n-1}(-\lambda + y_n y_{n-2})} \\[4mm] y_{n+1} = \dfrac{\lambda x_n x_{n-2}}{y_{n-1}(\lambda - x_n x_{n-2})} \end{cases} \tag{8}$$

下面的定理给出了系统(6),(7),(8)解的表达式,定理的证明与定理5的证明类似.

定理 6 设(x_n,y_n)为系统(6)的解,$ac \neq \pm \lambda$,$df \neq -\dfrac{\lambda}{2}$,且$df \neq -\lambda$,则当$n = 0,1,2,\cdots$时,系统(6)的解可由下面的公式给出

$$x_{4n-2} = (-1)^n c, \quad x_{4n-1} = (-1)^n b$$

$$x_{4n} = (-1)^n a, \quad x_{4n+1} = (-1)^n \frac{\lambda df}{b(\lambda + df)}$$

$$y_{4n-2} = f\left(\frac{\lambda}{-\lambda - 2df}\right)^n, \quad y_{4n-1} = e\left(\frac{\lambda + ac}{-\lambda + ac}\right)^n$$

$$y_{4n} = d\left(\frac{-\lambda - 2df}{\lambda}\right)^n, \quad y_{4n+1} = \frac{\lambda ac}{e(-\lambda - ac)}\left(\frac{-\lambda + ac}{\lambda + ac}\right)^n$$

定理 7 设(x_n,y_n)为系统(7)的解,$ac \neq \pm \lambda$,$df \neq \dfrac{\lambda}{2}$,且$df \neq \lambda$,则当$n = 0,1,2,\cdots$时,系统(7)的解可由下面的公式给出

$$x_{4n-2} = (-1)^n c, \quad x_{4n-1} = (-1)^n b$$

$$x_{4n} = (-1)^n a, \quad x_{4n+1} = (-1)^n \frac{\lambda df}{b(-\lambda + df)}$$

$$y_{4n-2}=f\left(\frac{\lambda}{-\lambda+2df}\right)^{n}, \quad y_{4n-1}=e\left(\frac{\lambda+ac}{-\lambda+ac}\right)^{n}$$

$$y_{4n}=d\left(\frac{-\lambda+2df}{\lambda}\right)^{n}, \quad y_{4n+1}=\frac{\lambda ac}{e(\lambda+ac)}\left(\frac{-\lambda+ac}{\lambda+ac}\right)^{n}$$

定理 8 设 (x_{n},y_{n}) 为系统(8)的解, $ac\neq\dfrac{\lambda}{2}$,且 $ac\neq\lambda,df\neq\pm\lambda$,则当 $n=0,1,2,\cdots$ 时,系统(8)的解可由下面的公式给出

$$x_{4n-2}=c\left(\frac{\lambda}{-\lambda+2ac}\right)^{n}, \quad x_{4n-1}=b\left(\frac{-\lambda+df}{\lambda+df}\right)^{n}$$

$$x_{4n}=a\left(\frac{-\lambda+2ac}{\lambda}\right)^{n}, \quad x_{4n+1}=\frac{\lambda df}{b(-\lambda+df)}\left(\frac{\lambda+df}{-\lambda+df}\right)^{n}$$

$$y_{4n-2}=(-1)^{n}f, \quad y_{4n-1}=(-1)^{n}e, \quad y_{4n}=(-1)^{n}d$$

$$y_{4n+1}=(-1)^{n}\frac{\lambda ac}{e(\lambda-ac)}$$

5. 参考文献

[1] KURBANLI A S, CINAR C, YALCINKAYA I. On the behavior of positive solutions of the system of rational difference equations $x_{n+1}=\dfrac{x_{n-1}}{y_{n}x_{n-1}+1}, y_{n+1}=\dfrac{y_{n-1}}{x_{n}y_{n-1}+1}$[J]. Math Comput Mod, 2011,53(5-6):1261-1267.

[2] YANG X, LIU Y, BAI S. On the system of high order rational difference equations $x_{n}=\dfrac{a}{y_{n-p}}, y_{n}=\dfrac{by_{n-p}}{x_{n-q}y_{n-q}}$[J]. Appl Math Comp, 2005, 171(2):853-856.

[3] TOUAFEK N, ELSAYED EM. On the Solutions of systems of rational difference equations[J]. Math Comput Mod, 2012,55(7-8):1987-1997.

[4] ELSAYED E M. Solutions of rational difference system of order two[J]. Math Comput Mod, 2012,55(3-4):378-384.

N. E. Nörlund 定理

[5]ELSAYED E M, El – METWALLY H A. On the solutions of some non-
linear systems of difference equations[J]. Advances in Difference Equa-
tions, 2013,2013.

非线性时滞差分方程的振动性[①]

湖南娄底师范专科学校数学系的蒋建初和李小平两位教授研究非线性时滞差分方程 $x_{n+1} - x_n + p_n f(x_{n-l_1}, x_{n-l_2}, \cdots, x_{n-l_m}) = 0 (n = 0,1,2,\cdots)$ 时,获得了该方程所有解振动的充分条件.

1. 引言

考虑非线性时滞差分方程

$$x_{n+1} - x_n + p_n f(x_{n-l_1}, x_{n-l_2}, \cdots, x_{n-l_m}) = 0$$
$$(n = 0,1,2,\cdots) \tag{1}$$

其中 $p_n \geq 0, 0 < l_1 \leq l_2 \leq \cdots \leq l_m$ 是正整数,且函数 f 满足下列条件:

(H_1) f 在 $\mathbf{R}^m$ 上连续,且

$y_i > 0 \quad (i = 1,2,\cdots,m) \Rightarrow f(y_1, y_2, \cdots, y_m) > 0$

$y_i < 0 \quad (i = 1,2,\cdots,m) \Rightarrow f(y_1, y_2, \cdots, y_m) < 0$

(H_2) 存在 $\varepsilon > 0, m \geq 0$ 及 $r > 0$,使得对任意 $u_j \in (-\varepsilon, \varepsilon)$ 有

第8章

① 选自《数学物理学报》.

$$| f(u_1, u_2, \cdots, u_m) - \prod_{j=1}^{m} u_j^{a_j} |$$

$$\leq M(\max_{1 \leq j \leq m} | u_j |)^r \prod_{j=1}^{m} | u_j |^{a_j}$$

其中 $\alpha_j > 0 (j = 1, 2, \cdots, m)$ 是分母为正奇数的有理数,

且 $\sum_{j=1}^{m} \alpha_j = 1$.

方程(1)的解 $\{x_n\}$ 称为振动的,如果序列 x_n 不是最终为正或最终为负,否则称解 $\{x_n\}$ 为非振动的.

作为方程(1)的特殊形式

$$x_{n+1} - x_n + p_n x_{n-k} = 0 \quad (n = 0, 1, 2, \cdots) \quad (2)$$

$$x_{n+1} - x_n + p_n f(x_{n-k}) = 0 \quad (n = 0, 1, 2, \cdots) \quad (3)$$

$$x_{n+1} - x_n + p_n \prod_{j=1}^{m} [x_{n-l_j}]^{\alpha_j} = 0 \quad (n = 0, 1, 2, \cdots)$$

$$(4)$$

其解的振动性已被众多学者所研究,参见文献[1 – 10].

在文[2]中,Erbe 和张炳根最先证明了,若

$$\liminf_{n \to \infty} p_n > \frac{k^k}{(k+1)^{k+1}} \quad (5)$$

则方程(2)的所有解振动. 在文[3]中,Philos 和 Sficas 将条件(5)改进成

$$\liminf_{n \to \infty} \sum_{i=n-k}^{n-1} p_i > \left(\frac{k}{k+1}\right)^{k+1} \quad (6)$$

后来,唐先华(文[5])将条件(6)改进成:对充分大的 n 成立

$$\sum_{i=n-k}^{n-1} p_i \geq \left(\frac{k}{k+1}\right)^{k+1} \quad (7)$$

且

$$\sum_{n=k}^{\infty} p_n \left(\left(1 - \frac{1}{k} \left(\sum_{i=n-k}^{n-1} p_i - \left(\frac{k}{k+1} \right)^{k+1} \right) \right)^{-k} - 1 \right) = \infty$$

$$(8)$$

唐先华(文[6])又进一步将条件(6)改进为

$$\sum_{n=0}^{\infty} p_n \left((k+1) \left(\sum_{i=n+1}^{n+k} p_i \right)^{1/(k+1)} - k \right) = \infty \quad (9)$$

文[9]讨论了非线性时滞差分方程(3)的振动性,获得了许多好的结果,本章中,我们讨论了更一般的非线性时滞差分方程(1),获得了方程(1)所有解振动的充分条件,它进一步推广并改进了条件(9).

为方便起见,我们令

$$S_{jn} = \{ p_i > 0 \mid n - l_j \leqslant i \leqslant n - 1 \}$$

且集合 S_{jn} 中元素的个数记为 l_{jn},显然,$0 \leqslant l_{jn} \leqslant l_j$.

本章获得了如下结果:

定理1　假设 (H_1),(H_2) 成立,并且

$$\liminf_{n \to \infty} \sum_{i=n-l_m}^{n-1} p_i > 0 \quad (10)$$

以及

$$\sum_{n=0}^{\infty} p_n \sum_{j=1}^{m} \left((\alpha_j l_{jn} + 1) \left(\alpha_j \sum_{i=n+1}^{n+l_j} p_i \right)^{1/(\alpha_j l_{jn} + 1)} - \alpha_j l_{jn} \right) = \infty$$

$$(11)$$

则方程(1)的所有解振动.

推论1　假设

$$\sum_{n=0}^{\infty} p_n \sum_{j=1}^{m} \left((\alpha_j l_{jn} + 1) \left(\alpha_j \sum_{i=n+1}^{n+l_j} p_i \right)^{1/(\alpha_j l_{jn} + 1)} - \alpha_j l_{jn} \right) = \infty$$

$$(12)$$

则方程(4)的所有解振动.

显然,当 $l_1 = l_2 = \cdots = l_m = k$ 时,有如下推论.

推论 2 假设

$$\sum_{n=0}^{\infty} p_n \left((k_n + 1) \left(\sum_{i=n+1}^{n+k} p_i \right)^{1/(k_n+1)} - k_n \right) = \infty \quad (13)$$

则方程(2)的所有解振动. 其中 k_n 是集合 $S_n = \{ p_i > 0 | n - k \leqslant i \leqslant n - 1 \}$ 中元素的个数.

注记 1 显然,在线性情况下,条件(13)进一步改进了式(9).

定理 2 假设条件(H_1)成立. 并且假设

$$\lim_{u \to \infty} \frac{f(u_1, u_2, \cdots, u_m)}{\prod_{j=1}^{m} u_j^{\alpha_j}} = 1 \quad (14)$$

及

$$\liminf_{n \to \infty} \sum_{j=1}^{m} \left(\frac{a_j l_{jn} + 1}{\sum_{i=1}^{m} \alpha_i l_{in}} \right) \left(\alpha_j \sum_{i=n+1}^{n+l_j} p_i \right)^{1/(\alpha_i l_{jn}+1)} > 1 \quad (15)$$

则方程(1)的所有解振动. 其中 $u = \max_{1 \leqslant j \leqslant m} \{ |u_j| \}$.

显然,当 $l_1 = l_2 = \cdots = l_m = k$ 时,我们有如下推论.

推论 3 假设

$$\lim_{x \to \infty} \frac{f(x)}{x} = 1$$

及

$$\liminf_{n \to \infty} \left(\left(\frac{k_n + 1}{k_n} \right)^{k_n+1} \sum_{i=n+1}^{n+k} p_i \right) > 1 \quad (16)$$

则方程(2)的所有解振动.

注记 2 在线性情况下,定理 2 和推论 3 改进了

文[6],[3]中相应的结果.

2. 基本引理

引理 1　假设条件(H_1)成立,以及

$$\sum_{n=0}^{\infty} p_n = \infty \tag{17}$$

则 $n \to \infty$ 时方程(1)的所有非振动解单调趋于零.

引理 2　假设条件$(H_1),(H_2),(17)$成立. 如果方程(1)存在非振动解,那么最终有

$$\sum_{i=n}^{n+l_m} p_i \leqslant \frac{3}{2\alpha_m} \tag{18}$$

证明　令 $\{x_n\}$ 是方程(1)的一个非振动解,不失一般性,我们可以假设 $\{x_n\}$ 最终为正. 由引理 1 知,存在正整数 $n_1 > 0$ 及常数 $\varepsilon > 0$,当 $n \geqslant n_1$ 时,有

$$\varepsilon > x_{n-l_m} \geqslant x_{n-l_{m-1}} \cdots \geqslant x_{n-l_1} \geqslant x_n > 0$$

及

$$\lim_{n \to \infty} x_n = 0$$

由条件(H_2)可得,存在 $n_2 \geqslant n_1$ 使得

$$f(x_{n-l_1}, \cdots, x_{n-l_m}) \geqslant \frac{2}{3} \prod_{j=1}^{m} [x_{n-l_j}]^{\alpha_j} \quad (n \geqslant n_2) \tag{19}$$

根据(1),(19)两式,我们有

$$x_{n+1} - x_n + \frac{2}{3} p_n \prod_{j=1}^{m} [x_{n-l_j}]^{\alpha_j} \leqslant 0 \quad (n \geqslant n_2) \tag{20}$$

因此

$$x_{n+1} - x_n + \frac{2}{3} p_n [x_n]^{1-\alpha_m} [x_{n-l_m}]^{\alpha_m} \leqslant 0 \quad (n \geqslant n_2) \tag{21}$$

当 $n \geq n_2 + l_m$ 时, 令 $y_n = [x_n]^{\alpha_m}$. 由中值定理得, 存在 $\xi \in [x_{n+1}, x_n]$ 使得

$$y_{n+1} - y_n = \alpha_m \xi^{\alpha_m - 1}(x_{n+1} - x_n)$$

$$\leq \alpha_m \xi^{\alpha_m - 1}\left(-\frac{2}{3}p_n[x_n]^{1-\alpha_m}[x_{n-l_m}]^{\alpha_m}\right) \leq -\frac{2}{3}\alpha_m p_n y_{n-l_m}$$

因此

$$y_{n+1} - y_n + \frac{2}{3}\alpha_m p_n y_{n-l_m} \leq 0 \quad (n \geq n_2) \quad (22)$$

根据式(22), 我们容易证明式(18)最终成立.

引理 3 假设条件(H_1), (H_2), (10)成立. 如果 $\{x_n\}$ 是方程(1)的一个非振动解, 那么$\dfrac{x_{n-l_m}}{x_n}$是有界的.

证明 我们不妨假设$\{x_n\}$最终为正. y_n 的定义与引理 2 中相同, 因此式(22)成立. 根据文[10]中引理 2, 可得

$$\limsup_{n \to \infty} \frac{y_{n-l_m}}{y_n} \leq \frac{9}{\alpha_m^2 (\liminf_{n \to \infty} \sum_{n-l_m}^{n-1} p_i)^2} < \infty$$

因此 $$\limsup_{n \to \infty} \frac{x_{n-l_m}}{x_n} < \infty$$

引理 4 假设条件(H_1), (H_2), (17)成立. 如果 $\{x_n\}$ 是方程(1)的一个非振动解, 那么存在 $A > 0$ 及 $N > 0$ 使得

$$|x_n| \leq A \prod_{i=N}^{n-1}\left(1 - \frac{\alpha_m}{2}p_i\right) \quad (n > N) \quad (23)$$

证明 我们不妨假设$\{x_n\}$最终为正. 由引理 1 得, 存在 $n_1 > 0$, $\varepsilon > 0$ 使得

$$0 < x_n \leqslant x_n \leqslant x_{n-l_1} \cdots \leqslant x_{n-l_m} < \varepsilon \quad (n \geqslant n_1)$$

与引理 2 的证明类似,我们容易证明,存在 $n_2 > n_1$,使得

$$x_{n+1} - x_n + \frac{1}{2} p_n \prod_{j=1}^{m} \left[x_{n-l_j} \right]^{\alpha_j} \leqslant 0 \quad (n \geqslant n_2)$$

即有

$$x_{n+1} - x_n + \frac{\alpha_m}{2} p_n x_n \leqslant 0 \quad (n \geqslant n_2)$$

它可推出式(23)成立,这里 $A = x_N$,$N = n_2$.

3. 定理的证明

定理 1 的证明　用反证法,我们假设 $\{x_n\}$ 是方程 (1)的一个非振动解,不失一般性,我们可以假设:当 $n \geqslant n_0$ 时,有 $x_n > 0$. 由引理 1,条件(10),(H_1) 及 (H_2) 可得,存在正整数 $n_1 \geqslant n_0$,当 $n \geqslant n_1$ 时,有 $\sum_{i=n-l_m}^{n-1} p_i > 0$ 及

$$0 < x_n \leqslant x_{n-l_1} \leqslant \cdots \leqslant x_{n-l_m} < \varepsilon \quad (n \geqslant n_1) \quad (24)$$

从条件(24),(H_2) 可得

$$f(x_{n-l_1}, \cdots, x_{n-l_m}) \geqslant \prod_{j=1}^{m} \left[x_{n-l_j} \right]^{\alpha_j} - M \left[x_{n-l_m} \right]^{1+r}$$
$$(n \geqslant n_1)$$

将它代入式(1)得

$$x_{n+1} - x_n + p_n \prod_{j=1}^{m} \left[x_{n-l_j} \right]^{\alpha_j} - M p_n \left[x_{n-l_m} \right]^{1+r} \leqslant 0$$
$$(n \geqslant n_1) \qquad (25)$$

当 $n \geqslant n_1$ 时,令 $\lambda_n = 1 - \dfrac{x_{n+1}}{x_n}$,显然有 $0 < \lambda_n \leqslant 1$. 根据式 (25),我们得

$$\lambda_n \geqslant p_n \prod_{j=1}^{m} \prod_{u-l_j}^{n-1} (1 - \lambda_j)^{-\alpha_j} - M p_n \frac{x_{n-l_m}}{x_n} (x_{n-l_m})^r$$

$$(n \geqslant n_1 + l_m)$$

由算术 - 几何平均不等式可得

$$\lambda_n \geqslant p_n \prod_{j=1}^{m} \left(1 - \frac{1}{l_{jn}} \sum_{i=n-l_j}^{n-1} \lambda_i \right)^{-\alpha_j l_{jn}} - M p_n \frac{x_{n-l_m}}{x_n} (x_{n-l_m})^r$$

$$(n \geqslant n_1 + l_m) \tag{26}$$

根据引理 2 - 4 可得, 存在 $N > n_1 + l_m$, $A > 0$ 及 $M_1 > 0$ 使得

$$x_{n-l_m} \leqslant A \prod_{i=N}^{n-l_m-1} \left(1 - \frac{\alpha_m}{2} p_i \right) \quad (n \geqslant N) \tag{27}$$

$$\sum_{i=1}^{n+l_m} p_i \leqslant \frac{3}{2\alpha_m} \quad (n \geqslant N) \tag{28}$$

$$\frac{x_{n-l_m}}{x_n} \leqslant M_1 \quad (n \geqslant N) \tag{29}$$

它结合式(26)可推出

$$\lambda_n \geqslant p_n \prod_{j=1}^{m} \left(1 - \frac{1}{l_{jn}} \sum_{i=n-l_j}^{n-1} \lambda_i \right)^{-\alpha_j l_{jn}} - M M_1 p_n \left(A \prod_{i=N}^{n-l_m-1} \left(1 - \frac{\alpha_m}{2} p_i \right) \right)^r$$

或

$$\lambda_n \sum_{j=1}^{m} \alpha_j \sum_{j=n+1}^{n+l_j} p_i \geqslant p_n \left(\sum_{j=1}^{m} \alpha_j \sum_{j=n+1}^{n+l_j} p_i \right) \cdot$$
$$\prod_{j=1}^{m} \left(1 - \frac{1}{l_{jn}} \sum_{i=n-l_j}^{n-1} \lambda_j \right)^{-\alpha_j l_{jn}} -$$
$$\frac{3 M M_1}{2\alpha_m} p_n \left(A \prod_{i=N}^{n-l_m-1} \left(1 - \frac{\alpha_m}{2} p_i \right) \right)^r \cdot$$
$$\left(\sum_{j=1}^{m} \alpha_j \sum_{j=n+1}^{n+l_j} p_i \right) \quad (n \geqslant N) \tag{30}$$

由于

$$\prod_{i=n-l_m}^{n}\left(1-\frac{\alpha_m}{2}p_i\right)\geqslant 1-\frac{\alpha_m}{2}\sum_{i=n-l_m}^{n}p_i\geqslant\frac{1}{4}\quad(n\geqslant N)$$

因此

$$\prod_{i=N}^{n-l_m+1}\left(1-\frac{\alpha_m}{2}p_i\right)=\prod_{i=N}^{n}\left(1-\frac{\alpha_m}{2}p_i\right)\prod_{i=n-l_m}^{n}\left(1-\frac{\alpha_m}{2}p_i\right)^{-1}$$

$$\leqslant 4\prod_{i=N}^{n}\left(1-\frac{\alpha_m}{2}p_i\right)\quad(n\geqslant N)$$

$$(31)$$

从(30),(31)两式可得

$$\lambda_n\sum_{j=1}^{m}\alpha_j\sum_{j=n+1}^{n+l_j}p_i\geqslant p_n\Big(\sum_{j=1}^{m}\alpha_j\sum_{j=n+1}^{n+l_j}p_i\Big)\prod_{j=1}^{m}\Big(1-\frac{1}{l_{jn}}\sum_{i=n-l_j}^{n-1}\lambda_j\Big)^{-\alpha_j l_{jn}}-$$

$$\frac{3MM_1}{2\alpha_m}(4A)^r p_n\Big(\prod_{i=N}^{n}\Big(1-\frac{\alpha_m}{2}p_i\Big)\Big)^r\quad(32)$$

令 $\alpha_n=\prod_{i=N}^{n}\Big(1-\frac{\alpha_m}{2}p_i\Big)$ 及

$$D_n=\frac{3MM_1}{2\alpha_m}(4A)^r p_n\Big(\prod_{i=N}^{n}\Big(1-\frac{\alpha_m}{2}p_i\Big)\Big)^r$$

则

$$\sum_{n=N}^{\infty}D_n=\frac{3MM_1}{2\alpha_m}(4A)^r\sum_{n=N}^{\infty}p_n\Big(\prod_{i=N}^{n}\Big(1-\frac{\alpha_m}{2}p_i\Big)\Big)^r$$

$$=-3MM_1(4A)^r\sum_{n=N}^{\infty}\frac{\Delta\alpha_{n-1}}{\alpha_{n-1}}\alpha_n^r$$

$$\leqslant 3MM_1(4A)^r\sum_{n=N}^{\infty}\int_{\alpha_n}^{\alpha_{n-1}}u^{r-1}\,\mathrm{d}u$$

$$=3MM_1(4A)^r\int_{0}^{\alpha_{N-1}}u^{r-1}\,\mathrm{d}u<\infty$$

这里 α_n 是非增序列,且 $\lim\limits_{n\to\infty}\alpha_n=0$. 将式(31)写成

$$\lambda_n\sum_{j=1}^{m}\alpha_j\sum_{j=n+1}^{n+l_j}p_i\geqslant p_n\Big(\sum_{j=1}^{m}\alpha_j\sum_{j=n+1}^{n+l_j}p_i\Big)\cdot$$

$$\prod_{j=1}^{m} \Big(1 - \frac{1}{l_{jn}} \sum_{i=n-l_j}^{n-1} \lambda_i \Big)^{-\alpha_j l_{jn}} - D_n$$
$$(n \geqslant N) \tag{33}$$

我们容易证明:当 $r \geqslant 0$, 且 $x < t$ 时,有

$$r \Big(1 - \frac{x}{l} \Big)^{-l} \geqslant x + (l + 1) r^{\frac{1}{l+1}} - l$$

注意到

$$\Big(1 - \frac{1}{l_{jn}} \sum_{i=n-l_j}^{n-1} \lambda_i \Big)^{-l_{jn}\alpha_j} > 1 \quad (j = 1, 2, \cdots, m)$$

因此

$$\Big(\sum_{j=1}^{m} \alpha_j \sum_{i=n+1}^{n+l_j} p_i \Big) \prod_{j=1}^{m} \Big(1 - \frac{1}{l_{jn}} \sum_{i=n-l_j}^{n-1} \lambda_j \Big)^{-\alpha_j l_{jn}}$$

$$\geqslant \sum_{j=1}^{m} \alpha_j \Big(\sum_{i=n+1}^{n+l_j} p_i \Big) \Big(1 - \frac{1}{l_{jn}} \sum_{i=n-l_j}^{n-1} \lambda_i \Big)^{-\alpha_j l_{jn}}$$

$$= \sum_{j=1}^{m} \alpha_j \Big(\sum_{i=n+1}^{n+l_j} p_i \Big) \Big(1 - \frac{\alpha_j}{\alpha_j l_{jn}} \sum_{i=n-l_j}^{n-1} \lambda_i \Big)^{-\alpha_j l_{jn}}$$

$$\geqslant \sum_{j=1}^{m} \alpha_j \sum_{i=n-l_j}^{n-1} \lambda_j +$$

$$\sum_{j=1}^{m} \Big((\alpha_j l_{jn} + 1) \Big(\alpha_j \sum_{i=n+1}^{n+l_j} p_i \Big)^{\frac{1}{-\alpha_j l_{jn}}} - \alpha_j l_{jn} \Big) \quad (n \geqslant N) \tag{34}$$

根据 $(33), (34)$ 两式,我们有

$$\lambda_n \sum_{j=1}^{m} \alpha_j \sum_{j=n+1}^{n+l_j} p_i$$

$$\geqslant p_n \sum_{j=1}^{m} \alpha_j \sum_{i=n-l_j}^{n-1} \lambda_i +$$

$$p_n \sum_{j=1}^{m} \Big((\alpha_j l_{jn} + 1) \Big(\alpha_j \sum_{i=n+1}^{n+l_j} p_i \Big)^{\frac{1}{-\alpha_j l_{jn}}} - \alpha_j l_{jn} \Big) - D_n \quad (n \geqslant N) \tag{35}$$

式 (33) 两边从 N 到 $T > N + l_m$ 求和可得

$$\sum_{n=N}^{T} \lambda_n \sum_{j=1}^{m} \alpha_j \sum_{j=n+1}^{n+l_j} p_i - \sum_{n=N}^{T} p_n \sum_{j=1}^{m} \alpha_j \sum_{i=n-l_j}^{n-1} \lambda_j$$

$$\geqslant \sum_{n=N}^{T} p_n \sum_{j=1}^{m} \left((\alpha_j l_{jn} + 1) \left(\alpha_j \sum_{i=n+1}^{n+l_j} p_i \right)^{\frac{1}{-\alpha_j l_{jn}}} - \alpha_j l_{jn} \right) - \sum_{n=N}^{T} D_n$$

$$(36)$$

通过交换求和次序可得

$$\sum_{n=N}^{T} p_n \sum_{j=1}^{m} \alpha_j \sum_{i=n-l_j}^{n-1} \lambda_i \geqslant \sum_{j=1}^{m} \alpha_j \sum_{n=N}^{T-l_j} \lambda_n \sum_{i=n+1}^{n+l_j} p_i \qquad (37)$$

将式(37)代入式(36),我们有

$$\sum_{j=1}^{m} \alpha_j \sum_{n=T-l_j+1}^{T} \lambda_n \sum_{i=n+1}^{n+l_j} p_i$$

$$\geqslant \sum_{n=N}^{T} p_n \sum_{j=1}^{m} \left((\alpha_j l_{jn} + 1) \left(\alpha_j \sum_{i=n+1}^{n+l_j} p_i \right)^{\frac{1}{-\alpha_j l_{jn}}} - \alpha_j l_{jn} \right) - \sum_{n=N}^{T} D_n$$

$$(38)$$

由于 $\displaystyle\sum_{n=N}^{\infty} D_n < \infty$,从(10),(38)两式可推出

$$\lim_{T \to \infty} \sum_{j=1}^{m} \alpha_j \sum_{n=T-l_j+1}^{T} \lambda_n \sum_{i=n+1}^{n+l_j} p_i = \infty \qquad (39)$$

另外,根据引理 2,我们有

$$\sum_{j=1}^{m} \alpha_j \sum_{n=T-l_j+1}^{T} \lambda_n \sum_{i=n+1}^{n+l_j} p_i \leqslant \sum_{j=1}^{m} \frac{3\alpha_j l_j}{2\alpha_m}$$

它与式(39)矛盾,定理证毕.

注记 3　从定理 1 的证明可看出,对方程(4),条件(10)是多余的,因此,我们可得到推论 1.

定理 2 的证明　用反证法,我们假设 $\{x_n\}$ 是方程(1)的一个非振动解,不失一般性,我们可以假设:当 $n \geqslant n_0$ 时,有 $x_n > 0$,根据式(14),(15),我们容易证

明,存在正整数 n_1 及 $\theta \in (0,1)$ 和 $\beta > 0$ 使得

$$\sum_{j=1}^{m} \left(\frac{\alpha_j l_{jn} + 1}{\sum\limits_{i=1}^{m} \alpha_i l_{in}} \right) \left(\alpha_j \sum_{i=n+1}^{n+l_j} p_i (1-\theta) \right)^{1/(-\alpha_j l_{jn}+1)} > 1 + \beta \quad (n \geqslant n_1)$$

$$(40)$$

$$\frac{f(x_{n-l_1}, x_{n-l_2}, \cdots, x_{n-l_m})}{\prod\limits_{j=1}^{m} x_{n-l_j}^{\alpha_j}} > 1 - \theta \quad (n \geqslant n_1) \quad (41)$$

由(1),(41)两式可得,差分不等式

$$x_{n+1} - x_n + (1-\theta) p_n \prod_{j=1}^{m} [x_{n-l_j}]^{\alpha_j} \leqslant 0 \quad (n \geqslant n_1)$$

$$(42)$$

有最终正解. 由式(40)知

$$\sum_{n=0}^{\infty} p_n \sum_{j=1}^{m} \left((\alpha_j l_{jn} + 1) \left(\alpha_j \sum_{i=n+1}^{n+l_j} p_i (1-\theta) \right)^{1/(-\alpha_j l_{jn}+1)} - \alpha_j l_{jn} \right) = \infty$$

根据推论 1 可推出,方程

$$x_{n+1} - x_n + (1-\theta) p_n \prod_{j=1}^{m} [x_{n-l_j}]^{\alpha_j} = 0 \quad (n \geqslant n_1)$$

仅存在振动解,因此差分不等式(42)无最终正解,推出矛盾. 定理证毕.

4. 一个例子

例 考虑线性时滞差分方程

$$x_{n+1} - x_n + p_n x_{n-3} = 0 \quad (n = 0, 1, 2, \cdots) \quad (43)$$

其中 $p_{3n} = 0, p_{3n+1} = p_{3n+2} = d, n = 0, 1, 2, \cdots$.

我们容易看出,当 $n \geqslant 4$ 时,$k_n = 2$,且

$$\sum_{i=n+1}^{n+3} p_i = 2d \quad (n = 0, 1, 2, \cdots)$$

如果 $d > \dfrac{4}{27}$，那么

$$\lim_{n \to \infty} \inf\left(\left(\frac{k_n + 1}{k_n}\right)^{k_n + 1} \sum_{i = n+1}^{n+k} p_i\right) = \frac{27}{4} d > 1$$

由推论 3 知，方程（43）的所有解振动. 另外，如果 $d \leqslant$

$\dfrac{4}{27}$，由文[2]可得，时滞差分方程

$$y_{n+1} - y_n + d y_{n-2} = 0 \quad (n = 0, 1, 2, \cdots) \quad (44)$$

有一个最终正解 $\{y_n\}$.

令

$$x_{3n+1} = x_{3n} = y_{2n}, \quad x_{3n+2} = y_{2n+1} \quad (n = 0, 1, 2, \cdots)$$

则

$$x_{3n+1} - x_{3n} = 0 = p_{3n} x_{3n-3}$$

$$x_{3n+2} - x_{3n+1} = y_{2n+1} - y_{2n} = -d y_{2n-2} = -p_{3n+1} x_{3n+1-3}$$

$$x_{3n+3} - x_{3n+2} = y_{2n+2} - y_{2n+1} = -d y_{2n-1} = -p_{3n+2} x_{3n+2-3}$$

因此，$\{x_n\}$ 满足方程（43），即方程（43）有一个最终正

解. 因此方程（43）的所有解振动当且仅当 $d > \dfrac{4}{27}$.

5. 参考文献

[1] AGARWAL R P. Difference Equations and Inequalities [M]. New
York：Dekker, 1992.

[2] ERBE L H, ZHANG B G. Oscillation of discrete analogue of delay e-
quations[J]. Differential Integral Equations, 1989, 2：300 – 309.

[3] LADAS G, PHILOS Ch G, SFICAS Y G. Sharp condition for the oscil-
lation of delay difference equation[J]. J Appl Math Simulation, 1989,
2：101 – 112.

[4] LADAS G. Explicit condition for the oscillation of difference equations
[J]. J Math Anal Appl, 1990, 153：276 – 286.

［5］TANG X H. Oscillation of delay difference equation with variable coeffi-
cients［J］. J Central South Univ Tech. 1998,29(3):287 – 288.

［6］TANG X H, YU J S. Oscillation of delay difference equations［J］.
Comput Math Appl, 1999,37:11 – 20.

［7］TANG X H, YU J S. A further result on the oscillation of delay differ-
ence equations［J］. Applieds Math Applc, 1999,38:229 – 237.

［8］TANG X H, YU J S. Oscillation of delay difference equations in a criti-
cal state［J］. Applied Math Letters, 2000,13:9 – 15.

［9］TANG X H, YU J S. Oscillation of nonlinear delay difference equations
［J］. J Math Anal Appl, 2000,249:476 – 490.

［10］YU J S, ZHANG B G, QIAN X Z. Oscillations of delay difference e-
quations with deviating coefficients［J］. J Math anal Appl, 1993,177:
423 – 444.

线性方程组

§1 线性差分方程组的一般理论

第

9

章

我们先讨论非退化的方程

$$X(n+1) = A(n)X(n) + F(n) \quad (1)$$

$$X(n+1) = A(n)X(n) \quad\quad\quad (2)$$

定理1 初值问题

$$X(n+1) = A(n)X(n) + F(n), \quad X(1) = R$$
$$(3)$$

必有唯一确定的解.

证明 令式(3)中的 $n=1$,并代入 $X(1)=R$,由矩阵乘法、加法的性质知,可求出唯一的 $X(2)$,这样逐步递推可求出 $X(n)$,且显然唯一. 证毕.

定理2(迭加原理) 若 $U(n)$,$V(n)$ 是方程组(1)的两个解,则它们的线性组合 $C_1 U(n) + C_2 V(n)$ 也是方程组(1)的解,这里 C_1,C_2 是任意常数.

证明 将 $C_1\boldsymbol{U}(n)+C_2\boldsymbol{V}(n)$ 代入方程(1)验证即得. 证毕.

定理 2 说明方程组(1)的全体解的集合是一个线性空间. 自然要问:此空间的维数是多少? 为此,我们引进向量函数 $\boldsymbol{U}_1(n),\boldsymbol{U}_2(n),\cdots,\boldsymbol{U}_k(n)$ 线性相关、线性无关以及 W 行列式的概念.

定义 1 定义在 $\mathbf{N}$ 上的向量函数 $\boldsymbol{U}_1(n),\boldsymbol{U}_2(n),\cdots,\boldsymbol{U}_k(n)$ 称为线性相关的,若存在不全为零的常数 $C_1,C_2,\cdots,C_k$ 使得下式

$$C_1\boldsymbol{U}_1(n)+C_2\boldsymbol{U}_2(n)+\cdots+C_k\boldsymbol{U}_k(n)=\boldsymbol{0} \quad (n\in\mathbf{N})$$
(4)

恒成立;否则,称为线性无关的.

例如,$\forall k\in\mathbf{N}$,下面 $k+1$ 个向量函数

$$(1,0,\cdots,0)^{\mathrm{T}},(n,0,\cdots,0)^{\mathrm{T}}$$
$$(n^2,0,\cdots,0)^{\mathrm{T}},\cdots,(n^k,0,\cdots,0)^{\mathrm{T}}$$

是线性无关的. 而向量函数

$$(\cos^2 n,0,\cdots,0)^{\mathrm{T}} \text{ 与 } (\sin^2 n-1,0,\cdots,0)^{\mathrm{T}}$$

是线性相关的.

定义 2 设有 k 个定义在集 $\mathbf{N}$ 上的 k 维向量函数

$$\boldsymbol{U}_1(n)=\begin{pmatrix}u_{11}(n)\\u_{21}(n)\\\vdots\\u_{k1}(n)\end{pmatrix},\quad \boldsymbol{U}_2(n)=\begin{pmatrix}u_{12}(n)\\u_{22}(n)\\\vdots\\u_{k2}(n)\end{pmatrix},\cdots$$

$$U_k(n) = \begin{pmatrix} u_{1k}(n) \\ u_{2k}(n) \\ \vdots \\ u_{kk}(n) \end{pmatrix}$$

这 k 个向量函数构成的行列式

$$W(U_1(n), U_2(n), \cdots, U_k(n)) = W_k(n) = |u_{ij}(n)|$$

$$(5)$$

称为这些向量的 W 行列式. 在不引起误会的情况下也简记为 $W(n)$, $\{W(n)\}$ 是数列.

定理 8　若 $U_1(n), U_2(n), \cdots, U_m(n)$ 是非退化的方程组 (2) 的 m 个解. 则:

①$\{W_m(n)\}$ 为零数列的充要条件是 $W_m(1) = 0$;

②$\{W_m(n)\}$ 是无零数列的充要条件是 $W_m(1) \neq 0$.

证明　①的必要性显然. 再证①的充分性. 因已知 $W_m(1) = 0$. 考虑关于 $c_1, c_2, \cdots, c_m$ 的代数方程组

$$\begin{cases} c_1 u_{11}(1) + c_2 u_{12}(1) + \cdots + c_m u_{1m}(1) = 0 \\ c_1 u_{21}(1) + c_2 u_{22}(1) + \cdots + c_m u_{2m}(1) = 0 \\ \qquad\qquad\vdots \\ c_1 u_{m1}(1) + c_2 u_{m2}(1) + \cdots + c_m u_{mm}(1) = 0 \end{cases}$$

$$(6)$$

因其系数行列式 $W_m(1) = 0$, 所以方程组 (6) 有非零解存在, 仍记为 $c_1, c_2, \cdots, c_m$. 现构造

$$U(n) = c_1 U_1(n) + c_2 U_2(n) + \cdots + c_m U_m(n) \quad (7)$$

由定理 2, $U(n)$ 是方程组 (1) 的解. 由方程组 (6), $U(1) = \mathbf{0}$, 由定理 1, $U(n) \equiv \mathbf{0}$, 即

$$\begin{cases} c_1 u_{11}(n) + c_2 u_{12}(n) + \cdots + c_m u_{1m}(n) = 0 \\ c_1 u_{21}(n) + c_2 u_{22}(n) + \cdots + c_m u_{2m}(n) = 0 \\ \qquad\qquad\vdots \\ c_1 u_{m1}(n) + c_2 u_{m2}(n) + \cdots + c_m u_{mm}(n) = 0 \end{cases} \quad (8)$$

因 $c_1, c_2, \cdots, c_m$ 不全为零,所以方程组(8)的系数行列式 $W_m(n) = 0$,由 n 的任意性 $W_m(n) \equiv 0$.

②的必要性显然. 再证②的充分性. 已知 $W_k(1) \neq 0$,假设 $\exists k \in \mathbf{N}$ 有 $W_m(k) = 0$,考虑关于 $c_1, c_2, \cdots, c_m$ 的代数方程组

$$\begin{cases} c_1 u_{11}(k) + c_2 u_{12}(k) + \cdots + c_m u_{1m}(k) = 0 \\ c_1 u_{21}(k) + c_2 u_{22}(k) + \cdots + c_m u_{2m}(k) = 0 \\ \qquad\qquad\vdots \\ c_1 u_{m1}(k) + c_2 u_{m2}(k) + \cdots + c_m u_{mm}(k) = 0 \end{cases} \quad (9)$$

因其系数行列式 $W_m(k) = 0$,所以方程组(9)有非零解存在,仍记为 $c_1, c_2, \cdots, c_m$,现构造式(7). 由定理2,式(7)定义的 $U(n)$ 是方程组(2)的解. 由方程组(9),$U(k) = \mathbf{0}$;因 $\forall n \in \mathbf{N}, A(n)$ 是满秩矩阵. 特别 $A(k-1)$ 是满秩矩阵,所以 $A(k-1)$ 的逆矩阵存在. 记为 $A^{-1}(k-1)$,由方程组(2)有 $U(k) = A(k-1)U(k-1)$,所以

$$U(k-1) = A^{-1}(k-1)U(k) = A^{-1}(k-1)\mathbf{0} = \mathbf{0}$$

由此一步一步推下去最后推出 $U(1) = \mathbf{0}$,由 $U(n)$ 的定义,即

$$\begin{cases} c_1 u_{11}(1) + c_2 u_{12}(1) + \cdots + c_m u_{1m}(1) = 0 \\ c_1 u_{21}(1) + c_2 u_{22}(1) + \cdots + c_m u_{2m}(1) = 0 \\ \qquad\qquad\vdots \\ c_1 u_{m1}(1) + c_2 u_{m2}(1) + \cdots + c_m u_{mm}(1) = 0 \end{cases} \quad (10)$$

因 $c_1, c_2, \cdots, c_m$ 不全为零. 所以方程组 (10) 的系数行列式 $W_m(1) = 0$, 与已知矛盾. 所以这样的 k 不存在, 即 $\{W_n(n)\}$ 是无零数列, 证毕.

由定理 3 可知非退化方程组 (2) 的解 $\boldsymbol{U}_1(n)$, $\boldsymbol{U}_2(n), \cdots, \boldsymbol{U}_m(n)$ 的 W 行列式 $W(n)$ 或恒为零, 或处处不为零, 即或 $\{W(n)\}$ 是零数列, 或 $\{W(n)\}$ 是无零数列.

定理 4　若 $\boldsymbol{U}_1(n), \boldsymbol{U}_2(n), \cdots, \boldsymbol{U}_m(n)$ 线性相关, 则 $W(n) \equiv 0$.

证明　由已知及定义 1, 存在一组不全为零的常数 $c_1, c_2, \cdots, c_m$. 使得

$$c_1 \boldsymbol{U}_1(n) + c_2 \boldsymbol{U}_2(n) + \cdots + c_m \boldsymbol{U}_m(n) \equiv \boldsymbol{0}$$

考虑关于 $c_1, c_2, \cdots, c_m$ 的代数方程组 (8). 因 $c_1, c_2, \cdots, c_m$ 不全为零, 所以方程组 (8) 的系数行列式 $W(n) = 0$. 由 n 的任意性, 得 $W(n) \equiv 0$.

一般定理 4 的逆命题不成立, 但我们有下面的定理与推论.

定理 5　非退化方程组

$$\boldsymbol{X}(n+1) = \boldsymbol{A}(n)\boldsymbol{X}(n)$$

的 m 个解向量 $\boldsymbol{U}_1(n), \boldsymbol{U}_2(n), \cdots, \boldsymbol{U}_m(n)$ 线性相关的充要条件是 $W(n) \equiv 0$.

证明　必要性直接由定理 4 推出, 再证充分性. 对任意一组非零常数 $c_1, c_2, \cdots, c_m$ 构造

$$\boldsymbol{U}(n) = c_1 \boldsymbol{U}_1(n) + c_2 \boldsymbol{U}_2(n) + \cdots + c_m \boldsymbol{U}_m(n)$$

因 $W(n) \equiv 0$, 仿定理 3 的证明得 $\boldsymbol{U}(n) \equiv \boldsymbol{0}$. 由定义 1, $\boldsymbol{U}_1(n), \boldsymbol{U}_2(n), \cdots, \boldsymbol{U}_m(n)$ 线性相关.

由定理 3,对于定理 5 有如下推论:

推论 1 非退化方程组(2)的 m 个解向量 $U_1(n)$, $U_2(n)$, $\cdots$, $U_m(n)$ 线性无关的充要条件是 $\{W(n)\}$ 是无零数列,或者 $W(1) \neq 0$.

推论 2 非退化方程(2)的 m 个解向量 $U_1(n)$, $U_2(n)$, $\cdots$, $U_m(n)$ 线性相关的充要条件是 $W(1) = 0$.

定理 6 非退化方程组(2)一定存在 m 个线性无关的解向量.

证明 由定理 1,方程组(2)分别满足下列 m 组初始条件

$$1\boldsymbol{X}(1) = (1,0,\cdots,0)^{\mathrm{T}}$$
$$2\boldsymbol{X}(1) = (0,1,0,\cdots,0)^{\mathrm{T}}$$
$$\vdots$$
$$m\boldsymbol{X}(1) = (0,0,\cdots,0,1)^{\mathrm{T}}$$

的 m 个解向量一定存在. 设为 $U_1(n)$, $U_2(n)$, $\cdots$, $U_m(n)$,因 $U_1(n)$, $U_2(n)$, $\cdots$, $U_m(n)$ 的 W 行列式 $W(1) = \det \boldsymbol{E} = 1$,其中 $\boldsymbol{E}$ 是单位矩阵,由推论 1,$U_1(n)$, $U_2(n)$, $\cdots$, $U_m(n)$ 线性无关. 证毕.

定理 7 若 $U_1(n)$, $U_2(n)$, $\cdots$, $U_m(n)$ 是方程组(2)的 m 个线性无关的解向量. 则方程组(2)的通解 $U(n)$ 可表为

$$U(n) = c_1 U_1(n) + c_2 U_2(n) + \cdots + c_m U_m(n) \quad (11)$$

其中 $c_1, c_2, \cdots, c_m$ 是任意常数,且解通包括了方程组(2)的所有解.

证明 由定理 2,式(11)定义的 $U(n)$ 是方程组(2)的解向量,现验证 m 个任意常数 $c_1, c_2, \cdots, c_m$ 相互

独立. 设 $\boldsymbol{u}_i(n)$ 是 $\boldsymbol{U}(n)$ 的第 i 个分量,则

$$\left|\frac{\partial \boldsymbol{u}_i(n)}{\partial c_j}\right| = W(n)$$

由推论 1,$\{W(n)\}$ 是无零数列,所以 $\left|\dfrac{\partial \boldsymbol{u}_i(n)}{\partial c_j}\right| \neq 0$. 由

通解定义,$\boldsymbol{U}(n)$ 是通解.

再证它包括了方程组(2)的所有解向量. 由定理 1 只需要证明任给一初始条件

$$\boldsymbol{X}(1) = \boldsymbol{R}, \boldsymbol{R} = (\gamma_1, \gamma_2, \cdots, \gamma_m)^{\mathrm{T}}$$

能确定方程(7)中的常数 $c_1, c_2, \cdots, c_m$,使得通解(11) 满足上述条件. 现令式(11)满足上述条件,得到关于 $c_1, c_2, \cdots, c_m$ 的代数方程组

$$\begin{cases} c_1 u_{11}(1) + c_2 u_{12}(1) + \cdots + c_m u_{1m}(1) = \gamma_1 \\ c_1 u_{21}(1) + c_2 u_{22}(1) + \cdots + c_m u_{2m}(1) = \gamma_2 \\ \qquad\qquad\qquad\vdots \\ c_1 u_{m1}(1) + c_2 u_{m2}(1) + \cdots + c_m u_{mm}(1) = \gamma_m \end{cases} \tag{12}$$

因方程组(12)的系数行列式为 $W(1)$,由推论 1,$W(1) \neq 0$,方程组(12)有唯一解 $\tilde{c}_1, \tilde{c}_2, \cdots, \tilde{c}_m$. 所以

$$\boldsymbol{U}(n) = \tilde{c}_1 \boldsymbol{U}_1(n) + \tilde{c}_2 \boldsymbol{U}_2(n) + \cdots + \tilde{c}_m \boldsymbol{U}_m(n)$$

满足方程(2). 证毕.

推论 3　非退化方程组(2)的线性无关解向量的个数等于 m.

我们称方程组(2)的 m 个线性无关解 $\boldsymbol{U}_1(n)$, $\boldsymbol{U}_2(n), \cdots, \boldsymbol{U}_m(n)$ 为方程组(2)一个基本解组. 由定理 6、定理 7 知非退化的方程组(2)的解空间的维数是 m,由定理 6 得到的 m 个解,特别地称为标准基本解

组.

现在,我们将本节已叙述过的主要定理写成矩阵形式,这种不同的表述方式今后有用. 若一个 $m \times m$ 矩阵的每一列都是方程组(2)的解向量,我们称这个矩阵为方程组(2)的解矩阵. 它的列是线性无关的解矩阵,称为方程组(2)的基解矩阵,我们用 $\boldsymbol{\Phi}(n)$ 表示,由方程组(2)的 m 个线性无关的解 $\boldsymbol{U}_1(n), \boldsymbol{U}_2(n), \cdots, \boldsymbol{U}_m(n)$ 作为列构成的矩阵是基解矩阵. 则定理6、定理7 可表述为:

定理8　若方程组(2)是非退化的,则方程组(2)一定存在一个基解矩阵 $\boldsymbol{\Phi}(n)$,方程组(2)的通解可表为

$$\boldsymbol{U}(n) = \boldsymbol{\Phi}(n) \cdot \boldsymbol{C} \tag{13}$$

这里 $\boldsymbol{C}$ 任意的是 m 维常向量,且通解包括了方程组(2)的所有解.

从上面的讨论中,我们可以看到,为了寻求方程组(2)的任一解,需要寻求一个基解矩阵. 这样自然会问:若找到了方程组(2)的一个解矩阵,能否以某种简单的方法验证这个解矩阵为基解矩阵呢? 定理5 及其推论回答了这个问题,它可以表述为下面的形式:

定理9　方程组(2)的一个解矩阵 $\boldsymbol{\Phi}(n)$ 是基解矩阵的充要条件是 $\{\det \boldsymbol{\Phi}(n)\}$ 是无零数列或 $\det \boldsymbol{\Phi}(1) \neq 0$.

要注意,行列式恒等于零的函数矩阵的列向量函数未必是线性相关的. 例如,矩阵

$$\begin{pmatrix} 1 & n & n^2 \\ 0 & 1 & n \\ 0 & 0 & 0 \end{pmatrix}$$

的行列式恒为零. 但它的列向量函数是线性无关的. 由定理9知这个矩阵不可能是非退化的任一个齐线性方程组的解矩阵.

推论4 若 $\boldsymbol{\Phi}(n)$ 是方程(2)的一个基解矩阵,$\boldsymbol{C}$ 是非奇异 $m \times m$ 阶常数矩阵,那么,$\boldsymbol{\Phi}(n)\boldsymbol{C}$ 也是方程组(2)的基解矩阵.

证明 令 $\boldsymbol{\Phi}(n) = (\boldsymbol{U}_1(n), \boldsymbol{U}_2(n), \cdots, \boldsymbol{U}_m(n))$,这时,根据矩阵的乘法,$\boldsymbol{\Phi}(n)\boldsymbol{C}$ 的列是 $\boldsymbol{\Phi}(n)$ 的列的线性组合. 因为 $\boldsymbol{\Phi}(n)$ 的列是解,所以由叠加原理 $\boldsymbol{\Phi}(n)\boldsymbol{C}$ 的列也是解. 因而,$\boldsymbol{\Phi}(n)\boldsymbol{C}$ 是解矩阵. 又因 $\det(\boldsymbol{\Phi}(n)\boldsymbol{C}) = \det \boldsymbol{\Phi}(n) \cdot \det \boldsymbol{C}$. 由定理9,$\{\det \boldsymbol{\Phi}(n)\}$ 是无零数列,且因为是非奇异的,即 $\det \boldsymbol{C} \neq 0$,所以 $\{\det(\boldsymbol{\Phi}(n)\boldsymbol{C})\}$ 是无零数列,再由定理9,知 $\boldsymbol{\Phi}(n)\boldsymbol{C}$ 是基解矩阵. 证毕.

推论5 若 $\boldsymbol{\Phi}(n), \boldsymbol{\Psi}(n)$ 是两个基解矩阵,那么,必定存在一个非奇异 $m \times m$ 阶常数矩阵 $\boldsymbol{C}$,使得 $\forall n \in \mathbf{N}$,有

$$\boldsymbol{\Psi}(n) = \boldsymbol{\Phi}(n)\boldsymbol{C}$$

证明 令 $\boldsymbol{\Psi}_j(n)$ 是 $\boldsymbol{\Psi}(n)$ 的第 j 列,由定理8知

$$\boldsymbol{\Psi}_j(n) = \boldsymbol{\Phi}(n)\boldsymbol{C}_j \quad (j = 1, 2, 3, \cdots, m)$$

这里 $\boldsymbol{C}_j$ 是适当选取的常向量. 我们构造一个 $m \times m$ 阶常数矩阵 $\boldsymbol{C}$,它的列由向量 $\boldsymbol{C}_j(j = 1, 2, \cdots, m)$ 组成,我们立刻得到

$$\boldsymbol{\Psi}(n) = \boldsymbol{\Phi}(n)\boldsymbol{C}$$

因为 $\det \boldsymbol{\Psi}(n) = \det \boldsymbol{\Phi}(n) \cdot \det \boldsymbol{C}$,又因为 $\{\det \boldsymbol{\Psi}(n)\}$ 是无零数列,$\{\det \boldsymbol{\Phi}(n)\}$ 是无零数列,故得到 $\det \boldsymbol{C} \neq 0$,

所以 C 是非奇异矩阵. 证毕.

下面讨论非齐次线组性方程组(1)的性质,以及解的结构. 我们容易验证方程组(1)有两个简单性质.

性质 1 若 $V(n)$ 是非齐次线性方程(1)的解,$U(n)$ 是相应的方程组(2)的解,则 $V(n)+U(n)$ 是方程组(1)的解.

性质 2 若 $V_1(n), V_2(n)$ 是非齐次线性方程组(1)的两个解,则 $V_1(n)-V_2(n)$ 是相应的方程组(1)的解.

下面定理10给出方程组(1)的通解的结构.

定理 10 设方程组(1)是非退化方程组,设 $D(n)$ 是方程组(1)的一个特解,$\boldsymbol{\Phi}(n)$ 是相应的方程组(2)的基解矩阵,则方程组(1)的通解为

$$V(n) = \boldsymbol{\Phi}(n) \cdot C + D(n) \qquad (14)$$

这里 C 是任意常向量.

证明 由性质2,$V(n)-D(n)$ 是方程组(2)的解,再由定理8得

$$V(n)-D(n) = \boldsymbol{\Phi}(n)C$$

这里 C 是常向量. 由通解定义 $V(n)$ 是通解. 证毕.

定理10告诉我们,当方程非退化时,为了寻求方程组(1)的通解,只要知道方程组(1)的一个特解与相应的齐次方程组(2)的一个基解矩阵,现在,我们进一步指出,在已知方程组(2)的基解矩阵 $\boldsymbol{\Phi}(n)$ 的情况下,有一个寻求方程组(1)的特解 $D(n)$ 的简单方法,这个方法就是常数变易法.

从本节定理8知方程组(2)的通解为 $V(n) =$

$\boldsymbol{\Phi}(n)\boldsymbol{C}$ 它不可能是方程组(1)的解. 我们将 $\boldsymbol{C}$ 变易为 n 的向量函数,而试图寻求方程组(1)的形如

$$V(n) = \boldsymbol{\Phi}(n)\boldsymbol{C}(n) \qquad (15)$$

的解. 这里 $\boldsymbol{C}(n)$ 是待定的向量函数.

假设方程组(1)存在形如式(15)的解,将式(15)代入方程组(1)得

$$\boldsymbol{\Phi}(n+1)\boldsymbol{C}(n+1) - \boldsymbol{A}(n)\boldsymbol{\Phi}(n)\boldsymbol{C}(n) = \boldsymbol{F}(n)$$

因 $\boldsymbol{\Phi}(n)$ 是方程组(2)的基解矩阵,所以

$$\boldsymbol{\Phi}(n+1) = \boldsymbol{A}(n) \cdot \boldsymbol{\Phi}(n) \qquad (16)$$

由此上式变形为

$$\boldsymbol{\Phi}(n+1)(\boldsymbol{C}(n+1) - \boldsymbol{C}(n)) = \boldsymbol{F}(n)$$

因方程非退化,$\{\det \boldsymbol{\Phi}(n)\}$ 是无零数列,所以 $\forall n \in \mathbf{N} \cup \{0\}$, $\boldsymbol{\Phi}^{-1}(n+1)$ 存在. 即

$$\boldsymbol{C}(n+1) - \boldsymbol{C}(n) = \boldsymbol{\Phi}^{-1}(n+1)\boldsymbol{F}(n)$$

将 n 换成 k 得

$$\boldsymbol{C}(k+1) = \boldsymbol{C}(k) = \boldsymbol{\Phi}^{-1}(k+1)\boldsymbol{F}(k)$$

对 k 从 1 到 $n-1$ 求和得

$$\boldsymbol{C}(n) = \boldsymbol{C}(1) + \sum_{k=1}^{n-1}\boldsymbol{\Phi}^{-1}(k+1)\boldsymbol{F}(k) \qquad (17)$$

将 $\boldsymbol{C}(1)$ 改写成 $\boldsymbol{C}$,并将式(17)代入式(15),得

$$V(n) = \boldsymbol{\Phi}(n)\Big(\boldsymbol{C} + \sum_{k=1}^{n-1}\boldsymbol{\Phi}^{-1}(k+1)\boldsymbol{F}(k)\Big) \qquad (18)$$

所以

$$D(n) = \sum_{k=1}^{n-1}\boldsymbol{\Phi}(n)\boldsymbol{\Phi}^{-1}(k+1)\boldsymbol{F}(k) \qquad (19)$$

下面我们求 $\boldsymbol{\Phi}(n)$,由定理 8,基解矩阵必定存在,但基解基矩阵有无穷多个,我们只要任意求出一个就行了,

由式(16)$\boldsymbol{\Phi}(n+1) = \boldsymbol{A}(n)\boldsymbol{\Phi}(n)$,逐步递推得

$$\boldsymbol{\Phi}(n+1) = \boldsymbol{A}(n)\boldsymbol{A}(n-1)\cdots\boldsymbol{A}(1)\boldsymbol{X}(1)$$

所以

$$\boldsymbol{A}(n-1)\boldsymbol{A}(n-2)\cdots\boldsymbol{A}(1)$$

是一个基解矩阵. 因为矩阵乘法无交换律,为了方便我们规定

$$\prod_{k=1}^{n-1}\boldsymbol{A}(n-k) = \boldsymbol{A}(n-1)\boldsymbol{A}(n-2)\cdots\boldsymbol{A}(1)$$

$$(20)$$

所以 $\prod_{k=1}^{n-1}\boldsymbol{A}(n-k)$ 是一个基解矩阵,我们把这个基解矩阵记为 $\boldsymbol{\Phi}(n)$,即

$$\boldsymbol{\Phi}(n) = \prod_{k=1}^{n-1}\boldsymbol{A}(n-k) \qquad (21)$$

将式(21)代入式(13)、式(19)得

$$\boldsymbol{U}(n) = \left(\prod_{k=1}^{n-1}\boldsymbol{A}(n-k)\right)\boldsymbol{C} \qquad (22)$$

$$\boldsymbol{V}(n) = \left(\prod_{k=1}^{n-1}\boldsymbol{A}(n-k)\right)\boldsymbol{C} + $$
$$\sum_{k=1}^{n-1}\left(\prod_{j=k+1}^{n-1}\boldsymbol{A}(n+k-j)\right)\boldsymbol{F}(k) \qquad (23)$$

规定 $\forall k \in \mathbf{N}\cup\{0\}$.

$$\prod_{j=k+1}^{k}\boldsymbol{A}(j) = \boldsymbol{E}; \quad \sum_{k=1}^{0}(\cdot) = \boldsymbol{0} \qquad (24)$$

且这时 $\boldsymbol{C} = \boldsymbol{X}(1)$.

定理 11 方程组(1)的通解为(23),方程组(2)的通解为式(22).

证明 直接将式(23)代入方程组(1),式(22)代入方程组(2)验证即得,证毕.

注意,虽说推导时用了非退化这个条件,但实际上,对于退化方程定理 11 仍成立. 其中原因,我们在下节对常数系数的情形进行了解释. 对于一般情形可以类推,但叙述起来繁杂,就略去不讲了.

例 1 已知

$$A(n) = \begin{pmatrix} 2 & n \\ 0 & 2 \end{pmatrix}$$

求方程组: $X(n+1) = A(n)X(n)$ 满足初始条件 $X(1) = (10,1)^{\mathrm{T}}$ 的特解.

解 由式(22),先求 $\prod_{k=1}^{n-1} A(n-k)$

$$\prod_{k=1}^{n-1} A(n-k) = \begin{pmatrix} 2 & n-1 \\ 0 & 2 \end{pmatrix} \cdot \begin{pmatrix} 2 & n-2 \\ 0 & 2 \end{pmatrix} \cdots \begin{pmatrix} 2 & 1 \\ 0 & 2 \end{pmatrix}$$

$$= \begin{pmatrix} 2^{n-1} & 2^{n-3}(n-1)n \\ 0 & 2^{n-1} \end{pmatrix}$$

所以由式(22),通解为

$$X(n) = \begin{pmatrix} 2^{n-1} & 2^{n-3}(n-1)n \\ 0 & 2^{n-1} \end{pmatrix} \cdot C$$

代入初始条件

$$X(1) = (10,1)^{\mathrm{T}}$$

得

$$X(n) = \begin{pmatrix} 2^{n-1} & 2^{n-3}(n-1)n \\ 0 & 2^{n-1} \end{pmatrix} \begin{pmatrix} 10 \\ 1 \end{pmatrix}$$

$$= (5 \cdot 2^{n} + 2^{n-3}(n-1)n, 2^{n-1})^{\mathrm{T}}$$

即

$$\begin{cases} x_1(n) = 5 \cdot 2^n + 2^{n-3}(n-1)n \\ x_2(n) = 2^{n-1} \end{cases}$$

例2 已知

$$A(n) = \begin{pmatrix} 2 & n \\ 0 & 2 \end{pmatrix}, F(n) = (n,2)^{\mathrm{T}}$$

求方程组

$$X(n+1) = A(n)X(n) + F(n)$$

满足初始条件 $X(1) = (1,2)^{\mathrm{T}}$ 的特解.

解：由式(23)先求 $\prod\limits_{j=k+1}^{n-1} A(n+k-j)$，即

$$\prod_{j=k+1}^{n-1} A(n+k-j)$$
$$= \begin{pmatrix} 2^{n-k-1} & 2^{n-k-3}(n^2-n-k^2-k) \\ 0 & 2^{n-k-1} \end{pmatrix}$$

再求 $\prod\limits_{j=k+1}^{n-1} A(n+k-j)F(k)$，即

$$\prod_{j=k+1}^{n-1} A(n+k-j)F(k)$$
$$= \begin{pmatrix} 2^{n-k-1} & 2^{n-k-3}(n^2-n-k^2-k) \\ 0 & 2^{n-k-1} \end{pmatrix}\begin{pmatrix} k \\ 2 \end{pmatrix}$$
$$= (2^{n-k-2}(n^2-n-k^2+k), 2^{n-k})^{\mathrm{T}}$$

$$\sum_{k=1}^{n-1} \prod_{j=k+1}^{n-1} A(n+k-j)F(k)$$
$$= \left(\sum_{k=1}^{n-1} 2^{n-k-2}(n^2-n-k^2+k), \sum_{k=1}^{n-1} 2^{n-k} \right)^{\mathrm{T}}$$
$$= (2^{n-2}(n^2-n-4) + n + 1, 2^n - 2)^{\mathrm{T}}$$

所以由式(23) 与例 1, 方程的通解为

$$X(n) = \begin{pmatrix} 2^{n-1} & 2^{n-3}n(n-1) \\ 0 & 2^{n-1} \end{pmatrix} \cdot C +$$

$$(2^{n-2}(n^2 - n - 4) + n + 1, 2^n - 2)^{\mathrm{T}}$$

代入初始条件 $X(1) = (1,2)^{\mathrm{T}}$, 因 $C = X(1)$, 所以

$$X(n) = \begin{pmatrix} 2^{n-1} & 2^{n-3}n(n-1) \\ 0 & 2^{n-1} \end{pmatrix} \begin{pmatrix} 1 \\ 2 \end{pmatrix} +$$

$$\begin{pmatrix} 2^{n-2}(n^2 - n - 4) + n + 1 \\ 2^n - 2 \end{pmatrix}$$

$$= \begin{pmatrix} 2^{n-2}(n^2 - n + 2) \\ 2^n \end{pmatrix} +$$

$$\begin{pmatrix} 2^{n-2}(n^2 - n - 4) + n + 1 \\ 2^n - 2 \end{pmatrix}$$

$$= (2^{n-1})(n^2 - n - 1) + n + 1, 2^{n+1} - 2)^{\mathrm{T}}$$

关于线性方程组的问题虽说已彻底解决, 但由例 3、例 4 可看出公式(22), (23)不一定好计算. 对于一般情形只能这样计算, 但当 $A(n) = A$ 为常数矩阵时, 能找到较容易的计算方法. 这就是下面讨论的常系数方程组的求解问题.

§2　常系数线性方程组

定义 3　若 $\forall n \in N^*$, $A(n) = A$, 其中 A 是常数矩阵, 则方程组(1)、(2)分别变形为

$$X(n+1) = AX(n) + F(n) \qquad (25)$$
$$X(n+1) = AX(n) \qquad (26)$$

方程组(25)称为一阶 m 元常系数线性方程组;方程组(26)称为一阶 m 元常系数齐次线性方程组,分别简称为:常系数线性方程组与常系数齐线性方程组,有时为了强调也称方程组(25)为常系数非齐次线性方程组.

定理 12 方程组(25)的通解为
$$U(n) = A^{n-1} \cdot C \qquad (27)$$
方程组(26)的通解为
$$V(n) = A^{n-1} \cdot C + \sum_{k=1}^{n-1} A^{n-1-k} \cdot F(k) \qquad (28)$$
规定
$$A^0 = E; \sum_{k=1}^{0} (\cdot) = \mathbf{0} \qquad (29)$$

对于(25),(26)两方程组我们试图找到计算基解矩阵 $\boldsymbol{\Phi}(n)$ 的简便方法,但 $\boldsymbol{\Phi}(n)$ 不一定是基解矩阵 A^{n-1},我们假设
$$U(n) = \lambda^{n-1} \boldsymbol{\xi} \qquad (30)$$
是方程组(26)的一个解,其中 $\lambda \neq 0$ 是待定常数,$\boldsymbol{\xi} = (\boldsymbol{\xi}_1, \boldsymbol{\xi}_2, \cdots, \boldsymbol{\xi}_m)^{\mathrm{T}}$ 是待定常向量.将式(30)代入方程组(26)得
$$\lambda^{n-1}(\lambda E - A)\boldsymbol{\xi} = 0$$
因 $\lambda \neq 0$,则上式变为
$$(\lambda E - A)\boldsymbol{\xi} = 0 \qquad (31)$$
这是关于 $\boldsymbol{\xi}$ 的 m 个分量的一个齐次线性代数方程组,由线性代数知识知,这个方程组具有非零解的充要条件是 λ 满足代数方程组 $\det(\lambda E - A) = 0$,于是引出如

下定义.

定义 4　设 A 是一个 $m \times m$ 阶常数矩阵,使得关于 ξ 的线性代数方程组(31)具有非零解的常数称为 A 的一个特征值,方程组(31)的对于任一特征值 λ 的非零解 ξ 称为 A 的对应于特征值 λ 的特征向量

$$m \text{ 次多项式 } p(\lambda) = \det(\lambda E - A) \qquad (32)$$

称为 A 的特征多项式,m 次代数方程

$$p(\lambda) = 0 \qquad (33)$$

称为 A 的特征方程,也称为方程组(25),(26)的特征方程.

特征方程的根正好是特征值,所以特征值也称为特征根,当 λ 是特征值,ξ 是特征向量时,式(30)是方程组(26)的解.

因 m 次代数方程有 m 个根,所以 A 有 m 个特征根.当然不一定 m 个根都互不相同,特征根可以是重根也可以是单根.

例 3　试求矩阵

$$A = \begin{pmatrix} 3 & 5 \\ -5 & 3 \end{pmatrix}$$

的特征值和对应的特征向量.

解　A 的特征多项式为

$$\det(\lambda E - A) = \begin{vmatrix} \lambda - 3 & -5 \\ 5 & \lambda - 3 \end{vmatrix} = \lambda^2 - 6\lambda + 34$$

所以特征方程为

$$\lambda^2 - 6\lambda + 34 = 0$$

解之得

$$\lambda_1 = 3 + 5\mathrm{i}, \lambda_1 = 3 - 5\mathrm{i}$$

设对应于特征值 $\lambda_1 = 3 + 5\mathrm{i}$ 的特征向量为 $\boldsymbol{\xi} = (\xi_1, \xi_2)^{\mathrm{T}}.\ \boldsymbol{\xi}$ 必须满足代数方程组

$$(\lambda_1 \boldsymbol{E} - \boldsymbol{A})\boldsymbol{\xi} = 0$$

即

$$\begin{cases} 5\mathrm{i}\xi_1 - 5\xi_2 = 0 \\ 5\xi_1 + 5\mathrm{i}\xi_2 = 0 \end{cases}$$

解之得

$$\boldsymbol{\xi} = \alpha(1, \mathrm{i})^{\mathrm{T}}$$

α 是任意常数,且 $\alpha \neq 0$.

类似的,可求得对于 $\lambda_2 = 3 - 5\mathrm{i}$ 的特征向量为

$$\boldsymbol{\eta} = \beta(\mathrm{i}, 1)^{\mathrm{T}}$$

β 是任意常数,且 $\beta \neq 0$.

例4 试求矩阵

$$A = \begin{pmatrix} 2 & 1 \\ -1 & 4 \end{pmatrix}$$

的特征值和对应的特征向量.

解 特征多项式为

$$\det(\lambda \boldsymbol{E} - \boldsymbol{A}) = \begin{vmatrix} \lambda - 2 & -1 \\ 1 & \lambda - 4 \end{vmatrix} = \lambda^2 - 6\lambda + 9$$

所以特征方程为

$$\lambda^2 - 6\lambda + 9 = 0$$

因此 $\lambda = 3$ 是 $\boldsymbol{A}$ 的二重特征值,为了寻求对应于 $\lambda = 3$ 的特征向量,考虑方程组

$$(3\boldsymbol{E} - \boldsymbol{A})\boldsymbol{\xi} = 0$$

即

$$\begin{cases} \xi_1 - \xi_2 = 0 \\ \xi_1 - \xi_2 = 0 \end{cases}$$

因此向量

$$\boldsymbol{\xi} = \alpha(1,1)^{\mathrm{T}}$$

其中 α 为任意常数,且 $\alpha \neq 0$,是对应于特征值 $\lambda = 3$ 的特征向量.

在例 3 中,特征向量 $\boldsymbol{\xi}, \boldsymbol{\eta}$ 是线性无关的,因为

$$\det(\boldsymbol{\xi}, \boldsymbol{\eta}) = \begin{vmatrix} \alpha & \beta\mathrm{i} \\ \alpha\mathrm{i} & \beta \end{vmatrix} = 2\alpha\beta \neq 0$$

因而向量 $\boldsymbol{\xi}, \boldsymbol{\eta}$ 构成二维欧几里得空间的基底. 然而,在例 4 中 $\boldsymbol{A}$ 的特征向量只构成一个一维子空间. 有一点需注意,即:一个给定的矩阵 $\boldsymbol{A}$ 对应于各个特征值的特征向量的集合是否构成一个基底. 根据线性代数中的定理——任何 k 个不同特征值所对应的 k 个特征向量是线性无关的,所以,如果 $m \times m$ 矩阵 $\boldsymbol{A}$ 具有 m 个不同的特征值,那么对应的 m 个特征向量就构成 m 维欧几里得空间的一个基底.

注　一个 $m \times m$ 矩阵最多有 m 个线性无关的特征向量,当然,在任何情况下,最低限度有一个特征向量,因而最低限度有一个特征值.

让我们讨论当 $\boldsymbol{A}$ 具有 m 个线性无关的特征向量时(特别当 $\boldsymbol{A}$ 具有 m 个不同的特征值时)基解矩阵 $\boldsymbol{\Phi}(n)$ 简易的计算方法.

定理 13　若矩阵 $\boldsymbol{A}$ 具有 m 个线性无关的特征向量 $\boldsymbol{\xi}_1, \boldsymbol{\xi}_2, \cdots, \boldsymbol{\xi}_m$,它们对应的特征值分别是 $\lambda_1, \lambda_2, \cdots, \lambda_m$(不必各不相同),那么有

$$\boldsymbol{\Phi}(n) = (\lambda_1^{n-1}\boldsymbol{\xi}_1, \lambda_2^{n-1}\boldsymbol{\xi}_2, \cdots, \lambda_m^{n-1}\boldsymbol{\xi}_m) \quad (34)$$

$$\boldsymbol{A}^{n-1} = \boldsymbol{\Phi}(n) \cdot \boldsymbol{C}$$

其中 $\boldsymbol{C} = (\xi_1, \xi_2, \cdots, \xi_m)^{-1}$.

证明 ① $\forall k \in \{1, 2, \cdots, m\}$，$\boldsymbol{U}_k(n) = \lambda_k^{n-1}\boldsymbol{\xi}_k$ 是方程组(26)的解.

因 λ_k 是 $\boldsymbol{A}$ 的特征值，$\boldsymbol{\xi}_k$ 是对应于 λ_k，$\boldsymbol{A}$ 的特征向量，所以式(31)成立. 即

$$(\lambda_k \boldsymbol{E} - \boldsymbol{A})\boldsymbol{\xi}_k = 0$$

两边同乘 λ_k^{n-1} 得

$$\lambda_k^{n-1}(\lambda_k \boldsymbol{E} - \boldsymbol{A})\boldsymbol{\xi}_k = 0$$

即

$$\lambda_k^n \boldsymbol{\xi}_k = \boldsymbol{A}\lambda_k^{n-1}\boldsymbol{\xi}_k$$

所以 $\boldsymbol{U}_k(n) = \lambda_k^{n-1}\boldsymbol{\xi}_k$ 是方程组(26)的解，$k \in \{1, 2, \cdots, m\}$.

② 因

$$\det \boldsymbol{\Phi}(1) = \det(\boldsymbol{\xi}_1, \boldsymbol{\xi}_2, \cdots, \boldsymbol{\xi}_m)$$

又 $\boldsymbol{\xi}_1, \boldsymbol{\xi}_2, \cdots, \boldsymbol{\xi}_m$ 线性无关，所以

$$\det(\boldsymbol{\xi}_1, \boldsymbol{\xi}_2, \cdots, \boldsymbol{\xi}_m) \neq 0$$

即

$$\det \boldsymbol{\Phi}(1) \neq 0$$

由定理 9，$\boldsymbol{\Phi}(n)$ 是一个基解矩阵.

③ 因 $\boldsymbol{\Phi}(n)$ 与 $\boldsymbol{A}^{n-1}$ 都是同一方程组的基解矩阵，由推论 5，必存在一个非奇异 $m \times m$ 常数矩阵 $\boldsymbol{C}$ 使

$$\boldsymbol{A}^{n-1} = \boldsymbol{\Phi}(n)\boldsymbol{C}$$

令 $n = 1$，得

$$\boldsymbol{E} = \boldsymbol{\Phi}(1) \cdot \boldsymbol{C}$$

所以

$$C = \boldsymbol{\Phi}^{-1}(1)$$

即

$$C = (\boldsymbol{\xi}_1, \boldsymbol{\xi}_2, \cdots, \boldsymbol{\xi}_m)^{-1}. 证毕.$$

例 5　设

$$A = \begin{pmatrix} 1 & 2 & 2 \\ 2 & 1 & 2 \\ 2 & 2 & 1 \end{pmatrix}$$

试求方程 $X(n+1) = AX(n)$ 的通解.

解　特征方程为

$$\det(\lambda E - A) = \begin{vmatrix} \lambda - 1 & -2 & -2 \\ -2 & \lambda - 1 & -2 \\ -2 & -2 & \lambda - 2 \end{vmatrix}$$

$$= (\lambda + 1)^2 (\lambda - 5) = 0$$

所以特征值为 $\lambda_1 = -1, \lambda_2 = -1, \lambda_3 = 5$，其中 $\lambda_1 = \lambda_2$，即 -1 是二重根，把 $\lambda = -1$ 代入方程组

$$(\lambda E - A)\boldsymbol{\xi} = \mathbf{0}$$

得到它的基础解系为

$$\boldsymbol{\xi}_1 = (1, 0, -1)^{\mathrm{T}}, \boldsymbol{\xi}_2 = (0, 1, -1)^{\mathrm{T}}$$

即两个线性无关向量.

把 $\lambda = 5$ 代入方程组

$$(\lambda E - A) \cdot \boldsymbol{\xi} = \mathbf{0}$$

得到它的基础解系为

$$\boldsymbol{\xi}_3 = (1, 1, 1)^{\mathrm{T}}$$

所以

$$\boldsymbol{\Phi}(n) = ((-1)^{n-1} \boldsymbol{\xi}_1, (-1)^{n-1} \boldsymbol{\xi}_2, 5^{n-1} \boldsymbol{\xi}_3)$$

即

$$\boldsymbol{\Phi}(n) = \begin{pmatrix} (-1)^{n-1} & 0 & 5^{n-1} \\ 0 & (-1)^{n-1} & 5^{n-1} \\ (-1)^{n} & (-1)^{n} & 5^{n-1} \end{pmatrix}$$

所以通解为

$$\boldsymbol{U}(n) = \boldsymbol{\Phi}(n) \cdot \boldsymbol{C}$$

即通解为

$$\begin{cases} u_1(n) = c_1(-1)^{n-1} + c_3 5^{n-1} \\ u_2(n) = c_2(-1)^{n-1} + c_3 5^{n-1} \\ u_3(n) = c_1(-1)^{n} + c_2(-1)^{n} + c_3 5^{n-1} \end{cases}$$

当 A 是奇异矩阵时,设 A 的秩为 k,则 A 必有特征值 0,且 0 是 $m-k$ 重特征值,当 A 有 m 个线性无关的特征向量时,由线性代数知 A 与一个对角形矩阵 B 相似,即存在过渡矩阵 T 使 $T^{-1}AT = B$.

$$\boldsymbol{B} = \begin{pmatrix} \lambda_1 & & & & & \\ & \lambda_2 & & & & \\ & & \ddots & & & \\ & & & \lambda_k & & \\ & & & & 0 & \\ & & & & & \ddots \end{pmatrix}$$

其中 $\lambda_i(1 \leq i \leq k)$ 是非零特征值,对于方程组 (26),作线性变换

$$\boldsymbol{X}(n) = \boldsymbol{TY}(n) \qquad (35)$$

则方程组 (26) 变为

$$\boldsymbol{Y}(n+1) = \boldsymbol{BY}(n)$$

即

$$y_1(n+1) = \lambda_1 y_1(n)$$
$$y_2(n+1) = \lambda_2 y_2(n)$$
$$\vdots$$
$$y_k(n+1) = \lambda_k y_k(n)$$
$$y_{k+1}(n+1) = 0 \cdot y_{k+1}(n)$$
$$\vdots$$
$$y_m(n+1) = 0 \cdot y_m(n)$$

此为一组等比数列, 所以 $y_1(n) = \lambda_1^{n-1} y_1(1)$, $y_2(n) = \lambda_2^{n-1} y_2(n)$, $\cdots$, $y_k(n) = \lambda_k^{n-1} y_k(1)$, $y_{k+1}(n) = 0$, $\cdots$, $y_m(n) = 0$ 写成矩阵形式为

$$\boldsymbol{Y}(n) = \boldsymbol{B}^{n-1}\boldsymbol{Y}(1) \tag{36}$$

因
$$\boldsymbol{B}^{n-1} = \boldsymbol{T}^{-1}\boldsymbol{A}^{n-1}\boldsymbol{T} \tag{37}$$

将式(37)代入式(36)得

$$\boldsymbol{Y}(n) = \boldsymbol{T}^{-1}\boldsymbol{A}^{n-1}\boldsymbol{T}\boldsymbol{Y}(1)$$

由式(35)得

$$\boldsymbol{X}(n) = \boldsymbol{A}^{n-1}\boldsymbol{X}(1)$$

所以当 $\boldsymbol{A}$ 是奇异矩阵, 即方程组(26)是退化方程时, 公式(27)成立, 对于式(28)可作同样的解释, 所以当 $\boldsymbol{A}$ 是奇异矩阵, $\boldsymbol{A}$ 的秩为 k 时, 只要 $\boldsymbol{A}$ 有 m 个线性无关的特征向量, 我们仍可用定理 13 来求 $\boldsymbol{\Phi}(n)$ 与 $\boldsymbol{A}^{n-1}$. 因为

$$\det(\lambda\boldsymbol{E} - \boldsymbol{A})$$

是 λ 的 m 次多项式, 所以 $\boldsymbol{A}$ 有 m 个特征值. 因 $\boldsymbol{A}$ 的秩为 k, 所以 $\boldsymbol{A}$ 有 k 个非零特征值 $\lambda_1, \lambda_2, \cdots, \lambda_k$, 有 $n - k$ 个零特征值. 为了方便我们把零特征值排在后面, 即

$$\lambda_1, \lambda_2, \cdots, \lambda_k, \lambda_{k+1} = 0, \cdots, \lambda_m = 0$$

对应的特征向量分别为

$$\boldsymbol{\xi}_1, \boldsymbol{\xi}_2, \cdots, \boldsymbol{\xi}_k, \boldsymbol{\xi}_{k+1}, \cdots, \boldsymbol{\xi}_m$$

且这 m 个特征向量线性无关.

由定理 13 有

$$\begin{cases} \boldsymbol{A}^{n-1} = \boldsymbol{\Phi}(n) \cdot \boldsymbol{C} \\ \boldsymbol{\Phi}(n) = (\lambda_1^{n-1}\boldsymbol{\xi}_1, \lambda_2^{n-1}\boldsymbol{\xi}_2, \cdots, \lambda_k^{n-1}\boldsymbol{\xi}_k, \boldsymbol{0}, \cdots, \boldsymbol{0}) \\ \boldsymbol{C} = (\boldsymbol{\xi}_1, \boldsymbol{\xi}_2, \cdots, \boldsymbol{\xi}_k, \boldsymbol{\xi}_{k+1}, \cdots, \boldsymbol{\xi}_m)^{-1} \end{cases}$$

$$(38)$$

例 6 试求 $\boldsymbol{P}(n)$.

解 由

$$\boldsymbol{A} = \begin{pmatrix} 0 & \dfrac{1}{4} & 0 \\ 1 & \dfrac{1}{2} & 1 \\ 0 & \dfrac{1}{4} & 0 \end{pmatrix}$$

显然 $\boldsymbol{A}$ 是奇异矩阵,方程 $\boldsymbol{X}(n+1) = \boldsymbol{A}\boldsymbol{X}(n)$ 是退化方程. 由式(13)得

$$\boldsymbol{P}(n) = \boldsymbol{\Phi}(n)\boldsymbol{C}$$

为了计算 $\boldsymbol{\Phi}(n)$,按定理 13 中的方法,先求特征方程的根,即

$$\begin{vmatrix} \lambda & -\dfrac{1}{4} & 0 \\ -1 & \lambda - \dfrac{1}{2} & -1 \\ 0 & -\dfrac{1}{4} & \lambda \end{vmatrix} = 0$$

推出

$$\lambda^3 - \frac{1}{2}\lambda^2 - \frac{1}{2}\lambda = 0$$

所以 $\boldsymbol{A}$ 的特征值为

$$\lambda_1 = 1, \lambda_2 = -\frac{1}{2}, \lambda_3 = 0$$

把 $\lambda = 1$ 代入方程组

$$(\lambda \boldsymbol{E} - \boldsymbol{A})\boldsymbol{\xi} = \boldsymbol{0}$$

得

$$\begin{cases} \xi_1 - \dfrac{1}{4}\xi_2 = 0 \\ -\xi_1 + \dfrac{1}{2}\xi_2 - \xi_3 = 0 \\ -\dfrac{1}{4}\xi_2 + \xi_3 = 0 \end{cases} \Rightarrow \begin{cases} \xi_1 - \dfrac{1}{4}\xi_2 = 0 \\ \dfrac{1}{4}\xi_2 - \xi_3 = 0 \\ -\dfrac{1}{4}\xi_2 + \xi_3 = 0 \end{cases}$$

$$\Rightarrow \begin{cases} \xi_1 - \dfrac{1}{4}\xi_2 = 0 \\ \dfrac{1}{4}\xi_2 - \xi_3 = 0 \end{cases} \Rightarrow \begin{cases} \xi_1 = \xi_3 \\ \xi_2 = 4\xi_3 \end{cases}$$

令 $\xi_3 = 1$ 得

$$\boldsymbol{\xi} = (1, 4, 1)^{\mathrm{T}}$$

把 $\lambda = -\dfrac{1}{2}$ 代入方程组 $(\lambda \boldsymbol{E} - \boldsymbol{A})\boldsymbol{\eta} = \boldsymbol{0}$，得

$$\begin{cases} -\dfrac{1}{2}\eta_1 - \dfrac{1}{4}\eta_2 = 0 \\ -\eta_1 - \eta_2 - \eta_3 = 0 \\ -\dfrac{1}{4}\eta_2 - \dfrac{1}{2}\eta_3 = 0 \end{cases} \Rightarrow \begin{cases} 2\eta_1 + \eta_2 = 0 \\ \eta_2 + 2\eta_3 = 0 \\ \eta_2 + 2\eta_3 = 0 \end{cases}$$

$$\Rightarrow \quad \begin{cases} 2\eta_1 + \eta_2 = 0 \\ \eta_2 + 2\eta_3 = 0 \end{cases} \quad \Rightarrow \quad \begin{cases} \eta_1 = \eta_3 \\ \eta_2 = -2\eta_3 \end{cases}$$

令 $\eta_3 = 1$ 得

$$\boldsymbol{\eta} = (1, -2, 1)^{\mathrm{T}}$$

将 $\lambda = 0$ 代入方程组

$$(\lambda \boldsymbol{E} - \boldsymbol{A})\boldsymbol{\zeta} = \boldsymbol{0}$$

得

$$\begin{cases} -\dfrac{1}{4}\zeta_2 = 0 \\[2mm] -\zeta_1 - \dfrac{1}{2}\zeta_2 - \zeta_3 = 0 \quad \Rightarrow \quad \begin{cases} \zeta_1 = -\zeta_3 \\ \zeta_2 = 0 \end{cases} \\[2mm] -\dfrac{1}{4}\zeta_2 = 0 \end{cases}$$

令 $\zeta_3 = 1$ 得

$$\boldsymbol{\zeta} = (-1, 0, 1)^{\mathrm{T}}$$

所以

$$\boldsymbol{\Phi}(n) = \left(\boldsymbol{\xi}, \left(-\dfrac{1}{2}\right)^{n-1}\boldsymbol{\eta}, \boldsymbol{0}\right)$$

$$= \begin{pmatrix} 1 & \left(-\dfrac{1}{2}\right)^{n-1} & 0 \\[3mm] 4 & \left(-\dfrac{1}{2}\right)^{n-2} & 0 \\[3mm] 1 & \left(-\dfrac{1}{2}\right)^{n-1} & 0 \end{pmatrix}$$

$$\boldsymbol{P}(n) = \boldsymbol{\Phi}(n) \cdot \boldsymbol{C}$$

即

$$\begin{cases} p_1(n) = c_1 + c_2 \left(-\dfrac{1}{2} \right)^{n-1} \\[2mm] p_2(n) = 4c_1 + c_2 \left(-\dfrac{1}{2} \right)^{n-2} \\[2mm] p_3(n) = c_1 + c_2 \left(-\dfrac{1}{2} \right)^{n-1} \end{cases}$$

代入初始条件

$$\boldsymbol{p}(1) = (0,1,0)^{\mathrm{T}}$$

得
$$c_1 = \frac{1}{6}, c_2 = -\frac{1}{6}$$

所以满足初始条件的特解为

$$\begin{cases} p_1(n) = \dfrac{1}{6} - \dfrac{1}{6} \left(-\dfrac{1}{2} \right)^{n-1} \\[2mm] p_2(n) = \dfrac{2}{3} - \dfrac{1}{6} \left(-\dfrac{1}{2} \right)^{n-2} \\[2mm] p_3(n) = \dfrac{1}{6} - \dfrac{1}{6} \left(-\dfrac{1}{2} \right)^{n-1} \end{cases}$$

对于一阶常系数线性方程组,还可用母函数法来求解.

例 7　用母函数法来求 $\boldsymbol{P}(n)$.

解　由方程组

$$\begin{cases} p_1(n+1) = \dfrac{1}{4} p_2(n) \\[2mm] p_2(n+1) = p_1(n) + \dfrac{1}{2} p_2(n) + p_3(n) \\[2mm] p_3(n+1) = \dfrac{1}{4} p_2(n) \end{cases}$$

设它们的母函数分别为

$$f(x) = \sum_{n=1}^{\infty} p_1(n)x^{n-1}$$

$$g(x) = \sum_{n=1}^{\infty} p_2(n)x^{n-1}$$

$$h(n) = \sum_{n=1}^{\infty} p_3(n)x^{n-1}$$

将方程组中的三个方程两边同乘 x^n 得

$$\begin{cases} p_1(n+1)x^n = \dfrac{1}{4}xp_2(n)x^{n-1} \\[2mm] p_2(n+1)x^n = x(p_1(n)x^{n-1} + \dfrac{1}{2}p_2(n)x^{n-1} + p_3(n)x^{n-1}) \\[2mm] p_3(n+1)x^n = \dfrac{1}{4}xp_2(n)x^{n-1} \end{cases}$$

将上面三个等式两边从 1 到 ∞ 求和得

$$f(x) - p_1(1) = \frac{1}{4}xg(x)$$

$$g(x) - p_2(1) = x(f(x) + \frac{1}{2}g(x) + h(x))$$

$$h(x) - p_3(1) = \frac{1}{4}xg(x)$$

因为 $p_1(1) = 0, p_2(1) = 1, p_3(1) = 0$，所以得

$$f(x) = \frac{1}{4}xg(x), h(x) = \frac{1}{4}xg(x), g(x) = \frac{2}{2 - x^2 - x}$$

因 $\quad g(x) = \dfrac{2}{3}(\dfrac{1}{1-x} + \dfrac{1}{2+x})$

$$= \frac{2}{3}\sum_{n=1}^{\infty} x^{n-1} + \frac{1}{3}\sum_{n=1}^{\infty}(-\frac{1}{2})^{n-1}x^{n-1}$$

$$= \sum_{n=1}^{\infty}(\frac{2}{3} + \frac{1}{3}(-\frac{1}{2})^{n-1})x^{n-1}$$

所以

$$p_2(n) = \frac{2}{3} + \frac{1}{3}(-\frac{1}{2})^{n-1}$$

因　　$f(x) = \frac{1}{4}xg(x)$

$$= \sum_{n=1}^{\infty} (\frac{1}{6} - \frac{1}{6}(-\frac{1}{2})^n)x^n$$

又因为当 $n = 0$ 时

$$\frac{1}{6} - \frac{1}{6}(-\frac{1}{2})^0 = 0$$

所以

$$f(x) = \sum_{n=0}^{\infty} (\frac{1}{6} - \frac{1}{6}(-\frac{1}{2})^n)x^n$$

$$= \sum_{n=1}^{\infty} (\frac{1}{6} - \frac{1}{6}(-\frac{1}{2})^{n-1})x^{n-1}$$

所以

$$p_1(n) = \frac{1}{6} - \frac{1}{6}(-\frac{1}{2})^{n-1}$$

因为

$$p_3(n) = p_1(n)$$

所以

$$p_3(n) = \frac{1}{6} - \frac{1}{6}(-\frac{1}{2})^{n-1}$$

此与例 6 结果是一致的.

当 A 只有 $k(k < m)$ 个线性无关的特征向量时，定理 13 失效. 但由于这种矩阵 A 相似于一个若尔当矩阵 J，即存在非奇异的过渡矩阵 T，使

225

$$A = TJT^{-1}, J = \begin{pmatrix} J_1 & & & \\ & J_2 & & \\ & & \ddots & \\ & & & J_k \end{pmatrix}$$

其中 $J_t(1 \leqslant t \leqslant k)$ 是若尔当块.

$$J_t = \begin{pmatrix} \lambda_t & 1 & & & \\ & \lambda_t & 1 & & \\ & & \ddots & \ddots & \\ & & & \ddots & 1 \\ & & & & \lambda_t \end{pmatrix}$$

其中 λ_t 是 A 的特征值,$1 \leqslant t \leqslant k$.

这里只叙述定理,而不证明.

定理 14 对任何 $m \times m$ 矩阵 A,方程组(25)、(26)的基解矩阵为

$$\boldsymbol{\Phi}(n) = TJ^{n-1} \tag{39}$$

其中 T 是非奇异的过渡矩阵,即 T 满足

$$A = TJT^{-1} \tag{40}$$

例 8 已知 $A = \begin{pmatrix} 2 & 1 \\ -1 & 4 \end{pmatrix}$,试求方程组

$$X(n+1) = AX(n)$$

的通解.

解 A 的特征方程为

$$\begin{vmatrix} \lambda - 2 & -1 \\ 1 & \lambda - 4 \end{vmatrix} = 0$$

$$(\lambda - 3)^2 = 0$$

226

所以特征根为

$$\lambda_1 = 3, \lambda_2 = 3$$

将 $\lambda = 3$ 代入方程组

$$(\lambda E - A)\xi = 0$$

得　　　　$\begin{cases} \xi_1 - \xi_2 = 0 \\ \xi_2 - \xi_1 = 0 \end{cases} \Rightarrow \quad \xi_1 = \xi_2$

令 $\xi_1 = 1$，得 $\xi_2 = 1$，所以 $\xi = (1,1)^{\mathrm{T}}$

　　这时 A 的线性无关的特征向量只一个 $(1,1)^{\mathrm{T}}$.

　　求方程组

$$(3E - A)\eta = -\xi$$

的解，得

$$\begin{cases} \eta_1 - \eta_2 = -1 \\ \eta_1 - \eta_2 = -1 \end{cases} \Rightarrow \quad \eta_1 = \eta_2 - 1$$

　　令 $\eta_2 = 0$，得 $\eta_1 = -1$，所以

$$\eta = (-1, 0)^{\mathrm{T}}$$

过渡矩阵

$$T = (\xi, \eta) = \begin{pmatrix} 1 & -1 \\ 1 & 0 \end{pmatrix}$$

若尔当形矩阵为

$$J = \begin{pmatrix} 3 & 1 \\ 0 & 3 \end{pmatrix}$$

令　　　　$J = \left(\begin{pmatrix} 3 & 0 \\ 0 & 3 \end{pmatrix} + \begin{pmatrix} 0 & 1 \\ 0 & 0 \end{pmatrix} \right)$

则　　$J^{n-1} = \left(\begin{pmatrix} 3 & 0 \\ 0 & 3 \end{pmatrix} + \begin{pmatrix} 0 & 1 \\ 0 & 0 \end{pmatrix} \right)^{n-1}$

$$= \begin{pmatrix} 3 & 0 \\ 0 & 3 \end{pmatrix}^{n-1} + C_{n-1}^{1} \begin{pmatrix} 0 & 1 \\ 0 & 0 \end{pmatrix} \begin{pmatrix} 3 & 0 \\ 0 & 3 \end{pmatrix}^{n-2}$$

$$= \begin{pmatrix} 3^{n-1} & (n-1)3^{n-2} \\ 0 & 3^{n-1} \end{pmatrix}$$

由式(39)得

$$\boldsymbol{\Phi}(n) = \boldsymbol{T}\boldsymbol{J}^{n-1} = (3^{n-1}\boldsymbol{\xi}, 3^{n-1}\boldsymbol{\eta} + (n-1)3^{n-2}\boldsymbol{\xi})$$

即

$$\boldsymbol{\Phi}(n) = \begin{pmatrix} 3^{n-1} & (n-4)3^{n-2} \\ 3^{n-1} & (n-1)3^{n-2} \end{pmatrix}$$

所以通解为

$$\boldsymbol{U}(n) = \boldsymbol{\Phi}(n) \cdot \boldsymbol{C}$$

即

$$\begin{cases} u_1(n) = c_1 3^{n-1} + c_2(n-4)3^{n-2} \\ u_2(n) = c_1 3^{n-1} + c_2(n-1)3^{n-2} \end{cases}$$

例9 求方程 $\boldsymbol{X}(n+1) = \boldsymbol{A}\boldsymbol{X}(n)$ 的通解

$$\boldsymbol{A} = \begin{pmatrix} -1 & -2 & 6 \\ -1 & 0 & 3 \\ -1 & -1 & 4 \end{pmatrix}$$

解 因 $\boldsymbol{A}$ 的特征方程为

$$\begin{vmatrix} \lambda+1 & 2 & -6 \\ 1 & \lambda & -3 \\ 1 & 1 & \lambda-4 \end{vmatrix} = 0$$

得

$$(\lambda-1)^3 = 0$$

所以特征根为

$$\lambda_1 = 1, \lambda_2 = 1, \lambda_3 = 1$$

将 $\lambda = 1$ 代入方程组

$$(\lambda\boldsymbol{E} + \boldsymbol{A})\boldsymbol{\xi} = 0$$

得

228

$$\begin{cases} 2\xi_1 + 2\xi_2 - 6\xi_3 = 0 \\ \xi_1 + \xi_2 - 3\xi_3 = 0 \\ \xi_1 + \xi_2 - 3\xi_3 = 0 \end{cases} \Rightarrow \quad \xi_1 + \xi_2 - 3\xi_3 = 0$$

令 $:\xi_3 = 1, \xi_2 = 0$,得 $:\xi_1 = 3.$

令 $:\xi_3 = 1, \xi_2 = 1$,得 $:\xi_1 = 2$

所以得

$$\boldsymbol{\xi}_1 = (1,0,3)^{\mathrm{T}}, \boldsymbol{\xi}_2 = (2,1,1)^{\mathrm{T}}$$

求方程组

$$(\boldsymbol{E} - \boldsymbol{A})\boldsymbol{\eta} = -\boldsymbol{\xi}_1$$

的解,得

$$\begin{cases} 2\eta_1 + 2\eta_2 - 6\eta_3 = 3 \\ \eta_1 + \eta_2 - 3\eta_3 = 0 \\ \eta_1 + \eta_2 - 3\eta_3 = 1 \end{cases}$$

此为矛盾方程,无解.

求方程组

$$(\boldsymbol{E} - \boldsymbol{A})\boldsymbol{\eta} = -\boldsymbol{\xi}_2$$

的解,得

$$\begin{cases} 2\eta_1 + 2\eta_2 - 6\eta_3 = -2 \\ \eta_1 + \eta_2 - 3\eta_3 = -1 \\ \eta_1 + \eta_2 = 3\eta_3 = -1 \end{cases} \Rightarrow \quad \eta_1 + \eta_2 - 3\eta_3 = -1$$

令 $:\eta_3 = 0, \eta_2 = 0$,得

$$\eta_1 = -1$$

所以　　　　　　　　$\boldsymbol{\eta} = (-1,0,0)^{\mathrm{T}}$

过渡矩阵

$$T = \begin{pmatrix} 3 & 2 & -1 \\ 0 & 1 & 0 \\ 1 & 1 & 0 \end{pmatrix}$$

若尔当形矩阵为

$$J = \begin{pmatrix} 1 & 0 & 0 \\ 0 & 1 & 1 \\ 0 & 0 & 1 \end{pmatrix}$$

其中若尔当块

$$J_1 = (1), J_2 = \begin{pmatrix} 1 & 1 \\ 0 & 1 \end{pmatrix}$$

仿例 8 得

$$J^{n-1} = \begin{pmatrix} 1 & 0 & 0 \\ 0 & 1 & n-1 \\ 0 & 0 & 1 \end{pmatrix}$$

由式(39)

$$\boldsymbol{\Phi}(n) = TJ^{n-1} = (\boldsymbol{\xi}_1, \boldsymbol{\xi}_2, \boldsymbol{\eta} + (n-1)\boldsymbol{\xi}_2)$$

即 $\boldsymbol{\Phi}(n) = \begin{pmatrix} 3 & 2 & 2(n-1)-1 \\ 0 & 1 & (n-1)+0 \\ 1 & 1 & (n-1)+0 \end{pmatrix} = \begin{pmatrix} 3 & 2 & 2n-3 \\ 0 & 1 & n-1 \\ 1 & 1 & n-1 \end{pmatrix}$

所以通解为

$$U(n) = \boldsymbol{\Phi}(n) \cdot C$$

即 $\begin{cases} u_1(n) = 3c_1 + 2c_2 + c_3(2n-3) \\ u_2(n) = c_2 + c_3(n-1) \\ u_3(n) = c_1 + c_2 + c_3(n-1) \end{cases}$

例 10 求方程 $X(n+1) = AX(n)$ 的通解

$$A = \begin{pmatrix} -1 & 1 & 3 \\ -2 & 2 & 2 \\ -1 & 1 & 3 \end{pmatrix}$$

解　A 的特征方程为

$$|\lambda E - A| = 0$$

$$\lambda(\lambda - 2)^2 = 0$$

所以特征值为

$$\lambda_1 = 2, \lambda_2 = 2, \lambda_3 = 0$$

将 $\lambda = 2$ 代入方程

$$(\lambda E - A)\boldsymbol{\xi} = 0$$

得

$$\begin{cases} 3\xi_1 - \xi_2 - 3\xi_3 = 0 \\ 2\xi_1 - 2\xi_3 = 0 \\ \xi_1 - \xi_2 - \xi_3 = 0 \end{cases} \Rightarrow \begin{cases} 3\xi_1 - \xi_2 = 3\xi_3 \\ \xi_1 - \xi_2 = \xi_3 \end{cases}$$

令 $\xi_3 = 1$，得：$\xi_1 = 1, \xi_2 = 0$. 所以

$$\boldsymbol{\xi} = (1, 0, 1)^{\mathrm{T}}$$

与二重特征值 2 对应的线性无关的特征向量只一个. 所以还应求方程组

$$(2E - A)\boldsymbol{\eta} = -\boldsymbol{\xi}$$

的解，得

$$\begin{cases} 3\eta_1 - \eta_2 - 3\eta_3 = -1 \\ 2\eta_1 - 2\eta_3 = 0 \\ \eta_1 - \eta_2 - \eta_3 = -1 \end{cases} \Rightarrow \begin{cases} 3\eta_1 - \eta_2 = 3\eta_3 - 1 \\ \eta_1 - \eta_2 = \eta_3 - 1 \end{cases}$$

令 $\eta_3 = 0$，得 $\eta_1 = 0, \eta_2 = 1$，所以

$$\boldsymbol{\eta} = (0, 1, 0)^{\mathrm{T}}$$

将 $\lambda = 0$ 代入方程

$$(\lambda E - A)\xi = 0$$

得

$$\begin{cases}\zeta_1 - \zeta_2 - 3\zeta_3 = 0 \\ 2\zeta_1 - 2\zeta_2 - 2\zeta_3 = 0 \\ \zeta_1 - \zeta_2 - 3\zeta_3 = 0\end{cases} \Rightarrow \begin{cases}\zeta_1 - \zeta_2 = \zeta_3 \\ 2\zeta_1 - 2\zeta_2 = 2\zeta_3\end{cases} \Rightarrow \begin{cases}\zeta_1 = \zeta_2 \\ \zeta_3 = 0\end{cases}$$

令 $\zeta_2 = 1$, 得: $\zeta_1 = 1, \zeta_3 = 0$. 所以

$$\zeta = (1, 1, 0)^{\mathrm{T}}$$

过渡矩阵

$$T = (\xi, \eta, \zeta) = \begin{pmatrix} 1 & 0 & 1 \\ 0 & 1 & 1 \\ 1 & 0 & 0 \end{pmatrix}$$

若尔当形矩阵为

$$J = \begin{pmatrix} 2 & 1 & 0 \\ 0 & 2 & 0 \\ 0 & 0 & 0 \end{pmatrix}$$

其中若尔当块

$$J_1 = \begin{pmatrix} 2 & 1 \\ 0 & 2 \end{pmatrix}, J_2 = (0)$$

仿例 8 得

$$J^{n-1} = \begin{pmatrix} 2^{n-1} & (n-1)2^{n-2} & 0 \\ 0 & 2^{n-1} & 0 \\ 0 & 0 & 0 \end{pmatrix}$$

由式 (39)

$$\Phi(n) = TJ^{n-1} = (2^{n-1}\xi, 2^{n-1}\eta + (n-1)2^{n-2}\xi, 0 \cdot \zeta)$$

$$= \begin{pmatrix} 2^{n-1} & (n-1)2^{n-2} & 0 \\ 0 & 2^{n-1} & 0 \\ 2^{n-1} & (n-1)2^{n-2} & 0 \end{pmatrix}$$

所以通解为

$$\boldsymbol{U}(n) = \boldsymbol{\Phi}(n) \cdot \boldsymbol{C}$$

即

$$\begin{cases} u_1(n) = c_1 2^{n-1} + c_2(n-1)2^{n-2} \\ u_2(n) = c_2 2^{n-1} \\ u_3(n) = c_1 2^{n-1} + c_2(n-1)2^{n-2} \end{cases}$$

注 当矩阵 $\boldsymbol{A}$ 是奇异矩阵时, $\boldsymbol{A}$ 必有特征值 0, 这时与特征值 0 对应的特征向量不求出来, 也不影响基解矩阵 $\boldsymbol{\Phi}(n)$ 与通解 $\boldsymbol{U}(n)$ 的计算. 例如, 例 6, 例 10 中不求出特征向量 $\boldsymbol{\zeta}$, 不影响后面的计算.

§3 m 阶线性方程的补充

对于高阶 k 元线性方程组, 我们总可以化成一阶 m 元线性方程组来讨论.

例如, 方程组

$$\begin{cases} x(n+2) = p_1(n)x(n) + p_2(n)x(n+1) + p_3(n)y(n) + \\ \qquad p_4(n)y(n+1) + f_1(n) \\ y(n+2) = q_1(n)x(n) + q_2(n)x(n+1) + q_3(n)y(n) + \\ \qquad q_4(n)y(n+1) + f_2(n) \end{cases}$$

$$(41)$$

233

其中 $p_i(n), q_i(n)(i = 1,2,3,4); f_1(n), f_2(n)$ 为定义在 N 上的已知函数，$\{x(n)\}, \{y(n)\}$ 为待求数列. 令

$$\begin{cases} z_1(n) = x(n) \\ z_2(n) = x(n+1) \\ z_3(n) = y(n) \\ z_4(n) = y(n+1) \end{cases} \quad (42)$$

则方程组(4)化成如下一阶四元方程组

$$\begin{cases} z_1(n+1) = z_2(n) \\ z_2(n+1) = p_1(n)z_1(n) + p_2(n)z_2(n) + p_3(n)z_3(n) + \\ \qquad\qquad p_4(n)z_4(n) + f_1(n) \\ z_3(n+1) = z_4(n) \\ z_4(n+1) = q_1(n)z_1(n) + q_2(n)z_2(n) + q_3(n)z_3(n) + \\ \qquad\qquad q_4(n)z_4(n) + f_2(n) \end{cases}$$

$$(43)$$

令

$$\boldsymbol{A}(n) = \begin{pmatrix} 0 & 1 & 0 & 0 \\ p_1(n) & p_2(n) & p_3(n) & p_4(n) \\ 0 & 0 & 0 & 1 \\ q_1(n) & q_2(n) & q_3(n) & q_4(n) \end{pmatrix}, \boldsymbol{F}(n) = \begin{pmatrix} 0 \\ f_1(n) \\ 0 \\ f_2(0) \end{pmatrix}$$

式(43)写成矩阵形式为

$$\boldsymbol{Z}(n+1) = \boldsymbol{A}(n)\boldsymbol{Z}(n) + \boldsymbol{F}(n)$$

特别对 m 阶线性方程有, 令

$$x_1(n) = x(n), x_2(n) = x(n+1), \cdots, x_m = x(n+m-1)$$

$$(44)$$

则有如下一阶 m 元方程组

$$
\begin{cases}
x_1(n+1) = x_2(n) \\
x_2(n+1) = x_3(n) \\
\quad\vdots \\
x_{m-1}(n+1) = x_m(n) \\
x_m(n+1) = p_1(n)x_1(n) + p_2(n)x_2(n) + \cdots + \\
\qquad\qquad p_m(n)x_m(n) + f(n)
\end{cases}
\tag{45}
$$

若记

$$
\begin{cases}
A(n) = \begin{pmatrix}
0 & 1 & 0 & \cdots & 0 & 0 \\
0 & 0 & 1 & \cdots & 0 & 0 \\
\vdots & \vdots & \vdots & & \vdots & \vdots \\
0 & 0 & 0 & \cdots & 0 & 1 \\
p_1(n) & p_2(n) & p_3(n) & \cdots & p_{m-1}(n) & p_m(n)
\end{pmatrix} \\
\\
F(n) = \begin{pmatrix}
0 \\
0 \\
\vdots \\
0 \\
f(n)
\end{pmatrix}
\end{cases}
\tag{46}
$$

则方程组(45)写成矩阵形式为

$$
X(n+1) = A(n)X(n) + F(n) \tag{47}
$$

若给一定的定初始条件则化成

$$
X(1) = R; R = (\gamma_1, \gamma_2, \cdots, \gamma_m)^{\mathrm{T}} \tag{48}
$$

　　反过来,若给定式(46),(48)则一阶方程组(47)可化成 m 阶线性方程,且满足初始条件. 即,它们之间在上述变换下是一一对应的,所以 m 阶线性方程的所有性质可化为方程组(47)的某些性质,反过来也一样. 所以,有了式(46)和式(48)则本章所有关于一阶方程组的性质都可转化成 m 阶线性方程的性质,连定义的 W 行列式也是如此. 由定义知 m 阶常系数线性方程都是非退化的,因为式(46)定义的矩阵 $A(n)$ 的行列式

$$\det A(n) = p_1$$

因为 $p_1 \neq 0$,所以

$$\det A(n) \neq 0$$

定理 15 一般的 m 阶齐次线性方程(不论是否退化)的通解为方程

$$Z(n+1) = A(n)Z(n)$$

的通解

$$U(n) = \prod_{k=1}^{n-1} A(n-k) \cdot C \qquad (49)$$

的第一个分量. 其中 $A(n)$ 由式(46)定义.

证明 因式(46)直接由定理 11 推出.

注 在实际计算中只要算 $U(n-m+1)$ 就行了,因为由式(44) $U(n-m+1)$ 的最后一个分量就是 $x(n)$.

例 11 求方程 $x(n+1) = (3n-7)x(n+1) - (2n^2 - 8n)x(n)$ 的通解.

解 因为 $\{-(2n^2 - 8n)\}$ 是有零数列,方程为退化方程,按上述分析,由定理 15 知它的通解为式(49)的第一个分量. 我们先计算 $\prod_{k=1}^{n-1} A(n-k)$.

因为

$$A(k) = \begin{pmatrix} 0 & 1 \\ 8k - 2k^2 & 3k - 7 \end{pmatrix}$$

所以

$$\boldsymbol{\Phi}(n) = \prod_{k=1}^{n-1} \boldsymbol{A}(n-k) = \begin{pmatrix} (n-1)! & 0 \\ n! & 0 \end{pmatrix} \quad (n \geqslant 5)$$

$$\boldsymbol{\Phi}(1) = \begin{pmatrix} 1 & 0 \\ 0 & 1 \end{pmatrix}, \boldsymbol{\Phi}(2) = \begin{pmatrix} 0 & 1 \\ 6 & -4 \end{pmatrix}$$

$$\boldsymbol{\Phi}(3) = \begin{pmatrix} 6 & -4 \\ -6 & 12 \end{pmatrix}, \boldsymbol{\Phi}(4) = \begin{pmatrix} -6 & 12 \\ 41 & 0 \end{pmatrix}$$

方程组 $\boldsymbol{X}(n+1) = \boldsymbol{A}(n)\boldsymbol{X}(n)$ 的通解为

$$\boldsymbol{U}(n) = \boldsymbol{\Phi}(n) \cdot \boldsymbol{C}$$

若记

$$\boldsymbol{\Phi}(n) = (\boldsymbol{U}_1(n), \boldsymbol{U}_2(n)), \boldsymbol{C} = (c_1, c_2)^{\mathrm{T}}$$

则

$$\boldsymbol{U}(n) = c_1 \boldsymbol{U}_1(n) + c_2 \boldsymbol{U}_2(n)$$

由定理 15,取上面向量的第一个分量作为方程组的通解,则

$$\boldsymbol{x}(n) = c_1 \boldsymbol{x}_1(n) + c_2 \boldsymbol{x}_2(n)$$

其中

$$\{x_1(n)\} = 1, 0, 6, -6, 4!, \cdots, (n-1)!, \cdots$$

$$\{x_2(n)\} = 0, 1, -4, 12, 0, \cdots, 0, \cdots$$

第三编
差分与微分方程

差分格式与微分方程

利用计算机能够进行大量的计算,复杂的物理过程可以得到细致的模拟. 数学模型通常只是理论和一般原理,从中能够挤压出数值结果来. 现在大规模应用的是一种老的想法——把微分方程变成差分方程. 这里我们举出此种方法的两个实例. 我们先来考虑一阶微分方程 $u' = f(t, u)$ 的初值问题. 我们要近似计算一个解 $u = u(t)$,使得 $t = 0$ 时,$u = u_0$ 是已给定的. 考虑到导数 $u'(t)$ 是差商 $(u(t+h) - u(t))/h$ 当 h 趋近于零时的极限,就不难想到用差分问题来逼近初值问题,这个差分问题就是

$$\Delta v(t) = f(t, v(t))\Delta t, \quad v(0) = u_0$$

其中 $t = 0, \pm h, \pm 2h, \cdots$,这里 $h > 0$ 是一个固定的小量,而差分是 $\Delta v(t) = v(t+h) - v(t)$,$\Delta t = t + h - t = h$. 由此可以得出 $v(h) = u_0 + hf(0, u_2)$,$v(2h) = v(h) + hf(h, v(h))$,$\cdots$,类似地还有 $v(-h), v(-2h), \cdots$ 的公式. 这样就在一个由 $0, \pm h, \pm 2h, \cdots$ 各点

241

构成的网格上找出了 v,这个网格的网格宽度(或者为了简单起见称为步长)等于 h. 当 h 趋近于 0 时,我们可以预期函数 $v = u_h$ 收敛于原来问题的解 u. 在关于函数 f 的适当假定之下,不难估计差值 $u - u_h$. 我们还可以把问题转换一下,通过函数 u_h 的收敛性来证明原来的问题有解. 自然,同样的方法也可用到微分方程组上,或者我们可以使用变动的步长或者更精密的差分来逼近导数,而使方法更加精细. 但是,假如 f 性态比较好,并且我们只要在一个小区间上知道 u,那么原来的方法也能够达到目的.

如果我们要把(比如说)两个变量 x, t 的偏微分方程写成差分方程,我们就把偏导数 $\partial u / \theta t$ 和 $\partial u / \theta x$ 写作差商 $\Delta_t u / \Delta t$ 与 $\Delta_x u / \Delta x$,其中 $\Delta t u(t, x) = u(t + h, x) - u(t, x)$, $\Delta t = t + h - t = h$, $\Delta_x u(t, x) = u(t, x + k) - u(t, x)$, $\Delta x = x + k - x = k$. 此时相应网格的网孔是长方形,在 t 方向的步长为 h,而在 x 方向的步长为 k. 甚至在简单的情形下,我们也能碰到这样的事实:h 和 k 并不总能够彼此独立地变小. 例如,考虑初值问题

$$\partial_t u + c \partial_x u = 0, \quad u(0, x) = f(x)$$

它的解是行波 $u = f(x - ct)$,其传播速度为 c. 假设 $c > 0$. 一种差分逼近是

$$\Delta_t v + c(\Delta t / \Delta x) \Delta_x v = 0, \quad v(0, x) = f(x)$$

其中 $t = 0, \pm h, \pm 2h, \cdots$,而 $x = 0, \pm k, \pm 2k, \cdots$. 由此可知,比如说,对于所有的 x,

$$v(h, x) = v(0, x) - chk^{-1}(v(0, x + k) - v(0, x))$$

给出了当 $t = h$ 时的 v 值,利用类似的公式,可以用 $t =$

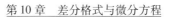

h 时的 v 值来表示 $t = 2h$ 时的 v 值, 依次类推. 这样我们就可以逐步计算出整个网格上的函数 $v = u_h$. 而精确解 $u = f(x - ct)$ 在点 (t, x) 的值, 等于 f 在 $x - ct$ 的值, 我们可以看出, 函数 v 在网格点 $(t. x)$ 的值, 是 f 在 x 轴上介于 x 和 $x + th^{-1}k$ 之间的网点上的值的线性组合. 但是, 显然只有当上述区间包含 $x - ct$ 这点时差分逼近才有意义. 因此我们必须有 $k/h \leqslant -c$, 也就是当 $t > 0$ 与 $h = \Delta t > 0$ 时, $c\Delta t + \Delta x \leqslant 0$. 由此可知, 我们必须选取 x 方向的步长 $\Delta x = k$ 为负, 同时要使 t 方向的步长 Δt 比起 x 方向的步长来不是太大. 假如不这样的话, 差分问题的解与精确解就毫无关系. 这就表明, 差分逼近可能是不稳定的, 也就是说, 当步长变小时, 差分方程可能并不给出接近于精确解的函数.

　　平面上狄利克雷 (Dirichlet) 问题的差分逼近, 却提供了与这种不稳定性大不相同的情形. 所谓狄利克雷问题就是: 在平面的有界开集 U 上, 求一个满足拉普拉斯 (Laplace) 方程 $\partial_x^2 u + \partial_y^2 u = 0$ 的函数 $u = u(x, y)$, 使得它在 U 的边界上等于已给的连续函数 $f(x, y)$. 我们假定边界是光滑的, f 在边界的邻域内也有定义并且连续. 选取 $(g(x+h) - 2g(x) + g(x-h))/h^2$ 为二阶导数 $g''(x)$ 的差分逼近, 并在 x 方向和 y 方向选取相等的步长 $h > 0$, 则稍加计算即可证明, 方程

$$v(x, y) = 4^{-1}(v(x+h, y) + v(x-h, y) +$$
$$v(x, y+h) + v(x, y-h)) \qquad (1)$$

是拉普拉斯方程的差分逼近. 我们试图求出方程 (1) 的一个解 $v = u_h$, 它定义在网格 $(x, y) = (rh, sh)$ (r, s

为整数)的子集 $V = U_h$ 上,这个子集是由这样的点(x,y)构成的,使得至少有一个邻域$(x \pm h, y)$或者$(x, y \pm h)$落在 U 内. 我们用这个解来逼近狄利克雷问题. 如果(x,y)是 U_h 的边界点,也就是说,它至少有一个邻域落在 U 外,我们就令$v(x,y) = f(x,y)$. 当 h 充分小时,这是可能的,因为 f 在 U 的边界的一个邻域内有定义. 如果(x,y)是 U_h 的内点,也就是说,如果它的所有邻域都落在 U 内,我们就要求式(1)成立. 参看图 1.

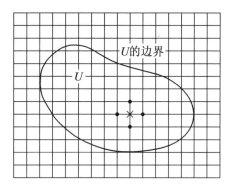

图 1　狄利克雷问题的差分逼近,十字叉及
小圈表示一个点及其四个邻域

现在我们的差分方程变成了一个线性方程组 (1),方程的数目等于 $V = U_h$ 的内点数目. 因此,方程的数目就等于未知量的数目. 我们断言,每个解在 V 的边界上都能取得最小值和最大值. 事实上,假设 v 是一个解,而 c 为其最大值. 如果 u 在一个内点处等于 c,那么在它的所有邻域上都有 $u \leqslant c$. 但此时由方程组 (1)可以证明,在其所有邻域上 $u = c$,而且在一个附加

的点列上也有 $u=c$;这个点列必定会终止在边界上,因为 V 只有有限个点. 对于最小值也可以进行相同的论证. 特别,如果令所有的边界值都等于零,那么 $v=0$ 便是方程组(1)的唯一解. 因此,根据线性方程组的理论即知,对于所选的每种边界值而言,方程组(1)都只有唯一解 v. 这个方程组在其他方面也具有良好的性质. 当方程的数目很多时,它可以用逐次逼近法来解. 不难证明,当 h 趋近于零时,函数 $v=u_h$ 收敛于狄利克雷问题的解,也不难得到差值 u_h-u 的大小的较佳估计.

刚才讲到的两种计算程序,都有古典问题的背景和理论上重要的特色. 其他的程序在理论上可能没什么趣味,但在实用上却非常重要. 一个好例子是线性规划. 这种问题是:在 $\mathbf{R}^n$ 的由一组线性不等式 $a_1 x_1 + \cdots + a_n x_n + b \geqslant 0$ 所决定的一个区域上,使很多个变量的线性型 $h(x) = c_1 x_1 + \cdots + c_n x_n$ 达到极小(或极大). 如果我们把变量解释为各种效用的量,把 $h(x)$ 解释为生产费用,把不等式解释为可用的生产方法所受的限制,那么上述问题的实际经济背景就很明显地表现了出来. 存在求出 h 的最优值的有效程序,同时也可以求出使 h 达到最优值的点 x. 在实际问题中,n 往往是一个非常大的数,要进行计算,计算机是绝对必要的.

差分方程与二个自变量的双曲型方程——方程 $u_{tt} - u_{xx} = 0$ 的有限差分近似

1. $u_{tt} - u_{xx} = 0$ 的最简单初值问题的解

由于一般的关系式所确定的问题的解只要 f 与 g 二次可微就几乎是显然的. 这是因为, 如果(把 y 换成 t)

$$F(x) + G(x) = u(x,0) = f(x)$$
$$F'(x) - G'(x) = u_t(x,0) = g(x)$$

我们立刻看出有一个解将满足初始条件. 对上面二个方程中的第一个求微分, 我们就得到关于 $F'(x)$ 与 $G'(x)$ 的二个线性代数方程, 解之并积分, 我们就知道

$$F(x) = \frac{1}{2}\left(f(x) + \int_0^x g(\xi)\,\mathrm{d}\xi\right) + C_1$$

$$G(x) = \frac{1}{2}\left(f(x) - \int_0^x g(\xi)\,\mathrm{d}\xi\right) + C_2$$

其中 C_1 与 C_2 是未知的积分常数. 因此再利用公式, 就有

$$u(x,t) = \frac{1}{2}\left(f(x+t) + f(x-t) + \int_{x-t}^{x+t} g(\xi)\,\mathrm{d}\xi\right) + C_3$$

对 $t = 0$, 这成为 $f(x) = f(x) + C_3$, 于是 $C_3 = 0$. 因此所求确定的问题的解就是

$$u(x,t) = \frac{1}{2}\left(f(x+t) + f(x-t) + \int_{x-t}^{x+t} g(\xi)\,\mathrm{d}\xi\right)$$

（1）

这几乎是能用如此明显的, 初等的方法解出的唯一较为重要的初值或边值问题.

从公式（1）可以立刻看出下述结论: 解在一点 (x_0, t_0) 之值, 只依赖于在 x 轴上由经过 (x_0, t_0) 的直线 $x + t = \mathrm{const}$ 与 $x - t = \mathrm{const}$ 所截下的线段上的初始值. 这个线段称为点 (x_0, t_0) 的依赖区间. 反之, 解受到在 x 轴上一个点 $(x_0, 0)$ 处的初始值影响的点 (x,t) 之集合, 是介于直线 $x + t = x_0$ 与 $x - t = x_0$ 之间的扇形. 这个扇形是点 $(x_0, 0)$ 的影响区域. 直线 $x \pm t = \mathrm{const}$ 称为微分方程 $u_{tt} - u_{xx} = 0$ 的特征线.

以后我们将会看出, 依赖区域、影响区域及特征线这些概念, 都能推广到所有的双曲型问题, 而且它们在那里有决定性的重要意义.

公式（1）对于负的 t 与对于正的 t 是同样成立的. 如果初值只给定在区间 $a \leqslant x \leqslant b$ 上, 那么解就在过点 $(a, 0), (b, 0)$ 的四条特征线所围成的正方形内确定, 而公式（1）就表示微分方程在此正方形内的每一点的一个解.

2. 一个近似的差分方程

既然初值问题已由公式（1）完全解出，在计算上就没有直接的理由要来研究微分方程 $u_{tt} - u_{xx} = 0$ 的有限差分近似. 但在另一方面，正由于这问题的简单性，所以在第一次引进并讨论某些概念时它是一个极好的对象，而这些概念在许多更为复杂的场合也是重要的. 因此，现在这一节应看作是为了说明的目的，而不是计算的目的.

在 x 与 t 方向分别使用增量 h 与 k，把偏导数换成中心有限差商，我们就得到方程 $u_{tt} = u_{xx}$ 最简单的有限差分近似

$$\frac{U(x,t+k) - 2U(x,t) + U(x,t-k)}{k^2}$$

$$= \frac{U(x+h,t) - 2U(x,t) + U(x-h,t)}{h^2} \tag{2}$$

如果把初始条件换成

$$U(x,0) = f(x), \frac{U(x,k) - U(x,0)}{k} = g(x) \tag{3}$$

方程（2）与（3）就构成一个形式上的有限差分近似，这意思就是：对任何具有二阶偏导数的函数 $U(x,t)$，在（2）与（3）两式中的差商当 h 与 k 趋于零时，将趋向于微分问题中所出现的相应的偏导数. 我们称这是一个形式的近似，因为它并不意味着当 $h \to 0, k \to 0$ 时，关于 U 的差分问题的解总是趋向于微分问题的解. 这一点将在以后详细说明. 如果要一微分方程问题的一个形式上的有限差分近似在计算上是有用的，当然就必须使差分问题的解接近于微分问题的解.

　　求解一差分方程的问题总可以用二种不同的方法来解释:我们可以把(2)与(3)两式中的 x 与 t 看作连续的变量而要求各个方程对 x 与 t 是恒满足的,或者我们可以把变数限制在一适当的如 $(x_0 + rh, sk)$ $(r, s = 0, \pm 1, \pm 2, \cdots)$ 那样的离散集上,这集合有这样的性质,即如果 x 与 t 属于这集合,那么在差分方程中所出现的只是 U 在这集合的点上之值. 求第一种意义下的显式解通常是困难的或不可能的. 但在现在的问题中我们将求出它,而且是相当容易的. 对于计算的目的来说,指的总是第二种解释.

　　在这第二种意义下求(2),(3)两式的数值解是很简单的. 我们有

$U(x, 0) = f(x)$

$U(x, k) = kg(x) + f(x)$

$U(x, t + k) = 2U(x, t) - U(x, t - k) -$
$$\lambda^2 (U(x + h, t) - 2U(x, t) + U(x - h, t))$$

$$(4)$$

其中

$$\lambda = \frac{k}{h}$$

由在初始线上的格点 $(x_0 + rh, 0)$ 开始,从这些方程就可依次地算出在直线 $t = k, 2k, 3k, \cdots$ 上的格点处之值. 点的位置用图 1 来说明,图中的圆圈表示应用一次递推公式所涉及的网格点的"模型"或"星座".

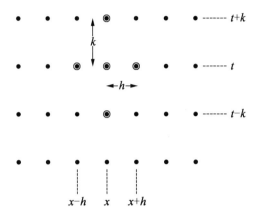

图 1　网格点的"模型"或星座

　　如果初值是给在一个区间 $a \leqslant x \leqslant b$ 上(为了简单,我们假设区间的端点是格点),那么利用递推公式(4),我们就能够算出 $U(x,t)$ 在由这个区间及二条斜率为 $\pm \lambda$ 的边所围成的三角形内的格点处的值. 我们看出与微分问题讨论中所遇到的情形有着类似之处:这三角形内的每个格点有一个在 x 轴上,且位于区间 $a \leqslant x \leqslant b$ 内的依赖区间.

　　然而很重要的是这样的类似并不是完全的. 因为差分方程的依赖区间依赖于增量 k 与 h 之比 λ. 从这个简单事实立刻推出一个重要的反面结论.

　　定理 1　令 $U(x,t)$ 与 $u(x,t)$ 分别是初值问题(4)的解. 令 h 与 k 按照适合于 $k/h \geqslant \lambda_0 > 1$ 的方式趋向于零. 那么存在无穷多个初始函数 $f(x),g(x)$, 使 $U(x,t)$ 不收敛到 $u(x,t)$.

　　证明　我们知道,如果 $k/h \geqslant \lambda_0 > 1$, 差分方程的

250

第 11 章　差分方程与二个自变量的双曲型方程
　　　　——方程 $u_{tt} - u_{xx} = 0$ 的有限差分近似

依赖区间就位于微分方程依赖区间的内部. 如果在一点 (x,t), 对于某些初始函数来说, 函数 U 趋向于 u, 那么可改变这些函数使得表示式 (1) 在 (x,t) 处的值是改变了的, 但却使差分方程依赖区间内的初值仍保持不变. 对于这样改变了的初始函数, 解 u 就不同于 U 的极限.

　　这一证明指出, 当 $k/h > 1$ 时, U 对 u 的收敛性应认为是不成立的.

3. $\lambda < 1$ 时差分方程的显式解

　　求线性偏微分方程初值问题显式解的最有效方法建基于分离变数的技巧以及解的叠加, 也即解的线性组合的构成. 作为一个例子, 我们用这种方法来处理问题.

　　所谓分离变数就意味着构造下述形状的特解

$$u(x,t) = \phi(x)\psi(t) \qquad (5)$$

把它代入 $u_{tt} - u_{xx} = 0$, 就得到关系

$$\frac{\phi''(x)}{\phi(x)} = \frac{\psi''(t)}{\psi(t)}$$

因为方程的两边是不同自变量的函数, 所以推知两边必须等于同一常数 c. 对 c 的任何值, 把方程组

$$\phi''(x) - c\phi(x) = 0, \quad \psi''(t) - c\psi(t) = 0 \qquad (6)$$

的每一个解代入式 (5) 就得到微分方程 $u_{tt} - u_{xx} = 0$ 的一个解.

　　依照叠加原则, 把有限个或无限个形如式 (5) 的解相加就能构造出一个满足所给初始条件的解. 为了找到这样一个和, 我们把初始函数都表示成傅里叶

（Fourier）级数. 我们来讨论 $g(x) \equiv 0$ 的特殊情形, 为了简单起见, 并假设 $f'(x)$ 是连续的. 为了加强所处理的傅里叶级数的收敛性, 我们把函数 $f(x)$ 开拓到一个更大的区间 $a' \leqslant x \leqslant b'$ 内, 使得 $f'(x)$ 在这大区间内是连续的, 而且 $f(a') = f(b') = 0$. 最后, 不失一般性, 可设 $a' = 0, b' = \pi$, 因为只要作线性变换

$$x' = \frac{(x - a')\pi}{b' - a'}, \quad t' = \pi t$$

就可办到这一点, 而不改变微分方程. 这样, $f(x)$ 就可表示成一致收敛的傅里叶正弦级数

$$f(x) = \sum_{n=1}^{\infty} a_n \sin nx \tag{7}$$

其中

$$a_n = \frac{2}{\pi} \int_0^\pi f(x) \sin nx \mathrm{d}x \tag{8}$$

此外, 级数

$$\sum_{n=1}^{\infty} |a_n| \tag{9}$$

是收敛的. 把初值开拓到一个更大的区间并不影响解在那些依赖区间位于原来较小区间内的点上所取的值.

　　今考虑级数（7）的任意一项, 我们来求 $u_{xx} - u_{tt} = 0$ 的一个形如式（5）的解, 它当 $t = 0$ 时就化成为这一项. 由于式（6）, 这当且仅当

$$c = -n^2$$

时才有可能, 因此可令

$$\phi(x) = a_n \sin nx, \psi(t) = \cos nt$$

所以我们的初值问题的解是

252

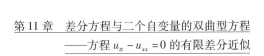

$$u(x,t) = \sum_{n=1}^{\infty} a_n \cos nt \sin nx \qquad (10)$$

只要这个级数可以逐项二次微分. 因为级数(9)收敛,
所以级数(10)是一致且绝对收敛的. 容易证明,这个

级数正好是函数 $\dfrac{1}{2}(f(x+t)+f(x-t))$ 的傅里叶级

数,而这个函数就是问题当 $g(x) \equiv 0$ 时的解.

从刚才讨论过的问题的解可以得到 $f(x) \equiv 0, g(x) \not\equiv$
0 的初值问题的解. 令 $G''(x) = g(x)$. 如果 $u(x,t)$ 满足
$u(x,0) = G(x), u_t(x,0) = 0$,那么 $v(x,t) = u_t(x,t)$ 满
足 $v(x,0) = 0, v_i(x,0) = u_{tt}(x,0) = u_{xx}(x,0) =$
$g(x)$.(在最后这串等式中,我们已利用了这样的事
实,即在我们的特殊问题中,微分方程在初始线上是自
行满足的,这个事实可从式(1)推得,或者在算出级数
后来证明.)

上面所以要对以前已经解出过的问题还要按不同
的方法来进行详细的讨论,其原因在于差分问题(2),
(3)可以按完全类似的方法来处理,而导出公式(1)的
论据却没有这样的类推.

因此我们仍假设 $g(x) \equiv 0$,并设 $f(x)$ 表示成级数
(7). 如果

$$U(x,t) = \Phi(x)\Psi(t)$$

是方程(2)的一个解,用分离变量就得到差分方程

$$\frac{\Phi(x+h) - 2\Phi(x) + \Phi(x-h)}{h^2} - c\Phi(x) = 0 \qquad (11)$$

$$\frac{\Psi(t+k) - 2\Psi(t) + \Psi(t-k)}{k^2} - c\Psi(t) = 0 \qquad (12)$$

如果

$$c = 2\frac{\cos nh - 1}{h^2} = -\frac{4}{h^2}\sin^2\frac{nh}{2} \quad\quad (13)$$

那么函数 $\sin nx$ 就是方程（11）的一个解. 与微分方程的情形类似, 我们现在必须从差分方程

$$\frac{\Psi(t+k) - 2\Psi(t) + \Psi(t-k)}{k^2} + \frac{4}{h^2}\sin^2\frac{nh}{2}\Psi(t) = 0$$

$$(14)$$

与初始条件

$$\Psi(0) = \Psi(k) = 1 \quad\quad (15)$$

来寻求 $\Psi(t)$.

像方程（14）这样的常系数线性差分方程的理论是与类似的微分方程的熟知理论非常相似的. 一般说来, 存在二个形如 $e^{r_1 t}, e^{r_2 t}$ 的解所组成的基本组, 其中 r_1 与 r_2 可以把 $e^{r_1 t}$ 与 $e^{r_2 t}$ 代入差分方程来确定. 通解就是这二个解的线性组合, 而线性组合的系数是任意常数, 或更一般地, 是 t 的以 k 为周期的任意周期函数. 这些系数应该由边值条件来确定.

对现在的情形进行推导可以更简单一些, 只要利用 $\sin \mu t$ 的二阶中心差商等于

$$-\frac{4}{k^2}\sin^2\frac{\mu k}{2}\sin \mu t$$

这一事实在公式（13）的推导中已用到过. 因此, 如果 $\sin\frac{nh}{2}\neq 0$, 那么只要 μ 是方程

$$\sin\frac{\mu k}{2} = \pm\lambda\sin\frac{nh}{2} \quad\quad (16)$$

254

的一个解,函数 $\sin \mu t$ 就满足条件(14). 对 $\cos \mu t$ 也有同样的事实. 在方程(16)中只取正号并不失一般性. 当 $\lambda \leqslant 1$ 时,方程(16)的解 $\mu = \mu_n$ 都是实的,并且我们可以假设 $-\pi < \mu k/2 \leqslant \pi$. 经过不必在这里写出的简短的三角计算就能证明,满足边值条件(15)的 $\sin \mu_n t$ 与 $\cos \mu_n t$ 的线性组合可以写成

$$\Psi(t) = \gamma_n(t) = \frac{\cos \mu_n \left(t - \dfrac{k}{2}\right)}{\cos\left(\dfrac{\mu_n k}{2}\right)} \qquad (17)$$

只要分母不等于零. 如果 $\sin \dfrac{nh}{2} = 0$,t 的任何线性函数都满足方程(14),因此在这个例外的情形,对于 $\Psi(t)$,取 $\gamma_n(t) \equiv 1$ 是适当的.

综合我们的结果,就知道对于 $\lambda \leqslant 1$,差分方程问题的解可以写成傅里叶级数

$$U(x,t) = \sum_{n=1}^{\infty} a_n \gamma_n(t) \sin nx \qquad (18)$$

只要这个级数收敛.

当 $\lambda < 1$ 时,由式(16),我们有

$$|\gamma_n(t)| = \left| \frac{\cos \mu_n \left(t - \dfrac{k}{2}\right)}{\cos\left(\dfrac{\mu_n k}{2}\right)} \right| \leqslant \frac{1}{\sqrt{1 - \sin^2\left(\dfrac{\mu_n k}{2}\right)}}$$

$$\leqslant \frac{1}{\sqrt{1 - \lambda^2}}$$

既然已知级数 $\displaystyle\sum_{n=1}^{\infty} |a_n|$ 是收敛的,我们就断定级数

（18）是一致且绝对收敛的. 附带地也证明了如果 $\lambda <$ 1,那么 $\cos(\mu_n k/2) \neq 0$.

式（2）的满足一般初始条件（3）的解是式（18）与具有初值

$$V(x,0)=0, V(x,k)=kg(x)$$

的特解 $V(x,t)$ 的和. 当 t 是 k 的整数倍时,V 也可以表成傅里叶级数. 事实上,$g(x)$ 可以展成傅里叶级数

$$g(x) = \sum_{n=1}^{\infty} b_n \sin nx$$

如果引进简写记号

$$\delta_n(t) = k \sum_{s=1}^{t/k} \gamma_n(sk)$$

那么可以证明

$$V(x,t) = \begin{cases} \sum_{n=1}^{\infty} b_n \delta_n(t) \sin nx & (t>0) \\ 0 & (t=0) \end{cases} \tag{19}$$

就是所求的解. 要证明这点,先要注意,对于 $t>0$,如果函数 $V(x,t)$ 是解,令 $V(x,-t)=-V(x,t)$,那么差分方程对 $t \leq 0$ 也满足. 因此函数 $W(x,t)=V(x,t)-V(x,t-k)$ 是差分方程的具有初值 $W(x,0)=V(x,0)-V(x,-k)=V(x,0)+V(x,k)=kg(x)$,$W(x,k)=V(x,k)-V(x,0)=kg(x)$ 的解. 因此

$$W(x,t) = k \sum_{n=1}^{\infty} b_n \gamma_n(t) \sin nx$$

由 $W(x,t)$ 的定义,就有

$$V(x,t) = \sum_{\nu=0}^{t/k-1} W(x,t-\nu k) = k \sum_{n=1}^{\infty} b_n \sum_{\nu=0}^{t/k-1} \gamma_n(t-\nu k) \sin nx$$

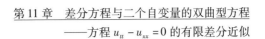

$$= \sum_{n=1}^{\infty} b_n k \sum_{s=1}^{t/k} \gamma_n(sk) \sin nx \quad (t > 0) \qquad (20)$$

即证明了式(19).

级数(19)的收敛性可以用处理级数(18)收敛性的同样方法来证明,只要利用当 $\lambda < 1$ 时 $|\delta_n(t)| < |t| / \sqrt{1 - \lambda^2}$.

对于 $\lambda \geqslant 1$,因为 $\delta_n(t)$, $\gamma_n(t)$ 可能对 n 不再有界,所以要讨论解的级数表示(18)与(19)两式就麻烦了.

4. 用有限傅里叶级数表示差分方程的解

如果级数(18)收敛,它就对一切 x 及一切 t 都满足差分方程,而对一切 x 及对 $t = sk, s = 0, 1, \cdots$,式(19)是一个解. 如果我们只要求一个函数 $U(x, t)$ 使它在格点 $x = rh(r = 0, 1, \cdots, \pi/h)$, $t = sk(s = 0, 1, 2, \cdots)$ 满足所考虑的问题,那么当 $\lambda \geqslant 1$ 时也容易求出一个解. (假设 $\pi/h = N$ 是一个整数.)

这个解可以看得比级数(18)更加类似于连续情形的解. 它根据三角插值的理论,特别是正交关系

$$\sum_{r=0}^{N-1} \begin{Bmatrix} \cos \\ \sin \end{Bmatrix} nrh \begin{Bmatrix} \cos \\ \sin \end{Bmatrix} mrh = 0 \quad (n \neq m, n, m < N)$$

$$\sum_{r=0}^{N-1} \cos^2 nrh = \sum_{r=0}^{N-1} \sin^2 nrh = \frac{N}{2} \quad (0 < n < N)$$

其中 $N = \pi/h$ 是一整数. 用这些关系就很容易得到下述结果:三角表示式

$$f(x) = \sum_{n=1}^{N-1} A_n \sin nx \qquad (21)$$

其中

$$A_n = \frac{2}{N} \sum_{r=1}^{N-1} f(rh) \sin nrh \qquad (22)$$

是在一切格点 $x = rh(r = 0, 1, \cdots, \pi/n)$ 上成立的(但一般说来,在其他点上是不成立的).

按照以前同样的论证可以推知,现在

$$U^*(x, t) = \sum_{n=1}^{N-1} A_n \gamma_n(t) \sin' nx \qquad (23)$$

在一切格点上满足 $g(x) \equiv 0$ 的差分问题(2),(3).既然这个公式只含有有限项,所以它是对一切 $\lambda > 0$ 都成立的.

函数

$$V^*(x, t) = \begin{cases} \sum_{n=1}^{N-1} B_n \delta_n(t) \sin nx & (t > 0) \\ 0 & (t = 0) \end{cases} \qquad (24)$$

其中

$$B_n = \frac{2}{N} \sum_{r=1}^{N-1} g(rh) \sin nrh$$

也要格点上满足差分方程,且其初值为 $V^*(x, 0) = 0$, $V^*(x, k) = kg(x)$.它类似于式(19)中的函数 $V(x, t)$.如果式(16)的右端大于 1,那么式(16)的解 μ_n 就是复的.然而 $\gamma_n(t)$ 与 $\delta_n(t)$ 却总是实的,至少对 $t = sk$ 如此,因为它们的值可以由初值经过有理运算而逐步地算出.

5. 微分问题的解的收敛性

如果 λ 是小于 1 的常数,那么利用公式(18)就能给出关于收敛性(即当 $h \to 0$ 时, $U(x, t) \to u(x, t)$)的一个特别简短的证明.

258

第 11 章　差分方程与二个自变量的双曲型方程
——方程 $u_{tt} - u_{xx} = 0$ 的有限差分近似

事实上，从式（16）我们知道，对于每一固定的 n，当 $h \to 0$（因此 $k \to 0$）时 $\mu_n \to n$. 因此

$$\lim_{h \to 0} \gamma_n(t) = \cos nt$$

也即级数（18）的每一项趋向于 $u(x,t)$ 的级数表示式（10）的相应项. 这表明级数（18）的每一项在 $h=0$ 是 h 的连续函数. 由于一个由连续函数组成的一致收敛级数的和是一连续函数，因此 $U(x,t)$ 是 h 的连续函数，它在 $h=0$ 的值是级数（10）的和，也即 $u(x,t)$.

类似地可证对于 $\lambda < 1$，当 $h \to 0$ 时 $V(x,t)$ 的收敛性：从（16）与（17）两式推知，对固定的 n，当 $k \to 0$ 时 $\gamma_n(sk) - \cos nsk$ 趋于零，且对 $1 \leqslant s \leqslant t/k$ 是一致的. 如果我们把 $\delta_n(t)$ 写成

$$\delta_n(t) = k \sum_{s=1}^{t/k} \cos nsk + k \sum_{s=1}^{t/k} (\gamma_n(sk) - \cos nsk)$$

我们就可以断定，当 $h \to 0$（只取使 $t/k = t/h\lambda$ 保持为整数的值）时，$\delta_n(t)$ 趋于 $\int_0^t \cos n\tau \mathrm{d}\tau$. 因此

$$\lim_{h \to 0} V(x,t) = v(x,t)$$

其中

$$v(x,t) = \int_0^t \sum_{n=1}^{\infty} b_n \cos n\tau \sin nx \mathrm{d}\tau$$

$$= \frac{1}{2} \int_0^t \left(\sum_{n=1}^{\infty} b_n \sin n(x+\tau) + \sum_{n=1}^{\infty} b_n \sin n(x-\tau) \right) \mathrm{d}\tau$$

$$= \frac{1}{2} \int_0^t (g(x+\tau) + g(x-\tau)) \mathrm{d}\tau = \frac{1}{2} \int_{x-t}^{x+t} g(\xi) \mathrm{d}\xi$$

对于 $\lambda > 1$，我们已经知道，一般地说，差分问题的解不收敛于 $u(x,t)$. 但存在几类特殊的初始函数

259

$f(x)$,对它们来说收敛性是成立的. 例如,如果 $f(x)$ 是解析的,那么对一切 λ,$U(x,t)$ 至少在 $a \leqslant x \leqslant b$ 的一个子区间上收敛于 $u(x,t)$. 这是并不奇怪的,因为在定理 1 的证明中最根本的论据是 $f(x)$ 只在区间 (a,b) 的一部分上改变,对解析函数来说,这样的改变是不可能的,因为解析函数在一任意小的区间内的值就决定了它在其他各处之值.

$\lambda = 1$ 的临界情形用本节的方法是不容易处理的.我们改用另一个证明.

对于 $\lambda = 1$,差分方程(4)成为

$$U(x,t+h) - U(x-h,t) = U(x+h,t) - U(x,t-h)$$

也就是说,U 的值从一条对角线方向上的任一格点到其在另一对角线方向上的相邻点的差分等于常数.

因此,如果 $(x,t) = (rh,sh)$,那么

$$U(rh,(s+1)h) - U((r-1)h,sh)$$
$$= U((r+s)h,h) - U((r+s-1)h,0)$$

如果我们把这一方程沿图 2 中从 $(rh,(s+1)h)$ 到 $((r-s-1)h,0)$ 的对角线段求和,就得到

$$U(rh,(s+1)h) - U((r-s-1)h,0)$$

$$= \sum_{\sigma=0}^{s} \left(U((r-s+2\sigma)h,h) - U((r-s-1+2\sigma)h,0) \right)$$

对 $s \geqslant 1$.

现在如果加上式(4)中前二个方程那种初始条件,上式就成为

$$U(x,t+h) - f(x-t-h)$$

$$= \sum_{\sigma=0}^{s} \left(hg(x-t+2\sigma h) + f(x-t+2\sigma h) - \right.$$

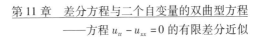

$$f(x - t - h + 2\sigma h)) \tag{25}$$

如果 $g(x)$ 连续而 $f(x)$ 连续可微,那么经过简单的计算就可证明,当 $h \to 0$ 时,$U(x, t)$ 趋向于 $u(x, t)$ 的表示式(1).事实上,$f(x - t + 2\sigma h) - f(x - t - h + 2\sigma h) = hf'(x - t - h + 2\sigma h + \theta)$ $(0 < \theta < h)$,因此式(25)的右端趋向于

$$\frac{1}{2} \int_0^{2t} g(x - t + \tau)\,\mathrm{d}\tau + \frac{1}{2} \int_0^{2t} f'(x - t + \tau)\,\mathrm{d}\tau$$

$$= \frac{1}{2} \int_{x-t}^{x+t} g(\alpha)\,\mathrm{d}\alpha + \frac{1}{2}(f(x + t) - f(x - t))$$

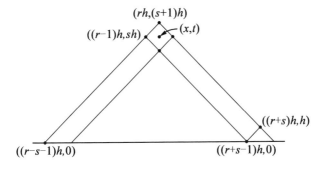

图 2

261

初－边值问题的差分逼近和稳定性定义

第 12 章

考察四分之一平面 $x \geq 0, t \geq 0$ 上的微分方程

$$\frac{\partial u(x,t)}{\partial t} = \frac{\partial u(x,t)}{\partial x} \tag{1}$$

及其初值

$$u(x,0) = f(x), \quad \|f\|^2 = \int_0^\infty |f(x)|^2 \mathrm{d}x < \infty \tag{2}$$

易知其解 $u(x,t) = f(x+t)$ 沿着特征线 $x + t = \text{const}$ 保持恒定. 所以我们不需要对 $x = 0, t \geq 0$ 设置任何边界条件.

我们用下列蛙跃格式去解上述问题

$$v_\nu(t+k) = v_\nu(t-k) + 2kD_0 v_\nu(t)$$

$$(\nu = 1,2,\cdots, t = k,2k,\cdots) \tag{3a}$$

及其初值

$$v_\nu(0) = f(x_\nu)$$

$$v_\nu(k) = f(x_\nu) + \frac{k\partial f(x)}{\partial x}\bigg|_{x=x_\nu} \tag{3b}$$

并假设 $\lambda = k/h < 1$.

显见方程(3)的解不是唯一确定的,必须给 v_0 一个附加方程. 我们先考虑用

$$v_0 = 0 \qquad\qquad (4)$$

此关系式显然是不相容的,一般它将破坏收敛性. 例如,设 $f(x) \equiv 1$,则 $u(x,t) \equiv 1$,而

$$v_\nu(t) = 1 + (-1)^\nu y_\nu(t)$$

其中 $y_\nu(t)$ 为下列方程之解

$$y_\nu(t+k) = y_\nu(t-k) - 2kD_0 y_\nu(t) \quad (\nu = 1,2,\cdots)$$
$$(5)$$

$$y_\nu(0) = y_\nu(k) = 0$$

并且式(4)成为

$$y_0(t) = -1 \qquad\qquad (6)$$

式(5),(6)是下列问题的一个逼近

$$\frac{\partial w}{\partial t} = -\frac{\partial w}{\partial x}$$

$$w(x,0) = 0, \quad w(0,t) = -1$$

即

$$w(x,t) = \begin{cases} 0 & (t < x) \\ -1 & (t \geqslant x) \end{cases}$$

所以

$$v_\nu(t) \sim \begin{cases} 1 & (t < x = \nu h) \\ 1 - (-1)^\nu & (t \geqslant x = \nu h) \end{cases}$$

$$v_0 = v_1$$

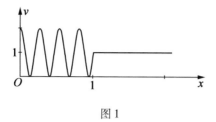

图 1

对所有非耗散型的中心对称格式这种现象是典型的. 所以人们在外加边界条件时必须十分小心. 若逼近是耗散的由于振荡被衰减, 情况要好些. 但是在边界附近的误差却是一样的坏. 当考虑方程组时, 由于耦合变量的内向特征, 这种误差会传播至区域内部.

现在我们以

$$v_1 = v_0 \qquad (7)$$

取代式(4), 这是一种外推, 我们可以消去下列方程中的 v_0

$$v_1(t+k) = v_1(t-k) + \frac{k}{2h}(v_2(t) - v_0(t))$$

而得到单边的差分公式. 于是式(3), (7)和式(1), (2)是相容的. 只有当它是稳定的时候此种逼近才是有用的. 若我们选择

$$v_\nu(0) = \begin{cases} 1(\nu = 1) \\ 0(\nu > 1) \end{cases}, v_\nu(k) \equiv 0, 对一切 \nu$$

作为初值, 我们用式(3a)通过简单的计算表明 $\|v(t)\|_h$ 增长如

$$\|v(t)\|_h = \text{const} \cdot \left(\frac{t}{k}\right)^{\frac{1}{2}}$$

264

这里

$$\|v(t)\|_h^2 = \sum |v_\nu(t)|^2 h$$

可以证明这是一种最坏的可能的增长速率,所以人们还可将式(7)视为一种有用的边界条件. 当然人们很少对半无穷的 x 区间产生兴趣. 我们来考察这样的一个例子,考虑式(1),(2)当 $t \geqslant 0, 0 \leqslant x \leqslant 1$ 时的情况. 于是我们必须在 $x = 1$ 处设置边界条件,为此用

$$u(1, t) = 0 \qquad (8)$$

相应地,当 $\nu = 1, 2, \cdots, N - 1, Nh = 1$ 时考虑式(3)及边界条件

$$v_1 = v_0, \quad v_N = 0 \qquad (9)$$

我们寻求如下形式的解

$$v_\nu(t) = z^{t/k} \phi_\nu$$

它的增长像

$$\|v(t)\|_h \sim \mathrm{const} \cdot N^{t/2} \qquad (10)$$

将式(10)代入式(3a)和式(9)得到

$$z^2 \phi_\nu = \phi_\nu + 2zk D_0 \phi_\nu \quad (\nu = 1, 2, \cdots, N - 1) \quad (11)$$

$$\phi_1 = \phi_0, \quad \phi_N = 0 \qquad (12)$$

式(11)是一个差分方程,其通解为

$$\phi_\nu = \rho_1 x_1^\nu + \rho_2 x_2^\nu \qquad (13)$$

这里 x_1, x_2 是下列特征方程的根

$$(z^2 - 1)x = \lambda(x^2 - 1)z, \quad \lambda = \frac{k}{h} \qquad (14)$$

将式(13)代入边界条件(12)得

$$\rho_1(x_1 - 1) + \rho_2(x_2 - 1) = 0, \quad \rho_1 x_1^N + \rho_2 x_2^N = 0$$

只要

$$\det \begin{vmatrix} x_1^N & x_2^N \\ x_1 - 1 & x_2 - 1 \end{vmatrix} = 0 \qquad (15)$$

就存在非平凡解. 由式(14)知 $x_2 = -1/x_1$, 所以式(15)等价于

$$(1 + x_1)x_1^{2N-1} = (-1)^N(1 - x_1)$$

设 N 是偶数. 最后的方程有一个解

$$x_1 \approx 1 - \frac{1}{2}\frac{\log N}{N}$$

对应的 z 是

$$z \approx -\left(1 + \frac{1}{2}\lambda \frac{\log N}{N}\right) = -\left(1 + \frac{k}{2}\log N\right)$$

我们有一个解

$$v_\nu(t) \approx \left(-1 - \frac{k}{2}\log N\right)^{t/k}\phi_\nu \approx (-1)^{t/k} \cdot N^{t/2} \cdot \phi_\nu$$

它的增长如式(10).

对这种现象可作如下解释: 在边界 $x = 0$ 处构造了一个增长如 $N^{1/2}$ 的波. 这个波在边界 $x = 1$ 处被反射回来, 当它再碰到边界 $x = 0$ 时又增加一个因子 $N^{1/2}$, 依此类推. 在 $x = 0$ 处我们可以用更高阶的外推代替式(9), 即

$$D_+^j v_0(t) = 0 \qquad (16)$$

然而情况变得更坏. 此时存在解, 其增长如 $N^{(j-\frac{1}{2})}$.

现在, 在四分之一平面 $0 \leqslant x < +\infty$, $t \geqslant 0$ 上考虑一阶偏微分方程组

$$\frac{\partial u(x,t)}{\partial t} = \frac{A\partial u(x,t)}{\partial x} \qquad (17)$$

这里 $u(x,t) = (u^{(1)}(x,t), \cdots, u^{(n)}(x,t))'$ 是一向量函

数,而 A 是一个下列形式的对称矩阵

$$A = \begin{pmatrix} A_1 & 0 \\ 0 & A_2 \end{pmatrix}, \quad A_1 < 0, A_2 > 0$$

只要我们给定初值

$$u(x,0) = 0 \quad (0 \leqslant x < \infty) \tag{18}$$

和边界条件

$$u^{\mathrm{I}}(0,t) = Su^{\mathrm{II}}(0,t) + g(t) \quad (t \geqslant 0) \tag{19}$$

则式(17)的解就唯一确定,这里和 A 的分块相应 $u^{\mathrm{I}} = (u^{(1)}, \cdots, u^{(r)})'$, $u^{\mathrm{II}} = (u^{(r+1)}, \cdots, u^{(n)})'$,而 S 为一长方阵.

　　注　这里我们认为求解柯西(Cauchy)问题是不成问题的. 所以不失一般性,假定微分方程(17)和初值条件是齐次的. 否则我们先解一个适当的柯西问题,并且扣除这个解.

　　为逼近式(17),在 $v = 1, 2, \cdots$ 和 $t = 0, k, 2k, \cdots$,用差分格式

$$v_\nu(t+k) = Qv_\nu(t) \quad (\nu = 1, 2, \cdots) \tag{20}$$

这里

$$Q = \sum_{j=-r}^{p} A_j E^j, \quad Ev_\nu = v_{\nu+1}$$

是一个矩阵系数的差分算子. 为了能唯一确定式(20)的解必须有初始值

$$v_\nu(0) = 0 \quad (\nu = 1, 2, \cdots) \tag{21}$$

和边界条件

$$v_\mu(t+k) = \sum_{j=0}^{q} C_{j\mu} v_j(t+k) + F_\mu(t) \quad (\mu = -r+1, \cdots, 0)$$

$$\tag{22}$$

注 为简单起见,我们只对显式单步格式来陈述此理论. 然而对更一般的隐式和显式多步格式所有结果仍然有效.

我们始终假定:

假设1 对于柯西问题差分逼近(20)是稳定的.

为了方便起见假定:

假定2 差分算子 Q 的系数矩阵 A_{-r} 和 A_p 是非奇异的.

我们引入下列记号

$$\|v(t)\|_h^2 = \sum_{\nu=1}^{\infty} |v_\nu(t)|^2 h$$

$$\|F(t)\|_k^2 = \sum_{\sigma=0}^{\infty} |F(\sigma k)|^2 k$$

$$\|v(t)\|_{hk}^2 = \sum_{\sigma=0}^{\infty} \|v(\sigma k)\|_h^2 k$$

我们现能对初 – 边值问题定义稳定性:

定义1 差分逼近(20)至(22)是稳定的,是指存在常数 α_0 和 K_0,使对 $\|F_\mu(t)\|_k < +\infty$ 的任何 $F_\mu(t)$ 和任何 $\alpha > \alpha_0$,下列估计成立

$$(\alpha - \alpha_0) \|e^{-\alpha t} v(t)\|_{hk}^2 \leq K_0^2 \sum_{\mu=-r+1}^{0} \|e^{-\alpha t} F_\mu(t)\|_k^2$$

有许多别的稳定性定义我们可以采用. 然而这一定义将不允许有式(10)所示的性态,并且代数条件能被推广至两个边界和变系数方程的问题. 下面的定理成立:

定理1 在区间 $0 < x < 1$ 上考虑方程(20),并且对 $x=1$ 附加式(22)型边界条件. 逼近是稳定的充分

条件是对应的左和右四分之一空间问题是稳定的. 假定差分算子 Q 的系数 $A_j = A_j(x)$ 是 x 的二次连续可微函数. 用 $A_j(0)$ 或 $A_j(1)$ 代替 $A_j(x)$. 若对应的左和右四分之一平面的常系数问题是稳定的, 则原问题亦是稳定的.

上述稳定性定义的另一优点是由它导出比较简单的代数条件. 现在我们进行此种推导.

下面是有关 (20) 和 (22) 两式的预解方程

$$(zI - Q)\phi_\nu = 0, \quad \nu = 1, 2, \cdots, \quad \|\phi\|_h < \infty \quad (23)$$

$$\phi_\mu = \sum_{j=0}^{q} C_{j\mu} \phi_j(t+k) + G_\mu \quad (\mu = -r+1, \cdots, 0) \quad (24)$$

式 (23) 是常系数的差分方程. 所以其通解 ϕ_ν, $\|\phi\|_h < \infty$, 能表为

$$\phi_\nu = \sum_{|x_j| < 1} P_j(\nu) x_j^\nu \quad (25)$$

这里 x_j 是下列特征方程的解, 并且 $|x_j| < 1$

$$\det |zI - Q(k)| = \det \left| zI - \sum_{j=-r}^{p} A_j x_j \right| = 0 \quad (26)$$

而 $P_j(\nu)$ 是具有向量系数的 ν 的多项式. $P_j(\nu)$ 的次数低于对应 x_j 的重数. 下面的引理是基本的:

引理 1　当 $|z| > 1$ 时, 特征方程 (26) 没有 $|x_j| = 1$ 的解 x_j. 并且 $|x_j| < 1$ 的 x_j 的个数, 重根数也计算在内, 等于边界条件 (24) 的个数.

定义 2　略宾涅基 - 戈杜诺夫条件 (R - G 条件) 是指齐次的预解方程 (23) 和 (24), 即 $G_\mu = 0$, 对 $|z| > 1$ 无非平凡解.

将式(25)代入式(23)后,我们能确定多项式 $P_j(\nu)$ 的系数. 下面的定理给出了代数的稳定性条件.

定理2 略宾涅基 – 戈杜诺夫条件满足的充要条件是式(23)和式(24)无 $|z|>1$ 的特征值 z,即式(23)和式(24)对任一 $|z|>1$ 有唯一解. 逼近是稳定的充要条件是存在常数 $K>0$,使对所有满足 $|z|>1$ 的 z 和任何 G_μ,下面估计成立

$$(|z|-1)\|\phi\|_h^2 < K \sum_{\mu=-r+1}^{0} |G_\mu|^2 \qquad (27)$$

注 因为我们同时要求估计式(27),当 $|z|=1$ 时此估计是多余的,所以我们已经加强了略宾涅基 – 戈杜诺夫条件. (若 R – G 条件满足,则对任何满足 $|z| \geq 1+\delta$ 的 z 式(27)成立,这里 $\delta>0$ 为任一常数.)

下面的稳定性的充分条件是常用的.

定理3 若代替式(27)以估计

$$\sum_{j=-r+1}^{0} |\phi_j|^2 \leqslant K \sum_{\mu=-r+1}^{0} |G_\mu|^2 \qquad (28)$$

即我们能用 G_μ 来估计在边界处的解,则逼近是稳定的.

拉克斯与里希特迈耶的理论

第 13 章

1. 关于泛函分析的注记

本节的一个中心论题就是一个差分方程的解 $U(x,t)$ 以怎样的程度逼近一个相关的微分方程问题的解 $u(x,t)$. 这个问题自然引导我们来寻求关于量 $|U-u|$ 的上界. 通常所得到的估计或者是对所考虑区域内的一切 x,t 值一致地成立, 或者至少当 t 给定时关于 x 一致地成立. 从泛函分析的观点来看, 这只是量度二个函数之间不同的多种方法之一, 且往往不是最简单的. 例如, 常常取量

$$\left(\int_a^b (\phi(x) - \psi(x))^2 \mathrm{d}x \right)^{1/2} \quad (1)$$

作为二个函数 $\phi(x)$ 与 $\psi(x)$ 在区间 $a \leqslant x \leqslant b$ 内差异程度的一个尺度.

在拉克斯(Lax)与里希特迈耶(Richtmyer)在 1956 年的一篇重要文章中, 根据泛函分析的概念与方法, 发展了线性差分

271

方程稳定性与收敛性的理论,在这里仅就那篇论文中
的观念及结果做一非常简略的叙述,因为完全的说明
将需要过多的篇幅.

泛函分析的术语是从通常的几何里模拟而来. 一
个函数的集合称为一个空间,每个函数是空间的一个
点. 这样一个空间称为是线性的,如果它包含其中任何
二个元素的所有常系数线性组合. 它称为一个赋范的
线性空间,如果每个函数 $\phi(x)$ 对应于一非负数 $\|\phi\|$,
即 $\phi(x)$ 的范数,它类似于通常几何里某一点到原点的
距离. 对于这些概念,即使给一简略的说明也使我们离
题太远了. 我们只指出范数必须满足的重要条件之一,
即三角不等式

$$\|\phi + \psi\| \leq \|\phi\| + \|\psi\|$$

如果空间中的函数是定义在区间 $a \leq x \leq b$ 上,最常用
的范数是

$$\sup_{a \leq x \leq b} |\phi(x)| \tag{2}$$

及

$$\left(\int_a^b \phi^2(x)\, \mathrm{d}x \right)^{1/2} \tag{3}$$

二个函数 $\phi(x)$ 与 $\psi(x)$ 的距离当然就定义为它们差的
范数,即 $\|\phi - \psi\|$. 注意,范数(2)实际上是我们到目前
为止的大部分研究的基础. 与范数(3)相应的距离是
由式(1)定义的.

一个函数列 $\phi_n(x)$ 称为关于给定的范数收敛到
$\phi(x)$,如果 $\lim_{n \to \infty} \|\phi_n - \phi\| = 0$. 必须了解,一个函数列可
以关于一种范数收敛而关于另一种范数却不收敛. 例

如,序列 $|x|^n$ 在 $-1 \leqslant x \leqslant 1$ 上关于范数(3)是趋于零的,但关于范数(2)就不是这样.

拉克斯与里希特迈耶的工作是以巴拿赫(Banach)空间的理论为基础的. 所谓巴拿赫空间就是具有若干额外限定的性质的一类线性赋范空间,其中最重要的一个就是完备性. 为了说明完备性的概念,我们来回忆一下柯西定理:一个实数列 $a_n(n=1,2,\cdots)$ 收敛到极限 a 的充要条件是 $\lim_{n,m \to \infty} |a_n - a_m| = 0$. 一个赋范线性空间称为完备的,如果它有类似的性质,也即对每个满足 $\lim_{n,m \to \infty} \|\phi_n - \phi_m\| = 0$ 的序列 $\phi_n(x)$,存在同一空间中的一个函数 $\phi(x)$,使

$$\lim_{n \to \infty} \|\phi_n - \phi\| = 0$$

区间 $a \leqslant x \leqslant b$ 上的连续函数全体关于范数(2)是完备的. 这只是关于一致收敛的一个熟知定理的改写. 如果这个空间扩充到使 $\int_a^b \phi^2(x) \mathrm{d}x$(在勒贝格(Lebesgne)意义下)存在的所有函数的集合,就得到一个关于范数(3)的完备空间,这二个空间都是巴拿赫空间.

2. 在拉克斯与里希特迈耶意义下的收敛性与稳定性

我们假设求解的线性微分方程的初始函数属于由 x 的函数所组成的某一巴拿赫空间 $\mathscr{B}$. 暂时还不必指明所用的特殊范数. 不能希望对 $\mathscr{B}$ 中的每一初始函数,微分方程问题总存在一个解. 为了得到一个完全的理论,对初值问题及空间 $\mathscr{B}$ 就必须加上一些相当弱的条件. 这些条件在这里不详细讨论. 它们实质上相当于要求初值问题在引论的意义下是适定的,而且 $\mathscr{B}$ 中的

每个函数可以用真解存在的初始函数来逼近. 根据这些假设, 相应于 $\mathscr{B}$ 中的每一初始函数就有一广义的解. 对任何固定的 t 值, 这样一个解是 x 的函数. 这个函数属于 $\mathscr{B}$, 且是微分方程真解的极限(按 $\mathscr{B}$ 中的范数).

所要研究的差分方程的解 $U(x,t)$ 只是在格点上定义的. 如果对固定的 t, 要使 $U(x,t)$ 属于 $\mathscr{B}$, 就必须把它的定义域扩充到所考虑的整个 x 区间. 我们假设这点已用某个合理的方法(例如, 用线性插值)作好.

在这些观念之下, 一个差分问题的解 $U(x,t)$ 将称为 收 敛 以 一 个 微 分 问 题 的 解 $u(x,t)$, 如果 $\lim\limits_{h\to 0}\|U(x,t)-u(x,t)\|=0$. 一个有限差分问题称为是收敛的, 如果对于 $\mathscr{B}$ 中的一切初始函数, 它的解都收敛到相应微分方程问题的解. 这比迄今为止我们所处理的收敛性要求更为严格. 我们通常满足于对基础巴拿赫空间的某个不完备子集中的函数来建立收敛性.

拉克斯与里希特迈耶称一个有限差分方程是稳定的, 如果相应于一个初始函数 $f(x)$ 的解 $U(x,t)$ 满足下述形状的有界性关系

$$\|U(x,t)\|\leqslant M(t)\|f(x)\|, \text{对} 0\leqslant t\leqslant T \qquad (4)$$

其中 $M(t)$ 是不依赖于 h 的. (这里 k 假设是 h 的一个给定函数, 且 $\lim\limits_{h\to 0}k=0$.)这是对 $\mathscr{B}$ 中一切 $f(x)$ 都成立的. 这个条件又严得多, 因为那里我们允许 $M(t)$ 有象 h^{-1} 幂那样的增长.

如果像刚才说明的那样理解"收敛性"与"稳定性", 那么可证明对于形式地逼近一个微分方程的差

分方程来说,收敛性与稳定性是等价的.

　　使用我们一直使用的范数,在那些已经成功地证明了形如式(4)的关系成立的地方,也即对抛物型问题的所有显式方法,我们都可以运用这个优美的定理.当$(1-\sigma)\lambda\leqslant1/2$时,因为方程是正型的,所以它在式(4)的意义下关于范数(2)是稳定的,但我们却不能对这个方程一般地证明式(4).

　　拉克斯与里希特迈耶在他们文章的更加专门的第二部分中以范数(3)作为基础来代替范数(2),这样就避免了使用范数(2)似乎必然会有困难.他们证明了关于常系数线性差分方程稳定性的若干个一般性定理,从这些定理就能说明这里所讨论的线性问题的所有方法的稳定性,因此也就得到收敛性,只要h与k遵从必要的限制.这些结果并不限于一维空间的问题,且也包括了某些双曲型的问题.

　　虽然这些结果是优美的,一般的,但对计算者来说,范数(2)有着更大的吸引力.当$h\to0$时,$\int_a^b(U(x,t)-u(x,t))^2\mathrm{d}x$趋于零,这句话所能告诉我们的是关于一个格点上$U(x,t)$与$u(x,t)$接近的情况,比之$\sup\limits_{a\leqslant x\leqslant b}|U(x,t)-u(x,t)|$的类似的一句话要少,离散化误差按范数(3)的一个估计只给出了一条线上均方误差的一个界.在单个点上,$U(x,t)$甚至可以是没有界的,此外,把$U(x,t)$的定义扩充到不在网格上的点是有些人为的,且会使估计在计算上难以使用.

　　一般说来,用积分来定义的范数,特别是均方范数,比最大模范数用起来要容易. 因此下面的事实就很重要:如果 n 个变数的一串函数在均方范数下收敛,且设这些函数的直到某个偶数阶 $m > n/2$ 的偏导数也在均方范数下收敛,那么序列就一致收敛. 这个结果常称为索伯列夫(Sobolev)引理. 借助于这一引论,偏微分方程理论中的许多近代技巧,可以用来影响差分方程收敛性与误差分析这些实际上重要的问题.

二维变分问题中的
有限差分方法

一维变分问题可以自然地推广到更高维的问题上；为简单起见,我们限于考虑二维问题.

设 Ω 是 $\mathbf{R}^2$ 中的单连通的有界开集, $\dot\Omega$ 及 $\overline\Omega$ 分别是 Ω 的边界和闭包. 设 $C^1(\Omega)$ 表示在 Ω 上连续可微,且在 $\overline\Omega$ 上连续的函数类,由下式定义泛函 $J\colon C^1(\Omega)\to\mathbf{R}^1$

$$Ju = \iint_{\overline\Omega} f(s,t,u(s,t),u_s(s,t),u_t(s,t))\,\mathrm{d}s\mathrm{d}t$$

$$(1)$$

其中 $f\colon\overline\Omega\times\mathbf{R}^3\to\mathbf{R}^1$ 是一个已知的连续函数. 最后,引进集合

$$S = \{u\in C^1(\Omega)\mid u(s,t)=\varphi(s,t),\forall(s,t)\in\dot\Omega\}$$

$$(2)$$

其中 $\varphi\colon\dot\Omega\to\mathbf{R}^1$ 也是一个已知的连续函数.

我们讨论变分问题

求 $u^*\in S$,使得 $Ju^*=\inf_{u\in S}Ju$ $\quad(3)$

277

在 f, φ 和 Ω 适合较一般的条件下,已经知道这个问题有唯一解.

为简单起见,在下面我们将限于讨论形如

$$Ju = \iint_{\bar{\Omega}} f(u_s(s,t), u_t(s,t)) \, ds \, dt \qquad (4)$$

的问题;即,被积函数仅依赖于 u_s 及 u_t. 这种类型的一个具体问题的例,就是极小化曲面问题或 Plateau 问题,在这一问题中,将映射 $\varphi:\dot{\Omega} \to \mathbf{R}^1$ 理解为 $\mathbf{R}^3$ 内的一条曲线,要找一个过 φ 的有极小面积的曲面. 这导致如下形式的泛函

$$Ju = \iint_{\bar{\Omega}} (1 + u_s^2(s,t) + u_t^2(s,t))^{\frac{1}{2}} \, ds \, dt \qquad (5)$$

在磁静力学中提出形如(4)的泛函的另一个例子. 这里,J 定义为

$$Ju = \iint_{\bar{\Omega}} (u_s^2 + u_t^2 - (c-d)\ln(c + u_s^2 + u_t^2)) \, ds \, dt \quad (6)$$

其中 c, d 为某些常数,且 $c > d > 0$.

对一维问题所介绍的 Ritz 方法和离散的 Ritz 方法,可以形式地直接推广到高维情形,我们在这里仅考虑有限差分方法.

首先,为简单起见,我们假定,Ω 是单位正方形 $(0,1) \times (0,1)$,仍然在 Ω 上安置一个步长为 h 的方形网格. 我们用 P_{ij} 表示网点 (ih, jh),$i,j = 0, \cdots, m+1$,$h = \dfrac{1}{m+1}$,用 Ω_{ij} 表示以 $P_{i-1,j-1}, P_{i,j-1}, P_{i-1,j}, P_{i,j}$ 为顶点的方形网孔. 这时,积分(4)的最简单的近似,或许是

用 Q_{ij} 的面积 h^2 乘以被积函数在某一点 $Q_{ij} \in \Omega_{ij}$ 的值来近似 Ω_{ij} 上的积分,即

$$Ju \doteq h^2 \sum_{i,j=1}^{m+1} f(u_s(Q_{ij}), u_t(Q_{ij})) \qquad (7)$$

其次,我们需要指定 Q_{ij},同时要用有限差分来代替导数. 先考虑选择 $Q_{ij} = P_{ij}$ 和后差商

$$u_s(P_{ij}) \doteq \left(\frac{1}{h}\right)[x_{i,j} - x_{i-1,j}], u_t(P_{ij}) = \left(\frac{1}{h}\right)[x_{ij} - x_{i,j-1}]$$

其中,我们令 $x_{ij} = u(P_{ij})$,于是,近似式(7)变成

$$Ju \doteq g(x) \equiv h^2 \sum_{i,j=1}^{m+1} f(h^{-1}[x_{ij} - x_{i-1,j}], h^{-1}[x_{ij} - x_{i,j-1}])$$
$$(8)$$

并且变分问题(2)-(4)换成由式(8)定义的泛函: $g: \mathbf{R}^{m^2} \to \mathbf{R}^1$ 的极小化问题. 这里假定,根据边界条件, $x_{0,j}, x_{m+1,j}, x_{j,0}$ 及 $x_{j,m+1}, j = 0, \cdots, m+1$,这些值是已知的.

取 $P_{i-1,j-1}$ 为作式(7)中的 Q_{ij} 并用前差商来代替导数,我们自然可以得出类似的近似

$$Ju \doteq g(x) \equiv h^2 \sum_{i,j=0}^{m} f(h^{-1}[x_{i+1,j} - x_{i,j}], h^{-1}[x_{i,j+1} - x_{i,j}])$$
$$(9)$$

(8)和(9)两种近似都具有某种非对称性. 为要得出一个具有对称性的近似,最简单的方法是将(8)和(9)两式平均,即,如果将(8)和(9)两式的泛函 g 分别记作 g_B 和 g_F,那么定义一个新的近似

$$Ju \doteq g(x) \equiv \frac{1}{2}[g_F(x) + g_B(x)] \qquad (10)$$

依据在三角形上的积分(而不是在正方形上的积分)

这种近似也有一个自然的解释.

构造对称近似的一种更自然的方法如下. 设 Q_{ij} 是正方形 Q_{ij} 的中心,如图 1 所示. 为要依据 P_{kl} 来近似在 Q_{ij} 处的导数 u_s 和 u_t,我们取沿 Ω_{ij} 的水平边与铅直边的差商的平均值;即,我们令

$$u_s(Q_{ij}) \doteq (2h)^{-1}\left[x_{i,j} - x_{i-1,j} + x_{i,j-1} - x_{i-1,j-1}\right] \equiv b_{ij}(x)$$

$$u_t(Q_{ij}) \doteq (2h)^{-1}\left[x_{i,j} - x_{i,j-1} + x_{i-1,j} - x_{i-1,j-1}\right] \equiv c_{ij}(x)$$

其中仍令 $x_{kl} = u(P_{kl})$. 从而,式(7)变成

$$g(x) \equiv h^2 \sum_{i,j=1}^{m+1} f(b_{ij}(x), c_{ij}(x)) \tag{11}$$

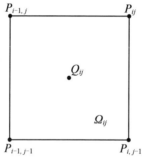

图 1

为了分析泛函(8)-(11),仍将未知数 $x_{i,j}$,$i,j = 1,\cdots,m$,和 $\mathbf{R}^n$ 内向量的分量 $x_1,\cdots,x_n$ 联系起来,并将边值 $x_{0,j}$,$x_{m+1,j}$,$x_{j,0}$ 及 $x_{j,m+1}$ 记作 η_k,$k = 1,\cdots,N = 4(m+1)$,比较方便. 这样,对适当选取的常数 $M,\gamma_i,\alpha_{ij},\beta_{ij},\hat{\alpha}_{ij}$ 和 $\hat{\beta}$,当然泛函(8),(9),(10)以及(11)中每一个,都可以写成一般形式

$$g(x) = \sum_{i=1}^{M} \gamma_i f\left(\sum_{j=1}^{n} \alpha_{ij} x_j + \sum_{j=1}^{N} \hat{\alpha}_{ij} \eta_j , \sum_{j=1}^{n} \beta_{ij} x_j + \sum_{j=1}^{N} \hat{\beta}_{ij} \eta_j \right)$$

$$(12)$$

对式(12)中的常数以及 f 给以一定的条件,即以保证式(12)有唯一的极小点. 这些条件可以直接应用到特殊的泛函(8) – (11)上;此外,它们可用以讨论更一般的区域和离散化方法.

在结束这一节时,我们考虑一种不能整理成形式(12)的离散化方法. 应当先指出,两个典型问题(5)和(6)都可以写成形式

$$Ju = \iint_{\bar{\Omega}} \psi\left(u_t^2(s,t) + u_t^2(s,t) \right) \mathrm{d}s\mathrm{d}t \qquad (13)$$

其中映射 $\psi:\mathbf{R}^1 \to \mathbf{R}^1$,对式(5)来讲,由下式给出

$$\psi(t) = (1 + t)^{\frac{1}{2}} \qquad (14)$$

对式(6)来讲,由下式给出

$$\psi(t) = t - (c - d)\ln(c + t), c > d > 0 \qquad (15)$$

仍将正方形 Ω_{ij} 的中心记作 Q_{ij}(图1),我们现在用下式同时近似 u_s^2 和 u_t^2

$$u_s^2(Q_{ij}) + u_t^2(Q_{ij}) \doteq \tau_{ij}(x) \equiv (2h^2)^{-1}\left((x_{ij} - x_{i-1,j})^2 + (x_{ij} - x_{i,j-1})^2 + (x_{i,j-1} - x_{i-1,j-1})^2 + (x_{i-1,j} - x_{i-1,j-1})^2 \right)$$

$$(16)$$

从而,式(13)的离散近似式为

$$Ju \doteq g(x) \equiv h^2 \sum_{i,j=1}^{m+1} \psi(\tau_{ij}(x)) \qquad (17)$$

它不是式(12)的形式.

注记 (1)1964 年在 Ladyzhenskaya 和 Ural'tseva 的论文中,给出了关于变分问题的存在性和唯一性定理完善的论述. 1951 年在 Rado 的论文中可以找到关于古典结果的综述.

(2)如一维问题那样,和问题(1)–(3)关联的欧拉(Euler)方程为

$$f_{pp}u_{ss} + 2f_{pq}us_{st} + f_{qq}u_{tt} + f_{pr}u_s + f_{qr}u_t + f_{rs} + f_{rt} - f_r = 0$$

$$(18)$$

其中 $f = f(s,t,r,p,q)$,而式(18)中诸导数是 s,t,u,u_s 和 u_t 的相应的函数;因此,式(18)是一般的拟线性椭圆型方程的一个特殊情形. 注意,在现在的情形下,椭圆型条件成为

$$f_{pp}f_{qq} - f_{pq}^2 > 0, f_{pp} > 0, f_{qq} > 0 \qquad (19)$$

它表明:对每一组取定的 s,t 和 r,函数 $f(s,t,r,\cdot,\cdot)$ 是严格凸的.

现在假定 f 具有形式

$$f \equiv f(r,p,q) = \frac{1}{2}(p^2 + q^2) + \int \sigma(t)\,\mathrm{d}t$$

于是式(18)化为软的非线性方程: $\Delta u = \sigma(u)$. 在这种情形下,本章的很多离散化方法可以归为离散化方法.

另外,考察由式(13)给出的泛函类,在其中

$$f \equiv f(p,q) = \psi(p^2 + q^2) \qquad (20)$$

这里,欧拉方程(18)变成

$$(2\psi''u_s^2 + \psi')u_{ss} + (2\psi''u_t^2 + \psi')u_{tt} + 4\psi''u_su_tu_{st} = 0$$

$$(21)$$

其中 ψ' 和 ψ'' 自然是在 $u_s^2 + u_t^2$ 上求的. 方程(21)也可

以写成有时较方便的散度形式

$$\frac{\partial}{\partial s}(u_s\psi') + \frac{\partial}{\partial t}(u_t\psi') = 0$$

对极小化曲面问题来讲,我们有 $\psi(t) = (1+t)^{\frac{1}{2}}$,因此,式(21)变成

$$\frac{1}{2}((1+u_t^2)us_{ss} + (1+u_t^2)u_{tt} - 2u_su_tu_{st})(1+u_s^2+u_t^2)^{-\frac{3}{2}} = 0$$

它和 Plateau 方程是等价的.

当 f 具有特殊形式(20)时,椭圆型条件(19)变成

$$\psi'(t) > 0, \psi'(t) + 2t\psi''(t) > 0, \forall t \in [0, +\infty) \tag{22}$$

这些量都是下列矩阵的特征值

$$\begin{pmatrix} f_{pp} & f_{pq} \\ f_{qp} & f_{qq} \end{pmatrix}$$

对式(15)中的函数 ψ 来讲,我们找出

$$\psi'(t) = (d+t)(c+t)^{-1}, \psi''(t) = (c-d)(c+t)^{-2}$$

又因为 $c > d$,由此推出满足式(22).类似地,对极小化曲面问题来讲,我们有 $\psi(t) = (1+t)^{\frac{1}{2}}$,因此

$$\psi'(t) = \frac{1}{2}(1+t)^{-\frac{1}{2}}, \psi''(t) = -\frac{1}{4}(1+t)^{-\frac{3}{2}}$$

并且仍然满足式(22).

(3)虽然,Ritz 方法可以形式地推广到二维或更高维的变分问题,但是,对一般区域要形成适用的基本函数还存在实际困难. 用二元埃尔米特内插法和样条内插法以得出这类基本函数的一些最新结果,见 Birkhoff, Schultz 和 Varga 1968 年的论文.

（4）Schechter 1962 年的论文曾研究过近似式（8），而 Greenspan 1956 年的论文曾用式（10）作数值计算，但是，Greenspan 是用略有不同的方法导出式（10）的. 沿用前文中的记号，如图 2 所示，将 Ω_{ij} 分成两个直角三角形 T_{ij} 和 S_{ij}. 用被积函数在 P_{ij} 处的值和它在 $P_{i-1,j-1}$ 处的值，乘上 $(1/2)h^2$，来近似在 Ω_{ij} 上的积分. 并且在 P_{ij} 和 $P_{i-1,j-1}$ 处的导数分别用后差商和前差商来近似. 于是，结果得到的 J 的近似由式（10）给出.

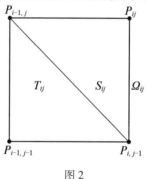

图 2

（5）对更一般的问题（1）来讲，差分近似式（8），（9），（10）分别自然变成

$$Ju \doteq h^2 \sum_{i,j=1}^{m+1} f(P_{ij}, x_{ij}, h^{-1}[x_{ij} - x_{i-1,j}], h^{-1}[x_{ij} - x_{i,j-1}])$$

$$Ju \doteq h^2 \sum_{i,j=0}^{m} f(P_{ij}, x_{ij}, h^{-1}[x_{i+1,j} - x_{ij}], h^{-1}[x_{i,j+1} - x_{ij}]$$

$$Ju \doteq h^2 \sum_{i,j=1}^{m+1} f(Q_{ij}, a_{ij}(x), b_{ij}(x), c_{ij}(x))$$

其中

$$a_{ij}(x) = \frac{1}{4}[x_{ij} + x_{i-1,j} + x_{i,j-1} + x_{i-1,j-1}]$$

曲线边界情况下的投影

第 15 章

本章简短地描述在曲线边界情况下的投影 – 差分格式的建立,以及这个方法的可能的推广. 为简单起见假设研究泊松 (Poisson) 方程的狄利克雷问题,且 Ω 为平面单连通区域,其边界 $\partial\Omega$ 分段光滑,即 $\partial\Omega$ 由有限个光滑弧段构成,彼此相交的角度非零. 给定网格步长参数 h. 建立具有下列性质的折线 Γ_h:

(1) Γ_h 所限定的区域 Ω_h 包含在 $\overline{\Omega}$ 中;

(2) 在 $\partial\Omega$ 和 Γ_h 的点之间可以建立一对一的关系,即存在一一对应的影射 φ: $\partial\Omega\to\Gamma_h$,它具有分段连续导数 φ', $|\varphi'|$, $|(\varphi^{-1})'|\leqslant C$,其中 C 与 h 无关;

(3) 从 Γ_h 的点到 $\partial\Omega$ 的距离不超过值 $c_1 h^2$,其中 $c_1>0$ 为某个与 h 无关的常数;

(4) 折线环的长度有下界 $c_2 h$, $c_2>0$.

在关于区域所做的假设下这种情况总是

可能的. 将区域 Ω_h 划分为三角形(称为基本三角形)
使得:

①三角形边的长度位于区间 $[c_3h, c_4h]$ 中, $c_i > 0$
为与 h 无关的常数;

②三角形的面积在区间 $[c_5h^2, c_6h^2]$ 中;

③任意两个三角形或者不相交, 或者仅有一个公
共边, 或者仅有一个公共顶点.

上面的描述称为区域 Ω 的准均匀三角分割. 三角
形的顶点称为网格节点. 可以证明, 这样的三角分割存
在. 设 H 为在基本三角形 Ω_h 上分段线性、在 Γ_h 上等
于零的连续函数构成的空间. 对齐次边界条件(2)的
问题(1)建立相应的投影 – 差分问题, 即寻找函数
$u^h \in H$, 使得对任意 $\varphi \in H$ 满足关系式

$$\int_{\Omega_h} \nabla u^h \nabla \varphi \mathrm{d}x\mathrm{d}y = \int_{\Omega_h} f\varphi \mathrm{d}x\mathrm{d}y \qquad (1)$$

函数 u^h 由其在节点处的值完全确定. 因此, 如果取空
间 H 的基底函数(在一个节点处的值等于 1, 在其余节
点处等于 0, 且在三角形 Ω_h 上分段线性)作为 φ, 则式
(1)是关于 u^h 在节点处值的线性代数方程组. 稳定性
的证明与前面一样进行. 研究收敛性时应该在 W_2^1 中
补充估计解在边界带 $\Omega \backslash \Omega_h$ 中的范数. 考虑到这些估
计可以得到关系

$$\|u - u^h\|_{W_2^1(\Omega_h)} \leqslant ch$$

其中常数 c 与解在 $W_2^2(\Omega)$ 中的范数有关.

在建立投影 – 差分格式时可以应用更复杂的有限
元方法, 由此可以得到更高的精确度. 例如, 除了网格

节点以外,也可以将三角形边的中点看作节点.

设 H 为在 Ω_h 中连续、在 $\partial\Omega_h$ 上等于零,且在每个基本三角形 Ω_h 上为二次多项式的函数构成的空间. 令 $\partial\Omega_h = \partial\Omega$,作为 H 的基底函数,可以取在一个节点处等于 1,在其余节点处等于 0,并属于 H 的函数(这里节点理解为三角形的顶点以及边的中点). 于是,可以得到估计

$$\|u - u^h\|_{W_2^1(\Omega_h)} \leqslant ch^2$$

类似地,可以建立带有更高阶收敛速度的投影 – 差分格式.

注意到线性代数方程组的矩阵结构变差了,即矩阵行中的非零元素变多且带宽变大了.

注意到在双调和方程和区域带有曲线边界情况时这样的方法需要进一步精确化,因为得到的近似一般说来可能当 $h \to 0$ 时不收敛于问题的精确解.

我们简短地阐述问题的历史. 变分和投影方法在基底函数数量不是很大时,在出现电子计算机之前一直在应用. 电子计算机的应用容许基底函数数量增加,而且计算误差以及用平方求和近似积分时出现的误差的总影响增加.

这一情况限制了借助变分方法得到的解的精度. 曾经进行的理论研究表明,为使变分方法稳定,基底函数组实际上应该满足某种条件,称之为强极小化条件,在复杂形式区域的情况下构造满足这个条件的基底函数组有时是不简单的.

有限差分方法的理论与应用实践的快速发展是并行的. 如果对线性问题的求解应用经典变分方法时出

现带有完全填充矩阵的线性方程组,那么在应用有限差分方程时出现这样的方程组,其矩阵包含相当少量的非零元素. 这种情况容许以同样的时间消耗求解带有大量未知数的方程组. 但是,在复杂形式区域的情况下有限差分方法的应用带来一定的不便,其原因在于边界点处差分方程建立时的不一致性.

最近时期得到迅猛发展的有限元方法克服了所描述方法的一些不足:在建立强极小化基底函数组时不要求花费特别的代价,其应用时在边界附近简化了方程的表示. 线性方程组的矩阵包含相当少量的非零元素. 方法所具有的很大的"技巧性",使得在其基础上建立了一系列工业上求解边值问题的标准程序软件包,特别是对于弹性理论问题. 这些软件包的应用不需要知道数值方法理论和编程细节. 研究者只需要给出区域的三角化,而软件包自身常常也可以实现这个三角化. 与有限差分方法相比,这个方法在更低的光滑性要求下收敛. 在准均匀三角化情况下方法的基底函数自动满足强极小化条件.

同时,在计算方程组矩阵时工作量加大了. 因此,在求解特大型问题时经常总是应用有限差分方法或者转向借助于极小化泛函(或积分恒等式)的近似构成方程组.

传统上求解椭圆问题应用势论方法. 随着计算机的出现,这些方法实际上被有限差分方法取代了. 但是,最近在计算实践中开始迅速出现在边界元方法中,这一方法具有势论方法的某些一般特征.

差分法在解偏微分方程初值问题中的应用

给定一个偏微分方程,其中的偏微商可以用差商代替,如此得出一个差分方程. 例如,利用泰勒级数,可以得出

$$\frac{\partial u(x,t)}{\partial t} = \frac{u(x,t+\Delta t) - u(x,t)}{\Delta t} + O(\Delta t)$$

或

$$\frac{\partial u(x,t)}{\partial t} = \frac{u(x,t) - u(x,t-\Delta t)}{\Delta t} + O(\Delta t)$$

或

$$\frac{\partial u(x,t)}{\partial t} = \frac{u(x,t+\Delta t) - u(x,t-\Delta t)}{2\Delta t} +$$
$$O((\Delta t)^2)$$

等不同的差商形式. 也可以得出

$$\frac{\partial^2 u(x,y)}{\partial x^2}$$
$$= \frac{u(x+\Delta x,y) - 2u(x,y) + u(x-\Delta x,y)}{(\Delta x)^2} +$$
$$O((\Delta x)^2)$$

等. 同样

$$\frac{\partial^2 u(x,y)}{\partial y^4} = \frac{u(x,y+\Delta y) - 2u(x,y) + u(x,y-\Delta y)}{(\Delta y)^2} +$$

$$O((\Delta y)^2)$$

等. 如此偏微分方程

$$\frac{\partial u(x,t)}{\partial t} = a^2 \frac{\partial^2 u(x,t)}{\partial x^2} \qquad (1)$$

可以用差分方程

$$\frac{u(x,t+\Delta t) - u(x,t)}{\Delta t}$$

$$= a^2 \frac{u(x+\Delta x,t) - 2u(x,t) + u(x-\Delta x,t)}{(\Delta x)^2} \qquad (2)$$

代替. 方程

$$\frac{\partial^2 u(x,y)}{\partial x^2} + \frac{\partial^2 u(x,y)}{\partial y^2} = 0$$

可用

$$\frac{u(x+\Delta x,y) - 2u(x,y) + u(x-\Delta x,y)}{(\Delta x)^2} +$$

$$\frac{u(x,y+\Delta y) - 2u(x,y) + u(x,y-\Delta y)}{(\Delta y)^2} = 0$$

代替.

我们需要注意所选的差分方程首先必须是"合理"的,即差分算子和微分算子的差别(可以看作两个方程的差别)的大小必须与步长的某一方次同阶. 那么当步长充分的小,差分方程近似于微分方程. 例如,当 Δt 和 Δx 趋近于零,方程(2)趋近于方程(1). 有了合理的差分方程,我们可以求出它的数值解. 当然近似方程的解和原方程的解必有差别,这叫作解的截断误差.

其次,在数值解的过程中由于舍入必然有数值误

差,所以得出的解也并不是近似方程的真解. 这些误差都需要适当的考虑.

　　偏微分方程的定解问题一般可以分为两类. 一类是初始值问题,利用差分方程和初始边界条件可以步进地求解. 另一类是边值问题,从差分方程和边界条件出发,可归结为解一组联立代数方程. 以下我们具体的讨论在实用问题中几个比较典型的偏微分方程;先来介绍初值问题.

§1　线性方程的初始值问题

1. 解法

　　我们利用几个简单的例子说明偏微分方程初始值问题的数值解法.

　　(1)热传导方程

$$\frac{\partial u}{\partial t} = a^2 \frac{\partial^2 u}{\partial x^2} \qquad (3)$$

其中 a 为常数;初始条件为 $u(x,0) = f(x)\,(0 < x < X)$;边界条件为

　　$u(0,t) = g(t), \quad u(X,t) = h(t) \quad (0 \leqslant t \leqslant T)$

这是一个简单的抛物型方程,代表导热线中的热的传播,导热系数为 a. 我们可以把 x 区间分成 M 份, t 区间分成 N 份;如此在 xt 平面上有一格网(图 1). 方程(3)可以用

$$\frac{u_{k(l+1)} - u_{kl}}{\Delta t} = a^2 \frac{u_{(k+1)t} - 2u_{kl} + u_{(k-1)l}}{(\Delta x)^2} \qquad (4)$$

代替. 其中 $u_{kl} = u(k\Delta x, l\Delta t)$, $\Delta x = X/M$, $\Delta t = T/N$ ($k = 0, 1, 2, \cdots, M; l = 0, 1, 2, \cdots, N$). 然后在网格节点上求出方程(4)的数值解.

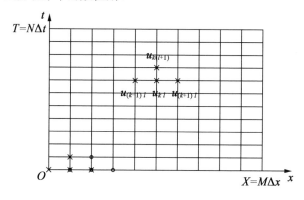

图 1

在 $t = 0$ 排上已有 $u_{k0} = f(k\Delta x)$ ($k = 1, 2, \cdots, M-1$). 从边界条件得 $u_{00} = g(0)$, $u_{M0} = h(0)$. 方程(4)可以写为

$$u_{k(l+1)} = r u_{(k+1)l} + (1-2r) u_{kl} + r u_{(k-1)l} \qquad (5)$$

其中 $r = \dfrac{a^2 \Delta t}{(\Delta x)^2}$. 从收敛性和稳定性去考虑,必须取步长比值 $r \leqslant \dfrac{1}{2}$. 利用方程(5)和 $t = 0$ 排上的值,可以求出 u_{k1} ($k = 1, 2, \cdots, M-1$). 从边界条件, $u_{01} = g(\Delta t)$, $u_{M1} = h(\Delta t)$. 如此一排一排步进地求出数值解.

例如,初始条件为 $u(x, 0) = 4x(1-x)$ ($0 < x < 1$);边界条件为

$$u(0, t) = u(1, t) = 0 \quad (t \geqslant 0)$$

令 $M = 10$,那么 $\Delta x = 0.1$;再令 $r = \dfrac{1}{6}$,数值解到 $l = 36$,

292

如表 1. 其中因为初始和边界条件对于 $k=5$ 行是对称的,可以看出 u_{kl} 对于这行也是对称的,即 $u_{1l}=u_{9l}$, $u_{2l}=u_{8l}$,等等,所以只需要计算 u_{kl}, $k=1,2,3,4,5$.

如果只给出初始条件 $u(x,0)=f(x)$ $(0\leqslant x\leqslant X)$. 那么就只能在一个三角形的区域里得出数值解(图 2). 利用方程(5)和 $u_{00},u_{10},\cdots,u_{M0}$,可以得出 u_{11},u_{21}, $\cdots,u_{M-11}$;再得出 $u_{22},u_{23},\cdots,u_{M-22}$,等等.

表 1

l \ k	0	1	2	3	4	5
0	0	0.360 00	0.640 00	0.840 00	0.960 00	1.000 0
1	0	0.346 67	0.626 67	0.826 67	0.946 67	0.986 67
2	0	0.335 56	0.613 33	0.813 33	0.933 33	0.973 33
3	0	0.325 93	0.600 37	0.800 00	0.920 00	0.960 00
4	0	0.317 35	0.587 90	0.786 73	0.906 67	0.946 67
34	0	0.182 48	0.346 96	0.477 31	0.560 88	0.589 64
35	0	0.179 48	0.341 27	0.469 51	0.551 75	0.580 05
36	0	0.176 53	0.335 83	0.461 84	0.542 76	0.570 61

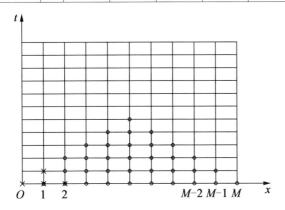

图 2

（2）波动方程

$$\frac{\partial^2 u}{\partial t^2} = a^2 \frac{\partial^2 u}{\partial x^2} \tag{6}$$

其中 a 为常数,初始条件为

$$u(x,0) = f(x), \left.\frac{\partial u(x,t)}{\partial t}\right|_{t=0} = \phi(x) \quad (0 < x < X)$$

边界条件为 $u(0,t) = g(t), u(X,t) = h(t), 0 \leqslant t \leqslant T.$
这是一个简单的双曲型方程,代表纵波的传播,a 为波. 可以用

$$\frac{u_{k(l+1)} - 2u_{kl} + u_{k(l-1)}}{(\Delta t)^2} = a^2 \frac{u_{(k+1)l} - 2u_{kl} + u_{(k-1)l}}{(\Delta x)^2} \tag{7}$$

求数值解. 其中$\frac{a\Delta t}{\Delta x} = r \leqslant 1.$

在 $t = 0$ 排上 $u_{k0} = f(k\Delta x)(k = 1, \cdots, M-1)$;从边界条件,$u_{00} = g(0), u_{M0} = h(0).$ 初始条件

$$\left.\frac{\partial u(x,t)}{\partial t}\right|_{t=0} = \phi(x)$$

可以用

$$\frac{u_{k1} - u_{k0}}{\Delta t} = \phi(k\Delta x)$$

代替. 如此得出

$$u_{k1} = u_{k0} + \Delta t \phi(k\Delta x)$$

所以有 $u_{k1}(k = 1, \cdots, M-1).$ 从边界条件 $u_{01} = g(\Delta t),$ $u_{M1} = h(\Delta t).$ 用方程（7）可求出 $u_{k2}(k = 1, \cdots, M-1);$ $u_{02} = g(2\Delta t), u_{M2} = h(2\Delta t),$ 又可从边界条件得出. 如此一排一排地求解（图3）.

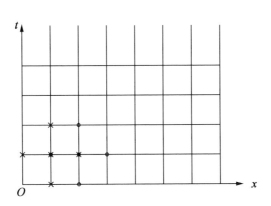

图 3

例如:初始条件为 $u(x,0)=0,\dfrac{\partial u}{\partial t}\Big|_{t=0}=0(0<x<$

1);边界条件为 $u(0,t)=\sin \pi at,u(1,t)=0,t\geqslant 0$. 选
$M=10$,如此 $\Delta x=0.1$. 令 $r=1$,方程(7)变为

$$u_{k(l+1)}=u_{(k+1)l}+u_{(k-1)l}-u_{k(l-1)}$$

从 $\dfrac{\partial u}{\partial t}\Big|_{t=0}=0$,得出 $u_{k1}=u_{k0}$. 数值解到 $l=60$ 在表 2 中

列出.

(3)二维热传导方程

$$\frac{\partial u}{\partial t}=a^{2}\left(\frac{\partial^{2} u}{\partial x^{2}}+\frac{\partial^{2} u}{\partial y^{2}}\right) \tag{8}$$

其中 a 为常数. 初始条件为 $u(x,y,0)=f(x,y)$,当 $(x,$
$y)$ 是 D 的内点,D 为 $0\leqslant x\leqslant X,0\leqslant y\leqslant Y$. 边界条件为
$u(\bar{x},\bar{y},t)=g(\bar{x},\bar{y},t)$,$(\bar{x},\bar{y})$ 为 D 的边点,$0\leqslant t\leqslant T$. 划
分 x,y 和 t 区间;$L\Delta x=X,M\Delta y=Y,N\Delta t=T$;令 $u_{jkl}=$
$u(j\Delta x,k\Delta y,l\Delta t)$. 可以用

表 2

l＼k	0	1	2	3	4	5	6	7	8	9	10
0	0	0	0	0	0	0	0	0	0	0	0
1	0.300	0	0	0	0	0	0	0	0	0	0
2	0.588	0.309	0	0	0	0	0	0	0	0	0
3	0.809	0.588	0.309	0	0	0	0	0	0	0	0
4	0.951	0.889	0.588	0.309	0	0	0	0	0	0	0
5	1.000	0.951	0.809	0.588	0.309	0	0	0	0	0	0
6	0.951	1.000	0.951	0.809	0.588	0.309	0	0	0	0	0
7	0.809	0.951	1.000	0.951	0.809	0.588	0.309	0	0	0	0
8	0.588	.0809	0.951	1.000	0.951	0.809	0.588	0.309	0	0	0
9	0.309	0.588	0.809	0.951	1.000	0.951	0.809	0.588	0.309	0	0

续表 2

k / l	0	1	2	3	4	5	6	7	8	9	10
51	-0.3.09	1.176	2.545	3.666	4.427	4.755	4.618	4.029	30.45	1.764	0
52	-0.588	0.691	1.902	2.927	3.666	4.045	4.029	3.618	2.853	1.500	0
53	-0.809	0.138	1.073	1.902	2.545	2.940	3.045	2.853	2.073	1.089	0
54	-0.951	-0.427	0.138	0.691	1.176	1.545	1.764	1.500	1.089	0.573	0
55	-1.000	-0.951	-0.809	-0.588	-0.309	0	0	0	0	0	0
56	-0.951	-1.382	-1.677	-1.809	-1.764	-1.854	-1.764	-1.500	-1.089	-0.573	0
57	-0.809	-1.677	-2.382	-2.853	-3.354	-3.528	-3.354	-2.853	-2.073	-1.089	0
58	-0.588	-1.809	-2.853	-3.927	-4.617	-4.854	-4.617	-3.927	-2.853	-1.500	0
59	-0.309	-1.764	-3.354	-4.617	-5.427	-5.706	-5.427	-4.617	-3.354	-1.764	0
60	0	-1.854	-3.528	-4.854	-5.706	-6.000	-5.706	-4.854	-3.528	-1.845	0

$$\frac{u_{jk(l+1)} - u_{jkl}}{\Delta t}$$

$$= a^2 \left(\frac{u_{(j+1)kl} - 2u_{jkl} + u_{(j-1)kl}}{(\Delta x)^2} + \frac{u_{j(k+1)l} - 2u_{jkl} + u_{j(k-1)l}}{(\Delta y)^2} \right)$$

$$(9)$$

求数值解. 令 $r_1 = \dfrac{a^2 \Delta t}{(\Delta x)^2}, r_2 = \dfrac{a^2 \Delta t}{(\Delta y)^2}$, 应取 $r_1 + r_2 \leqslant \dfrac{1}{2}$.

在 $t = 0$ 排上, u_{jk0} $(1 \leqslant j \leqslant L-1, 1 \leqslant k \leqslant M-1)$ 由初始条件给出. u_{jk0} $(j = 0, L, k = 0, M)$ 由边界条件给出. 从方程(9)可以求出 u_{jk1} $(1 \leqslant j \leqslant L-1, 1 \leqslant k \leqslant M-1)$. u_{jk1} $(j = 0, L, k = 0, M)$ 又由边界条件给出. 如此一层一层地求出数值解.

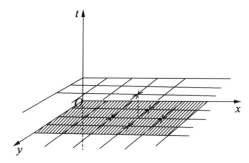

图 4

通常取 $\Delta x = \Delta y$, 令 $r = r_1 = r_2$. 方程(9)可以写成

$$u_{jk(l+1)} = r(u_{(j+1)kl} + u_{(j-1)kl} + u_{j(k+1)l} + u_{jk-1l}) + (1-4r)u_{jkl}$$

当 $r = r_1 = r_2 = \dfrac{1}{4}$ 时, 方程变为

$$u_{k(l+1)} = \frac{1}{4}(u_{(j+1)kl} + u_{(j-1)kl} + u_{j(k+1)l} + u_{(k-1)l})$$

$$(10)$$

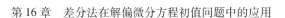

这个方程特别的方便, $u_{jk(l+1)}$ 就是下面四点的平均值
(参看图 4).

（4）可变系数的线性方程如上一样地求数值解.
例如方程

$$\frac{\partial u}{\partial t} = a^2 \mathrm{e}^x \left(\frac{\partial^2 u}{\partial x^2} + \frac{\partial u}{\partial x} \right)$$

其中 a 为常数. 初始条件为 $u(x,0) = 4x(1-x)$；边界
条件为 $u(0,t) = u(1,t) = 1, t \geqslant 0.$ 可以选差分方程

$$\frac{u_{k(l+1)} - u_{kl}}{\Delta t}$$

$$= a^2 \mathrm{e}^{k\Delta x} \left(\frac{u_{(k+1)l} - 2u_{kl} + u_{(k-1)l}}{(\Delta x)^2} + \frac{u_{(k+1)l} - u_{(k-1)l}}{2\Delta x} \right)$$

令 $M = 10$, 得 $\Delta x = 0.1$；再令 $\dfrac{a^2 \Delta t}{(\Delta x)^2} = r = \dfrac{1}{6}.$ 数值求解
到 $l = 18$ 为止（表 3）

在前文我们已经说明所选的差分方程, 当步长充
分的小, 必须和给定的微分方程相差很少. 就是说, 当
步长趋近于零, 差分算子必须逼近微分算子. 这一点我
们首先须要肯定. 令 u 为微分方程的真解, U 为差分方
程的真解. $\overline{U}$ 为差分方程的数值解. 但实际计算时, 由
于舍入我们得不到 U, 故命实际所得的数值解为 $\overline{U}$. 因
此实际上误差是 $u - \overline{U}$ 而不是 $u - U.$ 我们要求 $u - \overline{U}$
充分的小；可是

2. 误差

$$u - \overline{U} = (u - U) + (U - \overline{U})$$

299

表 3

k \ l	0	1	2	3	4	5	6	7	8	9	10
0	0	0.360	0.640	0.840	0.960	1.000	0.969	0.840	0.640	0.360	0
1	0	0.351	0.629	0.826	0.942	0.978	0.933	0.808	0.601	0.314	0
2	0	0.343	0.617	0.811	0.924	0.956	0.906	0.775	0.562	0.291	0
3	0	0.336	0.605	0.796	0.906	0.933	0.879	0.742	0.532	0.271	0
4	0	0.329	0.594	0.781	0.887	0.910	0.852	0.709	0.505	0.256	0
5	0	0.323	0.583	0.766	0.868	0.887	0.823	0.683	0.480	0.243	0
16	0	0.258	0.463	0.599	0.661	0.653	0.582	0.464	0.316	0.156	0
17	0	0.252	0.453	0.585	0.644	0.635	0.565	0.450	0.306	0.151	0
18	0	0.247	0.442	0.571	0.628	0.617	0.549	0.436	0.296	0.147	0

所以只需要 $u - U$ 和 $U - \overline{U}$ 都很小. $u - U$ 叫作解的截断误差,它是各步用近似方程代替微分方程的截断误差的积累;$u - U$ 是否随步长趋于零而趋于零的问题就是收敛性的问题. $U - \overline{U}$ 叫作解的舍入误差,它是各步舍入误差的积累;$U - \overline{U}$ 是否当步长趋于零时在整个求解区域内保持有界的问题就是稳定性的问题. 以下我们讨论这些误差的概念.

(1)算子的逼近. 差分和微分算子的差别相当于每一步求解的截断误差. 用不同的差分方程和不同的条件可以使得这个误差更高阶的小. 例如,方程(3)可以写为

$$u(x,t+\Delta t) = ru(x+\Delta x,t) + (1-2r)u(x,t) + ru(x-\Delta x,t) + O((\Delta x)^4)$$

其中 $r = \dfrac{a^2\Delta t}{(\Delta x)^2}$. 同方程(5)比较,可以看出 $O((\Delta x)^4)$ 就是利用方程(5)求解的每一步的截断误差. 利用泰勒级数也可以得出

$$u(x,t+\Delta t) - u(x,t)$$
$$= \Delta t\,\frac{\partial u(x,t)}{\partial t} + \frac{(\Delta t)^2}{2}\,\frac{\partial^2 u(x,t)}{\partial t^2} + O((\Delta t)^3) \quad (11)$$

$$u(x+\Delta x,t) - 2u(x,t) + u(x-\Delta x,t)$$
$$= (\Delta x)^2\,\frac{\partial^2 u(x,t)}{\partial x^2} + \frac{(\Delta x)^4}{12}\,\frac{\partial^4 u(x,t)}{\partial x^4} + O((\Delta x)^6)$$

$$(12)$$

从式(11)减去 r 乘式(12);利用

$$\frac{\partial u}{\partial t} = a^2\,\frac{\partial^2 u}{\partial x^2};\quad \frac{\partial^2 u}{\partial t^2} = a^4\,\frac{\partial^4 u}{\partial x^4};\quad \frac{\partial^3 u}{\partial t^3} = a^6\,\frac{\partial^6 u}{\partial x^6}$$

于是可得

$$u(x,t+\Delta t)=ru(x+\Delta x,t)+(1-2r)u(x,t)+ru(x-\Delta x,t)+$$

$$\frac{r(\Delta x)^4}{12}(6r-1)\frac{\partial^4 u}{\partial x^4}+O((\Delta x)^6)$$

如果选 $r=\dfrac{1}{6}$，每步的截断误差就是 $O((\Delta x)^6)$，差分算子就更加逼近微分算子.

（2）收敛性. 如果差分方程选得合理，那么当步长趋近于零时，每一步的截断误差便趋近于零. 于是并不能肯定一步一步累积的截断误差也趋于零. 总的截断误差是否随步长而趋于零的问题即收敛性问题. 对于某些方程的某些差分方法，我们可以得出关于收敛性的证明.

例如，方程（4）的直解 u 收敛于微分方程（3）的真解的充分条件为

$$\frac{a^2 \partial t}{(\Delta x)^2}=r \leqslant \frac{1}{2}$$

方程（7）的真解收敛于方程（6）的真解的充分条件为

$$\frac{a\Delta t}{\Delta x}=r \leqslant 1$$

关于收敛性我们不预备多谈，这里就只讨论稳定性问题. 因为只要差分算子逼近微分算子，稳定性可以保证收敛性.

（3）稳定性. 在实际情况中，我们每走一步都必须有舍入误差，在每一排 $t=l\Delta t$ 的每一点上都有舍入误差，这些误差如何累积，如何发展就是稳定性问题. 可是从理论上考虑所有这些误差是很困难的，我们可以

简化这个问题,可以只考虑一排误差的增长情况. 即是,如果一个差分方程的解只在,例如,$t=0$ 的这排上有舍入误差,而在边界上和所有其他排上都再没有别的舍入误差,我们来看这排误差如何随着解一步一步地发展. 在不增长的情况下,根据实际经验,总的舍入误差也的确不增长,我们就说差分方程是稳定的. 以下我们讨论常系数的线性方程. 为了方便起见,再用热传导方程来说明稳定性的概念和判断稳定性的方法.

　　令 U_{kl} 为方程(4)的真解,那么

$$\frac{U_{k(l+1)} - U_{kl}P}{\Delta t} = a^2 \left(\frac{U_{(k+1)l} - 2U_{kl} + U_{(k-1)l}}{(\Delta x)^2} \right)$$

令 $\overline{U}_{kl}$ 为方程(4)的数值解,那么

$$\frac{\overline{U}_{k(l+1)} - \overline{U}_{kl}}{\Delta t} = a^2 \left(\frac{\overline{U}_{(k+1)l} - 2\overline{U}_{kl} + \overline{U}_{(k-1)l}}{(\Delta x)^2} \right)$$

两个方程相减,令 $\delta_{kl} = U_{kl} - \overline{U}_{kl}$,得出

$$\frac{\delta_{k(l+1)} - \delta_{kl}}{\Delta t} = a^2 \left(\frac{\delta_{(k+1)l} - 2\delta_{kl} + \delta_{(k-1)l}}{(\Delta x)^2} \right) \qquad (13)$$

我们注意这个误差方程同方程(4)是完全一致的. 一般,只要方程是线性的,就有这个情况.

　　要知道误差的增长情况,可以研究方程(13)的解 δ_{kl},解的初始条件就是 $t=0$ 排上的误差. 这排误差我们可以用傅里叶正弦级数表示;如果将区间 $x(0 \leqslant x \leqslant 1)$ 分成 M 等份,那么有

$$\delta_{k0} = \sum_{m=1}^{M-1} a_m \sin \frac{m\pi k}{M} \qquad (14)$$

为了不引进新的舍入误差,我们考虑方程(13)的真

解. 我们试以形式为 $\beta_m^l \sin \dfrac{m\pi k}{M}$ 的解代入方程(13), 可得

$$\frac{\sin \dfrac{m\pi k}{M}(\beta_m^{l+1} - \beta_m^l)}{\Delta t}$$

$$= a^2 \left(\frac{\beta_m^l \left(\sin \dfrac{m\pi(k+1)}{M} - 2\sin \dfrac{m\pi k}{M} + \sin \dfrac{m\pi(k-1)}{M} \right)}{(\Delta x^2)} \right)$$

或

$$\beta_m^l \sin \frac{m\pi k}{M} \left(\frac{\beta_m - 1}{\Delta t} - \frac{2a^2 \left(\cos \dfrac{m\pi}{M} - 1 \right)}{(\Delta x)^2} \right) = 0$$

可以看出, 如果 β_m 满足方程

$$\beta_m = 1 + 2r \left(\cos \frac{m\pi}{M} - 1 \right) = 1 - 4r\sin^2 \frac{m\pi}{2M} \quad (15)$$

其中 $r = \dfrac{a^2 \Delta t}{(\Delta x)^2}$, 那么 $\beta_m^l \sin \dfrac{m\pi k}{M}$ 就是方程(13)的解. 而方程(13)的通解 δ_{kl} 就是这些项的线性组合

$$\delta_{kl} = \sum_{m=1}^{M-1} c_m \beta_m^l \sin \frac{m\pi k}{M} \quad (16)$$

从初始条件(14)可以得出 $c_m = a_m$. 利用 $\sin \dfrac{m\pi k}{M} (k = 1, 2, \cdots, M-1)$ 的正交性质

$$\sum_{k=1}^{M-1} \sin \frac{m\pi k}{M} \sin \frac{m'\pi k}{M} = \begin{cases} 0 & (m \neq m') \\ \dfrac{M}{2} & (m = m') \end{cases}$$

可以得出

$$\sum_{k=0}^{M} \delta_{k0}^2 = \sum_{m=1}^{M-1} \frac{a_m^2 M}{2}$$

同样

$$\sum_{k=0}^{M} \delta_{kl}^2 = \sum_{m=1}^{M-1} \frac{a_m^2 \beta_m^{2l} M}{2}$$

所以只需要每个 β_m 都满足 $|\beta_m| \leqslant 1$，那么

$$\sum_{k=1}^{M-1} \delta_{kl}^2 \leqslant \sum_{k=1}^{M-1} \delta_{k0}^2$$

即在任何 l 排上的误差平方和不大于起先的误差的平方和

$$|\beta_m| \leqslant 1 \quad (m = 1, 2, \cdots, M-1)$$

就是稳定的条件. 从式(15)可以看出方程(4)的稳定条件是

$$\left| 1 - 4r\sin^2 \frac{m\pi}{2M} \right| \leqslant 1 \quad (m = 1, 2, \cdots, M-1)$$

或只需要

$$r \leqslant \frac{1}{2}$$

我们注意这也是以上所提的收敛条件. 当差分方程确定后,稳定性和收敛性只是依赖于网格的形状. 对于方程(4),如果 $a = 1, \Delta x = 0.1$,那么 $\dfrac{\Delta t}{(0.1)^2} = r \leqslant 0.5, \Delta t$ 不能大于 0.005.

我们注意到并不是每个差分方程都是稳定的. 例如热传导方程也可以用

$$\frac{u_{k(l+1)} - u_{k(l-1)}}{2\Delta t} = a^2 \left(\frac{u_{(k+1)l} - 2u_{kl} + u_{(k-1)l}}{(\Delta x)^2} \right) \quad (17)$$

来求数值解. 利用这个差分方程计算每一排的解需要前两排的解. 所以在 $l = 0$ 和 $l = 1$ 排上的值需要预先给

定. 假设在 $l=0$ 排,误差用式(14)表示,在 $l=1$ 排,没有误差,如上我们看 $l=0$ 排误差的发展情况. 将 $\beta_m^l \sin\dfrac{m\pi k}{M}$ 代入式(17),简化后得出

$$\beta_m - \frac{1}{\beta_m} = 2r\left(2\cos\frac{\pi m}{M} - 2\right)$$

其中 $r = \dfrac{a^2\Delta t}{(\Delta x)^2}$,或

$$\beta_m^2 + \left(8r\sin^2\frac{m\pi}{2M}\right)\beta_m - 1 = 0 \qquad (18)$$

令 β_{m1} 和 β_{m2} 为式(18)的两个不相等的根,那么

$$\delta_{kl} = \sum_{m=1}^{M-1}(c_{m1}\beta_{m1}^l + c_{m2}\beta_{m2}^l)\sin\frac{m\pi k}{M}$$

从初始条件可以得出 c_{m1} 和 c_{m2},可以看出 $c_{m1} + c_{m2} = a_m$. 如上在 $|\beta_{m1}|$,$|\beta_{m2}|$ 同时小于或同时等于 1($m = 1$,$2,\cdots,M$)的情况下

$$\sum_{1}^{M-1}\delta_{kl}^2 \leqslant \sum_{1}^{M-1}\delta_{k0}^2$$

从方程(18)我们知道 $\beta_{m1}\beta_{m2} = -1$,即 β_{m1} 和 β_{m2} 的绝对值不能同时小于或等于 1. 于是误差跟随着 l 无限地增长. 方程(17)对于所有的 r 都不稳定,不能用它求热传导方程的数值解.

任何常系数的线性方程都可以以上面这个方法决定稳定性. 我们再写对于另外几个方程的结果. 波动方程(6)的差分方程(7),当 $\dfrac{a\Delta t}{\Delta x} = r \leqslant 1$ 是稳定的,这也是上面提到的收敛条件. 如果 $a = 1$,$\Delta x = 0.1$,那么必须

有 $\Delta t \le 0.1$. 差分方程(9)的稳定条件是 $r_1 + r_2 \le \dfrac{1}{2}$, r_1

为 $\dfrac{a^2 \Delta t}{(\Delta x)^2}$, r_2 为 $\dfrac{a^2 \Delta t}{(\Delta y)^2}$. 一根棒的横向振动方程

$$a^2 \frac{\partial^4 u}{\partial x^4} + \frac{\partial^2 u}{\partial t^2} = 0$$

可用

$$a^2 \left(\frac{u_{(k+2)l} - 4u_{(k+1)l} + 6u_{kl} - 4u_{(k-1)l} + u_{(k-2)l}}{(\Delta t)^4} \right) +$$

$$\frac{u_{k(l+1)} - 2u_{kl} + u_{k(l-1)}}{(\Delta t)^2} = 0$$

求数值解. 稳定条件是 $\dfrac{a^2 \Delta t}{(\Delta x)^2} = r \le \dfrac{1}{2}$.

在可变系数的线性方程情况下,我们也可以用以上的方法决定稳定性. 可以把需要求解的区域分成许多小的相交区域,在每个小区域里,系数可视为常数.

在此,我们提一下关于误差估计的问题. 解决实用题目都必须满足一定的准确度,例如说误差不能超过 ε. 如常微分方程的情况,最简单、最实用的方法还是用一次比一次小的步长求出不同的解,然后比较,一直到连着两次的解的差别小于 ε 为止.

3. 隐式差分方程

从稳定和收敛的角度,选定一个 Δx 就限制了 Δt 的范围. 如此可选的 Δt 往往是不适宜的小,而使得时间的步数太多,我们希望可以取比较大的 Δt 而不失去稳定条件,一种方法就是利用隐式差分方程. 例如热传导方程也可以用差分方程

$$\frac{u_{k(l+1)} - u_{kl}}{\Delta t} = a^2 \left(\frac{u_{(k+1)(l+1)} - 2u_{k(l+1)} + u_{(k-1)(l+1)}}{(\Delta x)^2} \right)$$

(19)

求数值解. 以前所用的差分方格式是图 5(a), 现在用的是图 5(b).

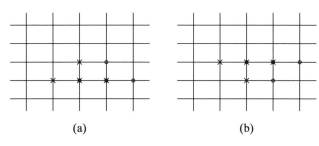

| (a) | (b) |

图 5

用以上的方法可以得出

$$\beta_m = \frac{1}{1 + 4r\sin^2 \dfrac{m\pi}{2M}}$$

对于所有 $r \geq 0$, $|\beta_m| \leq 1$. 因此对于选定的 Δx, 可以取任何适宜的 Δt. 不过利用方程(19)需要在每一排解一组联立方程, 从方程(19)($k = 1, 2, \cdots, M-1$) $M-1$ 个方程解出 $M-1$ 个未知量

$$u_{1(l+1)}, u_{1(l+2)}, \cdots, u_{(M-1)(l+1)}$$

§2　拟线性一阶双曲型方程

1. 特征方程

在实际问题中常遇到拟线性的一阶双曲型方程，如空气动力学，流体力学等方面. 我们考虑两个自变量和两个因变量的情况. 方程的一般形式为

$$\begin{cases} a_1\,\dfrac{\partial u}{\partial x}+b_1\,\dfrac{\partial u}{\partial y}+c_1\,\dfrac{\partial v}{\partial x}+d_1\,\dfrac{\partial v}{\partial y}+e_1=0 \\[2mm] a_2\,\dfrac{\partial u}{\partial x}+b_2\,\dfrac{\partial u}{\partial y}+c_2\,\dfrac{\partial v}{\partial x}+d_2\,\dfrac{\partial v}{\partial y}+e_2=0 \end{cases} \quad (20)$$

其中 $a_1,\cdots,e_1;a_2,\cdots,e_2$ 是 x,y,u,v 的函数.

可以看出例如在第一个方程里 u 取导数的方向是 $\mathrm{d}x:\mathrm{d}y=a_1:b_1$，可是 v 取导数的方向是 $\mathrm{d}x:\mathrm{d}y=c_1:d_1$. 为了方便，我们希望给方程组（20）变为另一等价的方程组，其中每一个方程中的 u,v 导数方向是一致的. 这样的方程组我们称为特征方程组. 我们希望找出 λ_1 和 λ_2 使得

$$L=\lambda_1\left(a_1\,\frac{\partial u}{\partial x}+b_1\,\frac{\partial u}{\partial y}+c_1\,\frac{\partial v}{\partial x}+d_1\,\frac{\partial v}{\partial y}+e_1\right)+$$

$$\lambda_2\left(a_2\,\frac{\partial u}{\partial x}+b_2\,\frac{\partial u}{\partial y}+c_2\,\frac{\partial v}{\partial x}+d_2\,\frac{\partial v}{\partial y}+e_2\right)=0 \quad (21)$$

是一个特征方程；也就是说

$$\frac{\lambda_1 a_1+\lambda_2 a_2}{\lambda_1 b_1+\lambda_2 b_2}=\frac{\lambda_1 c_1+\lambda_2 c_2}{\lambda_1 d_1+\lambda_2 d_2}=\frac{\mathrm{d}x}{\mathrm{d}y}$$

这个可以写为

$$
\begin{cases}
\lambda_1\left(a_1\dfrac{\mathrm{d}y}{\mathrm{d}x}-b_1\right)+\lambda_2\left(a_2\dfrac{\mathrm{d}y}{\mathrm{d}x}-b_2\right)=0 \\[2mm]
\lambda_1\left(c_1\dfrac{\mathrm{d}y}{\mathrm{d}x}-d_1\right)+\lambda_2\left(c_2\dfrac{\mathrm{d}y}{\mathrm{d}x}-d_2\right)=0
\end{cases}
\tag{22}
$$

如果存在两个不同的$\dfrac{\mathrm{d}y}{\mathrm{d}x}$使得

$$
\begin{vmatrix}
a_1\dfrac{\mathrm{d}y}{\mathrm{d}x}-b_1 & a_2\dfrac{\mathrm{d}y}{\mathrm{d}x}-b_2 \\[3mm]
c_1\dfrac{\mathrm{d}y}{\mathrm{d}x}-d_1 & c_2\dfrac{\mathrm{d}y}{\mathrm{d}x}-d_2
\end{vmatrix}=0
\tag{23}
$$

那么方程(20)是双曲型方程$\dfrac{\mathrm{d}y}{\mathrm{d}x}=\alpha$和$\dfrac{\mathrm{d}y}{\mathrm{d}x}=\beta$的特征方

向. 对于每一个特征方向,方程(22)的系数矩阵的行

列式是零. 那么可以找出λ_1,λ_2使得方程(21)为特征

方程. 特征方程可以写为

$$
\begin{cases}
\dfrac{\mathrm{d}y}{\mathrm{d}x}=\alpha, & \overline{A}\,\mathrm{d}u+(\overline{B}\alpha-\overline{C})\,\mathrm{d}v+\overline{D}\,\mathrm{d}x+\overline{E}\,\mathrm{d}y=0 \\[3mm]
\dfrac{\mathrm{d}y}{\mathrm{d}x}=\beta, & \overline{A}\,\mathrm{d}u+(\overline{B}\beta-\overline{C})\,\mathrm{d}v+\overline{D}\,\mathrm{d}x+\overline{E}\,\mathrm{d}y=0
\end{cases}
$$

$$\tag{24}$$

其中

$$
\overline{A}=\begin{vmatrix} a_1 & a_2 \\ b_1 & b_2 \end{vmatrix},\quad
\overline{B}=\begin{vmatrix} a_1 & a_2 \\ c_1 & c_2 \end{vmatrix},\quad
\overline{C}=\begin{vmatrix} b_1 & b_2 \\ c_1 & c_2 \end{vmatrix}
$$

$$
\overline{D}=-\begin{vmatrix} b_1 & b_2 \\ e_1 & e_2 \end{vmatrix},\quad
\overline{E}=\begin{vmatrix} a_1 & a_2 \\ e_1 & e_2 \end{vmatrix}
$$

因为$\mathrm{d}u=\dfrac{\partial u}{\partial x}\mathrm{d}x+\dfrac{\partial u}{\partial y}\mathrm{d}y,\ \mathrm{d}v=\dfrac{\partial v}{\partial x}\mathrm{d}x+\dfrac{\partial v}{\partial y}\mathrm{d}y$,故式(24)可

以写成

$$\begin{cases} \dfrac{\mathrm{d}y}{\mathrm{d}x}=\alpha, A^{11}\left(\dfrac{\partial u}{\partial x}+\dfrac{\partial u}{\partial y}\dfrac{\mathrm{d}y}{\mathrm{d}x}\right)+A^{12}\left(\dfrac{\partial v}{\partial x}+\dfrac{\partial v}{\partial y}\dfrac{\mathrm{d}y}{\mathrm{d}x}\right)=B^{1} \\ \dfrac{\mathrm{d}y}{\mathrm{d}x}=\beta, A^{12}\left(\dfrac{\partial u}{\partial x}+\dfrac{\partial u}{\partial y}\dfrac{\mathrm{d}y}{\mathrm{d}x}\right)+A^{22}\left(\dfrac{\partial v}{\partial x}+\dfrac{\partial v}{\partial y}\dfrac{\mathrm{d}y}{\mathrm{d}x}\right)=B^{2} \end{cases} \tag{25}$$

例 1　等宽直河横截面矩形从断面坡度相等的不恒定流方程是

$$h\frac{\partial u}{\partial s}+u\frac{\partial h}{\partial s}+\frac{\partial h}{\partial t}=0$$

$$u\frac{\partial u}{\partial s}+\frac{\partial u}{\partial t}+g\frac{\partial h}{\partial s}=g\left(S_0-\frac{n^2u^2}{h^{4/3}}\right)$$

其中自变量是距离 $s(0\leqslant s\leqslant L)$ 和时间 t，未知量是水深 $h(s,t)$ 和流速 $u(s,t)$. g 为加速度，S_0 为坡度，n 为糙率，都是常数. 那么由式(23)得

$$\begin{vmatrix} h\dfrac{\mathrm{d}t}{\mathrm{d}s} & u\dfrac{\mathrm{d}t}{\mathrm{d}s}-1 \\ u\dfrac{\mathrm{d}t}{\mathrm{d}s}-1 & g\dfrac{\mathrm{d}t}{\mathrm{d}s} \end{vmatrix}=0$$

可以得出 $\dfrac{\mathrm{d}t}{\mathrm{d}s}=\dfrac{u\mp\sqrt{gh}}{u^2-gh}$ 或 $\dfrac{\mathrm{d}s}{\mathrm{d}t}=u\pm\sqrt{gh}$. 再计算 $\overline{A}=h$,

$\overline{B}=gh-u^2, \overline{C}=-u, \overline{D}=0, \overline{E}=-gh\left(S-\dfrac{n^2u^2}{h^{4/3}}\right)$, 因此特

征方程是

$$\frac{\mathrm{d}s}{\mathrm{d}t}=u+\sqrt{gh}, h\mathrm{d}u+\sqrt{gh}\,\mathrm{d}h-gh(S_0-S)\mathrm{d}t=0$$

$$\frac{\mathrm{d}s}{\mathrm{d}t}=u-\sqrt{gh}, h\mathrm{d}u-\sqrt{gh}\,\mathrm{d}h-gh(S_0-S)\mathrm{d}t=0$$

其中 $S=\dfrac{n^2u^2}{h^{4/3}}$.

令 $c = \sqrt{gh}$，那么 $dc = \dfrac{1}{2}(gh)^{-1/2} g\,dh$，则特征方程可以简化为

$$\frac{ds}{dt} = u + c, \quad du + 2dc - g(S_0 - S)\,dt = 0$$

$$\frac{ds}{dt} = u - c, \quad du - 2dc - g(S_0 - S)\,dt = 0$$

其中 $S = \dfrac{n^2 u^2}{(c^2/g)^{4/3}}$. 这是相应于式(24)的方程，也可以写成相应于式(25)的如下形式

$$\frac{ds}{dt} = u + c, \left(\frac{\partial u}{\partial t} + \frac{\partial u}{\partial s}\frac{ds}{dt} \right) + 2\left(\frac{\partial c}{\partial t} + \frac{\partial c}{\partial s}\frac{ds}{dt} \right) = g(S_0 - S)$$

$$\frac{ds}{dt} = u - c, \left(\frac{\partial u}{\partial t} + \frac{\partial u}{\partial s}\frac{ds}{dt} \right) - 2\left(\frac{\partial c}{\partial t} + \frac{\partial c}{\partial s}\frac{ds}{dt} \right) = g(S_0 - S)$$

以下我们讨论特征方程的两个数值解法，为此我们来介绍一下特征线的概念.

在我们所讨论的区域内，每一点 $P(x, y)$ 有二条曲线. 在一条曲线上，每一点的坐标 x, y 满足方程 $\dfrac{dy}{dx} = \alpha$，另一个曲线上，每一点的坐标 x, y 满足微分方程 $\dfrac{dy}{dx} = \beta$，这样的曲线称为特征线.

在任意一点 (x, y)，u, v 的值依赖于两个特征线之间的区域内的 u, v 的值，即图6中的阴影区域，我们称为依赖区域.

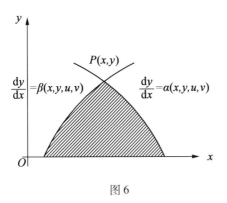

图 6

2. 矩形网格

如以前我们用差商代替微商,用方程(25),令

$$A_{kl}^{ij} = A^{ij}(k\Delta x, l\Delta y, u_{kl}, v_{kl})$$

$$B_{kl}^{i} = B^{i}(k\Delta x, l\Delta y, u_{kl}, v_{kl})$$

$$\alpha_{kl} = \alpha(k\Delta x, l\Delta y, u_{kl}, v_{kl})$$

$$\beta_{kl} = \beta(k\Delta x, l\Delta y, u_{kl}, v_{kl})$$

当 $\alpha_{kl} \geqslant 0$ 时用

$$A_{kl}^{11}\left(\frac{u_{kl} - u_{(k-1)l}}{\Delta x} + \alpha_{kl}\frac{u_{k(l+1)} - u_{kl}}{\Delta y}\right) +$$

$$A_{kl}^{12}\left(\frac{v_{kl} - v_{(k-1)l}}{\Delta x} + \alpha_{kl}\frac{v_{k(l+1)} - v_{kl}}{\Delta y}\right) = B_{kl}^{1} \qquad (26)$$

当 $\alpha_{kl} \leqslant 0$ 时用

$$A_{kl}^{11}\left(\frac{u_{(k+1)l} - v_{kl}}{\Delta x} + \alpha_{kl}\frac{u_{k(l+1)} - v_{kl}}{\Delta y}\right) +$$

$$A_{kl}^{12}\left(\frac{v_{(k+1)l} - v_{kl}}{\Delta x} + \alpha_{kl}\frac{v_{k(l+1)} - v_{kl}}{\Delta y}\right) = B_{kl}^{1}$$

代替方程(25)的第一个方程. 对于第二个方程我们也

313

同样地作. 也就是说当特征方向是正的,我们向后取差分,当特征方向是负的,我们向前取差分. 此外,我们令

$$\frac{\Delta y}{\Delta x} = r < \frac{1}{k}, \text{其中 } k = \max \left| \frac{dx}{dy} \right|$$

在这些条件下,差分方程的解是收敛的,在此我们只简单地提一下这些条件的几何意义. 上面我们已经谈到了什么是微分方程解的依赖区域,现在我们也来明确一下什么叫差分方程解的依赖区域. 如果在点 P 的解只是从它底下一排的三个点上的值而得出(图 7),那么在点 P 的解的依赖区域就是图内的三角形区域.

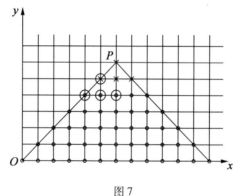

图 7

一般收敛的必要条件是:差分方程解的依赖区域包括微分方程解的依赖区域. 所以当特征方向是正时,微分方程的解在左边有依赖区域,我们的差商也向左取. 负特征方向的情况也同样地解释. 当然在求 $u_{k(l+1)}$ 和 $v_{k(l+1)}$ 时我们还没有 $\alpha_{k(l+1)} = \alpha(k\Delta x, (l+1)\Delta y; u_{k(l+1)}v_{k(l+1)})$ 和 $\beta_{k(l+1)} = \beta(k\Delta x, (l+1)\Delta y_j; u_{k(l+1)},$

$v_{k(l+1)}$），所以用 α_{kl} 和 β_{kl} 决定方向. 然而还须要 $r < \dfrac{1}{k}$，

也就是说 $\dfrac{\Delta y}{\Delta x}$ 小于最小的 $\dfrac{\mathrm{d}y}{\mathrm{d}x}$（图 8）.

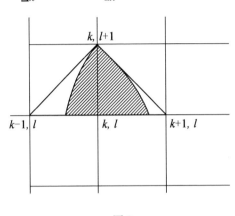

图 8

例 2　对我们上面提到的不恒定流方程中,在缓流的情况,也就是 $u < c$ 时,有

$$\frac{\mathrm{d}s}{\mathrm{d}t} = u + c > 0 , \qquad \frac{\mathrm{d}s}{\mathrm{d}t} = u - c < 0$$

在此令 $\alpha = u + c, \beta = u - c$,可以写出差分方程

$$\left(\frac{u_{k(l+1)} - u_{kl}}{\Delta t} + \alpha_{kl} \frac{u_{kl} - u_{(k-1)l}}{\Delta s} \right) +$$

$$2 \left(\frac{c_{k(l+1)} - c_{kl}}{\Delta t} + \alpha_{kl} \frac{c_{kl} - c_{(k-1)l}}{\Delta s} \right) = g(S_0 - S_{kl})$$

$$\left(\frac{u_{k(l+1)} - u_{kl}}{\Delta t} + \beta_{kl} \frac{u_{(k+1)l} - u_{kl}}{\Delta s} \right) +$$

$$2 \left(\frac{c_{k(l+1)} - c_{kl}}{\Delta t} + \beta_{kl} \frac{c_{(k+1)l} - c_{kl}}{\Delta s} \right) = g(S_0 - S_{kl})$$

315

其中 $S_{kl} = \dfrac{n^2 u_{kl}^2}{(c_{kl}^2/g)^{4/3}}$. 如果初始条件 $u(s,0)$ 和 $c(s,0)$ 已给定;边界条件给定为 $c(0,t)$ 和 $u(L,t)$. 那么在每一排,可以用第二个方程补 $u(0,t)$ 和用第一个方程补 $c(L,t)$. 在所有的内点用这两个方程求出两个未知量 $u_{k(l+1)}$ 和 $c_{k(l+1)}$. 一般 u 和 h 的绝对值的界限可以事先从实际情况给定. 例如:$0 \leqslant u \leqslant 2$ m/s,$0.1 \leqslant h \leqslant 2$ m. 那么在计算时利用单位为千米和小时时,得出 $u \leqslant 7.2$ km/h,$c < 15.95$ km/h,$\max \left| \dfrac{\mathrm{d}s}{\mathrm{d}t} \right| < 23.15$. 我们可以取

$$\frac{\Delta t}{\Delta s} < 0.04$$

3. 特征线网格

假定在图 9 内 P_1 和 P_2 的 x,y,u,v 都已知. 我们要求经过 P_1 和 P_2 的特征线的交点 (x_M, y_M) 处的 u_M 和 v_M 的值. 因为 α 和 β 也是 u,v 的函数,所以不能肯定 x_M 和 y_M. 我们先取

$$\alpha = \alpha(x_1, y_1, u_1, v_1) = \alpha_1, \quad \beta = \beta(x_2, y_2, u_2, v_2) = \beta_2$$

那么方程(24)可以用以下方程代替

$$\begin{cases} y_M - y_1 = \alpha_1(x_M - x_1) \\ y_M - y_1 = \beta_2(x_M - x_2) \end{cases} \quad (27)$$

$$\begin{cases} \overline{A}_1(u_M - u_1) + (\overline{B}_1 \alpha_1 - \overline{C}_1)(v_M - v_1) + \\ \overline{D}_1(x_M - x_1) + \overline{E}_1(y_M - y_1) = 0 \\ \overline{A}_2(u_M - u_2) + (\overline{B}_2 \beta_2 - \overline{C}_2)(v_M - v_2) + \\ \overline{D}_2(x_M - x_2) + \overline{E}_2(y_M - y_2) = 0 \end{cases} \quad (28)$$

其中 $\overline{A}_1 = \overline{A}(x_1, y_1, u_1, v_1), \cdots, \overline{E}_2 = \overline{E}(x_2, y_2, u_2, v_2)$. 从方程 (27) 我们初步得出 x_M, y_M, 代入方程 (28) 可以得出初步的 u_M, v_M. 有了这一次的 x_M, y_M, u_M, v_M, 我们可以改进坐标 (x_M, y_M). 因为

$$y_M - y_1 = \int_{x_1}^{x_M} \alpha \mathrm{d}x \simeq \frac{1}{2}(\alpha_1 + \alpha_M)(x_M - x_1)$$

$$y_M - y_2 = \int_{x_2}^{x_M} \beta \mathrm{d}x \simeq \frac{1}{2}(\beta_2 + \beta_M)(x_M - x_2)$$

所以我们可以有改进的公式

$$\begin{cases} y_M^{(n+1)} - y_1 = \frac{1}{2}(\alpha_M^{(n)} + \alpha_1)(x_M^{(n+1)} - x_1) \\ y_M^{(n+1)} - y_2 = \frac{1}{2}(\beta_M^{(n)} + \beta_2)(x_M^{(n+1)} - x_2) \end{cases} \tag{29}$$

从上一步的 x_M, y_M, u_M, v_M 求出 $\alpha_M^{(n)}$ 和 $\beta_M^{(n)}$. 然后从 (29) 得出新的 $x_M^{(n+1)}, y_M^{(n+1)}$. 代入公式 (28) 得出新的 $u_M^{(n+1)}, v_M^{(n+1)}$. 我们重复这个过程直到 n 和 $n+1$ 次的结果差别充分小时, 就完成了一步. 我们可以一步一步地继续做.

　　以上的方法利用线性插值决定每一次迭代的 x_M 和 y_M, 方程 (28) 和 (29) 都是一阶方程. 但也可采用更高次的插值, 在每条特征线上多用一个点来进行抛物线的插值决定每次迭代的 x_M, y_M.

差分在浅水方程中的应用

在这一章中我们考虑线性化的浅水方程

$$w_t = Aw_x + Bw_y + Cw \qquad (1)$$

这里

$$w = \begin{pmatrix} u \\ v \\ \phi \end{pmatrix}, \quad A = \begin{pmatrix} U & 0 & c \\ 0 & U & 0 \\ c & 0 & U \end{pmatrix}$$

$$B = \begin{pmatrix} V & 0 & 0 \\ 0 & V & 0 \\ 0 & c & V \end{pmatrix}, C = \begin{pmatrix} 0 & f & 0 \\ -f & 0 & 0 \\ 0 & 0 & 0 \end{pmatrix}$$

而 $U^2 + V^2 < c^2$, 所考虑的区域为 $0 \leqslant x \leqslant 1$, $0 \leqslant y \leqslant 1$ 和 $t \geqslant 0$. 我们假设 u, v, ϕ 关于 x 是以 1 为周期的函数. 即对 $0 \leqslant y \leqslant 1$ 有

$$\begin{pmatrix} u \\ v \\ \phi \end{pmatrix}_{x=0} = \begin{pmatrix} u \\ v \\ \phi \end{pmatrix}_{x=1} \qquad (2)$$

假定 $V < 0$. 对 $y = 1, 0 \leqslant x \leqslant 1$ 我们考虑边界条件

$$v = 0 \tag{3a}$$

$$\phi = 0 \tag{3b}$$

和

$$v = \alpha_1 \phi, \quad \alpha_1^2 + \frac{2c}{V}\alpha_1 + 1 \geqslant 0 \tag{3c}$$

对 $y = 0, 0 \leqslant x \leqslant 1$，我们考虑相应的边界条件

$$v = u = 0 \tag{4a}$$

$$\phi = u = 0 \tag{4b}$$

和

$$v = \alpha_2 \phi, u = 0, \alpha_2^2 + \frac{2c}{V}\alpha_2 + 1 \leqslant 0 \tag{4c}$$

注 上面所设置的齐次边界条件对实际问题并非是现实的. 然而考虑这种情况是为了保证以下的分析.

我们选定了在 $y = 0, 1$ 处的边界条件的数目. 边界条件(3c)和(4c)是为了保证能量估计而设的

$$\|w(t)\|^2 \leqslant \|w(0)\|^2, \|w\|^2 = \int_0^1\int_0^1 (|u|^2 + |v|^2 + |\phi|^2)\mathrm{d}x\mathrm{d}y \tag{5}$$

因为 $\mathrm{d}\|w(t)\|^2/\mathrm{d}t = \mathrm{d}(w,w)/\mathrm{d}t$，估计式(5)可以从下列关系推得

$$\frac{\mathrm{d}}{\mathrm{d}t}(w, w) = 2\left(w, \frac{\partial w}{\partial t}\right) = 2\left(w, A\frac{\partial w}{\partial x}\right) + 2\left(w, B\frac{\partial w}{\partial y}\right)$$

$$= \int_0^1 w^* B w \mathrm{d}x \bigg|_{y=0}^{y=1} = \int_0^1 (u, v, \phi)\begin{pmatrix} V & 0 & 0 \\ 0 & V & c \\ 0 & c & V \end{pmatrix}\begin{pmatrix} u \\ v \\ \phi \end{pmatrix}\mathrm{d}x \bigg|_{y=0}^{y=1}$$

$$= \int_0^1 (V|u|^2 + V^2|v|^2 + 2cV\phi v + V^2|\phi|^2)\mathrm{d}x \bigg|_{y=0}^{y=1} \leqslant 0$$

此结果是由假设(3c)和(4c)导致的. 对其他边界条件

这种形式的能量估计不存在. 而仅有下列形式的估计

$$\|\boldsymbol{w}(t)\|^2 \le K(\|\boldsymbol{w}(0)\|^2 + \|\boldsymbol{w}_x(0)\|^2 + \|\boldsymbol{w}_y(0)\|^2)$$

$$(6)$$

所以就光滑性而言比初值要差. 这个结果的产生是由于某些波的振幅当它们被边界反射时得到很大的增长.

我们认为, 最好的差分逼近是关于空间和时间对称的蛙跃型格式. 所以在所有内网点上用

$$\tilde{\boldsymbol{w}}(t+k) = \tilde{\boldsymbol{w}}(t-k) + 2k(\boldsymbol{A}D_{0x} + \boldsymbol{B}D_{0y})\tilde{\boldsymbol{w}}(t) +$$
$$kc(\tilde{\boldsymbol{w}}(t+k) + \tilde{\boldsymbol{w}}(t-k)) \qquad (7)$$

逼近式(1). 只要 $k \le h/(\sqrt{2}c + |U| + |V|)$ 此格式对柯西问题而言是稳定的. 对于 $x = 0, 1$ 和 $0 < y < 1$, 借助于周期性条件

$$\begin{pmatrix} \tilde{u} \\ \tilde{v} \\ \tilde{\phi} \end{pmatrix}_{x=jh} = \begin{pmatrix} \tilde{u} \\ \tilde{v} \\ \tilde{\phi} \end{pmatrix}_{x=1+jh} \qquad , j = -1, +1$$

使用方程(7). 不幸的是, 这不足以唯一地确定解. 我们必须外加附加条件. 例如, 对边界条件(3a), (4a)我们用逼近, 于是当 $y = 1$ 时有

$$\begin{pmatrix} \tilde{u} \\ \tilde{\phi} \end{pmatrix}(t+k) = \begin{pmatrix} \tilde{u} \\ \tilde{\phi} \end{pmatrix}(t-k) + 2k\left(\begin{pmatrix} U & c \\ c & U \end{pmatrix}D_{0x}\begin{pmatrix} \tilde{u} \\ \tilde{\phi} \end{pmatrix}(t) + \right.$$
$$\frac{1}{h}\begin{pmatrix} V & 0 \\ 0 & V \end{pmatrix}\left(\frac{1}{2}\begin{pmatrix} \tilde{u} \\ \tilde{\phi} \end{pmatrix}(t+k) + \begin{pmatrix} \tilde{u} \\ \tilde{\phi} \end{pmatrix}(t-k)\right) -$$
$$E_y^{-1}\begin{pmatrix} \tilde{u} \\ \tilde{\phi} \end{pmatrix}(t)$$

当 $y = 0$ 时有

$$\tilde{\phi}(t+k) = \tilde{\phi}(t-k) + 2k\Big(UD_{0x}\tilde{\phi}(t) + \frac{1}{h}C \cdot$$

$$\Big(E_y \tilde{v}(t) - \frac{1}{2}(\tilde{v}(t+k) + \tilde{v}(t-k)] \Big) +$$

$$\frac{1}{h}V\Big(E_y\tilde{\phi}(t) - \frac{1}{2}(\tilde{\phi}(t+k) + \tilde{\phi}(t-k)) \Big)$$

$$(10)$$

注意,$E_y\boldsymbol{w}(x,y,t) = \boldsymbol{w}(x,y+h,t)$. 这个逼近近来已被证明是稳定的,见爱尔维斯和逊特斯特洛姆(Elvius & Sundström)的文章.

　　如我们所知,人们应使用对空间变量是四阶精度而对时间是二阶精度的格式. 此种格式可由式(7)将算子 D_0 代之以算子

$$\frac{4}{3}D_0(h) - \frac{1}{3}D_0(2h)$$

而得. 最近的结果表明,在 x 方向常常需要一个耗散项.

　　在许多气象问题中,$U^2 + V^2 \ll c^2$,并且我们还有近似的地球自转平衡,即

$$c\phi_x + fv \approx 0$$
$$c\phi_y - fu \approx 0$$
$$c(u_x + v_y) \approx 0$$

我们能将式(1)表为

$$\boldsymbol{w}_t = \boldsymbol{U}\boldsymbol{w}_x + \boldsymbol{V}\boldsymbol{w}_y + \boldsymbol{F}\boldsymbol{w} \qquad (11)$$

这里

$$\boldsymbol{F}\boldsymbol{w} = \tilde{\boldsymbol{A}}\boldsymbol{w}_x + \tilde{\boldsymbol{B}}\boldsymbol{w}_y + \boldsymbol{C}\boldsymbol{w}$$

并且

$$\tilde{A} = \begin{pmatrix} 0 & 0 & c \\ 0 & 0 & 0 \\ c & 0 & 0 \end{pmatrix}, \quad \tilde{B} = \begin{pmatrix} 0 & 0 & 0 \\ 0 & 0 & c \\ 0 & c & 0 \end{pmatrix}$$

如果假定对高频成分而言 Fw 是不重要的,那么我们能用半隐格式. 例如

$$(I - k(\tilde{A}D_{0x} + \tilde{B}D_{0y} + C))\tilde{w}(t + k)$$
$$= (I + k(\tilde{A}D_{0x} + \tilde{B}D_{0y} + C))\tilde{w}(t - k) +$$
$$2k(UD_{0x} + VD_{0y})\tilde{w}(t) \tag{12}$$

此格式对柯西问题的稳定性条件是 $k \leqslant h/(|U| + |V|)$. 所以人们可以利用大得多的时间步长. 然而,所有行速快于 $(k/h)^{-1}$ 的波被人为地减慢下来了,它们给解带来的纯粹是误差,更好的是去完全消除它们,或者至少用一滤波的办法消除它们的动态影响. 边界对这些滤波过程的影响尚未被充分地考虑.

若我们用形如(3a),(3b),(4a),(4b)的边界条件代替周期性条件(2)会产生新的问题,因为此时微分方程的问题是否适定都还不清楚[1]

例如,考虑微分方程

$$\begin{pmatrix} v \\ \phi \end{pmatrix}_t = \begin{pmatrix} 1 & 0 \\ 0 & -1 \end{pmatrix} \begin{pmatrix} v \\ \phi \end{pmatrix}_x + \begin{pmatrix} -1 & 0 \\ 0 & 1 \end{pmatrix} \begin{pmatrix} v \\ \phi \end{pmatrix}_y \tag{13}$$

这里 $0 \leqslant x < \infty, 0 \leqslant y < \infty, t \geqslant 0$ 并有边界条件

$$\begin{cases} \phi = \alpha v & (x = 0, y \geqslant 0) \\ v = \beta \phi & (x \geqslant 0, y = 1) \end{cases} \tag{14}$$

---

① (3c)和(4c)型边界条件总是构成适定的问题,因为我们可以导出适当能量估计.

引进新变量 $x' = x - y, y' = x + y$,则微分方程成为

$$\binom{v}{\phi}_t = 2\begin{pmatrix} 1 & 0 \\ 0 & -1 \end{pmatrix}\binom{v}{\phi}_{x'} \quad (y' \geqslant 0, \ -y' \leqslant x' \leqslant y')$$

（15）

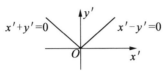

图 1

而边界条件为

$$\phi = \alpha v \quad (t \geqslant 0, x' = -y')$$

$$v = \beta \phi \quad (t \geqslant 0, x' = y')$$

这个方程的解可视为这样的波,它们在边界 $x' + y' = 0$ 和 $x' - y' = 0$ 被反射. 若 $|\alpha\beta| > 1$,则每来回一趟后其振幅将增加一定的量. 因为接近原点时横跨区域的时间趋于零,所以在原点邻域内解的增长任意地快.

这一例子表明,我们必须注意那种角. 事实上,有一些实验的证据表明,具有(4b)型的边界条件的方程(1)在一角内不是一个适定的问题.

应该指出,问题(13),(14)可以成为适定的,只要我们加一耗散项

$$\begin{pmatrix} 0 & 0 \\ 0 & 1 \end{pmatrix}\binom{v}{\phi}_{xx} + \begin{pmatrix} 1 & 0 \\ 0 & 0 \end{pmatrix}\binom{v}{\phi}_{yy}$$

不需要新的边界条件.

可以给出一个类似的(1)的变形来保证(1)和边界条件(4b)的适定性.

网格与差分

经常有这种情况,即偏微分方程的解在其求解区域的某些部分的光滑性比在其他部分要好得多. 而且对这种现象常常事先就知道,如边界层现象. 假定我们要用差分方法来求解这些问题. 众所周知,解的复杂性要求一定的网格空隙才可得到一定的精确度. 此时吸引人的是为了经济的目的,而考虑在区域的不同部分利用不同网格步长.

在本章中我们考虑对依赖时间的且其性态基本是双曲型的问题应用网格细分技术.

我们现在来考证双曲型方程的网格细分技术,它类似于艾萨克森(E. Isaacson)为处理间断系数抛物型方程时所用的方法. 考虑柯西问题

$$w_t = aw_x \quad (-\infty < x < +\infty, t \geq 0) \quad (1)$$

324

和初值

$$w(0,x) = f(x) \qquad (2)$$

用蛙跃格式来逼近式(1),并且在 $x = 0$ 处有一细分.
设 $h_1 > h_2 > 0$ 表示不同的网格步长,而网点定义如下

$$x_\nu = -\left(\nu - \frac{1}{2}\right)h_1$$

$$y_\nu = \left(\nu - \frac{1}{2}\right)h_2$$

$$(\nu = 0,1,2,\cdots)$$

设 $k > 0$ 表示时间步长,并且

$$u_\nu(t) = u(x_\nu,t), \quad v_\nu(t) = v(y_\nu,t) \quad (t = 0,k,2k,\cdots)$$

是网格函数. 用

$$u_\nu(t+k) = u_\nu(t-k) - a\lambda_1(u_{\nu+1}(t) - u_{\nu-1}(t))$$

$$(3)$$

和

$$v_\nu(t+k) = v_\nu(t-k) + a\lambda_2(v_{\nu+1}(t) - v_{\nu-1}(t)) \qquad (4)$$

逼近式(1). 这里 $\nu = 1,2,\cdots$,而

$$\lambda_1 = \frac{k}{h_1}, \lambda_2 = \frac{k}{h_2}$$

若对 $t = 0,k$ 给定初值,并且在交界 $x = 0$ 处符合连续性条件

$$\begin{cases} u_0 + u_1 = v_0 + v_1 \\ \dfrac{(u_0 - u_1)}{h_1} = -\dfrac{(v_0 - v_1)}{h_2} \end{cases} \qquad (5)$$

则解是唯一确定的.

我们假设(3),(4)两式对于有关的柯西问题是稳定的,即 $0 \leq a\lambda_1, a\lambda_2 \leq 1$.

我们可以视（3），（4），（5）三式为一个在四分之一空间 $x \geqslant 0, t \geqslant 0$ 的初 - 边值问题. 和（3），（4），（5）三式相关的是下列预解问题

$$z^2 \hat{u}_\nu = \hat{u}_\nu - a\lambda_1 z(\hat{u}_{\nu+1} - \hat{u}_{\nu-1}) \qquad (6)$$

$$z^2 \hat{v}_\nu = \hat{v}_\nu + a\lambda_2 z(\hat{v}_{\nu+1} - \hat{v}_{\nu-1}) \qquad (7)$$

$$\begin{cases} \hat{u}_0 + \hat{u}_1 = \hat{v}_0 + \hat{v}_1 + \hat{g}_1 \\ \hat{u}_0 - \hat{u}_1 = -p(\hat{v}_0 - \hat{v}_1) + \hat{g}_2 \end{cases} \qquad (8)$$

这里 $p = h_1/h_2 > 1$. 只要式（6）-（8）对 $|z| > 1$ 有唯一解,并且

$$\sum_{\nu=0}^{\infty} (|\hat{u}_\nu|^2 + |\hat{v}_\nu|^2) < \infty \qquad (9)$$

且存在常数 K 使

$$|\hat{v}_0| + |\hat{u}_0| \leqslant K(|\hat{g}_1| + |\hat{g}_2|) \qquad (10)$$

则此方法是稳定的.

设 $|z| > 1$,式（6）和（7）的满足条件式（9）的通解是

$$\begin{cases} \hat{u}_\nu = \rho_1 \kappa_1^\nu & (\nu = 0,1,2,\cdots) \\ \hat{v}_\nu = \rho_2 \kappa_2^\nu & (\nu = 0,1,2,\cdots) \end{cases} \qquad (11)$$

其中

$$\kappa_j = (-1)^j \left(\frac{1}{2\lambda_j a} \frac{z^2-1}{z} - \sqrt{\left(\frac{1}{2\lambda_j a} \frac{z^2-1}{z} \right)^2 + 1} \right)$$

$|\kappa_j| < 1, j = 1,2$,是下列特征方程的解

$$\kappa^2 + (-1)^{j+1} \frac{1}{\lambda_j a} \frac{z^2-1}{z} \kappa - 1 = 0 \quad (j = 1,2)$$

将式（11）代入式（8）得

$$C(z) \begin{pmatrix} \rho_1 \\ \rho_2 \end{pmatrix} \equiv \begin{pmatrix} 1+\kappa_1 & -1-\kappa_2 \\ 1-\kappa_1 & p(1-\kappa_2) \end{pmatrix} \begin{pmatrix} \rho_1 \\ \rho_2 \end{pmatrix} = \begin{pmatrix} \hat{g}_1 \\ \hat{g}_2 \end{pmatrix}$$

显然当 $|z| \geqslant 1$ 时

$\det C(z) = (p+1)(1-\kappa_1\kappa_2) + (p-1)(\kappa_1-\kappa_2) \neq 0$

则估计(10)就成立. 假设 $\det C = 0$, 则有

$$p\frac{\kappa_1+1}{\kappa_1-1} = -\frac{\kappa_2+1}{\kappa_2-1} \qquad (12)$$

因为对 $|z| > 1$ 有 $|\kappa_j| < 1$, 最后的这个关系对 $|z| > 1$ 不能成立. 设 $z = e^{i\theta}$ 和 $\alpha = (\lambda_1 a)^{-1}$, 则

$$\kappa_1 = -i\alpha\sin\theta + \sqrt{1-(\alpha\sin\theta)^2}$$

$$\kappa_2 = ip^{-1}\alpha\sin\theta - \sqrt{1-(\alpha p^{-1}\sin\theta)^2}$$

若 $|\alpha\sin\theta| > 1$, 则 $|\kappa_1| < 1$ 并且式(12)不成立. 若 $|\alpha\sin\theta| \leqslant 1$, 则

$-\mathrm{Im}(\det C(z)) = (p+1)\alpha\sin\theta(\sqrt{1-(\alpha p^{-1}\sin\theta)^2} +$

$p^{-1}\sqrt{1-(\alpha\sin\theta)^2}) + \alpha\sin\theta(p-1)(1+p^{-1}) \neq 0$

当　　　　　　　　　　$\sin\theta \neq 0$

若 $\sin\theta = 0$, 我们有 $\kappa_1 = 1, \kappa_2 = -1$, 所以 $\det C(1) = 4p \neq 0$. 于是逼近是稳定的.

考虑计算下列问题的近似解

$$u_t = -u_x + \varepsilon u_{xx} \qquad (0 \leqslant x \leqslant 1, t \geqslant 0)$$

和初值　　　　　　$u(x,0) = \sin\pi x$

及边界条件　　　　$u(0,t) = u(1,t) = 0$

我们用格式

$$v_\nu(t+k) = v_\nu(t-k) - \lambda D_0 v_\nu(t) + \varepsilon D_+ D_- v_\nu(t-k)$$

其中

$$D_0 v_\nu(t) = \frac{(v_{\nu+1}(t) - v_{\nu-1}(t))}{2h}$$

$$D_+ v_\nu(t) = \frac{(v_{\nu+1}(t) - v_\nu(t))}{h}$$

和 $$D_- v_\nu(t) = \frac{(v_\nu(t) - v_{\nu-1}(t))}{h}$$

在图 1 中给出了当 $\varepsilon = 10^{-3}$ 时,$h = 10^{-2}$ 和 $k = 10^{-3}$ 在 $t = 0.52$ 处的计算结果. 我们还用前面定义的网格细分方法计算了一个近似解. 我们在区间右半部取 5:1 的细分. 连续性方程(5)以点 0.495 为中心. 在粗网格部分步长为 $h_0 = 10^{-2}$,而在细网格部分 $h_f = 0.2 \times 10^{-2}$. 对两种网格的计算我们用了 $k = 10^{-4}$. 图 2 中给出了在 $t = 0.52$ 处的结果.

用细分改进的精度是显见的. 实际上细分应该大大地靠近右边(接近 1),以此减少网格点的数目,并且在粗网格上用更大的时间步长. 为此只需用在时间 nk_0 时的连续性条件,这里 k_0 是在粗网格上用的时间步长,而后在中间时间间隔 mk_f 处对前两个网点用细网格进行插值.

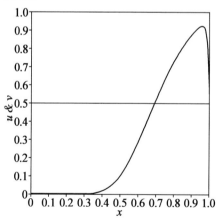

图 1

328

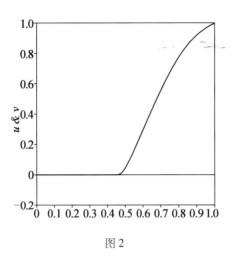

图 2

　　已经讲过应用不一致的网格步长总会引起反射.
上面的例子表明这不一定是个问题,然而,有另一种现
象会引起麻烦,并且在稍后要确切说明的意义下,这一
现象是这一方法所固有的和不可避免的. 在粗网格上
刻画得极差的任一种波当通过交界面而进入细网格时
其相速将会改变. 其后当这个波从细网格返回到粗网
格时,它与留在粗网格中的那部分就会产生一种严重
的干涉. 为此,考虑对在四分之一空间中带有齐次初始
条件和非齐次边界条件的一阶双曲型方程用差分方法
的有关问题. 下面的讨论是要建立一个关于穿过两种
网格交界面的波的讯号速度变化的定量估计.

　　考虑微分方程

$$u_t = -u_x \tag{13}$$

其中 $x \geqslant 0, t \geqslant 0$,和初值

N. E. Nörlund 定理

$$u(x,0) = 0 \qquad (14)$$

以及边界条件

$$u(0,t) = e^{i\alpha t} \qquad (15)$$

此问题的解可表为

$$u(x,t) = \begin{cases} e^{i\alpha(t-x)} & (x \leqslant t) \\ 0 & (x > t) \end{cases} \qquad (16)$$

于是讯号速度为 1. 用

$$v_\nu(t+k) = v_\nu(t-k) - 2kD_0 v_\nu(t) \quad (\nu = 1,2,\cdots)$$

$$\qquad (17)$$

$$v_\nu(0) = v_\nu(k) = 0 \quad (\nu = 1,2,\cdots) \qquad (18)$$

$$v_0(t) = e^{i\alpha t} \quad (t = 0,k,2k,\cdots) \qquad (19)$$

来逼近上述问题,当 $\lambda = k/h < 1$ 时此格式是稳定的,这里 $k > 0$ 表示时间增量,$h > 0$ 表示 x 方向的网格步长,并且

$$v_\nu(t) = v(x_\nu,t), \quad x_\nu = \nu h \quad (t = 0,k,2k,\cdots)$$

我们要决定此差分方程解的讯号速度. 为此引进新变量 $w_\nu(t)$,满足

$$v_\nu(t) = e^{i\tilde{\alpha}t - \beta x} w_\nu(t) \qquad (20)$$

这里 $\quad \tilde{\alpha} = \begin{cases} \alpha, & \left| \dfrac{\sin \alpha k}{\lambda} \right| \leqslant 1 \\ \dfrac{1}{k \cdot \arcsin \lambda}, & \left| \dfrac{\sin \alpha k}{\lambda} \right| > 1 \end{cases}$

将式(20)代入式(17)-(19)得

$$e^{i\tilde{\alpha}k} w_\nu(t+k) = e^{-i\tilde{\alpha}k} w_\nu(t-k) - \lambda(e^{-\beta i} w_{\nu+1}(t) - e^{\beta i} w_{\nu-1}(t))$$

$$w_\nu(0) = w_\nu(k) = 0 \qquad (21)$$

$$w_0(t) = e^{i(\alpha - \tilde{\alpha})t}$$

我们可将式(21)改写为

$$e^{i\tilde{\alpha}k}(w_\nu(t+k) - w_\nu(t))k^{-1} = e^{-i\tilde{\alpha}k}(w_\nu(t-k) - w_\nu(t))k^{-1} -$$

$$(e^{-\beta h}(w_{\nu+1}(t) - \omega_\nu(t))h^{-1} + e^{\beta h}(w_\nu(t) - w_{\nu-1}(t))h^{-1}) -$$

$$k^{-1}((e^{i\tilde{\alpha}k} - e^{-i\tilde{\alpha}k}) - \lambda(e^{-\beta h} - e^{\beta h}))w_\nu(t) \qquad (22)$$

若 $|\sin(ak)/\lambda| \leqslant 1$，则 $\tilde{\alpha} = \alpha$，并且我们能选择 $\beta = i\delta, \delta$
为实数,使

$$2i\sin \alpha k = e^{i\alpha k} - e^{-i\alpha k} = \lambda(e^{\beta h} - e^{-\beta h}) = 2i\lambda \sin \delta h \qquad (23)$$

于是我们将式(22)视为下列微分方程的一个逼近

$$\begin{cases} y_t = -\dfrac{\cos \delta h}{\cos \alpha k}, & y_x = -by_x \\ y(x,0) = 0, & y(0,t) = 1 \end{cases} \qquad (24)$$

并且式(17)-(19)的解约为

$$v(x,t) = \begin{cases} e^{i(\alpha t - \delta x)}y & (x \leqslant bt) \\ 0 & (\lambda > bt) \end{cases} \qquad (25)$$

所以差分逼近解的讯号速度约为

$$b = \frac{\cos \delta h}{\cos \alpha k} \qquad (26)$$

关系式(23)可记为

$$\frac{\sin \alpha k}{\lambda} = \sin \delta h \qquad (27)$$

为简单起见,我们假定用非常小的时间步长进行计算,
则(26)和(27)两式成为

$$\sin \delta h \approx \alpha h$$

$$b \approx \cos \delta h \approx \sqrt{1 - (\alpha h)^2} = \sqrt{1 - \left(\frac{2\pi}{N}\right)^2}$$

这里 $N = 2\pi/2h$ 表示在 x 方向每一波长的网点数目.

这表明对接近于 1 的 b, N 必须十分大. 例如

N	32	16	8	7	6
b	0.98	0.92	0.64	0.48	0

(28)

现在假设 $\left|\dfrac{\sin \alpha k}{\lambda}\right| > 1$,则我们有

$$\tilde{\alpha} = k^{-1} \arcsin \lambda, \quad \lambda^{-1} \sin \tilde{\alpha} = 1$$

并且对 $\beta h = -i\pi/2$

$$(e^{i\tilde{\alpha}k} - e^{-i\tilde{\alpha}k}) - \lambda(e^{-\beta h} - e^{\beta h}) = 0$$

于是式(23)逼近于微分方程

$$y_t = 0$$

而且这个强加的波并不传播到区域内部.

若一种波能在粗网格上很好地表现出来,则前面的分析表明,这种波将毫无困难地穿过粗细网格的交界面进行传播. 计算结果证实此点. 另外,此分析亦表明,如果一种波不能在粗网格上很好地表现出来,那么在穿越网格的交界面时会出现困难. 一些计算亦证实了此点.

考虑问题

$$u_t = u_x, \quad x \leqslant 1, \quad t \geqslant 0 \tag{29}$$

和初值 $\qquad u(x, 0) = 0$

及边界条件 $\qquad u(1, t) = \sin 2\pi\omega t$

用差分方程

$$v_\nu(t + k) = v_\nu(t - k) + \lambda D_0 v_\nu(t) + \varepsilon h D_+ D_- v_\nu(t - k) \tag{30}$$

逼近式(29). 像前面计算的实例那样, 在点 0. 495 右边采用网格细分法, 如前一样取 $h_0 = 10^{-2}$, $h_f = 0. 2 \times 10^{-2}$, $k = 10^{-4}$, 我们分别对 $i = 1, 2, 3$ 用 $\omega_i = \dfrac{25}{2}, \dfrac{33}{2}, \dfrac{50}{2}$.

在细网格中取每波长网点数为 $N_f(\omega_i) = \dfrac{500}{\omega_i} = 40, 30, 20$, 并期望在那里获得一个好的近似解, 而在粗网格中每波长网点数只有 $N_0(\omega_i) = \dfrac{100}{\omega_i} = 8, 6, 4$. 同时, 前面的分析表明, 此强加的波只能分别以 $d(\omega_i) = 0. 64, 0, 0$ 的速度传播. 图 3, 4 和 5 是在 $t = 1. 84$ 时的计算结果. 在图 3 中取 $\omega = \omega_1 = \dfrac{25}{2}$ 及 $\varepsilon = 10^{-6}$, 在图 4 中取 $\omega = \omega_2 = \dfrac{33}{2}$ 及 $\varepsilon = 0. 5 \times 10^{-5}$, 在图 5 中以 $\omega = \omega_3 = \dfrac{50}{2}$ 及 $\varepsilon = 10^{-5}$.

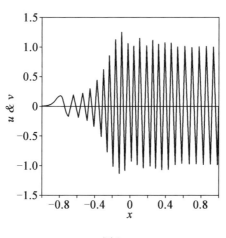

图 3

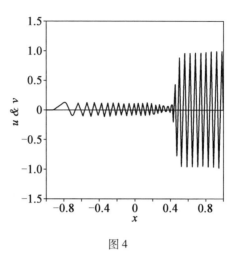

图 4

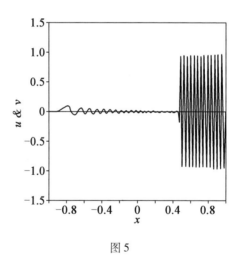

图 5

现在考虑下列二维问题的网格细分

$$u_t = -u_x - u_y, \quad (x,y) \in [0,1] \times [0,1], \quad t \geq 0$$

$$(31)$$

334

和初值　　$u(x,y,0)=\sin(2\pi(6x+3y))$

及边界条件　　$u(x,0,t)=u(x,1,t)$

$$u(0,y,t)=u(1,y,t)$$

对 E 的步长 $\Delta x>0,\Delta y>0,t=0,k,2k,\cdots,$ 定义网格函数 $v_{\nu,\mu}(t)=v(\nu\Delta x,\mu\Delta y)$. 用蛙跃格式

$$v_{\nu,\mu}(t+k)=v_{\nu,\mu}(t-k)-2k(D_{0,x}+D_{0,y})v_{\nu,\mu}(t)$$

$$(32)$$

逼近式(31). 这里算子 D 的下角指标表示前面定义的算子所作用的坐标方向. 在区域的中间我们用 5∶1 的网格细分法. 细分线段

$$l_1:x=\alpha,\qquad\qquad \alpha\leqslant y\leqslant\beta$$
$$l_2:x=\beta\qquad\qquad \alpha\leqslant y\leqslant\beta$$
$$l_3:\alpha\leqslant x\leqslant\beta,\qquad y=\alpha$$
$$l_4:\alpha\leqslant x\leqslant\beta,\qquad y=\beta$$

这里 $\alpha=1/3+1/90$ 而 $\beta=2/3-1/90$. 在粗网格中取 $\Delta x_0=\Delta y_0=1/45$, 在细网格中取 $\Delta x_f=\Delta y_f=1/(5\times45)$. 此细分法如前描述的那样进行. 用线性插值来提供附加的细网点上所必需的值. 在细分区域的角内,方程(5)对距离角顶为 $(\Delta x_f^2+\Delta y_f^2)^{1/2}$ 的点在 x 方向和 y 方向都定义值,我们取这二个值的平均值. 利用 $k=10^{-2}$ 进行积分,在 $t=0.75$ 时结果如图 6 所示.

　　如计算所表明的那样,这里情况相当不好,近似解对网格的依赖性产生了一种现象,十分像在不同密度的物质中波的传播. 存在波的干涉,即是那些穿过细分区域的波和那些没有穿过细分区域的波的干涉. 显然,人们能构造一些变系数的实例,使在选定的点上波幅加倍. 同样显然,因为所有的差分方法都有相位误差,

它是网格步长的函数,此种现象会在用细分法的差分
方法上出现.

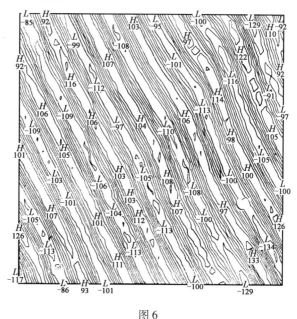

图 6

我们现在要给出另一个在变步长网格上的相位误
差影响的实例. 常常遇到在极坐标系中进行计算的问
题,因为稳定性的原因,通常在原点附近减少网点数以
避免用过分小的时间步长.

我们对下面涡度方程(34)的调和波解(33)研究
用变步长网格 $h(\theta) = \Delta\lambda(\theta)$ 的影响(λ 是经向坐标而
θ 是纬向坐标)

$$\psi(\lambda,\theta,t) = -Ba^2\cos\theta + CP_n(\cos\theta) +$$

$$A\sin\left(m\left(\lambda - \frac{\nu}{m}t\right)\right)P_n''(\cos\theta) \tag{33}$$

$$\left(\frac{\partial}{\partial t} - \frac{1}{a^2 \sin\theta} \frac{\partial\psi}{\partial\lambda} \frac{\partial}{\partial\theta} + \frac{1}{a^2 \sin\theta} \frac{\partial\psi}{\partial\theta} \frac{\partial}{\partial\lambda} \right) \cdot$$

$$\left(\frac{\partial^2\psi}{\partial\theta^2} + \cot\theta \frac{\partial\psi}{\partial\theta} + \frac{1}{\sin^2\theta} \frac{\partial^2\psi}{\partial\lambda^2} \right) + 2\omega \frac{\partial\psi}{\partial\lambda} = 0 \qquad (34)$$

这里 P_n 表示勒让德（Legendre）多项式，而 P_n^m 表示关联的勒让德多项式. 这个解满足方程

$$\frac{\partial\psi}{\partial t} = -\frac{\nu}{m} \frac{\partial\psi}{\partial\lambda} \qquad (35)$$

我们用精度为 $O(h^2)$ 的微分－差分方程

$$\frac{\partial\psi}{\partial t} = -\frac{\nu}{m} D_{0,\lambda}(h(\theta))\psi(t) \qquad (36)$$

和精度为 $O(h^4)$ 的

$$\frac{\partial\psi}{\partial t} = -\frac{\nu}{m} \left(\frac{4}{3} D_{0,\lambda}(h(\theta)) - \frac{1}{3} D_{0,\lambda}(2h(\theta)) \right) \psi(t)$$

$$(37)$$

来逼近式（35）. 假定 $h(\theta)$ 是 θ 的光滑函数，并且

$$D_{0,\lambda}(\alpha)\psi(t) = \frac{\psi(\lambda+\alpha,\theta,t) - \psi(\lambda-\alpha,\theta,t)}{2\alpha}$$

式（36）和式（37）取式（33）所给定的初值 $\psi(\lambda,\theta,0)$ 和边界条件

$$\psi_i(0,\theta,t) = \psi_i(2\pi,\theta,t) \quad (i=1,2)$$

的解 ψ_1 和 ψ_2 可表为

$$\psi_i(\lambda,\theta,t) = -Ba^2\cos\theta + CP_n(\cos\theta) +$$

$$A\sin(m(\lambda-c_i t))P_n^m(\cos\theta) \quad (i=1,2) \qquad (38)$$

这里 $c_i(h(\theta)), i=1,2$ 是

$$c_1(h(\theta)) = \frac{\nu}{m}\left(\frac{\sin mh}{mh} \right)$$

$$c_2(h(\theta)) = \frac{\nu}{m}\left(\frac{8\sin mh - \sin 2mh}{6mh}\right)$$

若 h 是 θ 的增函数,这就有明显的翻倒波的影响,即波的上部行速慢于其下部,所以此波往左翻倒. 我们能进一步分析这个影响. 斯太(Starr)曾注意到像由递增的 $h(\theta)$ 所造成的波的倾斜,产生了角动量从高纬度向低纬度的迁移. 用计算角动量的子午线方向的流能确定这个影响

$$m(\theta) = \int_0^{2\pi} uv\,\mathrm{d}\lambda$$

其中 $\qquad u = -\dfrac{\partial\psi}{\partial\lambda}, \qquad v = \dfrac{\partial\psi}{\partial\theta}$

若令 $m_i(\theta)$ 表示相应于 ψ_i 的流,$i = 1,2$,则我们求得

$$m_i(\theta) = -\left(\frac{A}{a^2\sin\theta}P_n^m(\cos\theta)\right)^2 m\nu t\pi\,\frac{\partial c_i}{\partial\theta}$$

对方程(35)的解 ψ 而言,函数 $m(\theta)$ 恒为零,但我们发现 $m_1(\theta)$ 和 $m_2(\theta)$ 仅当 $\dfrac{\partial c_1}{\partial\theta}$ 和 $\dfrac{\partial c_2}{\partial\theta}$ 为零时才为零,而后者仅当 $\dfrac{\partial h}{\partial\theta}\equiv 0$ 时才成立. 另外,我们发现 $\dfrac{\partial h}{\partial\theta} > 0$ 蕴含着 $\dfrac{\partial m_i}{\partial\theta} < 0$,$i = 1,2$,反之亦然.

因为此子午向的迁移在研究涡度方程(34)之解时是最值得注意的量之一,所以这个误差是十分重要的. 一种含有误差的迁移过程的差分方法可能导致非常错误的结果. 我们可以断定在那些存在值得注意的子午向流的区域中,即如方程(33)的解所说明的那样,$h(\theta)$ 应该保持恒定. 威廉逊和伯朗宁(Williamson

& Browning) 对在一个球面上的网格的分析得到同样
的结论. 他们在径向利用平滑算子来放宽网格及 $h(\theta)$
为常数的稳定性条件.

间断与差分

第

19

章

在四分之一平面 $x \geqslant 0, t \geqslant 0$ 上考虑微分方程

$$\frac{\partial u}{\partial t} = \frac{\partial u}{\partial x} \qquad (1)$$

及其初值

$$u(x, 0) = f(x) \qquad (2)$$

并且用蛙跃格式

$$v_\nu(t + k) = v_\nu(t - k) + 2kD_0 v_\nu(t) \quad (3)$$

其中 $\nu = 1, 2, \cdots, t = k, 2k, \cdots, v_\nu(0) = f_\nu$ 来逼近. 其时,对连续问题(1),(2)而言无须在 $x = 0$ 处设置边界条件. 但对差分逼近来说却需要一个附加边界条件. 令

$$v_0(t) = 0 \qquad (4)$$

一般导致一个快速振荡的波,它沿反特征方向运动,而这是完全错误的. 克拉斯和伦维斯特(Kreiss & Lundqvist)已证明这对非耗散型逼近是典型的. 在式(3)中加一耗散项并代之以考虑

$$\begin{cases} v_\nu(t+k) = (I + dh^2 D_+ D_-) v_\nu(t-k) + 2kD_0 v_\nu(t) \\ v_\nu(0) = f_\nu \end{cases}$$

$$(5)$$

以及附加边界条件(4). 此外,正如在他们的同一文章中所证明的,此种误差的波会被衰减. 我们给出一些数值试验的结果来说明此点(图1—图44). 在这些例子中我们用初值 $f_\nu(0) = 0$ 和边值 $v_0(t) \equiv 1$ 来解方程(5). 用 $k = 0.2$ 和 $h = 0.01$.

从这些实验容易看出,这种误差的波为一大的耗散项极有效地抑制了. 用大耗散量的唯一困难在于它也影响所求解的精度. 所以,我们应该使用较高阶的耗散项,并且(或者)把耗散限制在边界邻域附近.

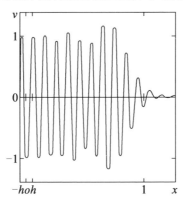

图1　$t = 1, 0, d = 0$

341

N. E. Nörlund 定理

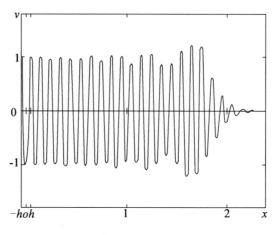

图 2　$t = 2,0, d = 0$

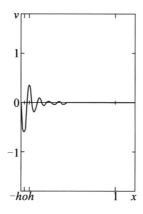

图 3　$t = 1$ 或 $2, d = 0.25$

342

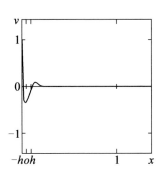

图 4　$t = 1$ 或 2，$d = 0.5$

　　这种方法对方程组也适用，只要对应于内向特征和外向特征的因变量之间没有耦合即可. 更精确地说，考虑方程组

$$\frac{\partial}{\partial t}\begin{pmatrix} u^{\mathrm{I}} \\ u^{\mathrm{II}} \end{pmatrix} = A \frac{\partial}{\partial x}\begin{pmatrix} u^{\mathrm{I}} \\ u^{\mathrm{II}} \end{pmatrix}, \quad A = \begin{pmatrix} \varLambda_1 & 0 \\ 0 & \varLambda_2 \end{pmatrix} \quad (\varLambda_1 < 0, \varLambda_2 > 0)$$

$$(6)$$

并假设对微分方程组(6)的边界条件是对内向变量设置的

$$u^{\mathrm{I}}(0,t) = g(t) \tag{7}$$

用

$$v_\nu(t+k) = (I + d(x_\nu)h^2 D_+ D_-)v_\nu(t-k) + 2kAD_0 v_\nu(t)$$

$$(8)$$

逼近式(6)，其中 $v_\nu = (v_\nu^{\mathrm{I}}, v_\nu^{\mathrm{II}})'$ 和 $d(x_\nu) \geqslant 0$ 仅在靠近边界的少数几个点上非零. 若我们对式(8)相应于式(7)用边界条件如下

$$v^{\mathrm{I}}(0,t) = g(t), \quad v^{\mathrm{II}}(0,t) = 0$$

则整个逼近在远离边界处精度为 $h^2|\log h|$.

注 更好的办法应是只对变量 v^{II} 用耗散算子,即代替 $d(x_\nu)h^2D_+D_-v_\nu$ 以

$$d(x_\nu)\begin{pmatrix}0 & 0\\ 0 & h^2D_+D_-\end{pmatrix}\begin{pmatrix}v_\nu^{\mathrm{I}}\\ v_\nu^{\mathrm{II}}\end{pmatrix}$$

则在远离边界处精度为 $O(h^2)$. 不幸的是,这种情况一般并不如此理想. 情况经常是这样的:边界条件是式(7)的形式,但微分方程却有低阶项,即,我们用下式代替式(6)

$$\frac{\partial}{\partial t}\begin{pmatrix}u^{\mathrm{I}}\\ u^{\mathrm{II}}\end{pmatrix}=\begin{pmatrix}A_1 & 0\\ 0 & A_2\end{pmatrix}\frac{\partial}{\partial x}\begin{pmatrix}u^{\mathrm{I}}\\ u^{\mathrm{II}}\end{pmatrix}+Bu \tag{9}$$

所以内向变量和外向变量通过 B 耦合在一起. 对应的差分逼近具有形式

$$v_\nu(t+k)=(I+d(x_\nu)h^2D_+D_-)v_\nu(t-k)+$$
$$2kAD_0v_\nu(t)+2kBv_\nu(t)$$

在靠近边界的少数几个点处,外向变量 $c_\nu^{\mathrm{II}}(t)$ 取完全错误的值. 此误差将通过 B 传给内向变量 $v_\nu^{\mathrm{I}}(t)$,并且可以说明这个在内向变量中的误差当行至区域内部时将是 $O(h)$,所以精度是不高的.

如果内向变量和外向变量是通过边界条件进行耦合的,即

$$u^{\mathrm{I}}(0,t)=Su^{\mathrm{II}}(0,t)$$

并且差分逼近 $v_0^{\mathrm{II}}(t)$ 是完全错误的,则精度完全没有了,对 $v_0^{\mathrm{I}}(t)$ 也一样,并且此误差将传播至内部.

有一些较好的办法来设置外加的边界条件,所以我们总有可能避免所有这些问题.

在实际计算中,人们要求的解常有间断性,此种间断随流而运动. 可把这些间断视为内部边界线,所以上面的结果适用于:

1. 若我们不沿着间断线而计算横穿这些线的差分,则此误差在间断线的邻域内将是 $O(1)$.

2. 若逼近是非耗散的,则类似前面讨论的那样,将出现快速振荡的波. 这些波沿特征的相反方向运动.

3. 若逼近是耗散的,则误差在整个区域内是 $O(h)$,并且在靠近那些起始于间断线的特征线地方达到.

最后一点是比较讨厌的. 这说明我们只有两种办法来取得较高精度.

(1)间断线的拟合,即我们沿着间断线传播,不计算横跨间断线的差分. 这种方法对一维情况相当满意,对多维情况是十分麻烦和费时的.

(2)代之以严格地沿着间断线进行,我们只近似地沿着间断线并用细网格将它覆盖. 这里的主要问题是在不同网格间的插值,此法应是非常有用的. 在一维情况对冲击波的计算实验亦证实了这一方法.

最后应该指出,人们应该使用这样的方法,首先它尽可能有高的精度,并且具有使得其耗散阶和精度阶的差尽可能小的耗散项. 这样做的原因在于间断解能用阶梯函数来局部逼近. 阶梯函数能被展成傅里叶级数,只要 N 充分大,它能以其前 N 项相当好地逼近. 为描述这些频率的成分所需的点数,随着精度的提高而减少. 在差分逼近中总有相当大量的频率成分完全是误差. 这些频率成分的振幅被前面所述之耗散项极为有效地抑制了.

346

第四编
复数域中的差分

从一道征解问题谈起

先看一个题目:设 $\log x$ 的步长为 1 的 n 阶差分记为 $\Delta^n \log x$,证明

$$\lim_{n \to \infty} x \log n \Delta^n \log x = \Gamma(x)$$

解 设将复变量 z 平面沿实负半轴割开,而以半径任意大的圆为边界的 z 平面部分用 (R) 表示,且设 z 的辐角大于 $-\pi$ 并小于 π. 则 $\log z$ 和 $\Gamma(z)$ 为 (R) 上 z 的单值解析函数,我们要证:若 x 是 (R) 内任一固定点,则有

$$(-1)^{n+1} n^x \log n \Delta^n \log x$$

$$= \Gamma(x) + O\left(\frac{1}{\log n}\right) \quad (1)$$

O 符号中隐含常数定依赖于 x.

首先,如果 $n \geqslant 1$

$$(-1)^{n+1}\Delta\log x$$
$$=\int_0^1 \frac{(n-1)!\ \mathrm{d}t}{(x+t)(x+t+1)\cdots(x+t+n-1)}$$

$$(2)$$

因为

$$\Delta^n\log x = \Delta^{n-1}(\log(x+1)-\log x)$$

$$= \Delta^{n-1}\int_0^1 \frac{\mathrm{d}t}{x+t} = \int_0^1 \Delta^{n-1}(x+t)^{-1}\mathrm{d}t$$

以及由熟知的对一元差分的微分积分的有限差公式

$$\Delta^{n-1}(x+t)^{-1} = \frac{(-1)^{n+1}(n-1)!}{(x+t)(x+t+1)\cdots(x+t+n-1)}$$

即知当 z 固定时

$$\lim_{n\to\infty} \frac{n^x 1\cdot 2\cdots(n-1)}{z(z+1)\cdots(z+n-1)} = \Gamma(z)$$

如果我们将左端表达式改写为 $n^x\Gamma(n)\Gamma(z)/\Gamma(z+n)$，并且采用 z 在 (R) 内有效的 $\Gamma(n),\Gamma(z+n)$ 的渐近公式，我们得到更明确的结果

$$\frac{(n-1)!}{z(z+1)\cdots(z+n-1)} = \frac{\Gamma(z)}{n^x} + O\left(\frac{1}{n^{z+1}}\right), |\arg z| < \pi$$

现假定 x 在 (R) 内，则我们在这个表达式中以 $x+t$ 换 z 并代入式 (2) 积分中，有结果

$$(-1)^{n+1}\Delta\log x = \int_0^1 \left(\frac{\Gamma(t+x)}{n^{t+x}} + O\left(\frac{1}{n^{t+x+1}}\right)\right)\mathrm{d}t$$

$$= \frac{1}{n^x}\int_0^1 \frac{\Gamma(t+x)}{n^t}\mathrm{d}t + O\left(\frac{1}{n^{x+1}\log n}\right)$$

由分部积分，求得

$$(-1)^{n+1}\Delta\log x = \frac{\Gamma(x)}{n^x\log n} - \frac{\Gamma(x+1)}{n^{x+1}\log n} +$$

$$\frac{1}{n^x \log n} \int_0^1 \frac{\Gamma'(t+x)}{n^t} \mathrm{d}t +$$

$$O\left(\frac{1}{n^{x+1} \log n}\right) \tag{3}$$

显然

$$\int_0^1 \frac{\Gamma'(t+x)}{n^t} \mathrm{d}t = O\left(\frac{1}{\log n}\right)$$

因此,若将式(3)乘以 $n^x \log n$,最后便得到

$$(-1)^{n+1} n^x \log n \Delta^n \log x$$

$$= \Gamma(x) + O\left(\frac{1}{n}\right) + O\left(\frac{1}{\log n}\right) + O\left(\frac{1}{n}\right)$$

$$= \Gamma(x) + O\left(\frac{1}{\log n}\right)$$

本题是世界著名科普杂志《美国数学月刊》上的一个征解问题,它涉及了复数域上的差分.

在复数域上差分的值分布,唯一性都是非常重要的研究领域,以下几章对此做一个简单介绍.

关于复域差分的值分布[①]

第

21

章

苏州科技学院数理学院周利利、黄志刚、孙桂荣三位教授研究了复域差分

$$\varphi_1(z) = \frac{f(z+c)}{(f(z))^k} - a(f(z))^n$$

和

$$\varphi_2(z) = \frac{\prod\limits_{i=1}^{\infty} f(x+c_i)}{(f(z))^k} - a(f(z))^n$$

的值分布. 从 Nevanlinna 理论的角度. 他们得到了它们的一些性质.

1. 引言和结果

本章使用值分布理论的基本概念[1-3]. 亚纯函数 $f(z)$ 的增长极用记号 $\sigma(f)$ 表示. $f(z)$ 是一个亚纯函数, 指的是它在整个复平面上都是亚纯的. 另外, 我们规定 $S(r,f) = o(T(r,f))(r \to \infty)$, 至多

---

① 选自《华东师范大学学报(自然科学版)》,2015 年 5 年第 3 期.

可能除去一个 r 的有限对数测度例外集.

近些年来,许多文章聚焦于研究复域差分方程和差分多项式的值分布,并且得到了许多有意义的成果(见文[4-21]).特别地,就复域差分方程的零点分布问题,Halburd-Korhonen[4] 得到了一些性质. 这些性质对于复域差分和差分多项式的进一步研究起到了非常重要的作用.

1959 年,Hayman 在文献[5]中讨论了亚纯函数及其导数的 Picard 值,得到了下面两个重要的结果.

定理 A[5]   设 $f(z)$ 是一个超越亚纯函数,那么对于任意正整数 $n \geq 3$,$f^n(z)f'(z)$ 取任意有限非零复数值无穷多次.

定理 B[5]   设 $f(z)$ 是一个超越亚纯函数,那么对于任意正整数 $n \geq 5$,复常数 $a \neq 0$,$f'(z) - af^n(z)$ 取任意有限复数值无穷多次.

在定理 A 的基础上,Laine-Yang 在文献[6]中考虑了差分多项式 $f^n(z)f(z+c)$,在满足一定条件时,有类似于定理 A 的结果成立.

在定理 B 的基础上,郑秀敏和陈宗煊研究了差分多项式

$$\psi_1(z) = f(z+c) - a(f(z))^n$$

和 $$\psi_2(z) = \prod_{j=1}^m f(z+c_j) - a(f(z))^n$$

得到下面两个定理.

定理 C[7]   设 $f(z)$ 是一个有限级的超越整函数,a,c 是非零复常数,那么对于任意正整数 $n \geq 3$,$\psi_1(z) =$

$f(z+c) - a(f(z))^n$ 取任意有限复常数值无穷多次.

定理 D[7] 设 $f(z)$ 是有限级的超越整函数,$a(\neq 0)$,$c_j(j=1,2,\cdots,m)$ 是复常数,m,n 为正整数,并且 c_1,$c_2,\cdots,c_m$ 中至少有一个不为零. 如果 $N\left(r,\dfrac{1}{f}\right) = S(r,f)$,当 $n\neq m$,且 $\min\{m,n\} = d \geqslant 2$ 时,$\psi_2(z) = \displaystyle\prod_{j=1}^{m} f(z+c_j) - a(f(z))^n$ 取任意有限非零复数值无穷多次.

这样,一个自然的问题是,考虑复域差分 $\varphi_1(z) = \dfrac{f(z+c)}{(f(z))^k} - a(f(z))^n$ 和 $\varphi_2(z) = \dfrac{\displaystyle\prod_{i=1}^{m} f(z+c_i)}{(f(z))^k} - a(f(z))^n$ 是否也可以取任意有限(非零)复常数值无穷多次呢?

本章将研究这个问题,并且我们考虑更一般的 $f(z)$ 是亚纯函数的情况.

定理 1 设 $f(z)$ 是有限级超越亚纯函数,a,c 是非零复常数,n,k 为正整数. 当 $N(r,f) + N\left(r,\dfrac{1}{f}\right) = O(r^{\sigma(f)-1+\varepsilon}) + S(r,f)$ 时,那么对于任意正整数 $n \geqslant k + 6$,$\varphi_1(z) = \dfrac{f(z+c)}{(f(z))^k} - a(f(z))^n$ 取任意有限复数值 b 无穷多次.

定理 2 设 $f(z)$ 是有限级超越亚纯函数,$N\left(r,\dfrac{1}{f}\right) = S(r,f)$,$N(r,f) = S(r,f)$,$a(\neq 0)$,$c_i(i=1,2,\cdots,m)$ 为复常数,$m,n,k \in \mathbf{N}^*$,并且 $c_1,c_2,\cdots,c_m$ 中

至少有一个不为零. 那么当 $\min\{m-k,n\} = d \geqslant 2$ 时,

$$\varphi_2(z) = \frac{\prod\limits_{i=1}^{m} f(z+c_i)}{(f(z))^k} - a(f(z))^n$$ 取任意非零复常数

b 无穷多次.

注　显然,我们的结果在一定程度上推广了前面 Hayman 等人的定理. 实际上,由于我们讨论的是 $f(z)$ 为超越亚纯函数的情形,在处理的方法上显然比整函数情形更为复杂,其中需要一些涉及极点的处理技巧.

在定理 2 中,如果 $f(z)$ 是有限级超越整函数,那么只需要考虑 $f(z)$ 的零点即可,易得下面推论.

推论 1　设 $f(z)$ 是有限级超越整函数,$N\left(r, \dfrac{1}{f}\right) = S(r,f)$,$a$,$c_i(i=1,2,\cdots,m)$ 为复常数,$m,n,k \in \mathbf{N}^*$,并且 $c_1, c_2, \cdots, c_m$ 中至少有一个不为零. 那么当 $\min\{m-k,n\} = d \geqslant 2$ 时,$\varphi_2(z) = \dfrac{\prod\limits_{i=1}^{m} f(z+c_i)}{(f(z))^k} - a(f(z))^n$ 取任意非零复常数 b 无穷多次.

2. 一些引理

引理 1[8]　设 $f(z)$ 是一个有限级超越亚纯函数,c 是非零常数. 那么对于任意常数 $\varepsilon > 0$,有 $T(r, f(z+c)) = T(r,f) + O(r^{\sigma(f)-1+\varepsilon}) + O(\log r)$.

引理 2[2]　设 $f(z)$ 是一个亚纯函数,$R(z,f(z)) = \dfrac{\sum\limits_{i=0}^{m} a_i(z) f^i(z)}{\sum\limits_{j=0}^{n} b_j(z) f^j(z)}$ 是关于 $f(z)$ 的最简有理函数,若 $m \neq n$,

且 $d = \max\{m,n\}, \psi(r) = \max_{i,j}\{T(r,a_i), T(r,b_j)\}$，则

$$T(r, R(z, f(z))) = dT(r, f) + O(\psi(r))$$

引理 3[9]　如果 $f(z)$ 是有限级超越亚纯函数，c 是复常数，$\delta < 1$. 那么对于任意常数 $\varepsilon > 0$，可能除去一个 r 的有限对数测度例外集，都有

$$m\left(r, \frac{f(z+c)}{f(z)}\right) = o\left(\frac{T^{1+\varepsilon}(r+|c|, f)}{r^\delta}\right)$$

注　在文献[7]的说明 4 中指出，$f(z)$ 为非常数有限级，有 $m\left(r, \frac{f(z+c)}{f(z)}\right) = S(r, f)$ 成立.

引理 4[10]　若 $f(z)$ 是非常数有限级亚纯函数，c 是非零复常数，则

$$N(r, f(z+c)) = N(r, f) + S(r, f)$$

引理 5[9]　若 $f(z)$ 是 $f^n P(z, f) = Q(z, f)$ 的一个非常数有限级超越亚纯解，其中 $P(z, f), Q(z, f)$ 是关于 $f(z)$ 的多项式，且系数为 $f(z)$ 的小函数，$\delta < 1, Q(z, f)$ 关于 $f(z)$ 的次数至多是 n. 那么可能除去一个 r 的有限对数测度例外集，都有

$$m(r, P(z, f)) = o\left(\frac{T(r+|c|, f)}{r^\delta}\right) + o(T(r, f))$$

注　在文献[7]的说明 3 中指出，若 $f(z)$ 为 $f^n P(z, f) = Q(z, f)$ 的一个非常数有限级解，$P(z, f), Q(z, f)$ 如引理 5 中条件，那么 $m(r, P(z, f)) = S(r, f)$.

3. 定理 1 的证明

证明　我们分两种情况来证明.

（i）假设 $0 < \sigma(f) < \infty$，用反证法证明. 假设结论不成立，那么存在复数 b 使 $\varphi_1(z) - b = 0$ 具有穷多个

解,也就是说

$$\frac{f(z+c)-b(f(z))^{k}-a(f(z))^{n+k}}{(f(z))^{k}}=0$$

具有穷多个零点. 即

$$N\left(r,\frac{(f(z))^{k}}{f(z+c)-b(f(z))^{k}-a(f(z))^{n+k}}\right)=O(\log r)$$

$$(1)$$

因为

$$N\left(r,\frac{1}{f(z+c)-b(f(z))^{k}-a(f(z))^{n+k}}\right)+$$

$$N(r,(f(z))^{k})-N_0(r)-N_1(r)$$

$$\leqslant N\left(r,\frac{(f(z))^{k}}{f(z+c)-b(f(z))^{k}-a(f(z))^{n+k}}\right)\quad(2)$$

其中 $N_0(r)$ 和 $N_1(r)$ 分别为 $f(z+c)-b(f(z))^{k}-a(f(z))^{n+k}$ 与 $(f(z))^{k}$ 的公共零点和公共极点,且计重数. 又由已知条件 $N\left(r,\frac{1}{f}\right)+N(r,f)=O(r^{\sigma(f)-1+\varepsilon})+S(r,f)$ 和式(2),我们得到

$$N\left(r,\frac{1}{f(z+c)-b(f(z))^{k}-a(f(z))^{n+k}}\right)$$

$$=O(r^{\sigma(f)-1+\varepsilon})+S(r,f)\qquad(3)$$

令 $F(z)=\dfrac{\dfrac{f(z+c)}{(f(z))^{k}}-b}{a(f(z))^{n}}$,即

$$F(z)=\frac{f(z+c)-b(f(z))^{k}}{a(f(z))^{n+k}}$$

$$F(z)-1=\frac{f(z+c)-b(f(z))^{k}-a(f(z))^{n+k}}{a(f(z))^{n+k}}\quad(4)$$

357

下面考虑 $F(z)$ 的零点、极点和 $F(z)-1$ 的零点.

由式(4)可知，$F(z)$ 的极点发生在 $f(z)$ 的零点和 $f(z+c)$ 的极点(从中去除同时是 $f(z+c)-b(f(z))^k$ 与 $(f(z))^{n+k}$ 的公共零点和公共极点)处，且其中那些是 $f(z)$ 的零点，但不同时是 $f(z+c)-b(f(z))^k$ 的零点的重数至少为 $n+k$ 次. 故我们得到

$$\overline{N}(r,F) \leqslant \frac{1}{n+k}N(r,F) + \overline{N}(r,f(z+c)) +$$

$$\overline{N}\left(r, \frac{1}{f(z+c)-b(f(z))^k}\right) \qquad (5)$$

同时，由式(4)可知，$F(z)$ 的零点发生在 $f(z+c)-b(f(z))^k$ 的零点和 $f(z)$ 的极点(从中去除同时是 $f(z+c)-b(f(z))^k$ 与 $(f(z))^{n+k}$ 公共零点和公共极点)处，所以有

$$\overline{N}\left(r, \frac{1}{F}\right) \leqslant \overline{N}\left(r, \frac{1}{f(z+c)-b(f(z))^k}\right) + \overline{N}(r,f) \quad (6)$$

此外，由式(4)可知，$F(z)-1$ 的零点发生在 $f(z+c)-b(f(z))^k-a(f(z))^{n+k}$ 的零点和 $f(z)$ 的极点(去除同时是 $f(z+c)-b(f(z))^k-a(f(z))^{n+k}$ 与 $(f(z))^{n+k}$ 的公共零点和公共极点)处，因此有

$$\overline{N}\left(r, \frac{1}{F(z)-1}\right) \leqslant \overline{N}(r,f(z)) +$$

$$\overline{N}\left(r, \frac{1}{f(z+c)-b(f(z))^k-a(f(z))^{n+k}}\right) \qquad (7)$$

联立式(3)和式(5)-(7)，得到

$$\overline{N}(r,F) + \overline{N}\left(r, \frac{1}{F}\right) + \overline{N}\left(r, \frac{1}{F-1}\right)$$

$$\leqslant \frac{1}{n+k}N(r,F) + \overline{N}(r,f(z+c)) + \overline{N}\left(r,\frac{1}{f(z+c)-b(f(z))^k}\right) +$$

$$2\overline{N}(r,f) + \overline{N}\left(r,\frac{1}{f(z+c)-b(f(z))^k-a(f(z))^{n+k}}\right)$$

$$\leqslant \frac{1}{n+k}N(r,F) + \overline{N}(r,f(z+c)) + \overline{N}\left(r,\frac{1}{f(z+c)-b(f(z))^k}\right) +$$

$$2\overline{N}(r,f) + O(r^{\sigma(f)-1+\varepsilon}) + S(r,f) \tag{8}$$

由式(8)及第二基本定理,得到

$$T(r,F) \leqslant \overline{N}(r,F) + \overline{N}\left(r,\frac{1}{F}\right) + \overline{N}\left(r,\frac{1}{F-1}\right) + S(r,F)$$

$$\leqslant \frac{1}{n+k}N(r,F) + \overline{N}(r,f(z+c)) +$$

$$\overline{N}\left(r,\frac{1}{f(z+c)-b(f(z))^k}\right) +$$

$$2\overline{N}(r,f) + O(r^{\sigma(f)-1+\varepsilon}) + S(r,F) + S(r,f)$$

$$\leqslant \frac{1}{n+k}T(r,F) + (k+2)T(r,f) + 2T(r,f(z+c)) +$$

$$O(r^{\sigma(f)-1+\varepsilon}) + S(r,F) + S(r,f)$$

因为 $f(z)$ 是一个有限级的亚纯函数,所以根据引理 1,有

$$T(r,f(z+c)) = T(r,f) + O(r^{\sigma(f)-1+\varepsilon}) + O(\log r) \tag{9}$$

继而得

$$\left(1-\frac{1}{n+k}+o(1)\right)T(r,F) \leqslant (k+4+o(1))T(r,f) +$$

$$O(r^{\sigma(f)-1+\varepsilon}) + S(r,f) \tag{10}$$

另外,根据式(4)及式(9)可知

$$(n+k)T(r,f) = T(r,f^{n+k}) = T\left(r,\frac{f(z+c)-b(f(z))^k}{aF}\right)$$

$$\leq kT(r,f) + T(r,f(z+c)) + T(r,F) +$$
$$S(r,f)$$
$$\leq kT(r,f) + T(r,f) + O(r^{\sigma(f)-1+\varepsilon}) +$$
$$T(r,F) + S(r,f)$$
$$= (k+1)T(r,f) + O(r^{\sigma(f)-1+\varepsilon}) +$$
$$T(r,F) + S(r,f) \tag{11}$$

再根据式(10)及式(11),得到

$$(n-1)T(r,f) \leq O(r^{\sigma(f)-1+\varepsilon}) + T(r,F) + O(\log r)$$
$$\leq \left(\frac{(n+k)(k+4)}{n+k-1} + o(1) \right) T(r,f) +$$
$$O(r^{\sigma(f)-1+\varepsilon}) + S(r,f)$$

即

$$\frac{(n+k)(n-k-6)+k+1}{n+k-1}T(r,f) \leq O(r^{\sigma(f)-1+\varepsilon}) + S(r,f)$$
$$\tag{12}$$

因为 $n \geq k+6$,所以式(12)与已知 $f(z)$ 是超越函数矛盾. 故 $\varphi_1(z) - b = 0$ 具无穷多个零点.

(ii)假设 $\sigma(f) = 0$,则根据引理 1 知 $\sigma(\varphi_1) = 0$. 下面断定 $\varphi_1(z)$ 是超越的. 假设 $\varphi_1(z)$ 是多项式,所以 $T(r,\varphi_1) = O(\log r)$.

根据引理 1,有

$$T(r,f(z+c)) = T(r,f) + O(r^{\sigma(f)-1+\varepsilon}) + O(\log r)$$
$$= T(r,f) + O(\log r) \tag{13}$$

另外,由引理 2,有

$$T(r,f(z+c)) = T(r,\varphi_1(z)(f(z))^k + a(f(z))^{n+k})$$
$$= (n+k)T(r,f) + O(\log r) \tag{14}$$

联立式(13)和式(14),得到 $T(r,f) = O(\log r)$. 这与

$f(z)$ 为超越函数矛盾. 因此, $\varphi_1(z)$ 是超越的. 也就是说, $\varphi_1(z) - b$ 是一个零级的超越亚纯函数, 所以它们有无穷多个零点.

4. 定理 2 的证明

证明　假设结论不成立, 那么存在非零复数 b, 使得 $\varphi_2(z) - b = 0$ 只具有穷多个解. 由 Hadamard 定理有

$$\varphi_2(z) - b = \frac{\prod\limits_{i=1}^{m} f(z + c_i)}{(f(z))^k} - a(f(z))^n - b = \frac{\pi_1(z)}{\pi_2(z)} \mathrm{e}^{q(z)}$$

$$(15)$$

其中 $\pi_1(z)$ 和 $\pi_2(z)$ 分别为 $\varphi_2(z) - b$ 的零点和极点典型乘积, 容易证明 $\varphi_2(z)$ 为有限级, 并且 $\pi_1(z)$ 和 $q(z)$ 都为多项式. 又因为 $N\left(r, \frac{1}{f}\right) = S(r, f)$, $N(r, f) = S(r, f)$, 故

$$T\left(r, \frac{\pi_1(z)}{\pi_2(z)}\right) = S(r, f) \qquad (16)$$

且 $\sigma(\pi_2(z)) < \sigma(f) = \deg(q(z))$.

将式(15)两边求导, 并同时除以 $\mathrm{e}^{q(z)}$, 得到

$$f^d P(z, f) = Q(z, f) \qquad (17)$$

其中

$$P(z, f) = \sum_{i=1}^{m} \frac{\pi_1(z) f'(z + c_i)}{\pi_2(z) \, f(z + c_i)} \prod_{v=1}^{m} \frac{f(z + c_v)}{f(z)} (f(z))^{m-k-d} -$$

$$k \frac{\pi_1(z) f'(z)}{\pi_2(z) \, f(z)} \prod_{i=1}^{m} \frac{f(z + c_i)}{f(z)} (f(z))^{m-k-d} -$$

$$an \frac{\pi_1(z)}{\pi_2(z)} \frac{f'(z)}{f(z)} (f(z))^{n-d} -$$

$$p^*(z)\prod_{i=1}^{m}\frac{f(z+c_i)}{f(z)}(f(z))^{m-k-d} +$$

$$ap^*(z)(f(z))^{n-d} \tag{18}$$

$$Q(z,f) = -bp^*(z) \tag{19}$$

和

$$p^*(z) = \frac{\pi'_1(z)}{\pi_2(z)} - \frac{\pi_1(z)\pi'_2(z)}{(\pi_2(z))^2} + \frac{\pi_1(z)}{\pi_2(z)}q'(z)$$

$$\tag{20}$$

对式(17)运用引理 5,我们需要证明 $P(z,f),Q(z,f)$ 为关于 f 的多项式. 先证明 $p^*(z)\neq0$. 下面分两种情况证明.

（i）假设 $\pi_2(z)$ 为多项式. 用反证法证明.

如果 $p^*(z)\equiv0$,那么根据式(20)知 $-\pi'_1\pi_2 + \pi_1\pi'_2 = \pi_1\pi_2 q'(z)$. 这里 $\pi_1(z),\pi_2(z)$ 和 $q(z)$ 均为多项式,显然这是不可能的. 所以 $p^*(z)\neq0$.

（ii）假设 $\pi_2(z)$ 为超越整函数. 用反证法证明.

如果 $p^*(z)\equiv0$,那么根据式(20)知 $-\pi'_1\pi_2 + \pi_1\pi'_2\equiv\pi_1\pi_2 q'(z)$. 因为 $\pi_1(z)$ 为多项式,$\pi_2(z)$ 为超越整函数,所以 $\pi_2(z)$ 存在一个零点 z_0 使得 $\pi_1(z)\neq 0$. 比较上式两边零点重数,显然这也是不成立的. 因此 $p^*(z)\neq0$.

故 $p_z^*\neq0$. 又因为 $b\neq0$,所以 $P(z,f)\neq0$.

根据引理 1,引理 3,引理 4 和已知条件 $N\left(r,\frac{1}{f}\right) = S(r,f),N(r,f)=S(r,f)$,则有

$$m\left(r,\frac{f(z+c_i)}{f(z)}\right) = S(r,f)$$

$$N(r,\frac{f(z+c_i)}{f(z)}) \leqslant N\left(r,\frac{1}{f}\right) + N(r,f(z+c_i))$$

$$\leqslant N\left(r,\frac{1}{f}\right) + N(r,f) + S(r,f) = S(r,f)$$

$$m\left(r,\frac{f'(z+c_i)}{f(z+c_i)}\right) = O(\log r) = S(r,f)$$

$$N\left(r,\frac{f'(z+c_i)}{f(z+c_i)}\right) \leqslant \overline{N}\left(r,\frac{1}{f(z+c_i)}\right)$$

$$\leqslant \overline{N}\left(r,\frac{1}{f}\right) + S(r,f) = S(r,f)$$

$$m\left(r,\frac{f'(z)}{f(z)}\right) = O(\log r) = S(r,f)$$

$$N\left(r,\frac{f'(z)}{f(z)}\right) = \overline{N}\left(r,\frac{1}{f}\right) = S(r,f)$$

其中 $i=1,2,\cdots,m.$ 因此，得到

$$\begin{cases} T\left(r,\frac{f'(z+c_i)}{f(z+c_i)}\right) = S(r,f) \\ T\left(r,\frac{f(z+c_i)}{f(z)}\right) = S(r,f) \\ T\left(r,\frac{f'(z)}{f(z)}\right) = S(r,f) \end{cases} \quad (21)$$

其中 $i=1,2,\cdots,m.$

由式（16），（17），（21）和已知条件 $N\left(r,\frac{1}{f}\right) = S(r,f)$，根据引理 5，有

$$\begin{cases} m(r,P(z,f)) = S(r,f) \\ N(r,P(z,f)) = N\left(r,\frac{Q(z,f)}{f^d}\right) \\ \qquad\qquad \leqslant dN\left(r,\frac{1}{f}\right) = S(r,f) \end{cases} \quad (22)$$

同时,因为 $d \geqslant 2$,所以

$$m(r, fP(z,f)) = S(r,f) \qquad (23)$$

再者,根据式(17) - (19)和已知条件 $N\left(r, \dfrac{1}{f}\right) = S(r,f), N(r,f) = S(r,f)$,可得

$$N(r, fP(z,f)) \leqslant N(r,f) + N(r, P(z,f))$$

$$= N(r,f) + N\left(r, \frac{Q(z,f)}{f^d}\right)$$

$$\leqslant N(r,f) + dN\left(r, \frac{1}{f}\right) = S(r,f)$$

$$(24)$$

最后,联立式(22) - (24),有

$$T(r,f) \leqslant T(r, fP(z,f)) + T\left(r, \frac{1}{P(z,f)}\right) = S(r,f)$$

因此矛盾.

5. 参考文献

[1] HAYMAN W K. Meromorphic Functions [M]. Oxford:Clarendon Press, 1964.

[2] LAINE I. Nevanlinna Theory and Complex Differential Equations[M]. Berlin:Walter de Gruyter, 1993.

[3] YANG L. Value Distribution Theory [M]. Berlin:Springer - Verlag Science Press, 1993.

[4] HALBURD R G, KORHONEN R J. Meromorphic solutions of difference equations, Integrability and the discrete Painleve equations [J]. J Phys, 2007, A40:1 - 38.

[5] HEITTOKANGAS J, KORHONEN R, LAINE I, et al. Complex difference equations of Malmquist type[J]. Comput Methods Funct Theory, 2001,1(1):27 - 39.

[6] LAINE I, YANG C C. Value distribution of difference polynomials[J].

Proc Japan Acad Ser 2007,A83:148 −151.

[7]ZHENG X M, CHEN Z X. On the value distribution of Some difference polynomials[J]. J Math Anal Appl, 2013,397:814 −821.

[8]CHIANG Y M, FENG S J. On the Nevanlinna characteristic of $f(z+c)$ and diffenrece quotients in the complex plane[J]. Ramanujan J, 2008, 16:105 −129.

[9]HALBURD R G, KORHONEN R J. Difference analogue of the lemma on the logarithmic derivative with applications to difference equations [J]. J Math Anal Appl, 2006,314:477 −487.

[10]张然然,陈宗煊.亚纯函数差分多项式的值分布[J].中国科学:数学,2012,42(11):1115 −1130.

[11]ABILWITE M J, HALBURD R G, HERST B. On the extension of the Painleve property to difference equations[J]. Nonlinearity,2000,13: 889 −905.

[12]BERGWEILER W, LANGLEY J K. Zeros of differenxes of meromorphic functions[J]. Math Proc Cambridge Philos Soc, 2007,142:133 −147.

[13]CHEN Z X, HUANG Z B, ZHENG X M. On properties of difference polynomials[J]. Acta Math Sci, 2011,31B(2):627 −633.

[14]CHEN Z X, SHON K H. Estimates for the zeros of differences of meromorphic functions[J]. Sci China, 2009,52A(11):2447 −2458.

[15]CHEN Z X, SHON K H. On zeros and fixed points of differences of meromorphic functions[J]. J Math Anal Appl, 2008,344(1):373 −383.

[16]CHINAG Y M, FENG S J. On the growth of logarithmic differences, difference quotients and logarithmic derivatives of meromorphic functions[J]. Trans Amer Math Soc, 2009,R361(7):3767 −3791.

[17]HALBURD R G, KORHONEN R J. Existence of finite − order meromorphic solutions as a detector of integrability in difference equations [J]. Physica, 2006,218D:191 −203.

[18]ISHIZAKI K, YANAGIHARA N. Wiman − Valiron method for differ-

ence equations[J]. Nagoya Math J, 2004,175:75 - 102.

[19]LIU K. Meromorphic functinos sharing a set with applications to difference equations[J]. J Math Anal Appl, 2009,359:384 - 393.

[20]ZHENG X M, CHEN Z X. Growth of meromorphic solutions of linear difference equations[J]. J Math Appl, 2011,384(2):349 - 356.

[21]ZHENG X M, CHEN Z X. Some properties of meromorphic solutions of q - difference equations[J]. J Math Appl, 2010,361(2):472 - 480.

亚纯函数差分多项式的
值分布和唯一性[①]

王琼燕,叶亚盛二位教授运用 Nevan-linna 理论研究亚纯函数差分多项式的值分布和唯一性,改进了先前已知的一些结果.

第

22

章

1. 引言

1959 年, Hayman[1] 证明了一系列 Picard 型定理,极大地推动了亚纯函数的模分布、正规族及幅角分布理论的发展,相继取得了一些重要成果.

亚纯函数值分布理论的差分模拟也被许多学者所研究[2-5]. 平移差分 $\Delta_c f(z) = f(z+c) - f(z)$, q – 差分 $\Delta_q f(z) = f(qz) - f(z)$ 或 $\Delta_q f(z) = f(qz+c)$ 通常被看作是 $f'(z)$ 的差分对应,微分多项式 $f^n(z)f'(z)$ 及 $f^n(z) + af'(z)$ 则分别被看作是 $f^n(z)\Delta f(z)$, $f^n(z) + a\Delta f(z)$ 的差分对应.

近年来,随着差分模拟的对数导数引理和

① 选自《数学年刊》,2014,35A(6):675 – 684.

Clunie 引理[6-10]的建立,对复域差分的值分布研究获得了很大的发展.

Liu 等[11-12]证明了如下定理 A – C.

定理 A 假设 f 是有限级超越亚纯函数, $\alpha(z)$ 是 f 的小函数, c 为非零复常数,则当 $n \geqslant 6$ 时, $f^n(z)f(z+c) - \alpha(z)$ 有无穷多个零点.

定理 B 假设 f 是有限级超越亚纯函数, $\alpha(z)$ 是 f 的小函数, $n, s \in \mathbf{N}$, $\Delta_c f = f(z+c) - f(z)$, $\Delta_c f \not\equiv 0$,则当 $n \geqslant s + 6$ 时, $f^n(z)(\Delta_c f)^s - \alpha(z)$ 有无穷多个零点.

定理 C 假设 f 是有限级超越亚纯函数, $\alpha(z)$, $\beta(z)$ 是 f 的小函数, c 为非零复常数, $n, m \in \mathbf{N}$,则当 $n \geqslant 4m + 4$ 时, $f^n(z) + \beta(z)(f(z+c) - f(z))^m - \alpha(z)$ 有无穷多个零点.

Zhang 和 Korhonen[13,定理5.1]证明了定理 D.

定理 D 假设 f, g 是零级超越亚纯函数, q 为非零复常数,当 $n \geqslant 8$ 时,如果 $f^n(z)f(qz)$ 和 $g^n(z)g(qz)$ 计重数分担 $1, \infty$,则 $f(z) \equiv tg(z)$, $t^{n+1} = 1$.

Zhang 和 Korhonen[13,定理5.2]证明了定理 E.

定理 E 假设 f, g 是零级超越整函数, q 为非零复常数,当 $n \geqslant 6$ 时,如果 $f^n(z)(f(z) - 1)f(qz)$ 和 $g^n(z)(g(z) - 1)g(qz)$ 计重数分担 1,则 $f(z) \equiv g(z)$.

Liu 等[14,定理1.5]证明了定理 F.

定理 F 假设 f, g 是零级超越整函数,当 $n \geqslant m + 5$ 时,如果 $f^n(z)(f^m(z) - a)f(qz + c)$ 和 $g^n(z)(g^m(z) - a) \cdot g(qz + c)$ 计重数分担非零多项式 $P(z)$,则 $f(z) \equiv g(z)$.

第 22 章　亚纯函数差分多项式的值分布和唯一性

　　本章考虑了差分多项式的值分布,证明了定理 $1-4$.

　　定理 1　假设 f 是零级超越亚纯函数,$\alpha(z)$ 是 f 的非零小函数,q 为非零复常数. 则当 $n \geqslant 4$ 时,$f^{n}(z)f(qz+c)-\alpha(z)$ 有无穷多个零点. 当 $|q|=1$ 时,结论对有限级的超越亚纯函数也成立.

　　定理 1 将定理 A 中的条件 $n \geqslant 6$ 改进为 $n \geqslant 4$,如下例 1 说明该条件不能再改进.

　　例 1　$f(z)=\dfrac{e^{z}-1}{e^{z}+1},c=\pi \mathrm{i}$,则当 $n=2,3$ 时,$f^{n}(z) \cdot$

$f(z+c)=\left(\dfrac{e^{z}-1}{e^{z}+1}\right)^{n-1} \not\equiv 1$

　　定理 2　假设 f 是零级超越亚纯函数,$\alpha(z)$ 是 f 的小函数,a,q 为非零复常数. 则当 $n \geqslant 4$ 时,$f^{n}(z)+af(qz+c)-\alpha(z)$ 有无穷多个零点. 当 $|q|=1$ 时,结论对有限级的超越亚纯函数也成立.

　　如下例 2 说明定理 2 中的条件是最佳的.

　　例 2　$f(z)=\dfrac{3}{2\mathrm{i}}\tan z-\dfrac{1}{2},q=-1$,则 $f^{3}(z)+$

$3f(qz)+5 \not\equiv 0$,且 $f^{2}(z)-f(qz)-3 \not\equiv 0$.

　　定理 3　假设 f 是零级超越亚纯函数,$\alpha(z)$ 是 f 的小函数,q 为非零复常数,$n,s \in \mathbf{N}^{*}$,$\Delta_{q}f=f(qz+c)-f(z)$,$\Delta_{q}f \not\equiv 0$. 则当 $n \geqslant s+3$ 时,$f^{n}(z)(\Delta_{q}f)^{s}-\alpha(z)$ 有无穷多个零点. 当 $|q|=1$ 时,结论对有限级的超越亚纯函数也成立.

　　定理 3 将定理 B 中的条件 $n \geqslant s+6$ 改进为 $n \geqslant s+3$.

369

N. E. Nörlund 定理

定理 4　假设 f 是零级超越亚纯函数，$\alpha(z)$，$\beta(z)$ 是 f 的小函数，q 为非零复常数，n，$m \in \mathbf{N}^*$. 则当 $n \geqslant 2m + 3$ 时，$f^n(z) + \beta(z)(f(qz + c) - f(z))^m - \alpha(z)$ 有无穷多个零点. 当 $|q| = 1$ 时，结论对有限级的超越亚纯函数也成立.

定理 4 将定理 C 中的条件 $n \geqslant 4m + 4$ 改进为 $n \geqslant 2m + 3$.

下面我们考虑差分多项式的唯一性，证明了定理 5 – 7.

定理 5　假设 f, g 是零级超越亚纯函数，q 为非零复常数，且 $n \geqslant 6$. 如果 $f^n(z)f(qz)$ 和 $g^n(z)g(qz)$ 计重数分担 $1, \infty$，那么 $f(z) \equiv tg(z)$，$t^{n+1} = 1$.

定理 5 将定理 D 中的条件 $n \geqslant 8$ 改进为 $n \geqslant 6$.

定理 6　假设 f, g 是零级超越整函数，q 为非零复常数，且 $n \geqslant 5$. 如果 $f^n(z)(f(z) - 1)f(qz)$ 和 $g^n(z)(g(z) - 1)g(qz)$ 计重数分担 1，那么 $f(z) \equiv g(z)$.

定理 6 将定理 E 中的条件 $n \geqslant 6$ 改进为 $n \geqslant 5$.

定理 7　假设 f, g 是零级超越整函数，$m, n \in \mathbf{N}^*$，且 $n \geqslant m + 4$. 如果 $f^n(z)(f^m(z) - a)f(qz + c)$ 和 $g^n(z) \cdot (g^m(z) - a)g(qz + c)$ 计重数分担非零多项式 $P(z)$，那么 $f(z) \equiv g(z)$.

定理 7 将定理 F 中的条件 $n \geqslant m + 5$ 改进为 $n \geqslant m + 4$.

2. 引理

引理 1　如果 f 是非常数的零级亚纯函数，$c \in \mathbf{C}$. 那么

$$m\left(r, \frac{f(qz+c)}{f(z)}\right) = o(T(r,f))$$

在一个对数测度为 1 的集合上.

引理 2[14]　如果 f 是零级超越亚纯函数, q 为非零复常数, 那么

$$T(r, f(qz+c)) = T(r, f(z)) + S(r,f)$$

在一个对数测度为 1 的集合上.

引理 3[7]　如果 f 是有限级超越亚纯函数, 那么

$$T(r, f(z+c)) = T(r, f(z)) + S(r,f)$$

在一个对数测度为 1 的集合上.

引理 4　假设 f, g 是零级超越整函数, $m, n \in \mathbf{N}^*$, 当 $n \geq m+4$ 时, 如果

$$f^n(f^m-1)f(qz+c) = g^n(g^m-1)g(qz+c) \quad (1)$$

那么 $f = tg$, 其中 $t^{n+1} = t^m = 1$.

证明　令 $G(z) = \dfrac{f(z)}{g(z)}$, 下面我们证明 $G(z)$ 是常数. 如果 $G(z)$ 不是常数, 由式(1)可得

$$g^m(z)(G^{n+m}(z)G(qz+c)-1)) = G^n(z)G(qz+c)-1 \quad (2)$$

如果 1 是 $G^{n+m}(z)G(qz+c)$ 的 Picard 例外值. 由第二基本定理和引理 2, 可得

$$\begin{aligned}
T(r, G^{n+m}G(qz+c)) \leq & \overline{N}(r, G^{n+m}G(qz+c)) + \\
& \overline{N}\left(r, \frac{1}{G^{n+m}G(qz+c)}\right) + \\
& \overline{N}\left(r, \frac{1}{G^{n+m}G(qz+c)-1}\right) + \\
& S(r, G)
\end{aligned}$$

$$\leqslant 2T(r,G(z)) + 2T(r,G(qz+c)) +$$
$$S(r,G)$$
$$\leqslant 4T(r,G(z)) + S(r,G) \quad (3)$$

在对数测度为 1 的集合上.

另外,由标准的 Valiron – Mokhon'ko 定理,引理 2 和式(3),可得

$$(n+m)T(r,G) = T(r,G^{n+m}) + S(r,G)$$
$$\leqslant T\left(r,\frac{1}{G^{n+m}G(qz+c)}\right) +$$
$$T(r,G(qz+c)) + S(r,G)$$
$$\leqslant 5T(r,G) + S(r,G) \quad (4)$$

与 $n \geqslant m+4$ 矛盾.

所以 1 不是 $G^{n+m}(z)G(qz+c)$ 的 Picard 例外值, 故存在点 z_0,使得 $G^{n+m}(z_0)G(qz_0+c) = 1$. 下面我们分两种情形讨论:

情形 1 $G^{n+m}(z)G(qz+c) \not\equiv 1$,由式(2)及 $g(z)$ 是整函数可知,$G^n(z_0)G(qz_0+c) = 1$,所以 $G^m(z_0) = 1$,故

$$\overline{N}\left(r,\frac{1}{G^{n+m}G(qz+c)-1}\right) \leqslant \overline{N}\left(r,\frac{1}{G^m-1}\right)$$
$$\leqslant mT(r,G) + S(r,G) \quad (5)$$

由第二基本定理,引理 2 和式(5),可得

$$T(r,G^{n+m}G(qz+c)) \leqslant \overline{N}(r,G^{n+m}G(qz+c)) +$$
$$\overline{N}\left(r,\frac{1}{G^{n+m}G(qz+c)}\right) +$$
$$\overline{N}\left(r,\frac{1}{G^{n+m}G(qz+c)-1}\right) + S(r,G)$$

$$\leq \overline{N}(r,G) + \overline{N}_1(r) + \overline{N}\left(r,\frac{1}{G}\right) +$$

$$\overline{N}_0(r) +$$

$$\overline{N}\left(r,\frac{1}{G^{n+m}G(qz+c)-1}\right) + S(r,G)$$

$$\leq (m+2)T(r,G) + \overline{N}_1(r) + \overline{N}_0(r) +$$

$$S(r,G) \qquad\qquad (6)$$

这里 $\overline{N}_0(r)$ 表示 $G^{n+m}(z)G(qz+c)$ 与 $G(qz+c)$ 的公共零点的精简密指量，$\overline{N}_1(r)$ 表示 $G^{n+m}(z)G(qz+c)$ 与 $G(qz+c)$ 的公共极点的精简密指量.

另外

$$(n+m)m(r,G) = m(r,G^{n+m})$$

$$\leq m(r,G^{n+m}G(qz+c)) +$$

$$m\left(r,\frac{1}{G(qz+c)}\right) \qquad (7)$$

$$(n+m)N(r,G) = N(r,G^{n+m})$$

$$\leq N(r,G^{n+m}G(qz+c)) +$$

$$N\left(r,\frac{1}{G(qz+c)}\right) - \overline{N}_0(r) - \overline{N}_1(r)$$

$$(8)$$

由式(7) – (8)，得

$$(n+m)T(r,G) \leq T(r,G^{n+m}G(qz+c)) +$$

$$T\left(r,\frac{1}{G(qz+c)}\right) - \overline{N}_0(r) - \overline{N}_1(r)$$

$$(9)$$

把式(6)代入式(9)，可得

$$(n + m) T (r , G) \leqslant (m + 3) T (r , G) + S (r , G) \quad (10)$$

上式与 $n \geqslant m + 3$ 矛盾.

情形 2 $G^{n+m}(z) G(qz + c) \equiv 1$，则 $G^{n+m}(z) \equiv$

$\dfrac{1}{G(qz+c)}$，故由引理 2，可得

$$(n + m) T (r , G) = T (r , G (qz + c)) + S (r , G)$$
$$= T (r , G (z)) + S (r , G) \quad (11)$$

这也与 $n \geqslant m + 3$ 矛盾，故 $G(z)$ 是非零常数，设为 t，则 $f = tg$. 由式(1)可知 $t^{n+1} = t^m = 1$，其中 m, n 均为正整数.

3. 定理 1 - 4 的证明

定理 1 的证明 记 $G(z) = f^n(z) f(qz + c) - \alpha(z)$，则

$$nm (r , f) = m (r , f^n) = m \left(r , \frac{G + \alpha(z)}{f(qz + c)} \right)$$

$$\leqslant m (r , G + \alpha(z)) + m \left(r , \frac{1}{f(qz + c)} \right) \quad (12)$$

$$nN (r , f) = N (r , f^n) = N \left(r , \frac{G + \alpha(z)}{f(qz + c)} \right)$$

$$\leqslant N (r , G + \alpha(z)) + N \left(r , \frac{1}{f(qz + c)} \right) -$$

$$\overline{N}_0 (r) - \overline{N}_1 (r) \quad (13)$$

其中 $\overline{N}_0(r)$ 是 $f(qz + c)$ 与 $G + \alpha(z)$ 的公共零点的精简密指量，$\overline{N}_1(r)$ 是 $f(qz + c)$ 与 $G + \alpha(z)$ 的公共极点的精简密指量.

由式(12) - (13)可得

$$nT (r , f) \leqslant T (r , G + \alpha(z)) + T (r , f(qz + c)) -$$

$$\overline{N}_0 (r) - \overline{N}_1 (r) + O (1) \quad (14)$$

因为 $G(z) = f^n(z)f(qz + c) - \alpha(z)$，$\overline{N}_0(r)$ 表示 $f(qz + c)$ 与 $G + \alpha(z)$ 的公共零点的精简密指量，$\overline{N}_1(r)$ 表示 $f(qz + c)$ 与 $G + \alpha(z)$ 的公共极点的精简密指量，从而

$$\overline{N}\left(r, \frac{1}{G + \alpha(z)}\right) \leq \overline{N}\left(r, \frac{1}{f}\right) + \overline{N}_0(r) \qquad (15)$$

$$\overline{N}(r, G + \alpha(z)) \leq \overline{N}(r, f) + \overline{N}_1(r) \leq T(r, f) + \overline{N}_1(r) \qquad (16)$$

从而由关于 3 个小函数的第二基本定理以及式(15) – (16)，可得

$$T(r, G + \alpha(z)) \leq \overline{N}(r, G + \alpha(z)) + \overline{N}\left(r, \frac{1}{G + \alpha(z)}\right) +$$

$$\overline{N}\left(r, \frac{1}{G}\right) + S(r, G)$$

$$\leq \overline{N}(r, f) + \overline{N}\left(r, \frac{1}{f}\right) + \overline{N}_0(r) + \overline{N}_1(r) +$$

$$\overline{N}\left(r, \frac{1}{G}\right) + S(r, f) \qquad (17)$$

由引理 2 以及(14)和(17)两式，得

$$nT(r, f) \leq 3T(r, f) + \overline{N}\left(r, \frac{1}{G}\right) + S(r, f) \qquad (18)$$

在一个对数测度为 1 的集合上成立.

由式(18)，若 f 为零级超越亚纯函数，则当 $n \geq 4$ 时，G 有无穷多个零点. 若 f 为有限级的超越亚纯函数，且 $|q| = 1$，则由引理 3，当 $n \geq 4$ 时，G 也有无穷多个零点.

定理 2 的证明　记 $\varphi = \dfrac{\alpha(z) - af(qz + c)}{f^n}$,则

$$nm(r,f) = m(r,f^n) = m\left(r, \frac{\alpha(z) - af(qz + c)}{\varphi}\right)$$

$$\leqslant m(r, \alpha(z) - af(qz + c)) + m\left(r, \frac{1}{\varphi}\right)$$

$$\tag{18}$$

$$nN(r,f) = N(r,f^n) = N\left(r, \frac{\alpha(z) - af(qz + c)}{\varphi}\right)$$

$$\leqslant N(r, \alpha(z) - af(qz + c)) +$$

$$N\left(r, \frac{1}{\varphi}\right) - \overline{N}_0(r) - \overline{N}_1(r) \tag{19}$$

这里 $\overline{N}_0(r)$ 表示 φ 与 $\alpha(z) - af(qz + c)$ 的公共零点的精简密指量,$\overline{N}_1(r)$ 表示 φ 与 $\alpha(z) - af(qz + c)$ 的公共极点的精简密指量.

由式(18) – (19)得

$$nT(r,f) \leqslant T(r, \alpha(z) - af(qz + c)) + T\left(r, \frac{1}{\varphi}\right) -$$

$$\overline{N}_0(r) - \overline{N}_1(r) + O(1) \tag{20}$$

再由 $\varphi = \dfrac{\alpha(z) - af(qz + c)}{f^n}$ 可知,φ 的极点只能由 f 的零点及 $\alpha(z) - af(qz + c)$ 与 φ 的公共极点产生,所以

$$\overline{N}(r, \varphi) \leqslant \overline{N}\left(r, \frac{1}{f}\right) + \overline{N}_1(r) + S(r,f) \tag{21}$$

同样由 $\varphi = \dfrac{\alpha(z) - af(qz + c)}{f^n}$ 知,φ 的零点只能由 f 的极点及 $\alpha(z) - af(qz + c)$ 与 φ 的公共零点产生,所以

$$\overline{N}\left(r,\frac{1}{\varphi}\right) \leqslant \overline{N}(r,f) + \overline{N}_0(r) \tag{22}$$

从而由 Nevanlinna 第二基本定理以及式(21) – (22)，则有

$$T(r,\varphi) \leqslant \overline{N}(r,\varphi) + \overline{N}\left(r,\frac{1}{\varphi}\right) + \overline{N}\left(r,\frac{1}{\varphi-1}\right) + S(r,f)$$

$$\leqslant \overline{N}\left(r,\frac{1}{f}\right) + \overline{N}(r,f) + \overline{N}\left(r,\frac{1}{\varphi-1}\right) +$$

$$\overline{N}_0(r) + \overline{N}_1(r) + S(r,f) \tag{23}$$

再由引理 2，可知

$$T(r,\alpha(z) - af(qz+c)) \leqslant T(r,f) + S(r,f) \tag{24}$$

把式(23) – (24)代入式(20)，可得

$$nT(r,f) \leqslant T(r,f) + \overline{N}(r,f) + \overline{N}\left(r,\frac{1}{f}\right) +$$

$$\overline{N}\left(r,\frac{1}{\varphi-1}\right) + S(r,f)$$

$$\leqslant 3T(r,f) + \overline{N}\left(r,\frac{1}{\varphi-1}\right) + S(r,f)$$

即有

$$(n-3)T(r,f) \leqslant \overline{N}\left(r,\frac{1}{\varphi-1}\right) + S(r,f)$$

$$= \overline{N}\left(r,\frac{1}{f^n(z) + af(qz+c) - \alpha(z)}\right) + S(r,f)$$

在一个对数测度为 1 的集合上成立.

所以，如果 f 是零级超越亚纯函数，当 $n \geqslant 4$ 时，$f^n(z) + af(qz+c) - \alpha(z)$ 有无穷多个零点. 如果 f 是有限级的超越亚纯函数，$|q| = 1$，那么由引理 3，当 $n \geqslant 4$ 时，$f^n(z) + af(qz+c) - \alpha(z)$ 也有无穷多个零点.

定理 3 的证明   记 $F(z) = f^{n}(z)(\Delta_q f)^s$, $\Delta_q f = f(qz+c) - f(z)$, 则 $f^{n+s}(z) = F(z)\left(\dfrac{f(z)}{\Delta_q f}\right)^s$, 故

$$(n+s)m(r,f) = m(r,f^{n+s})$$

$$\leqslant m(r,F) + sm\left(r,\frac{f(z)}{\Delta_q f}\right) \quad (25)$$

$$(n+s)N(r,f) = N(r,f^{n+s})$$

$$\leqslant N(r,F) + sN\left(r,\frac{f(z)}{\Delta_q f}\right) -$$

$$\overline{N}_0(r) - \overline{N}_1(r) \quad (26)$$

这里 $\overline{N}_0(r)$ 是 $F(z)$ 与 $\dfrac{\Delta_q f}{f(z)}$ 的公共零点的精简密指量,

$\overline{N}_1(r)$ 是 $F(z)$ 与 $\dfrac{\Delta_q f}{f(z)}$ 的公共极点的精简密指量.

由式(25) - (26)可得

$$(n+s)T(r,f) \leqslant T(r,F) + sT\left(r,\frac{f(z)}{\Delta_q f}\right) -$$

$$\overline{N}_0(r) - \overline{N}_1(r) \quad (27)$$

因为 $F(z) = f(z)^{n+s}\left(\dfrac{\Delta_q f}{f(z)}\right)^s$, 且 $\overline{N}_0(r)$ 表示 $F(z)$ 与 $\dfrac{\Delta_q f}{f(z)}$ 的公共零点的精简密指量, $\overline{N}_1(r)$ 表示 $F(z)$ 与 $\dfrac{\Delta_q f}{f(z)}$ 的公共极点的精简密指量,从而

$$\overline{N}\left(r, \frac{1}{F}\right)$$

$$\leqslant \overline{N}\left(r, \frac{1}{f}\right) + \overline{N}_0(r)$$

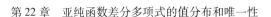

$$\leqslant T(r,f) + \overline{N}_0(r) + O(1) \quad (28)$$

$$\overline{N}(r,F) \leqslant \overline{N}(r,f) + \overline{N}_1(r) \leqslant T(r,f) + \overline{N}_1(r) \quad (29)$$

再由关于 3 个小函数的第二基本定理以及式(28) –
(29),得

$$T(r,F) \leqslant \overline{N}(r,F) + \overline{N}\left(r,\frac{1}{F}\right) + \overline{N}\left(r,\frac{1}{F-\alpha(z)}\right) + S(r,F)$$

$$\leqslant 2T(r,f) + \overline{N}_0(r) + \overline{N}_1(r) + \overline{N}\left(r,\frac{1}{F-\alpha(z)}\right) +$$

$$S(r,f) \quad (30)$$

由引理 2,可得

$$T\left(r,\frac{f(z)}{\Delta_q f}\right) = T\left(r,\frac{\Delta_q f}{f(z)}\right) + O(1)$$

$$\leqslant 2T(r,f) + S(r,f) \quad (31)$$

将式(30) – (31)代入式(27),则得

$$(n+s)T(r,f) \leqslant T(r,F) + sT\left(r,\frac{f(z)}{\Delta_q f}\right) - \overline{N}_0(r) - \overline{N}_1(r)$$

$$\leqslant (2s+2)T(r,f) + \overline{N}\left(r,\frac{1}{F-\alpha(z)}\right) + S(r,f)$$

在一个对数测度为 1 的集合上成立.

所以,如果 f 是零级超越亚纯函数,那么当 $n \geqslant s +$
3 时,$F(z) - \alpha(z)$ 有无穷多个零点. 当 $|q| = 1$ 时,结论
对有限级的超越整函数也成立. 定理证毕.

用类似的方法可证明定理 4,这里略去证明过程.

4. 定理 5 – 7 的证明

定理 5 的证明　由定理的假设可知,存在整函数
$\alpha(z)$,使得

$$\frac{f^{\,n}(z)f(qz)-1}{g^{\,n}(z)g(qz)-1}=e^{\alpha(z)}$$

由于 f 和 g 是零级的超越整函数，故 $e^{\alpha(z)}$ 是非零常数，记为 c. 上面的等式即为

$$cg^{\,n}(z)g(qz)=f^{\,n}(z)f(qz)-1+c \qquad (32)$$

记 $F(z)=f^{\,n}(z)f(qz)$，$G(z)=g^{\,n}(z)g(qz)$，下面证明 $c=1$.

如果 $c\neq1$，由第二基本定理、引理 2 和式(32)，可得

$$T(r,F)\leqslant \overline{N}(r,F)+\overline{N}\Big(r,\frac{1}{F}\Big)+\overline{N}\Big(r,\frac{1}{F-1+c}\Big)+S(r,F)$$

$$\leqslant \overline{N}(r,f)+\overline{N}_1(r)+\overline{N}\Big(r,\frac{1}{f}\Big)+\overline{N}_0(r)+$$

$$\overline{N}\Big(r,\frac{1}{G}\Big)+S(r,f)$$

$$\leqslant 2T(r,f)+2T(r,g)+\overline{N}_1(r)+\overline{N}_0(r)+$$

$$S(r,f)+S(r,g) \qquad (33)$$

这里 $\overline{N}_0(r)$ 表示 $F(z)$ 与 $f(qz)$ 的公共零点的精简密指量，$\overline{N}_1(r)$ 表示 $F(z)$ 与 $f(qz)$ 的公共极点的精简密指量.

另外，由

$$nm(r,f)=m(r,f^{\,n})\leqslant m(r,F)+m\Big(r,\frac{1}{f(qz)}\Big)$$

$$nN(r,f)=N(r,f^{\,n})\leqslant N(r,F)+N\Big(r,\frac{1}{f(qz)}\Big)-$$

$$\overline{N}_0(r)-\overline{N}_1(r)$$

$$nT(r,f)\leqslant T(r,F)+T(r,f)-\overline{N}_0(r)-$$

$$\overline{N}_1(r)+S(r,f)$$

从而

$$(n-1)T(r,f) \leqslant T(r,F) - \overline{N}_0(r) - \overline{N}_1(r) + S(r,f)$$

$$(34)$$

将式(34)代入式(33),可得

$$(n-3)T(r,f) \leqslant 2T(r,g) + S(r,f) + S(r,g)$$

同理可得

$$(n-3)T(r,g) \leqslant 2T(r,f) + S(r,f) + S(r,g)$$

结合以上两个不等式,可得

$$(n-5)(T(r,f) + T(r,g)) \leqslant S(r,f) + S(r,g)$$

这与 $n \geqslant 6$ 矛盾.

所以 $c = 1$,故由式(32),得

$$g^n(z)g(qz) = f^n(z)f(qz)$$

记 $h(z) = \dfrac{f(z)}{g(z)}$,则

$$h^n(z)h(qz) = 1 \qquad (35)$$

由引理 2 和式(34),可得

$$nT(r,h(z)) = T(r,h^n(z)) = T\left(r,\frac{1}{h(qz)}\right)$$

$$= T(r,h(z)) + S(r,h)$$

由于 $n \geqslant 6$,则 $h(z)$ 是个常数. 不妨设 $h(z) \equiv t$,则由式(35)可知 $t^{n+1} = 1$.

定理 6 的证明和定理 7 的证明方法类似,下面只给出定理 7 的证明.

定理 7 的证明　记 $F(z) = \dfrac{f^n(z)(f^m(z)-a)f(qz+c)}{P(z)}$,

$G(z) = \dfrac{g^n(z)(g^m(z)-a)g(qz+c)}{P(z)}$,则 F 和 G 计重数

N. E. Nörlund 定理

分担 1. 由于 f 和 g 是零级超越整函数,故存在非零常数 A,使得

$$F - 1 = A(G - 1) \tag{36}$$

下面证明 $A = 1$. 如果 $A \neq 1$,那么由标准的 Valiron-Mokhon'ko 定理、引理 2 和第二基本定理,可得

$$(n + m + 1)T(r,f) = T(r,F) + S(r,f)$$

$$\leqslant \overline{N}\left(r, \frac{1}{F}\right) + \overline{N}\left(r, \frac{1}{F - 1 + A}\right) + S(r,f)$$

$$\leqslant \overline{N}\left(r, \frac{1}{f}\right) + \overline{N}\left(r, \frac{1}{f^m - 1}\right) +$$

$$\overline{N}\left(r, \frac{1}{f(qz + c)}\right) + \overline{N}\left(r, \frac{1}{G}\right) + S(r,f)$$

$$\leqslant (m + 2)T(r,f) + (m + 2)T(r,g) +$$

$$S(r,f) + S(r,g) \tag{37}$$

即有

$$(n - 1)T(r,f) \leqslant (m + 2)T(r,g) + S(r,f) + S(r,g) \tag{38}$$

同理可得

$$(n - 1)T(r,g) \leqslant (m + 2)T(r,f) + S(r,f) + S(r,g) \tag{39}$$

再由式(38) - (39),可得

$$(n - m - 3)(T(r,f) + T(r,g)) \leqslant S(r,f) + S(r,g) \tag{40}$$

上面最后一式与 $n \geqslant m + 4$ 矛盾.

故 $A = 1$,从而由引理 4 即可得到定理 7 的结论.

5. 参考文献

[1] HAYMAN W K. Picard value of meromorphic functions and their deriva-

tives[J]. Ann Math, 1959,70:9 – 42.

[2] LAINE I. Nevanlinna theory and complex differential equations[M]. Berlin, New York: Walter de Gruyter, 1993.

[3] BERGWEILER W, LANGLEY J K. Zeros of differences of meromorphic functions[J]. Math Proc Canmb Phil Soc, 2007,142:133 – 147.

[4] LANGLEY J K. Value distribution of differences of meromorphic functions[J]. Rocky Mountain J Math, 2011,41:275 – 291.

[5] ABLOWITZ M, HALBURD R G, HERBST B. On the extension of Painleve property to difference equations[J]. Non – linearty, 2000,13: 889 – 905.

[6] HALBURD R G, KORHONEN R. Difference analogue of the lemma on the logarithmic derivative with applications to difference equations[J]. J Math Anal Appl, 2006,314:477 – 487.

[7] CHIANG Y M, FENG S J. On the tevanlinna characteristic of $f(z + \eta)$ and difference equations in the complex plane[J]. Ramanujan J, 2008, 16(1)105 – 129.

[8] BARNETT D G, HALBURD R G, KORHONEN R J, MORGAN W. Nevanlinna theory for the q – difference operator and meromorphic solutions of q – difference equations[J]. Proceedings of the Royal Society of Edinburgh, 2007,137:457 – 474.

[9] HALBURD R G, KORHONEN R. Nevanlinna theory for the difference operator[J]. Ann Acad Sci Fenn Math, 2006,31:463 – 478.

[10] HAYMAN W K. Meromorphic functions[M]. Oxford: Clarendon Press, 1964.

[11] LIU K, LIU X L, CAO T B. Uniqueness and zeros of q – shift difference polynomials[J]. Proc Indian Acad Sci(Math Sci), 2011,121 (3):301 – 310.

[12] LIU K, LIU X L, CAO T B. Some difference results on Hayman conjecture and uniqueness[J]. Bulletin of the Iranian Mathematical Society, 2011,38(4):1007 – 1020.

[13] ZHANG J, KORHONEN R J. On the Nevanlinna characteristic of f

N. E. Nörlund 定理

(qz) and its applications[J]. Math Anal Appl, 2010,369:537 –
544.

[14]LIU K, QI X G. Meromorphic solutions of q – shift difference equations
[J]. Ann Pol Math, 2011,101(3):215 –225.

[15]LAINE I, YANG C C. Value distribution of difference polynomials
[J]. Proc Japan Acad, 2007,A83:148 –151.

[16]YANG L. 值分布论及其新研究[M].北京:科学出版社,1982.

[17]GOLDBERG A A, OSTROVSKII I V. Value distribution of meromor-
phic functions[M]. Transl Math Monogr, Vol 236,Providence, RI:
AMS, 2008.

关于复域内的亚纯函数差分的值分布

毕节循环经济研究院的金瑾老师利用亚纯函数的 Nevanlinna 值分布理论,研究亚纯函数差分的值分布问题,得到亚纯函数差分的值分布问题,推广和改进一些文献中的结论,得到三个结果.

1. 结果

假定读者熟悉 Nevanlinna 关于亚纯函数理论的标准记号和主要结果[1-20],如:$m(r,f)$,$N(r,f)$,$\overline{N}(r,f)$,$T(r,f)$,$S(r,f)$ 等.

1959 年,Hayman 证明了下面的著名定理.

定理 A[1]　设 $f(z)$ 为超越亚纯函数,n 为正整数,如果 $n \geqslant 3$,那么 $f^n(z)f'(z)$ 取每一个非零有穷复数无穷多次.

随后 Hayman 在文[2]中还猜测:定理 A 的结论对 $n=1$ 和 $n=2$ 也成立. 1979 年,Mues 在文[3]中解决了 $n=2$ 的情形.

第

23

章

385

1995 年, Bergweiler 和 Eremenko[4], 陈怀惠和方明亮[5]
独立地解决了 $n = 1$ 的情形.

在本章中, 设 $f(z)$ 为平面内的超越亚纯函数, 我
们利用亚纯函数的 Nevanlinna 值分布理论和技巧, 进
一步探讨超越亚纯函数差分值分布, 得到如下结论.

定理 1 设函数 $f(z)$ 为零级超越亚纯函数, 函数
$\alpha(z)$ 是 $f(z)$ 的小函数, c 和 q 为非零复常数, $n, s \in \mathbf{N}^*$,
$\Delta_q f = f(qz + c) - f(z)$, $\Delta_q f \neq 0$, 则当 $n \geqslant s + 3$ 时, $f^n(z) \cdot$
$f(qz + c)(\Delta_q f)^s - \alpha(z)$ 有无穷多个零点.

定理 2 设函数 $f(z)$ 为零级超越亚纯函数, 函数
$\alpha(z)$ 是 $f(z)$ 的小函数, a, c 和 q 为非零复常数, $n, s \in$
$\mathbf{N}^*$, 则当 $n \geqslant s + 3$ 时, $f^n(z) + af^s(qz + c) - \alpha(z)$ 有无
穷多个零点.

定理 3 设 $f(z)$ 为有限级超越亚纯函数, 函数
$\alpha(z)$ 是 $f(z)$ 的小函数, $N\left(r, \dfrac{1}{f}\right) = S(r, f)$, $N(r, f) =$
$S(r, f)$, $m, n \in \mathbf{N}^*$, $c_i(i = 1, 2, \cdots, m)$ 为复常数且至少
有一个不为零, 则 $\min\{m, n\} \geqslant 2$ 时, $\varphi(z) =$
$\dfrac{\sum\limits_{i=1}^{m} f(q_i z + c_i)}{f(z)} - f^n(z)$ 取任意的非零复数 b 无穷多次.

2. 主要引理

引理 1[6] 若函数 $f(z)$ 为零级超越亚纯函数, c 和
q 为非零复常数, 则
$$T(r, f(qz + c)) = T(r, f) + S(r, f)$$
在一个对数测度为 1 的集合上成立.

引理 2[7] 若函数 $f(z)$ 是满足 $f^n(z)P(z, f) =$

$Q(z,f)$ 的一个非常数的有限级超越亚纯解,其中 $P(z,f)$, $Q(z,f)$ 是关于 $f(z)$ 的多项式,且系数为关于 $f(z)$ 的小函数,c 为复常数,$0 < \delta < 1$,$Q(z,f)$ 是关于 $f(z)$ 的次数至多是 n,那么可能除去一个 r 的有限对数测度例外集,都有

$$m(r,P(z,f)) = o\left(\frac{T(r+|c|,f)}{r^{\delta}}\right) + o(T(r,f))$$

引理 3[7]　若函数 $f(z)$ 为有限级超越亚纯函数,c 为复常数,$0 < \delta < 1$,则对 $\forall \varepsilon < 0$,可能除去一个 r 的有限对数测度例外集,都有

$$m\left(r,\frac{f(z+c)}{f(z)}\right) = o\left(\frac{T(r+|c|,f)^{1+\varepsilon}}{r^{\delta}}\right)$$

引理 4[8]　若函数 $f(z)$ 为有限级超越亚纯函数,c 为复常数,则

$$T(r,f(z+c)) = T(r,f) + S(r,f)$$

3. 定理的证明

定理 1 的证明　令 $F(z) = f^{n}(z)f(qz+c)(\Delta_{q}f)^{s}$,则 $f^{n+s}(z) = F(z)\left(\dfrac{f(z)}{\Delta_{q}f}\right)^{s}\dfrac{1}{f(qz+c)}$,故

$$(n+s)m(r,f) = m(r,f^{n+s}) \leqslant m(r,F) + sm\left(r,\frac{f(z)}{\Delta_{q}f}\right) + m\left(r,\frac{1}{f(qz+c)}\right)$$

$$(1)$$

$$(n+s)N(r,f) = N(r,f^{n+s}) \leqslant N(r,F) + N\left(r,\frac{f(z)}{\Delta_{q}f}\right) + N\left(r,\frac{1}{f(qz+c)}\right) - \overline{N}_{0}(r) - \overline{N}_{1}(r)$$

$$(2)$$

387

其中 $\overline{N}_0(r)$ 是 $F(z)$ 与 $\dfrac{\Delta_q f}{f(z)}$ 的公共零点的精简密指量，

$\overline{N}_1(r)$ 是 $F(z)$ 与 $\dfrac{\Delta_q f}{f(z)}$ 的公共极点的精简密指量.

由式（1）和（2）我们得到

$$(n+s)N(r,f) \leqslant T(r,F) + sT\left(r,\frac{f(z)}{\Delta_q(f)}\right) +$$
$$T\left(r,\frac{1}{f(qz+c)}\right) - N_0(r) - N_1(r)$$
$$(3)$$

因为 $F(z) = f^n(z)f(qz+c)(\Delta_q f)^s$，且 $\overline{N}_0(r)$ 是 $F(z)$ 与

$\dfrac{\Delta_q f}{f(z)}$ 的公共零点的精简密指量，$\overline{N}_1(r)$ 是 $F(z)$ 与 $\dfrac{\Delta_q f}{f(z)}$

的公共极点的精简密指量,从而有

$$\overline{N}\left(r,\frac{1}{F}\right) \leqslant \left(r,\frac{1}{f}\right) + \overline{N}_0(r)$$
$$\leqslant T(r,f) + \overline{N}_0(r) + O(1) \qquad (4)$$
$$\overline{N}(r,F) \leqslant \overline{N}(r,f) + \overline{N}_1(r) \leqslant T(r,f) + \overline{N}_1(r) \quad (5)$$

再由关于三个小函数的第二基本定理以及式（4）和（5）得

$$T(r,f) \leqslant \overline{N}(r,F) + \overline{N}\left(r,\frac{1}{F}\right) + \overline{N}\left(r,\frac{1}{F(z)-\alpha(z)}\right) + S(r,F)$$
$$\leqslant 2T(r,f) + \overline{N}_0(r,f) + \overline{N}_1(r,f) +$$
$$\overline{N}\left(r,\frac{1}{F(z)-\alpha(z)}\right) + S(r,f) \qquad (6)$$

由引理 1 可得

$$T\left(r,\frac{f(z)}{\Delta_q f}\right) = T\left(r,\frac{\Delta_q f}{f(z)}\right) + O(1)$$

$$\leqslant 2T(r,f) + S(r,f) \qquad (7)$$

将式(6)和(7)代入式(3)可得

$$(n+s)T(r,f) \leqslant T(r,F) + sT\left(r,\frac{f(z)}{\Delta_q f}\right) + T\left(r,\frac{1}{f(qz+c)}\right) -$$

$$N_0(r) - N_1(r)$$

$$\leqslant 2T(r,f) + \overline{N}\left(r,\frac{1}{F(z)-\alpha(z)}\right) +$$

$$2sT(r,f) + T(r,f) + S(r,f)$$

$$= (2s+3)T(r,f) + \overline{N}\left(r,\frac{1}{F(z)-\alpha(z)}\right) + S(r,f)$$

在一个对数测度为 1 的集合上成立.

　　所以,函数 $f(z)$ 为零级超越亚纯函数,函数 $\alpha(z)$
是函数 $f(z)$ 的小函数,当 $n \geqslant s+4$ 时,超越亚纯函数
$f^n(z)f(qz+c)(\Delta_q f)^s - \alpha(z)$ 有无穷多个零点.

　　定理 2 的证明　令 $\varphi(z) = \dfrac{\alpha(z) - af^s(qz+c)}{f^n(z)}$,则

$$f^n(z) = \frac{\alpha(z) - af^s(qz+c)}{\varphi(z)},故$$

$$nm(r,f) = m(r,f^n) \leqslant m\left(r,\frac{\alpha(z) - af^s(qz+c)}{\varphi}\right)$$

$$\leqslant m(r,\alpha(z) - af^s(qz+c)) + m\left(r,\frac{1}{\varphi}\right)$$

$$\qquad (8)$$

$$nN(r,f) = N(r,f^n) \leqslant N\left(r,\frac{\alpha(z) - af^s(qz+c)}{\varphi}\right)$$

$$\leqslant Nm(r,\alpha(z) - af^s(qz+c)) + N\left(r,\frac{1}{\varphi}\right) -$$

$$\overline{N}_0(r) - \overline{N}_1(r)$$

$$\qquad (9)$$

其中 $\overline{N}_0(r)$ 是 $\varphi(z)$ 与 $\alpha(z) - af^s(qz + c)$ 的公共零点的精简密指量, $\overline{N}_1(r)$ 是 $\varphi(z)$ 与 $\alpha(z) - af^s(qz + c)$ 的公共极点的精简密指量.

故由式(8)和式(9)我们得到

$$nT(r,f) \leqslant T(r, \alpha(z) - af^s(qz + c)) + T\left(r, \frac{1}{\varphi}\right) -$$
$$N_0(r) - N_1(r) + O(1) \qquad (10)$$

再由 $\varphi(z) = \dfrac{\alpha(z) - af^s(qz + c)}{f^n(z)}$, φ 的极点只能由 $f(z)$ 的零点及 $\alpha(z) - af^s(qz + c)$ 与 φ 的公共极点产生, 从而有

$$\overline{N}(r, \varphi) \leqslant \overline{N}\left(r, \frac{1}{f}\right) + \overline{N}_1(r) + S(r, f) \qquad (11)$$

同样 $\varphi(z) = \dfrac{\alpha(z) - af^s(qz + c)}{f^n(z)}$, φ 的零点只能由 $f(z)$ 的极点及 $\alpha(z) - af^s(qz + c)$ 与 φ 的公共零点产生, 从而有

$$\overline{N}\left(r, \frac{1}{\varphi}\right) \leqslant \overline{N}(r, f) + \overline{N}_0(r) \qquad (12)$$

从而由关于三个小函数的 Nevanlinna 第二基本定理以及式(11)和(12)可得

$$T(r, \varphi) \leqslant \overline{N}(r, \varphi) + \overline{N}\left(r, \frac{1}{\varphi}\right) + \overline{N}\left(r, \frac{1}{\varphi(z) - 1}\right) + S(r, f)$$
$$\leqslant \overline{N}\left(r, \frac{1}{f}\right)(r, f) + \overline{N}(r, f) + \overline{N}_0(r, f) + \overline{N}_1(r, f) +$$
$$\overline{N}\left(r, \frac{1}{\varphi(z) - 1}\right) + S(r, f) \qquad (13)$$

由引理 1 可得

$$T(r,\alpha(z) - af^{s}(qz+c)) \leqslant sT(r,f) + S(r,f)\ (14)$$

将式(13)和式(14)代入式(10)可得

$$nT(r,f) \leqslant T(r,\alpha(z) - af^{s}(qz+c)) + T\left(r,\frac{1}{\varphi}\right) -$$

$$N_0(r) - N_1(r) + O(1)$$

$$\leqslant sT(r,f) + \overline{N}\left(r,\frac{1}{f}\right) + \overline{N}(r,f) + \overline{N}\left(r,\frac{1}{\varphi-1}\right) + S(r,f)$$

$$\leqslant (s+2)T(r,f) + \overline{N}\left(r,\frac{1}{\varphi-1}\right) + S(r,f)$$

即

$$(n-s-2)T(r,f) \leqslant \overline{N}\left(r,\frac{1}{\varphi-1}\right) + S(r,f)$$

$$= \overline{N}\left(r,\frac{1}{f^{n}(z) - af^{s}(qz+c) - \alpha(z)}\right) +$$

$$S(r,f)$$

在一个对数测度为 1 的集合上成立.

所以,函数 $f(z)$ 为零级超越亚纯函数,函数 $\alpha(z)$ 是函数 $f(z)$ 的小函数,当 $n \geqslant s+3$ 时,超越亚纯函数 $f^{n}(z) + af^{s}(qz+c) - \alpha(z)$ 有无穷多个零点.

定理 3 的证明　假设结论不成立,那么存在非零复数 b,使得 $\varphi(z) - b = 0$ 只具有有穷个解,由 Hadamard 定理可知

$$\varphi(z) - b = \frac{\prod\limits_{i=1}^{m} f(q_i z + c_i)}{f(z)} - f^{n}(z) - b = \frac{g_1(z)}{g_2(z)}\mathrm{e}^{q(z)}$$

$$(15)$$

其中 $g_1(z)$ 和 $g_2(z)$ 分别为 $\varphi(z) - b = 0$ 的零点和极点

的典型乘积. 容易证明 $\varphi(z)$ 为有限级, 并且 $g_1(z)$ 和 $q(z)$ 都是多项式.

又因为 $N\left(r,\dfrac{1}{f}\right)=S(r,f),N(r,f)=S(r,f)$, 故

$$T\left(r,\frac{g_1(z)}{g_2(z)}\right)=S(r,f) \qquad (16)$$

且 $\sigma(g_2(z))<\sigma(f)=\deg(q(z))$.

将式(15)的两边求导, 并除以 $e^{q(z)}$ 得到

$$f^d(z)P(z,f)=Q(z,f) \qquad (17)$$

其中

$$
\begin{aligned}
P(z,f)=&\sum_{i=1}^{m}\frac{q_ig_1(z)f'(q_iz+c_i)}{g_2(z)f(q_iz+c_i)}\prod_{i=1}^{m}\frac{f(q_iz+c_i)}{f(z)}(f(z))^{m-d-1}-\\
&\frac{g_1(z)f'(z)}{g_2(z)f(z)}\prod_{i=1}^{m}\frac{f(q_iz+c_i)}{f(z)}(f(z))^{m-d-1}-\\
&n\frac{g_1(z)f'(z)}{g_2(z)f(z)}(f(z))^{n-d}-\\
&P^*(z)\prod_{i=1}^{m}\frac{f(q_iz+c_i)}{f(z)}(f(z))^{m-d-1}+\\
&P^*(z)(f(z))^{n-d} \qquad (18)
\end{aligned}
$$

$$Q(z)=-bP^*(z) \qquad (19)$$

和

$$P^*(z)=\frac{g'_1(z)}{g_2(z)}-\frac{g_1(z)g'_2(z)}{(g_2(z))^2}+\frac{g_1(z)}{g_2(z)}q'(z) \quad (20)$$

对于式(17)应用引理 2 我们需要证明 $P(z,f)$ 和 $Q(z,f)$ 都是关于 $f(z)$ 的多项式.

我们先来证明 $P^*(z)\neq0$. 下面我们分两种情形证明:

情形一:假设 $g_2(z)$ 为多项式,用反证法证明.

若 $P^*(z)=0$,则根据式(20)有

$$g_1(z)g'_2(z) - g'_1(z)g_2(z) = g_1(z)g_2(z)q'(z)$$

这里 $g_1(z),g_2(z)$ 和 $q(z)$ 都是多项式,显然这是不可能的. 所以 $P^*(z)\neq0$.

情形二:假设 $g_2(z)$ 为超越整函数,用反证法证明.

若 $P^*(z)=0$,则根据式(20)有

$$g_1(z)g'_2(z) - g'_1(z)g_2(z) = g_1(z)g_2(z)q'(z)$$

因为 $g_1(z)$ 为多项式,$g_2(z)$ 为超越整函数,所以 $g_2(z)$ 存在一个零点 z_0 使得 $g_1(z_0)\neq0$ 比较上式两边的零点重数,显然这也是不可能的. 所以 $P^*(z)\neq0$.

综上可知,$P^*(z)\neq0$.

又因为 $b\neq0$,所以 $P(z,f)\neq0$.

根据引理 1,引理 3,引理 4 和已知条件

$$N\left(r,\frac{1}{f}\right)=S(r,f),N(r,f)=S(r,f)$$

则有

$$m\left(r,\frac{f(q_iz+c_i)}{f(z)}\right)=S(z,f),m\left(r,\frac{f'(q_iz+c_i)}{f(q_iz+c_i)}\right)=S(z,f)$$

$$m\left(r,\frac{f'(z)}{f(z)}\right)=S(z,f),N\left(r,\frac{f'(z)}{f(z)}\right)=\overline{N}\left(r,\frac{1}{f}\right)=S(z,f)$$

$$N\left(r,\frac{f(q_iz+c_i)}{f(z)}\right)\leqslant N\left(r,\frac{1}{f(z)}\right)+N(r,f(q_iz+c_i))$$

$$\leqslant N\left(r,\frac{1}{f}\right)+N(r,f)+S(r,f)=S(r,f)$$

$$N\left(r,\frac{f'(q_iz+c_i)}{f(z)}\right)\leqslant\overline{N}\left(r,\frac{1}{f(q_iz+c_i)}\right)$$

$$\leqslant \overline{N}\left(r,\frac{1}{f}\right) + S(z,f) = S(r,f)$$

因此,我们得到

$$\begin{cases} T\left(r,\dfrac{f'(q_iz+c_i)}{f(q_iz+c_i)}\right) = S(z,f) \\[2mm] T\left(r,\dfrac{f'(q_iz+c_i)}{f(z)}\right) = S(z,f) \\[2mm] T\left(r,\dfrac{f'(z)}{f(z)}\right) = S(z,f) \end{cases} \quad (21)$$

其中 $i = 1,2,\cdots,m.$

由式(16),(17),(21)和已知条件 $N\left(r,\dfrac{1}{f}\right) = S(r,f)$ 以及引理 2,我们有

$$m(r,P(z,f)) = S(r,f) \quad (22)$$

$$N(r,P(z,f)) = N\left(r,\frac{Q(z,f)}{f^d(z)}\right) \leqslant dN\left(r,\frac{1}{f}\right) = S(r,f)$$

$$\quad (23)$$

同时因为 $d \geqslant 2$ 故有

$$m(r,fP(z,f)) = S(r,f) \quad (24)$$

再根据式(17),(18)和(19)以及已知条件 $N\left(r,\dfrac{1}{f}\right) = S(r,f)$, $N(r,f) = S(r,f)$ 我们也有

$$N(r,fP(z,f)) \leqslant N(r,f) + N(r,P(z,f))$$

$$= N(r,f) + N\left(r,\frac{Q(z,f)}{f^d(z)}\right)$$

$$\leqslant N(r,f) + dN\left(r,\frac{1}{f}\right) = S(r,f)$$

$$\quad (25)$$

最后，由式（22）–（25）我们可得

$$T(r,f) \leq T(r,fP(z,f)) + T\left(r, \frac{1}{P(z,f)}\right) = S(r,f)$$

因为 $f(z)$ 为有限级超越亚纯函数，因此这个不等式是不成立的.

所以定理 3 成立.

4. 参考文献

[1] HAYMAN W K. Picard value of meromorphic function and their derivatives[J]. Ann. Math. , 1959,70:9 – 42.

[2] HAYMAN W K. Research problems in function thery[M]. London: Athlone Press, 1967.

[3] MUES E. Uber ein Problem von Hayman[J]. Math. Z. , 1979,164: 239 – 259.

[4] BERGWEILER W, EREMENKO A. On the singularities of the inverse to a of meromorphic function of finite order[J]. Rev. Mat. Iberoamericana, 1995, 11:355 – 373.

[5] CHEN H H, FANG M L. On the value distribution of $f^n f'$[J]. Science in China, 1995,38A:789 – 798.

[6] LIU K, QI X G. Meromorphic solutions of q – shift difference equations [J]. Ann. Pol. Math. , 2011,101(3):215 – 225.

[7] CHIANG Y M, FENG S J. On the Nevanlinna characteristic of $f(z + \eta)$ and difference equations in the complex plane[J]. Ramanujan J. , 2008,16(1):105 – 129.

[8] HALBURD R G, KORHONEN R J. Difference analogue of the lemma on the logarithmic derivative with applications to difference equations [J]. J Math. , 2006,314:477 – 487.

[9] 张然然,陈宗煊. 亚纯函数差分多项式的值分布[J]. 中国科学:数学,2012,42(11):1115 – 1130.

[10] 金瑾. 关于亚纯函数 $\varphi(z)f(z)(f^{(k)}(z))^n P(f)$ 的值分布[J]. 应用数学,2013,26(3)499 – 505.

［11］金瑾.关于亚纯函数 $\varphi(z)f^{\,n}(z)f^{(k)}(z)$ 的值分布［J］.纯粹数学与
　　　应用数学,2012,28(6):711 – 718.

［12］金瑾.关于一类高阶齐次线性微分方程解的增长性［J］.中山大学
　　　学报(自然科学报),2013,52(1):51 – 55.

［13］金瑾.高阶微分方程解的超级的幅角分布［J］.数学的实践与认识,
　　　2008,32(12):178 – 187.

［14］金瑾,武玲玲,樊艺.高阶非线性微分方程组的亚纯允许解［J］.东
　　　北师范大学学报(自然科学版),2015,47(1):22 – 25.

［15］金瑾.单位圆内高阶齐次线性微分方程解与小函数的关系［J］.应
　　　用数学学报,2014,37(4):754 – 764.

［16］金瑾.一类高阶齐次线性微分方程的亚纯解与其小函数的复振荡
　　　［J］.工程数学学报,2014,31(3):399 – 405.

［17］金瑾,李泽清.一类高阶非线性代数微分方程组的非亚纯允许解
　　　［J］.应用数学,2014,27(2):292 – 298.

［18］金瑾,李里.关于亚纯函数 $\varphi(z)f(z)M(f)$ 的值分布［J］.华中师范
　　　大学学报(自然科学版),2015,49(4):483 – 487.

［19］王琼燕,叶亚盛.亚纯函数差分多项式的值分布和唯一性［J］.数学
　　　年刊,2014,35A(6):675 – 684.

［20］周利利,黄志刚,孙桂荣.关于复域差分的值分布［J］.华东师范大
　　　学学报(自然科学版),2015,3:1 – 8.

396

亚纯函数差分多项式的值分布

广东第二师范学院数学系的张然然和华南师范大学数学科学学院的陈宗煊两位教授讨论了差分多项式的特征函数和零点. 特别地,他们将 Valiron – Mohon'ko 定理部分地推广到了差分多项式,并且对微分多项式零点的一些经典结果建立了差分模拟.

1. 引言和结果

我们使用 Nevanlinna 理论的基本概念(参见文献$[1-3]$). 我们使用记号 $\sigma(f)$ 表示亚纯函数 $f(z)$ 的增长级,$\lambda(f)$ 和 $\lambda(1/f)$ 分别表示 $f(z)$ 的零点收敛指数和极点收敛指数. 另外,如果亚纯函数 $\alpha(z)$ 满足 $T(r,\alpha)=S(r,f)$,我们就称 $\alpha(z)$ 是 $f(z)$ 的小函数,其中 $S(r,f)=o(T(r,f))$ ($r\to\infty$)至多可能除去一个 r 的有限对数测度例外集.

近来,许多文章聚集于复域差分方程

和 Nevanlinna 理论的差分模拟(参见文献[4 – 13]),其中不少文章研究了复域差分多项式的值分布(参见文献[6,7,9,12,13]),相关结果可视为复域微分多项式对应结果的差分模拟. 研究复域差分多项式的值分布对进一步研究复域差分与差分方程具有十分重要的意义.

亚纯函数 $f(z)$ 的差分多项式 $H(z,f)$ 定义如下

$$H(z,f) = \sum_{\lambda \in J} \alpha_\lambda(z) \prod_{j=1}^{\tau_\lambda} f(z + \delta_{\lambda,j})^{\mu_{\lambda,j}} \qquad (1)$$

其中 J 是指标集, $\delta_{\lambda,j}$ 是复常数, $\mu_{\lambda,j}$ 是非负整数, 系数 $\alpha_\lambda(z)(\not\equiv 0)$ 是 $f(z)$ 的小函数. 对 $H(z,f)$ 的每一单项式 $a_\lambda(z)\prod_{j=1}^{\tau_\lambda} f(z + \delta_{\lambda,j})^{\mu_{\lambda,j}}$, 定义其次数为 $d(\lambda) = \sum_{j=1}^{\tau_\lambda} \mu_{\lambda,j}$. 再将 $H(z,f)$ 的所有单项式的最高次数定义为 $H(z,f)$ 的次数, 即

$$\deg_f H = \max_{\lambda \in J} \{ d(\lambda) \}$$

这样, 两个自然的问题是:

(i)差分多项式(1)的特征函数是什么?

(ii)如何估计差分多项式的零点?

本章中, 我们考虑了上述问题. 我们将在一定条件下给出 Valiron – Mohon'ko 定理的一个差分模拟的结果, 即建立下面定理 A 的差分模拟.

定理 A[14]   设 $f(z)$ 是超越亚纯函数, $P(f)$ 是 $f(z)$ 的多项式

$$P(f) = a_n(z)f^n(z) + a_{n-1}(z)f^{n-1}(z) + \cdots + a_1(z)f(z) + a_0(z)$$

其中系数 $a_j(z)$ 都是 $f(z)$ 的小函数,且 $a_n(z) \not\equiv 0$,则有

$$T(r, P(f)) = nT(r, f) + S(r, f)$$

我们的结果如下:

定理 1　设 $f(z)$ 是有限级亚纯函数,满足 $N(r, f) = S(r, f)$. 设 $H(z, f)$ 是形如式(1)的差分多项式,其中系数是 $f(z)$ 的小函数,且 $H(z, f)$ 中仅有一个单项式具有最高次数 $\deg_f H$,则

$$T(r, H) = (\deg_f H) T(r, f) + S(r, f)$$

注 1　(1)如果 $H(z, f)$ 中具有最高次数的单项式多于一个,则定理 1 的结论不成立. 例如,取 $f(z) = e^z + 1, H(z, f) = f^2(z) + f(z)f(z + \pi i) - f(z) - 1$,则 $\deg_f H = 2, H(z, f) = e^z$,从而

$$T(r, H) = T(r, f) + O(1) < (\deg_f H) T(r, f) + S(r, f)$$

(2)以下两个例子说明定理 1 中条件"$N(r, f) = S(r, f)$"不能去掉.

例 1　设 $f(z) = \tan z, H(z, f) = f^2(z) + f(z + \frac{\pi}{2})$. 则

$$N(r, f) \neq S(r, f), \quad \deg_f H = 2$$

$$H(z, f) = \frac{\tan^3 z - 1}{\tan z} = \frac{f^3(z) - 1}{f(z)}$$

从而

$$T(r, H) = 3T(r, f) + S(r, f) > (\deg_f H) T(r, f) + S(r, f)$$

例 2　设 $f(z) = \tan z, H(z, f) = f(z)f(z + \frac{\pi}{2}) + f(z)$,则

$$N(r, f) \neq S(r, f), \quad \deg_f H = 2$$

$$H(z, f) = -1 + \tan z = -1 + f(z)$$

从而

$$T(r,H) = T(r,f) + O(1)$$
$$< (\deg_f H) T(r,f) + S(r,f)$$

定理 1 将 Valiron – Mohon'ko 定理部分地推广到了差分多项式. 接下来,我们将以定理 1 为一个重要工具来研究差分多项式的零点. 文献[15]中,Hayman 讨论了 $f'(z) - af^n(z)$ 和 $f'(z)f^n(z)$ 的值分布,其中 n 是正整数,a 是非零复常数. 此后,很多文献讨论了微分多项式的值分布,得到了许多结论,如下定理就是其中一个典型的结论.

定理 B[16]　设 $f(z)$ 是超越整函数,$Q(f)$ 和 $P(f)$ 是 $f(z)$ 的微分多项式,系数为 $f(z)$ 的小函数,且 $Q(f) \not\equiv 0$,$P(f) \not\equiv 0$. 记

$$\psi = f^n(z)Q(f) + P(f)$$

如果 $n \in \mathbf{N}$ 且 $n \geq 2 + \gamma$,其中 γ 是 $P(f)$ 的次数,则 0 不是 ψ 的 Borel 例外值,且有

$$\limsup_{r \to \infty} \frac{\overline{N}(r,1/\psi)}{T(r,\psi)} > 0$$

关于差分多项式的值分布,文献[6,13]得到如下两个结论:

定理 C[13]　设 $f(z)$ 是有限级超越整函数,c 是非零复常数. 如果 $n \geq 2$,那么 $f^n(z)f(z+c)$ 取每个非零常数 $a \in \mathbf{C}$ 无穷多次.

定理 D[6]　设 $f(z)$ 是有限级超越整函数,且有一个有限 Borel 例外值 a. 设 c 是非零复常数. 记 $E(z) = f(z)f(z+c)$,则对每个复常数 $b \neq a^2$,有 $\lambda(E - b) =$

$\sigma(f)$.

本章中,我们得到了定理 B 的差分模拟,推广了定理 C,见如下定理 2. 为此,令

$$F(z) = f(z + c_0)^{i_0} f^{i_1}(z + c_1) \cdots f^{i_k}(z + c_k) \quad (2)$$

其中 $k \geq 0$ 为整数,$c_0, c_1, \cdots, c_k$ 为不同的复常数;$i_0, i_1, \cdots, i_k$ 为非负整数. 记 $i_0 + i_1 + \cdots + i_k = n = \deg_f F$.

定理 2　设 $f(z)$ 是有限级超越亚纯函数,满足 $N(r, f) = S(r, f)$. 设 $F(z), k, n$ 为式(2)所定义. 又设 $H_1(z, f)$ 和 $H_2(z, f)$ 是差分多项式,系数为 $f(z)$ 的小函数,那么 $H_1(z, f) \not\equiv 0$,$H_2(z, f) \not\equiv 0$. 如果 $n - k - 1 > \deg_f H_2$,则

$$\psi(z) = F(z) H_1(z, f) + H_2(z, f)$$

有无穷多个零点,且满足 $\lambda(\psi) = \sigma(\psi) = \sigma(f)$ 和

$$\limsup_{r \to \infty} \frac{\overline{N}(r, 1/\psi)}{T(r, \psi)} \geq \frac{1}{n + \deg_f H_1} > 0$$

注 2　(1)在定理 2 中取 $F(z) = f^n(z)$,$H_1(z, f) = f(z + c)$,令 $H_2(z, f)$ 为非零常数,则得到定理 C.

(2)如果 $n - k - 1 = \deg_f H_2$,那么定理 2 的结论不成立. 例如,取

$$f(z) = \mathrm{e}^z + 1, F(z) = f^2(z) f^2(z + \pi \mathrm{i})$$

$$H_1(z, f) \equiv 1, H_2(z, f) = 2f^2(z) + 4f(z + \pi \mathrm{i}) - 7$$

则 $n - k - 1 = 2 = \deg_f H_2$,且

$$\psi(z) = F(z) H_1(z, f) + H_2(z, f) = \mathrm{e}^{4z}$$

没有零点.

当增加条件 $f(z)$ 有一个有限 Borel 例外值时,我们得到了如下定理,推广了定理 D.

定理 3 设 $f(z)$ 是超越亚纯函数,满足 $\lambda(1/f) < \sigma(f) < \infty$. 设 $F(z)$, k, n 为式 (2) 所定义. 设 $H_1(z,f)$, $H_2(z,f)$ 是差分多项式,它们的系数 $a_\lambda(z)$ 都满足 $\sigma(a_\lambda) < \sigma(f)$,且 $H_1(z,f) \not\equiv 0$. 又设 a 是 $f(z)$ 的有限 Borel 例外值,满足 $a^n H_1(z,a) + H_2(z,a) \not\equiv 0$. 如果 $n > \deg_f H_2$ 或者 $H_2(z,f) \equiv 0$,那么

$$\psi(z) = F(z)H_1(z,f) + H_2(z,f)$$

有无穷多个零点,且满足 $\lambda(\psi) = \sigma(\psi) = \sigma(f)$.

注 3 (1) 在定理 3 中取 $F(z) = f(z)$, $H_1(z,f) = f(z+c)$, $H_2(z,f) \equiv -b \in \mathbf{C}$,则得到定理 D.

(2) 如果 $n = \deg_f H_2$,那么定理 3 的结论不成立. 例如,取

$$f(z) = e^z + 1, \quad F(z) = f(z)f(z+\pi i)$$

$$H_1(z,f) = f(z) + f(z+\pi i)$$

$$H_2(z,f) = -2f(z)f(z+3\pi i) + z$$

则 $n = 2 = \deg_f H_2$,且

$$\psi(z) = F(z)H_1(z,f) + H_2(z,f) = z$$

仅有一个零点.

(3) 由注 2(2) 中的例子可以看出,定理 3 中的条件 "$a^n H_1(z,a) + H_2(z,a) \not\equiv 0$" 不能去掉.

最后,我们在条件 $N(r, 1/f) = S(r,f)$ 下讨论亚纯函数差分多项式的零点. 这种讨论比在条件 $N(r,f) = S(r,f)$ 下讨论要困难很多,为此我们需要另外附加条件. 所得结果如下:

定理 4 设 $f(z)$ 是有限级超越亚纯函数,满足 $N(r, 1/f) = S(r,f)$. 设 $F(z)$, k, n 为式 (2) 所定义. 又

设 $H(z,f)$ 是形如式(1)的差分多项式,系数为 $f(z)$ 的小函数,且满足 $H(z,0) \not\equiv 0$. 记 $H(z,f)$ 中不同 $\delta_{\lambda,j}$ 的个数为 m. 如果

$$n > \min\{m\deg_f H + 2(k+1), m(\deg_f H + 1) + k + 1\}$$

那么

$$\zeta(z) = F(z) + H(z,f)$$

有无穷多个零点,且满足 $\lambda(\zeta) = \sigma(\zeta) = \sigma(f)$.

由定理 4 容易得到如下推论:

推论 5　设 $f(z)$ 是有限级超越亚纯函数,满足 $N(r, 1/f) = S(r,f)$. 设 $F(z), k, n$ 由式(2)定义. 又设 $a(z)$ 是 $f(z)$ 的小函数,且 $a(z) \not\equiv 0$. 如果 $n > k+1$,那么 $F(z) - a(z)$ 有无穷多个零点,且 $\lambda(F-a) = \sigma(F) = \sigma(f)$.

注 4　如果 $n = k+1$,那么推论 5 的结论不成立. 例如,取 $f(z) = \dfrac{e^z}{e^z+1}$, $F(z) = f(z)f(z+\pi i)$, $a(z) = 1$. 则 $n = 2 = k+1$,且

$$F(z) - a(z) = \frac{1}{e^{2z}-1}$$

没有零点.

注 5　容易举例说明上述定理 1 - 4 对无穷级亚纯函数不成立. 例如,取 $f(z) = \exp(e^z)$, $F(z) = f^3(z) \cdot f^3(z+\pi i)$, $H(z,f) = z$. 易知 $f(z+1) = \exp(e^{z+1})$ 满足

$$T(r, f(z+1)) = eT(r,f)$$

且 $F(z) + H(z,f) = 1 + z$ 仅有一个零点.

2. 定理 1 的证明

Halburd – Korhonen 和 Chiang – Feng 分别在文[9, 推论 2.2]和文[8,推论 2.6]中独立得到了对数导数引理的差分模拟. 以下引理是文[9,推论 2.2]的一个变形.

引理 1 设 $f(z)$ 是非常数有限级亚纯函数, η_1, η_2 是任意复常数,则

$$m\left(r, \frac{f(z+\eta_1)}{f(z+\eta_2)}\right) = S(r, f)$$

应用[11,引理 1]的证明方法,容易证明以下引理.

引理 2 设 $f(z)$ 是非常数有限级亚纯函数, $c \neq 0$ 是任意复常数,则

$$T(r+|c|, f) = T(r, f) + S(r, f)$$

$$N(r+|c|, f) = N(r, f) + S(r, f)$$

由文献[1, p. 66]或[4,引理 1]得到:设 $f(z)$ 是亚纯函数,则对任意 $c \neq 0$,当 $r \to \infty$ 时,不等式

$$(1+o(1))T(r-|c|, f(z))$$

$$\leqslant T(r, f(z+c)) \leqslant (1+o(1))T(r+|c|, f(z))$$

成立. 由上述不等关系的证明过程可知,上述不等关系对密指量也成立. 由此及引理 2,容易得到下面的引理.

引理 3 设 $f(z)$ 是非常数有限级亚纯函数, $c \neq 0$ 是任意复常数,则

$$T(r, f(z+c)) = T(r, f) + S(r, f)$$

$$N(r, f(z+c)) = N(r, f) + S(r, f)$$

$$N(r, \frac{1}{f(z+c)}) = N(r, \frac{1}{f}) + S(r, f)$$

$$\overline{N}(r, f(z+c)) = \overline{N}(r, f) + S(r, f)$$

注 6　Chiang 和 Feng 在文献[8]中得到了与引理 3 类似的结论:令 $f(z)$ 是有限级亚纯函数,$\eta \neq 0$ 是常数,则对每个 $\varepsilon > 0$,有

$$T(r, f(z+\eta)) = T(r, f) + O(r^{\sigma(f)-1+\varepsilon}) + O(\log r)$$

定理 1 的证明　我们仿照定理 A 的主要证明思路来证明定理 1. 记 $\deg_f H = d$. 应用类似文[12,定理 2. 3]的方法,将 $H(z, f)$ 改写为

$$H(z, f) = \sum_{i=0}^{d} b_i(z) f^i(z) \tag{3}$$

其中

$$b_i(z) = \sum_{\lambda \in J_i} a_\lambda(z) \prod_{j=1}^{\tau_\lambda} \left(\frac{f(z+\delta_{\lambda,j})}{f(z)} \right)^{\mu_{\lambda,j}}$$

$$J_i = \left\{ \lambda \in J \mid \sum_{j=1}^{\tau_\lambda} \mu_{\lambda,j} = i \right\} \quad (i = 0, 1, \cdots, d) \tag{4}$$

由于 $H(z, f)$ 的系数 $a_\lambda(z)$ 是 $f(z)$ 的小函数,故

$$m(r, a_\lambda) \leqslant T(r, a_\lambda) = S(r, f)$$

因此,由引理 1 知,对 $i = 0, 1, \cdots, d$ 有

$$m(r, b_i) = S(r, f) \tag{5}$$

若 $\deg_f H = d = 1$,则 $H(z, f) = b_1(z) f(z) + b_0(z)$,则有

$$m(r, H) \leqslant m(r, f) + m(r, b_1) + m(r, b_0) + O(1)$$
$$= m(r, f) + S(r, f)$$

若 $\deg_f H = d > 1$,则式(1)可被改写为

$$H(z,f) = f(z)\left(b_d(z)f^{d-1}(z) + \cdots + b_1(z)\right) + b_0(z)$$

则有

$$m(r,H) \leqslant m(r,f) + m(r,b_d(z)f^{d-1}(z) + \cdots + b_1(z)) + S(r,f)$$
$$(6)$$

由式(6)和归纳法,得到

$$m(r,H) \leqslant dm(r,f) + S(r,f) \qquad (7)$$

由 $H(z,f)$ 中仅有一个单项式具有最高次数 $\deg_f H = d$,得到

$$b_d(z) = a_\lambda(z)\prod_{j=1}^{\tau_\lambda}\left(\frac{f(z+\delta_{\lambda,j})}{f(z)}\right)^{\mu_{\lambda,j}} \neq 0, \text{其中} \sum_{j=1}^{\tau_\lambda}\mu_{\lambda,j} = d$$

因此,由 $T(r,a_\lambda) = S(r,f)$ 和引理 1,得到

$$m(r,b_d) = S(r,f), \quad m\left(r,\frac{1}{b_d}\right) = S(r,f) \qquad (8)$$

在圆周 $|z| = r$ 上,令

$$A(z) = \max_{0 \leqslant i \leqslant d-1}\left|\frac{b_i(z)}{b_d(z)}\right|^{\frac{1}{d-i}}$$

虽然 $A(z)$ 可能不是亚纯函数,我们仍可以计算它的均值函数,得到

$$m(r,A) \leqslant \sum_{i=0}^{d-1} m(r,b_i) + m\left(r,\frac{1}{b_d}\right) + O(1) \qquad (9)$$

令 $E_1 = \{\theta \mid |f(re^{i\theta})| \geqslant 2A(re^{i\theta}), 0 \leqslant \theta \leqslant 2\pi\}$,$E_2$ 是 E_1 的补集. 因此,当 $\theta \in E_1$ 时,有

$$\left|\frac{b_{d-j}(re^{i\theta})}{f(re^{i\theta})^j}\right| \leqslant \left|\frac{b_{d-j}(re^{i\theta})}{2^j A(re^{i\theta})^j}\right| \leqslant \frac{|b_d(re^{i\theta})|}{2^j} \quad (j = 1,2,\cdots,d)$$

于是,当 $z = re^{i\theta}, \theta \in E_1$ 时,有

$$|H(z,f)| = |f^d(z)|\left|b_d(z) + \frac{b_{d-1}(z)}{f(z)} + \cdots + \frac{b_0(z)}{f^d(z)}\right|$$

$$\geqslant |f^{\,d}(z)|\left(|b_d(z)| - \left|\frac{b_{d-1}(z)}{f(z)}\right| - \cdots - \left|\frac{b_0(z)}{f^{\,d}(z)}\right|\right)$$

$$\geqslant |f^{\,d}(z)|\left(|b_d(z)| - \frac{|b_d(z)|}{2} - \cdots - \frac{|b_d(z)|}{2^d}\right)$$

$$= |f(z)|^{\,d}|b_d(z)|\left(\frac{1}{2}\right)^{d}$$

从而

$$
\begin{aligned}
dm(r,f) &= m(r,f^{\,d})\\
&= \frac{1}{2\pi}\int_{E_1}\log^+|f(re^{i\theta})^d|\,\mathrm{d}\theta + \frac{1}{2\pi}\int_{E_2}\log^+|f(re)^{i\theta}|^{\,d}\,\mathrm{d}\theta\\
&\leqslant \frac{1}{2\pi}\int_0^{2\pi}\log^+\frac{2^d}{|b_d(re^{i\theta})|}|H(re^{i\theta},f)|\,\mathrm{d}\theta +\\
&\quad \frac{1}{2\pi}\int_0^{2\pi}\log^+|2A(re^{i\theta})|^{\,d}\mathrm{d}\theta\\
&\leqslant m(r,H) + m\left(r,\frac{1}{b_d}\right) + dm(r,A) + S(r,f)
\end{aligned}
$$

$$(10)$$

由式（5）以及式（8）－（10），得到

$$dm(r,f) \leqslant m(r,H) + S(r,f)$$

由上式及式（7），并注意到 $d = \deg_f H$，得到

$$m(r,H) = (\deg_f H)m(r,f) + S(r,f) \qquad (11)$$

现在计算 $N(r,H)$. 这时我们应用 $H(z,f)$ 最初的表达式（1）. 由引理 3 和假设条件 $N(r,f) = S(r,f)$ 知，对所有的 $\delta_{\lambda,j}$，有

$$N(r,f(z+\delta_{\lambda,j})) = S(r,f)$$

因此，由式（1）得到

$$N(r,H) \leqslant \sum_{\lambda \in J}\left(N(r,a_\lambda) + \sum_{j=1}^{\tau_\lambda}\mu_{\lambda,j}N(r,f(z+\delta_{\lambda,j}))\right) +$$

$$O(1) = S(r,f) \tag{12}$$

由式(11)和式(12),得到

$$T(r,H) = (\deg_f H)T(r,f) + S(r,f)$$

3. 定理 2 的证明

将引理 1 应用到文[12,定理 3],可以得到如下引理,这个引理在证明定理 2 时起了重要作用.

引理 4 设 $f(z)$ 是方程

$$U(z,f)P(z,f) = Q(z,f)$$

的有限级超越亚纯解,其中 $U(z,f),P(z,f),Q(z,f)$ 都是 $f(z)$ 的差分多项式,系数都为 $f(z)$ 的小函数,且 $\deg_f U = n$,$\deg_f Q \leq n$. 又设 $U(z,f)$ 中仅有一个单项式具有最高次数,则

$$m(r,P(z,f)) = S(r,f)$$

注 7 仔细考察引理 4 的证明过程可知,当 $P(z,f),Q(z,f)$ 是关于 $f(z)$ 的微差分多项式,且它们的系数 $a_\lambda(z)$ 满足 $m(r,a_\lambda) = S(r,f)$ 时(此时不一定满足 $T(r,a_\lambda) = S(r,f)$),仍然可以得到引理 4 的结论. 这里,我们称 $V(z,f)$ 为 $f(z)$ 的微差分多项式,如果 $V(z,f)$ 是关于 $f(z)$,$f(z)$ 的导数,$f(z)$ 的位移以及 $f(z)$ 位移的导数的多项式,且系数为亚纯函数.

定理 2 的证明 我们断言 $\psi(z) \not\equiv 0$. 否则,若 $\psi(z) \equiv 0$,则

$$F(z)H_1(z,f) \equiv -H_2(z,f)$$

由于 $\deg_f H_2 < n = \deg_f F$,利用引理 4 得到

$$m(r,H_1) = S(r,f) \text{ 和 } m(r,fH_1) = S(r,f) \tag{13}$$

由引理 3 及假设条件 $N(r,f) = S(r,f)$,得到

$$N(r, H_1) = S(r, f) \ 和 \ N(r, fH_1) = S(r, f) \quad (14)$$

所以由式(13)和式(14)有

$$T(r, H_1) = S(r, f) \ 和 \ T(r, fH_1) = S(r, f) \quad (15)$$

从而，$T(r, f) = S(r, f)$，这是一个矛盾. 这表明断言 $\psi(z) \not\equiv 0$ 成立.

微分

$$\psi(z) = F(z) H_1(z, f) + H_2(z, f) \quad (16)$$

得到

$$\psi'(z) = F'(z) H_1(z, f) + F(z) H'_1(z, f) + H'_2(z, f) \quad (17)$$

将等式(16)两边同乘以 $\dfrac{\psi'(z)}{\psi(z)}$，然后与式(17)相减，得到

$$F'(z) H_1(z, f) + F(z) H'_1(z, f) - \frac{\psi'(z)}{\psi(z)} F(z) H_1(z, f)$$

$$= -H'_2(z, f) + \frac{\psi'(z)}{\psi(z)} H_2(z, f) \quad (18)$$

我们断言 $-H'_2(z, f) + \dfrac{\psi'(z)}{\psi(z)} H_2(z, f) \not\equiv 0$. 否则，由 $H_2(z, f) \not\equiv 0$ 得到

$$\frac{\psi'(z)}{\psi(z)} = \frac{H'_2(z, f)}{H_2(z, f)}$$

积分此方程，得到

$$\psi(z) = C_1 H_2(z, f) \quad (19)$$

其中 C_1 是非零常数. 将式(19)代入式(16)得

$$F(z) H_1(z, f) = (C_1 - 1) H_2(z, f) \quad (20)$$

由式(20)和 $F(Z) H_1(z, f) \not\equiv 0$ 知 $C_1 \neq 1$. 对式(20)应用与式(13)－(15)相同的讨论方法，可以得到 $T(r, f) =$

$S(r,f)$,这是一个矛盾. 因此,有

$$-H'_2(z,f) + \frac{\psi'(z)}{\psi(z)}H_2(z,f) \not\equiv 0 \qquad (21)$$

将 $F(z) = f^{i_0}(z+c_0)\cdots f^{i_k}(z+c_k)$ 和

$$F'(z) = \sum_{j=0}^{k} \frac{i_j F(z)f'(z+c_j)}{f(z+c_j)}$$

代入式(18). 得到

$$f^{i_0-1}(z+c_0)\cdots f^{i_k-1}(z+c_k)E(z)$$
$$= -H'_2(z,f) + \frac{\psi'(z)}{\psi(z)}H_2(z,f) \qquad (22)$$

其中

$$E(z) = \left(\sum_{j=0}^{k} \frac{i_j f(z+c_0)\cdots f(z+c_k)}{f(z+c_j)}f'(z+c_j) \right)H_1(z,f) -$$
$$\frac{\psi'(z)}{\psi(z)}f(z+c_0)\cdots f(z+c_k)H_1(z,f) +$$
$$f(z+c_0)\cdots f(z+c_k)H'_1(z,f) \qquad (23)$$

由式(21)和式(22)知 $E(z) \not\equiv 0$.

由式(22)和

$$-H'_2(z,f) + \frac{\psi'(z)}{\psi(z)}H_2(z,f) = H_2(z,f)\left(\frac{-H'_2(z,f)}{H_2(z,f)} + \frac{\psi'(z)}{\psi(z)} \right)$$

得到

$$m(r,f^{i_0-1}(z+c_0)\cdots f^{i_k-1}(z+c_k))$$
$$\leqslant m\left(r,\frac{1}{E}\right) + m(r,H_2) + m\left(r,\frac{H'_2}{H_2}\right) +$$
$$m\left(r,\frac{\psi'}{\psi}\right) + O(1) \qquad (24)$$

下面我们估计式(24)中的各项. 由 $\psi(z) = F(z) \cdot H_1(z,f) + H_2(z,f)$ 和 $\deg_f H_2 < n = \deg_f F$,得 $\deg_f \psi = n +$

$\deg_f H_1$. 采用和定理 1 的证明中式(3) – (7)相同的方法,可以得到

$$m(r,\psi) \leqslant (n + \deg_f H_1)m(r,f) + S(r,f)$$

和

$$m(r,H_2) \leqslant (\deg_f H_2)m(r,f) + S(r,f) \qquad (25)$$

由 $N(r,f) = S(r,f)$ 得到 $N(r,\psi) = S(r,f)$ 和 $N(r,H_2) = S(r,f)$. 因此

$$T(r,\psi) \leqslant (n + \deg_f H_1)T(r,f) + S(r,f) \qquad (26)$$
$$T(r,H_2) \leqslant (\deg_f H_2)T(r,f) + S(r,f)$$

由以上两式可得 $S(r,\psi) = S(r,f)$ 和 $S(r,H_2) = S(r,f)$. 所以,由 $m(r,\dfrac{\psi'}{\psi}) = S(r,\psi)$ 和 $m(r,\dfrac{H_2'}{H_2}) = S(r,H_2)$,得

$$m\left(r,\frac{\psi'}{\psi}\right) = S(r,f), \quad m\left(r,\frac{H_2'}{H_2}\right) = S(r,f) \qquad (27)$$

由于 $n - k - 1 > \deg_f H_2$ 且 $m\left(r,\dfrac{\psi'}{\psi}\right) = S(r,f)$,于是,对方程(22)应用引理 4 和注 7,得到

$$m(r,E) = S(r,f)$$

由式(23)和 $N(r,f) = S(r,f)$ 得到

$$N(r,E) \leqslant S(r,f) + \overline{N}(r,\frac{1}{\psi})$$

所以

$$T(r,E) \leqslant S(r,f) + \overline{N}(r,\frac{1}{\psi})$$

由上式和第一基本定理,得到

$$m(r,\frac{1}{E}) \leqslant T(r,E) + O(1) \leqslant S(r,f) + \overline{N}(r,\frac{1}{\psi})$$

$$(28)$$

由定理 1 知

$$T(r, f^{i_0-1}(z+c_0)\cdots f^{i_k-1}(z+c_k)) = (n-k-1)T(r, f) + S(r, f)$$

又由 $N(r, f) = S(r, f)$ 得

$$N(r, f^{i_0-1}(z+c_0)\cdots f^{i_k-1}(z+c_k)) = S(r, f)$$

所以

$$m(r, f^{i_0-1}(z+c_0)\cdots f^{i_k-1}(z+c_k)) = (n-k-1)T(r, f) + S(r, f)$$

$$(29)$$

由式(24),(25)以及式(27) - (29)得到

$$(n-k-1)T(r, f) \leqslant \overline{N}\left(r, \frac{1}{\psi}\right) + (\deg_f H_2)T(r, f) + S(r, f)$$

由上式及假设条件 $\deg_f H_2 < n-k-1$,得到

$$T(r, f) \leqslant \overline{N}\left(r, \frac{1}{\psi}\right) + S(r, f) \qquad (30)$$

所以,$\psi(z)$ 有无穷多个零点. 由式(26)和(30)得到 $\lambda(\psi) = \sigma(\psi) = \sigma(f)$ 和

$$\limsup_{r \to \infty} \frac{\overline{N}\left(r, \dfrac{1}{\psi}\right)}{T(r, \psi)} \geqslant \frac{1}{n + \deg_f H_1} > 0$$

4. 定理 3 的证明

将引理 1 应用到文[9,推论 3.4],可以得到如下引理:

引理 5 设 $f(z)$ 是方程

$$P(z, f) = 0$$

的有限级非常数亚纯解,其中 $P(z, f)$ 是 $f(z)$ 的差分多项式,系数为 $f(z)$ 的小函数. 对 $f(z)$ 的任意小函数 $a(z)$,若 $P(z, a) \not\equiv 0$,则

$$m\left(r, \frac{1}{f-a}\right) = S(r, f)$$

注 8 如果 $P(z,f)$ 是关于 $f(z)$ 的微差分多项式, 系数为 $f(z)$ 的小函数, 仍有引理 5 的结论.

定理 3 的证明 这里我们仅证明 $n > \deg_f H_2$ 时的情景, 对于 $H_2(z,f) \equiv 0$ 时的情景, 可类似证明.

由假设知, a 和 ∞ 是 $f(z)$ 的 Borel 例外值. 所以, 由 Hadamard 分解定理知 $f(z)$ 是正则级的, 即

$$\limsup_{r \to \infty} \frac{\log T(r,f)}{\log r} = \liminf_{r \to \infty} \frac{\log T(r,f)}{\log r} = \sigma(f) \quad (31)$$

由式(31)和假设条件 $\lambda(1/f) < \sigma(f)$, $\sigma(a_\lambda) < \sigma(f)$, 得到

$$N(r,f) = S(r,f), \quad T(r,a_\lambda) = S(r,f)$$

由

$$\psi(z) = F(z)H_1(z,f) + H_2(z,f)$$

和 $\deg_f F = n > \deg_f H_2$, 利用引理 4, 采用和式(13) – (15)相同的方法, 可以得到 $\psi(z) \not\equiv 0$. 所以, $\psi(z)$ 可以表示成

$$\psi(z) = F(z)H_1(z,f) + H_2(z,f) = h(z)e^{g(z)} \quad (32)$$

其中 $g(z)$ 是多项式, $h(z) = \dfrac{h_1(z)}{h_2(z)} \not\equiv 0$, $h_1(z)$ 和 $h_2(z)$ 分别是 $\psi(z)$ 的零点和极点构成的典型乘积.

下面我们证明 $T(r,h) \not= S(r,f)$. 采用反证法, 假设

$$T(r,h) = S(r,f)$$

微分式(32)并代换 $e^{g(z)}$, 得到

$$F'(z)H_1(z,f) + F(z)H'_1(z,f) - \left(\frac{h'(z)}{h(z)} + g'(z) \right) F(z)H_1(z,f)$$

$$= \left(\frac{h'(z)}{h(z)} + g'(z) \right) H_2(z,f) - H'_2(z,f) \quad (33)$$

令

$$U(z,f) = F'(z)H_1(z,f) + F(z)H'_1(z,f) -$$

$$\left(\frac{h'(z)}{h(z)} + g'(z)\right)F(z)H_1(z,f) -$$

$$\left(\frac{h'(z)}{h(z)} + g'(z)\right)H_2(z,f) + H'_2(z,f)$$

则由式(33),得到

$$U(z,f) = 0$$

以常数 a 代换 $U(z,f)$ 中的 $f(z)$,这时,由式(2)得 $F'(z) = (a^n)' = 0$. 因此,有

$$U(z,a) = a^n H'_1(z,a) - a^n\left(\frac{h'(z)}{h(z)} + g'(z)\right)H_1(z,a) -$$

$$\left(\frac{h'(z)}{h(z)} + g'(z)\right)H_2(z,a) + H'_2(z,a)$$

$$= -\left(\frac{h'(z)}{h(z)} + g'(z)\right)(a^n H_1(z,a) + H_2(z,a)) +$$

$$a^n H'_1(z,a) + H'_2(z,a)$$

我们断言 $U(z,a) \not\equiv 0$. 否则,若 $U(z,a) \equiv 0$,则由 $a^n H_1(z,a) + H_2(z,a) \not\equiv 0$,得到

$$\frac{(a^n H_1(z,a) + H_2(z,a))'}{a^n H_1(z,a) + H_2(z,a)} = \frac{h'(z)}{h(z)} + g'(z) \quad (34)$$

积分式(34)得到

$$a^n H_1(z,a) + H_2(z,a) = C_2 h(z) e^{g(z)} \quad (35)$$

其中 C_2 是非零常数. 由于 $H_1(z,f)$ 和 $H_2(z,f)$ 的系数 $a_\lambda(z)$ 满足 $T(r,a_\lambda) = S(r,f)$,利用式(35),得到

$$T(r,he^g) = S(r,f)$$

变形式(32),有

414

$$F(z)H_1(z,f) = -H_2(z,f) + h(z)e^{g(z)} \qquad (36)$$

将引理 4 应用到式(36),并注意到 $N(r,f) = S(r,f)$,得到

$$T(r,H_1) = S(r,f), \quad T(r,fH_1) = S(r,f)$$

所以 $T(r,f) = S(r,f)$,这是一个矛盾. 于是,断言 $U(z, a) \not\equiv 0$ 成立. 此外,我们知道 $U(z,f) = 0$. 因此,由引理 5 和注 8,得到

$$m\left(r,\frac{1}{f-a}\right) = S(r,f)$$

从而

$$N\left(r,\frac{1}{f-a}\right) = T(r,f) + S(r,f)$$

这矛盾于假设条件:a 是 $f(z)$ 的有限 Borel 例外值. 因此

$$T(r,h) \neq S(r,f) \qquad (37)$$

由式(37)知,存在常数 $K > 0$ 和具有无穷对数测度的集合 E,满足当 $r \in E$ 时,$T(r,h) \geqslant KT(r,f)$. 所以,由式(31)得到

$$\sigma(h) \geqslant \sigma(f) \qquad (38)$$

由式(32),并注意到 $h(z) = \dfrac{h_1(z)}{h_2(z)}$,$\lambda\left(\dfrac{1}{f}\right) < \sigma(f)$,$\sigma(a_\lambda) < \sigma(f)$,我们得到

$$\sigma(h_2) = \lambda(h_2) = \lambda\left(\frac{1}{\psi}\right) < \sigma(f) \qquad (39)$$

因此,由 $h(z) = \dfrac{h_1(z)}{h_2(z)}$以及(38)和(39)两式得到

$$\sigma(h_1) \geqslant \sigma(f) \qquad (40)$$

又由式(32)得到

$$\lambda(\psi) = \lambda(h_1) = \sigma(h_1) \leqslant \sigma(\psi) \leqslant \sigma(f) \qquad (41)$$

所以,由式(40)和式(41)得到 $\lambda(\psi) = \sigma(\psi) = \sigma(f)$.
又 $0 \leqslant \lambda(1/f) < \sigma(f)$,因此 $\psi(z)$ 有无穷多个零点.

5. 定理 4 的证明

令

$$H^*(z,f) = \sum_{\lambda \in J^*} a_\lambda(z) \prod_{j=1}^{\tau_\lambda} f(z + \delta_{\lambda,j})^{\mu_{\lambda,j}}$$

其中

$$J^* = \left\{ \lambda \in J \,\middle|\, \sum_{j=1}^{\tau_\lambda} \mu_{\lambda,j} \geqslant 1 \right\}$$

则差分多项式 $H^*(z,f)$ 中每个单项式的次数都大于或等于 1,且有

$$H(z,f) = H^*(z,f) + H(z,0)$$

令

$$G(z) = \frac{H(z,f)}{F(z)} = \frac{H^*(z,f) + H(z,0)}{F(z)} \tag{42}$$

于是

$$G(z) = \frac{\sum\limits_{\lambda \in J^*} a_\lambda(z) \prod\limits_{j=1}^{\tau_\lambda} f(z + \delta_{\lambda,j})^{\mu_{\lambda,j}} + H(z,0)}{F(z)} \tag{43}$$

由式(43),并注意到 $F(z) = f^{i_0}(z + c_0) f^{i_1}(z + c_1) \cdots \cdot f^{i_k}(z + c_0)$ 和 $i_1 + i_1 + \cdots + i_k = n$,得到

$$G(z) = \sum_{\lambda \in J^*} a_\lambda(z) \prod_{j=1}^{\tau_\lambda} \left(\frac{f(z + \delta_{\lambda,j})}{f(z)} \right)^{\mu_{\lambda,j}} \left(\frac{f(z)}{f(z + c_0)} \right)^{i_0} \cdots \cdot$$

$$\left(\frac{f(z)}{f(z + c_k)} \right)^{i_k} \left(\frac{1}{f(z)} \right)^{n - \sum\limits_{j=1}^{\tau_\lambda} \lambda,j} +$$

$$\frac{H(z,0)}{f^{i_0}(z+c_0)\cdots f^{i_k}(z+c_k)} \tag{44}$$

令 $f(z)=1/g(z)$，则由式（44）得到

$$G(z) = \sum_{\lambda \in J^*} b_\lambda(z) g^{n-\sum_{j=1}^{\tau_\lambda}\mu_{\lambda j}}(z) + H(z,0)g^{i_0}(z+c_0)\cdots g^{i_k}(z+c_k)$$

其中

$$b_\lambda(z) = a_\lambda(z) \prod_{j=1}^{\tau_\lambda}\left(\frac{f(z+\delta_{\lambda j})}{f(z)}\right)\mu_{\lambda j}\left(\frac{f(z)}{f(z+c_0)}\right)^{i_0}\cdots\left(\frac{f(z)}{f(z+c_k)}\right)^{i_k}$$

由引理 1 和 $T(r,a_\lambda)=S(r,f)$，我们得到

$$m(r,b_\lambda)=S(r,f)，\quad T(r,H(z,0))=S(r,f)$$

由 J^* 的定义知，对所有的 $\lambda \in J^*$，有 $n-\sum_{j=1}^{\tau_\lambda}\mu_{\lambda j}\leqslant n-1.$

所以由条件"$H(z,0)\not\equiv 0$"知，$G(z)$ 中仅有单项式 $H(z,0)g^{i_0}(z+c_0)\cdots g^{i_k}(z+c_k)$ 取到最高次数 n，并且该项的系数 $H(z,0)$ 满足

$$m(r,H(z,0))=S(r,f)，\quad m\left(r,\frac{1}{H(z,0)}\right)=S(r,f)$$

采用和定理 1 的证明中式（3）-（10）相同的方法，可以得以

$$m(r,G)=nm(r,g)+S(r,g) \tag{45}$$

由式（45）及 $N(r,1/f)=S(r,f)$ 和 $g(z)=1/f(z)$，得到

$$m(r,G)=nT(r,f)+S(r,f) \tag{46}$$

利用第二基本定理以及式（42），得到

$$T(r,G)\leqslant \bar{N}(r,G)+\bar{N}\left(r,\frac{1}{G}\right)+\bar{N}\left(r,\frac{1}{G+1}\right)+S(r,f)$$

$$\leqslant N(r,G)+\bar{N}\left(r,\frac{1}{H}\right)+\bar{N}(r,F)+\bar{N}\left(r,\frac{1}{G+1}\right)+$$

$$S(r,f) \tag{47}$$

417

由式(46)和式(47),得到

$$nT(r,f) \leqslant \overline{N}\left(r, \frac{1}{H}\right) + \overline{N}(r, F) + \overline{N}\left(r, \frac{1}{G+1}\right) + S(r,f)$$

$$(48)$$

接下来我们估计 $\overline{N}(r, 1/H), \overline{N}(r, F)$ 和 $\overline{N}(r, 1/(G+1))$. 为此,令 $\deg_f H = d$,且记 $H(z,f)$ 中所有不同的 $\delta_{\lambda,j}$ 为 $\delta_1, \cdots, \delta_m$. 于是,由式(1)和引理3得到

$$N(r,H) \leqslant \sum_{j=1}^{m} dN(r, f(z+\delta_j)) + S(r,f)$$
$$= mdN(r,f) + S(r,f)$$

此外,采用和定理1的证明中式(3) – (7)相同的方法,可以得到

$$m(r,H) \leqslant dm(r,f) + S(r,f)$$

因此

$$\overline{N}\left(r, \frac{1}{H}\right) \leqslant T(r,H) + O(1)$$

$$\leqslant mdT(r,f) + S(r,f) \qquad (49)$$

令 E_r 表示集合 $E_r = \{z \mid F(z) = \infty, G(z) + 1 = 0, |z| \leqslant r\}$, $\overline{n}_1(r, F)$ 表示集合 E_r 中元素的个数,并令 $\overline{N}_1(r, F)$ 表示相应的密指量.

由

$$G(z) + 1 = \frac{H(z,f)}{F(z)} + 1 = \frac{H(z,f) + F(z)}{F(z)} \qquad (50)$$

知,如果 z_0 满足 $F(z_0) = \infty$ 和 $G(z_0) + 1 = 0$,那么 $H(z_0, f(z_0)) = \infty$. 因此有

$$\overline{n}_1(r, F) \leqslant \overline{n}(r, H)$$

$$\overline{N}_1(r,F) \leqslant \overline{N}(r,H) + O(1)$$

由式(50)，又能得到

$$\overline{N}\left(r,\frac{1}{G+1}\right) \leqslant \overline{N}\left(r,\frac{1}{H+F}\right) + \overline{N}_1(r,F) + O(1)$$

$$(51)$$

因此有

$$\overline{N}\left(r,\frac{1}{G+1}\right) \leqslant \overline{N}\left(r,\frac{1}{H+F}\right) + \overline{N}(r,H) + O(1) \quad (52)$$

由引理 3 得到

$$\overline{N}(r,H) \leqslant \sum_{j=1}^{m} \overline{N}(r,f(z+\delta_j)) + S(r,f)$$
$$= m\,\overline{N}(r,f) + S(r,f) \quad (53)$$

$$\overline{N}(r,F) \leqslant \sum_{j=0}^{k} \overline{N}(r,f(z+c_j)) + O(1)$$
$$= (k+1)\overline{N}(r,f) + S(r,f) \quad (54)$$

现在将 $\overline{N}(r,1/H)$，$\overline{N}(r,F)$ 和 $\overline{N}(r,1/(G+1))$ 的估计式代入式(48). 由式(48)和式(52)，容易得到

$$nT(r,f) \leqslant \overline{N}\left(r,\frac{1}{H}\right) + \overline{N}(r,F) +$$
$$\overline{N}\left(r,\frac{1}{H+F}\right) + \overline{N}(r,H) + O(1)$$

由上式以及式(49)，(53)和式(54)，得到

$$(n - md - (k+1) - m)\,T(r,f) \leqslant \overline{N}\left(r,\frac{1}{F+H}\right) + S(r,f)$$

$$(55)$$

由式(51)和式(54)，得到

$$\overline{N}\left(r,\frac{1}{G+1}\right) \leqslant \overline{N}\left(r,\frac{1}{H+F}\right) + \overline{N}(r,F) + O(1)$$

N. E. Nörlund 定理

$$\leq \overline{N}\left(r, \frac{1}{H+F}\right) + (k+1)\overline{N}(r,f) + S(r,f)$$

$$(56)$$

由(48),(54)和(56)各式,得到

$$nT(r,f) \leq \overline{N}\left(r, \frac{1}{H}\right) + 2(k+1)\overline{N}(r,f) +$$

$$\overline{N}\left(r, \frac{1}{H+F}\right) + S(r,f)$$

由上式以及式(49),得到

$$(n - md - 2(k+1))T(r,f) \leq \overline{N}\left(r, \frac{1}{F+H}\right) + S(r,f)$$

$$(57)$$

由假设条件

$$n > \min\{m\deg_f H + 2(k+1), m(\deg_f H + 1) + k + 1\}$$

以及(55)和(57)两式,并注意到 $d = \deg_f H$,可以得到

$$T(r,f) \leq \overline{N}\left(r, \frac{1}{F+H}\right) + S(r,f)$$

所以 $\zeta(z) = F(z) + H(z,f)$ 有无穷多个零点,且满足 $\lambda(\zeta) \geq \sigma(f)$. 又由引理 3 知,$\lambda(\zeta) \leq \sigma(\zeta) \leq \sigma(f)$. 因此,$\lambda(\zeta) = \sigma(\zeta) = \sigma(f)$.

6. 参考文献

[1] GOL'DBERG A A, OSTROVSKII I V. Distribution of Values of Meromorphic Functions[M]. Moscow: Nauka, 1970.

[2] HAYMAN W K. Meromorphic Functions [M]. Oxford: Clarendon Press, 1964.

[3] YANG L. Value Distribution Theory and New Research[M]. Beijing: Science Press, 1982.

[4] ABLOWITZ M J, HALBURD R G, HERBST B. On the extension of the

Painlevé property to difference equations[J]. Nonlinearity, 2000,13：889 – 905.

[5]BERGWEILER W, LANGLEY J K. Zeros of differences of meromorphic functions[J]. Math Proc Camb Philos Soc, 2007,142:133 – 147.

[6]CHEN Z X, HUANG Z B, ZHENG X M. On properties of difference polynomials[J]. Acta Math Sinica Engl Ser, 2011,31:627 –633.

[7]CHEN Z X, SHON K H. Estimates for the zeros of differences of meromorphic functions[J]. Sci China Ser A, 2009,52:2447 – 2458.

[8]CHANG Y M, FENG S J. On the Nevanlinna characteristic of $f(z+\eta)$ and difference equations in the complex plane[J]. Ramanujan J, 2008, 16:105 – 129.

[9]HALBURD R G, KORHONEN R J. Difference analogue of the lemma on the logarithmic derivative with applications to difference equations [J]. J Math Anal Appl, 2006,314:477 –487.

[10]HALBURD R G, KORHONEN R J. Nevanlinna theory for the difference operator[J]. Ann Acad Sci Fenn Math, 2006,31:463 –478.

[11]HALBURD R G, KORHONEN R J. Finite – order meromorphic solutions and the discrete Painlevé equations[J]. Proc London Math Soc, 2007,94:443 –474.

[12]Laine I, Yang C C. Clunie theorems for difference and q – difference polynomials[J]. J London Mat Soc, 2007,76:556 –566.

[13]LAINE I, YANG C C. Value distribution of difference polynomials [J]. Proc Japan Acad Ser A, 2007, 83:148 –151.

[14]YANG C C. On deficiencies of differential polynomials Ⅱ[J]. Math Z, 1972,125:107 –112.

[15]HAYMAN W K. Picard values of meromorphic functions and their derivatives[J]. Ann of Math, 1959,70:9 –42.

[16]DOERINGER W. Exceptional values of differential polynomials[J]. Pacific J Math, 1982,98:55 – 62.

421

复差分－微分方程组的解的增长级

中国人民大学信息学院的王钥,张庆彩两位教授和中山大学数学系的杨明华教授利用亚纯函数的 Nevanlinna 值分布理论,研究了两类高阶复差分－微分方程组的解的增长级问题,推广和改进了一些作者的结论.

1. 引言

本章采用亚纯函数 Nevanlinna 值分布理论的基本概念和通常记号(可参见文献 $[1-3]$). 我们记 $\rho(\omega)$ 为函数 $\omega(z)$ 的级.

设 $g(z) = \sum_{n=0}^{\infty} a_n z^n$ 是一超越整函数, g 的最大项为 $\mu(r, g)$,中心指标为 $v(r, g)$,最大模为 $M(r, g)$,即

$$\mu(r, g) = \max_{|z|=r} |a_n z^n|$$

$$v(r, g) = \sup\{n : |a_n| r^n = \mu(r, g)\}$$

$$M(r, g) = \max_{|z|=r} |g(z)|$$

设 c 是固定的非零复数

$$\Delta_c \omega(z) = \omega(z+c) - \omega(z)$$

$$\begin{aligned} \Delta_c^n \omega(z) &= \Delta_c(\Delta_c^{n-1}\omega(z)) \\ &= \Delta_c^{n-1}\omega(z+c) - \Delta_c^{n-1}\omega(z) \quad (n \geq 2) \end{aligned}$$

设 E 是正实轴的子集,定义 $\log(E) = \displaystyle\int_{E \cap [1,+\infty)} \frac{\mathrm{d}r}{r}$ 为 E 的对数测度,集合 $E \in (1,+\infty)$ 为有限的对数测度是指 $\log(E) < \infty$.

许多学者已研究了复微分方程解的存在性及增长级等问题,得到了许多比较理想的结果(见文献[4-6,12-13]).自 20 世纪 80 年代开始,李鉴舜,涂振汉,高凌云等人考虑了复微分方程组解的性质与单个复微分方程解的存在性等问题有本质的不同,如 Malmquist 型定理,进一步讨论了复微分方程组解的性态,亦得到了一些比较理想的成果(见文献[7-9,19-20]).

近来,鉴于连续量与离散量的本质不同,复差分方程解的一些性质研究成为时下复分析的热点之一. 事实上,复差分与复微分多项式就有不同,例如关于复微分多项式,有如下性质.

定理 A[5]　设

$$\Omega = \sum_{(i)} a_{(i)}(z) \prod_{j=1}^{n} (\omega_j)^{a_{j0}^i} (\omega'_j)^{a_{j1}^i} \cdots (\omega_j^{(k_j)})^{a_{jk_j}^i}$$

其中 $\{a_{(i)}(z)\}$ 是亚纯函数,则

$$T(r,\Omega) \leq \sum_{j=1}^{n} (\lambda_j T(r,\omega_j) + (\Delta_j - \lambda_j)\overline{N}(r,\omega_j)) +$$

$$\sum T(r,a_{(i)}) + \sum_{j=1}^{n} o(T(r,\omega_j))$$

其中 $\lambda_j = \max\limits_{t}\{\lambda_{tj}\}$，$\lambda_{tj} = a_{j0}^t + a_{j1}^t + \cdots + a_{js_j}^t \cdot \Delta_j =$ $\max\limits_{(t)}\{\Delta_{tj}\}$，$\Delta_{tj} = a_{j0}^t + 2a_{j1}^t + \cdots + (s_j+1)a_{js_j}^t$.

定理 B[7] 设 $\Phi_1 = \dfrac{\Omega_1(z,\omega_1,\omega_2,\cdots,\omega_n)}{\Omega_2(z,\omega_1,\omega_2,\cdots,\omega_n)}$，其中

$$\Omega_1(z,\omega_1,\omega_2,\cdots,\omega_n)$$

$$= \sum_{(i)} a_{(i)}(z) \prod_{j=1}^{n} (\omega_j)^{a_{j0}^i}(\omega'_j)^{a_{j1}^i}\cdots(\omega_j^{(k_j)})^{a_{jk_j}^i}$$

$$\Omega_2(z,\omega_1,\omega_2,\cdots,\omega_n)$$

$$= \sum_{(u)} b_{(u)}(z) \prod_{j=1}^{n} (\omega_j)^{b_{j0}^u}(\omega'_j)^{b_{j1}^u}\cdots(\omega_j^{(l_j)})^{b_{jl_j}^u}$$

则

$$T(r,\Phi_1) \leqslant \sum_{j=1}^{n} \left[\lambda_j T(r,\omega_j) + (\Delta_j - \lambda_j)\overline{N}(r,\omega_j)\right] + S(r)$$

其中 $S(r) = \sum\limits_{(i)} T(r,a_{(i)}) + \sum\limits_{(u)} T(r,b_{(u)})$，$\lambda_j = \max\limits_{(t)}\{\lambda_{tj}\}$，$\lambda_{tj} = a_{j0}^t + a_{j1}^t + \cdots + a_{js_j}^t$，$\Delta_j = \max\limits_{(t)}\{\Delta_{tj}\}$，$\Delta_{tj} = a_{j0}^t + 2a_{j1}^t + \cdots + (s_j+1)a_{js_j}^t$.

定理 A 和定理 B 表明，关于复微分多项式和两个复微分多项式的比式的结论是相同的.

相类似的，关于复差分多项式，有如下定理.

定理 C[10] 设 ω_1,ω_2 都是有限级

$$T(r,a_{(i)}) = o(T(r,\omega_k))$$

$$T(r,b_{(j)}) = o(T(r,\omega_k)) \quad (k=1,2)$$

$$\Omega_1(z,\omega_1,\omega_2)$$

$$= \sum_{(i)} a_{(i)}(z) \prod_{k=1}^{2} (\omega_k)^{i_{k0}}(\omega_k(z+c_1))^{i_{k1}}\cdots(\omega_k(z+c_n))^{i_{kn}}$$

则

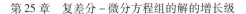

$$T(r,\Omega_1(z,\omega_1,\omega_2)) \leqslant \sum_{k=1}^{2} \lambda_{1k} T(r,\omega_k) + S_1(r,\omega_1) +$$
$$S_2(r,\omega_2) + S(r,\omega_1) + S(r,\omega_2)$$

其中 $\lambda_{1k} = \max\left\{\sum_{l=0}^{n} i_{kl}\right\}, k = 1,2.$

但是,以下例子表明,对于两个复差分多项式的比式的形式,定理 C 的结论不再成立.

例 1　取 $\omega_1 = \tan z, \omega_2 = z, c_1 = \dfrac{\pi}{4}, c_2 = \arctan 3$,则

$$\begin{aligned}
\Phi_1 &= \frac{\Omega_1(z,\omega_1,\omega_2)}{\Omega_2(z,\omega_1,\omega_2)} = \frac{\omega_2(z)\omega_1^2(z+c_1)\omega_1(z+c_2)}{\omega_1(z+c_1)+\omega_1^2(z+c_2)} \\
&= \frac{z(3\tan^4 z + 14\tan^3 z + 16\tan^2 z + 2\tan z - 3)}{8\tan^4 z - 10\tan^3 z - 6\tan^2 z - 10)}
\end{aligned}$$

不满足定理 C 的结论.

一些数学工作者如 Laine,Korhonen,Chiang,陈宗煊,高凌云等人讨论了多类复差分方程解的性态(参见文献[10,14 - 18]).在考虑到复差分方程之后,自然想到更进一步研究复差分方程组解的存在性上去(参见文献[11]).事实上,在 Malmquist 等问题上,复差分方程与复差分方程组有本质的不同.如

定理 D[10]　设 $c_j \in C \setminus \{0\}, j = 1, 2, \cdots, n$,如果复差分方程

$$\frac{\displaystyle\sum_{(i)} a_{(i)}(z)\omega^{i_0}(\omega(z+c_1))^{i_1}\cdots(\omega(z+c_n))^{i_n}}{\displaystyle\sum_{(j)} b_{(j)}(z)\omega^{j_0}(\omega(z+c_1))^{j_1}\cdots(\omega(z+c_n))^{j_n}} = \frac{\displaystyle\sum_{i=0}^{p} a_i(z)\omega^i}{\displaystyle\sum_{j=0}^{q} b_j(z)\omega^j}$$

存在一个有限级的超越亚纯解,则

$$\max\{p,q\} \leqslant \lambda_1 + \lambda_2$$

其中 $\lambda_1 = \max\{i_0 + i_1 + \cdots + i_n\}, \lambda_2 = \max\{j_0 + j_1 + \cdots + j_n\}$.

如果我们考虑复差分方程组在存在超越亚纯解的情况下,是否可以断言定理 D 也是成立的？如下的例 2 回答了这个问题.

例 2 $(\omega_1, \omega_2) = (e^z, e^{-z})$ 是复差分方程组

$$\begin{cases} \omega_1(z-1)\,\omega_1^2(z+1) = \dfrac{e}{\omega_2^3} \\[4mm] \omega_2^2(z-1)\,\omega_2(z+1) = \dfrac{e}{\omega_1^3} \end{cases}$$

的超越亚纯解,但是方程组的右边并没有退化为关于 ω_1 或 ω_2 的多项式.

此例表明复差分方程组存在超越亚纯解的结论与复差分方程存在亚纯解的结论是不同的.

以上例子表明研究复差分方程组解的性质是有意义的.

本章将研究如下两类高阶复差分 - 微分方程组 $(1),(2)$ 的解的增长级

$$\begin{cases} \omega_2^{\lambda_1}\Omega_1(z,\omega_1) = a(z)(\omega_1)^{\lambda_1}(\omega_2)^{s_0}(\omega_2')^{s_1}\cdots(\omega_2^{(n)})^{s_n} \\ \omega_1^{\lambda_2}\Omega_2(z,\omega_2) = b(z)(\omega_2)^{\lambda_2}(\omega_1)^{t_0}(\omega_1')^{t_1}\cdots(\omega_1^{(n)})^{t_n} \end{cases}$$

$$(1)$$

其中

$$\Omega_1(z,\omega_1) = \sum_{(i)\in I} a_{(i)}(z)(\omega_1)^{i_0}(\Delta_c\omega_1)^{i_1}\cdots(\Delta_c^n\omega_1)^{i_n}$$

$$\Omega_2(z,\omega_2) = \sum_{(j)\in J} b_{(j)}(z)(\omega_2)^{j_0}(\Delta_c\omega_2)^{j_1}\cdots(\Delta_c^n\omega_2)^{j_n}$$

$a(z), b(z)$ 是多项式

$$\lambda_1 = \sum_{l=0}^n i_l = \sum_{l=0}^n s_l, \quad \lambda_2 = \sum_{l=0}^n j_l = \sum_{l=0}^n t_l$$

$$u_i = \max_{(i)} \left\{ \sum_{l=0}^{n} l_{i_l} \right\}, \quad \bar{u}_j = \max_{(j)} \left\{ \sum_{l=0}^{n} l_{j_l} \right\}$$

$$\alpha_{(i)} = \deg(a_{(i)}) + u_{(i)}(\rho(\omega_1) - 1), (i) \in I$$

$$\beta_{(j)} = \deg(b_{(j)}) + \bar{u}_{(j)}(\rho(\omega_2) - 1), (j) \in J$$

$$\begin{cases} \Omega_1(z, \omega_1, \omega_2) = a(z)(\omega_1)^{s_{10}}(\omega'_1)^{s_{11}} \cdots \cdot \\ \qquad (\omega_1^{(n)})^{s_{1n}}(\omega_2)^{s_{20}}(\omega'_2)^{s_{21}} \cdots (\omega_2^{(n)})^{s_{2n}} \\ \Omega_2(z, \omega_1, \omega_2) = b(z)(\omega_2)^{t_{20}}(\omega'_2)^{t_{21}} \cdots \cdot \\ \qquad (\omega_2^{(n)})^{t_{2n}}(\omega_1)^{t_{10}}(\omega'_1)^{t_{11}} \cdots (\omega_1^{(n)})^{t_{1n}} \end{cases} \quad (2)$$

其中

$$\Omega_1(z, \omega_1, \omega_2) = \sum_{(i) \in I} a_{(i)}(z) \prod_{k=1}^{2} (\omega_k)^{i_{k0}}(\Delta_c \omega_k)^{i_{k1}} \cdots (\Delta_c^n \omega_k)^{i_{kn}}$$

$$\Omega_2(z, \omega_1, \omega_2) = \sum_{(j) \in J} b_{(j)}(z) \prod_{k=1}^{2} (\omega_k)^{j_{k0}}(\Delta_c \omega_k)^{j_{k1}} \cdots (\Delta_c^n \omega_k)^{j_{kn}}$$

$a(z), b(z)$ 是多项式

$$\lambda_k = \max_{(i)} \left\{ \sum_{l=0}^{n} i_{kl} \right\} = \sum_{l=0}^{n} s_{kl}$$

$$\bar{\lambda}_k = \max_{(j)} \left\{ \sum_{l=0}^{n} j_{kl} \right\} = \sum_{l=0}^{n} t_{kl}$$

$$u_{ki} = \max_{(i)} \left\{ \sum_{l=0}^{n} l_{i_{kl}} \right\}, \bar{u}_{kj} = \max_{(j)} \left\{ \sum_{l=0}^{n} l_{j_{kl}} \right\}$$

$$\alpha(\lambda) = \deg(a(\lambda)) + \sum_{s=1}^{2} u_{s\lambda}(\rho(\omega_s) - 1)$$

$$\beta(\bar{\lambda}) = \deg(b_{\bar{\lambda}}) + \sum_{s=1}^{2} \bar{u}_{s\bar{\lambda}}(\rho(\omega_s) - 1)$$

2. 主要结果

定理 1　设 $(\omega_1(z), \omega_2(z))$ 是高阶复差分－微分方程组(1)的有限级超越整函数解，$\Omega_i(z, \omega_i)(i = 1, 2)$

是关于 $\omega_i\,(i=1,2)$ 的齐次函数

$$\alpha_p=\max_{(i)\in I}\{\alpha_{(i)}\},\quad \beta_q=\max_{(j)\in J}\{\beta_{(j)}\}$$

若 $(u_s\bar{u}_t-u_p\bar{u}_q)<0$,且下列条件之一成立:

(i) $u_s\,(\deg(b_q(z))-\deg(b(z)))+\bar{u}_q\,(\deg(a_p(z))-\deg(a(z)))\leqslant0$

(ii) $\bar{u}_t\,(\deg(a_p(z))-\deg(a(z)))+u_p\,(\deg(b_q(z))-\deg(b(z)))\leqslant0$

则 $\rho(\omega_1)\geqslant1,\rho(\omega_2)\geqslant1$ 至少有一个成立.

例 3 $(\omega_1,\omega_2)=(z^2,\mathrm{e}^z)$ 是方程组

$$\begin{cases}\omega_2^3z^6\,(-2c^2\omega_1(\Delta_c\omega_1)(\Delta_c^2\omega_1)+(\Delta_c\omega_1)^2(\Delta_c^2\omega_1))\\[2pt]=2c^4(2z+c)\,(-2cz^2+2z+c)\omega_2(\omega'_2)(\omega''_2)\omega_1^3\\[6pt]\omega_1^3z((\Delta_c^2\omega_2)^3-(\Delta_c\omega_2)(\Delta_c^2\omega_2)(\Delta_c^3\omega_2))\\[2pt]=\dfrac{(z^8-1)(\mathrm{e}^c-1)^6\omega_2^3(\omega'_1)^2(\omega'''_1)}{2c^2}\end{cases}$$

的一个超越整函数解,易知

$$\max\{\alpha_{(i)}\}=\alpha_1,\max\{\beta_{(j)}\}=\beta_2$$

$$u_s=3,u_1=3,\bar{u}_t=5,\bar{u}_2=6$$

$$u_s\bar{u}_t-u_1\bar{u}_2=15-18=-3<0$$

$$u_s(\deg(b_2(z))-\deg(b(z))+\bar{u}_2(\deg(a_1(z))-\deg(a(z)))$$
$$=3[1-8]+6[6-3]=-3<0$$

$$\bar{u}_t(\deg(a_1(z))-\deg(a(z)))+u_1(\deg(b_2(z))-\deg(b(z)))$$
$$=5(6-3)+3(1-8)=-6<0$$

在此条件下 $\rho(\omega_1)=0,\rho(\omega_2)=1$. 例子表明定理 1 的下界可达.

例 4 $(\omega_1,\omega_2)=(z^2,z^3)$ 是方程组

$$\begin{cases} \omega_2^3\left(2c^4z^2\left(\Delta_c\omega_1\right)^3 + 3z(z+c)^2\omega_1\left(\Delta_c^2\omega_1\right)^2 + \\ \quad z^3(z+c)^2\left(\Delta_c\omega_1\right)^2\left(\Delta_c^2\omega_1\right) - \\ \quad c^4(2z+c)^2\omega_1\left(\Delta_c\omega_1\right)\left(\Delta_c^2\omega_1\right)\right) \\ = c^4z(z+c)^2\left(1 + \dfrac{(2z+c)^2}{18}\right)(\omega_1)^3\omega_2(\omega''_2)^2 \\ \omega_1^3\left(z^9\left(\Delta_c\omega_2\right)\left(\Delta_c^2\omega_2\right)^2 + z^3\omega_2^3\right) \\ = \left(18c^5z^2(z+c)^2\left(3z^2+3zc+c^2\right)+\dfrac{z^5}{2}\right)(\omega_1)^2(\omega''_1)\omega_2^3 \end{cases}$$

的一个整函数解,易知

$$\max\left\{\alpha_{(i)}\right\}=\alpha_3,\max\left\{\beta_{(j)}\right\}=\beta_1$$

$$u_s=4,u_3=4,\bar{u}_t=2,\bar{u}_1=5$$

$$u_s\bar{u}_t - u_3\bar{u}_1 = 8 - 20 = -12 < 0$$

$$u_s\left(\deg(b_1(z)) - \deg(b(z))\right) +$$

$$\bar{u}_1\left(\deg(a_3(z)) - \deg(a(z))\right)$$

$$= 4(9-6) + 5(5-5) = 12 > 0$$

$$\bar{u}_t\left(\deg(a_3(z)) - \deg(a(z))\right) +$$

$$u_3\left(\deg(b_1(z)) - \deg(b(z))\right)$$

$$= 2(5-5) + 4(9-6) = 12 > 0$$

在此条件下 $\rho(\omega_1)=0,\rho(\omega_2)=0$. 例子表明定理 1 的条件是精确的.

定理 2　设 $(\omega_1(z),\omega_2(z))$ 是高阶复差分 – 微分方程组 (2) 的有限级超越整函数解, $\Omega_i(z,\omega_1,\omega_2)$ $(i=1,2)$ 是关于 ω_1,ω_2 的齐次函数. $\alpha_M = \max\limits_{\lambda \in I}\left\{\alpha(\lambda)\right\}$, $\beta_N = \max\limits_{\bar{\lambda} \in J}\left\{\beta(\bar{\lambda})\right\}$,若

$$A = u_{s1}\bar{u}_{t2} - \bar{u}_{t1}u_{s2} - u_{1M}\bar{u}_{t2} + \bar{u}_{1N}u_{s2} < 0$$

$$B = u_{s2}\bar{u}_{t1} - \bar{u}_{t2}u_{s1} - u_{2M}\bar{u}_{t1} + \bar{u}_{2N}u_{s1} < 0$$

$$AB - (u_{2M}\bar{u}_{t2} - u_{s2}\bar{u}_{2N})(u_{1M}\bar{u}_{t1} - u_{s1}\bar{u}_{1N}) > 0$$

且下列条件之一成立:

(i) $(u_{s1}\bar{u}_{t2} - u_{s2}\bar{u}_{t1})((\bar{u}_{2N} - \bar{u}_{t2})(\deg(a_M(z)) - \deg(a(z))) - (u_{2M} - u_{s2})(\deg(b_N(z)) - \deg(b(z)))) \geqslant 0$;

(ii) $(u_{s1}\bar{u}_{t2} - u_{s2}\bar{u}_{t1})((\bar{u}_{t1} - \bar{u}_{1N})(\deg(a_M(z)) - \deg(a(z))) - (u_{s1} - u_{1M})(\deg(b_N(z)) - \deg(b(z)))) \geqslant 0$.

则 $\rho(\omega_1) \geqslant 1, \rho(\omega_2) \geqslant 1$ 至少有一成立.

3. 几个引理

为了定理的证明,我们需要以下引理.

引理 1[3] 设 $\omega(z)$ 为整函数,又设 $0 < \delta < \frac{1}{8}$, z 是圆周 $\{z, |z| = r\}$ 上使得 $|\omega(z)| > M(r, \omega)(v(r, \omega))^{-\frac{1}{8}+\delta}$ 的点,则除去对数测度为有穷的 r 值集之外有

$$\frac{\omega^{(k)}(z)}{\omega(z)} = \left(\frac{v(r,\omega)}{z}\right)^k (1 + \eta_k(z))$$

其中 $\eta_k(z) = O((v(r,\omega))^{-\frac{1}{8}+\delta})$.

引理 2[16] 设 ω 是一个有限级 $\rho(\omega) = \rho < 1$ 的亚纯函数,对任意给定的 $\varepsilon > 0$, k, j 是整数, $k > j \geqslant 0$. 则存在一个有限的对数测度集 $E \subset (1, +\infty)$, 对所有满足 $|z| = r \notin (0,1) \cup E$ 的 z, 有

$$\left|\frac{\Delta^k \omega(z)}{\Delta^j \omega(z)}\right| \leqslant |z|^{(k-j)(\rho-1+\varepsilon)}$$

引理 3[2] 设 g 和 h 是 $[0, +\infty)$ 上单调非减函

数, 且对于所有的 $r \notin E, g(r) \leqslant h(r)$, 其中 $E \subset (1, +\infty)$ 是一个有限的对数测度集, $\alpha > 1$ 是一个常数. 则存在 $r_0 = r_0(\alpha) > 0$, 对于所有的 $r \geqslant r_0$, 有

$$g(r) \leqslant h(\alpha r)$$

引理 4[2]　设 ω 是级为 ρ 的非常数整函数, 则有

$$\lim_{r \to \infty} \sup \frac{\log \upsilon(r, \omega)}{\log r} = \rho$$

4. 定理的证明

定理 1 的证明　设 $(\omega_1(z), \omega_2(z))$ 是高阶复差分 - 微分方程组（1）的超越有限级 $\rho(\omega_1, \omega_2) = \max\{\rho(\omega_1), \rho(\omega_2)\} < 1$ 的整函数解. 将方程组（1）改写为

$$
\begin{cases}
a(z)\left(\dfrac{\omega_2'}{\omega_2}\right)^{s_1} \cdots \left(\dfrac{\omega_2^{(n)}}{\omega_2}\right)^{s_n} = \displaystyle\sum_{(i) \in I} a_{(i)}(z)\left(\dfrac{\Delta_c \omega_1}{\omega_1}\right)^{i_1} \cdots \left(\dfrac{\Delta_c^n \omega_1}{\omega_1}\right)^{i_n} \\[4mm]
b(z)\left(\dfrac{\omega_1'}{\omega_1}\right)^{t_1} \cdots \left(\dfrac{\omega_1^{(n)}}{\omega_1}\right)^{t_n} = \displaystyle\sum_{(j) \in J} b_{(j)}(z)\left(\dfrac{\Delta_c \omega_2}{\omega_2}\right)^{j_1} \cdots \left(\dfrac{\Delta_c^n \omega_2}{\omega_2}\right)^{j_n}
\end{cases}
$$

$$（3）$$

引理 1 应用于方程组（3）的左边及引理 2 应用于方程组（3）的右边得

$$
\begin{cases}
r^{\deg(a(z))}\left(\dfrac{\upsilon(r, \omega_2)}{r}\right)^{u_s} \mid 1 + o(1) \mid \leqslant \displaystyle\sum_{(i) \in I} r^{\deg(a_{(i)}(z)) + u_{(i)}(\rho(\omega_1) - 1) + \varepsilon_1} \\[4mm]
r^{\deg(b(z))}\left(\dfrac{\upsilon(r, \omega_1)}{r}\right)^{\bar{u}_t} \mid 1 + o(1) \mid \leqslant \displaystyle\sum_{(j) \in J} r^{\deg(b_{(j)}(z)) + \bar{u}_{(j)}(\rho(\omega_2) - 1) + \varepsilon_2}
\end{cases}
$$

对于所有充分大的 $r, r \in F \backslash E \cup [0, 1]$ 成立, $\varepsilon_1, \varepsilon_2$ 是任意小的正数.

进一步, 我们有

$$\begin{cases} r^{\deg(a(z))}\left(\dfrac{v(r,\omega_2)}{r}\right)^{u_s}|1+o(1)|\leqslant r^{\deg(a_p(z))+u_p(\rho(\omega_1)-1)+\varepsilon_1} \\ r^{\deg(b(z))}\left(\dfrac{v(r,\omega_1)}{r}\right)^{\bar{u}_t}|1+o(1)|\leqslant r^{\deg(b_p(z))+\bar{u}_q(\rho(\omega_2)-1)+\varepsilon_2} \end{cases}$$

$$(4)$$

其中 $F\in\mathbf{R}^*$ 是一个有限的对数测度集合, 选择的 z 满足 $|\omega_1|=M(r,\omega_1)$, $|\omega_2|=M(r,\omega_2)$, $\varepsilon_1,\varepsilon_2$ 是任意小的正数. 由式(4)和引理 3 得

$$\begin{cases} (v(r,\omega_2))^{u_s}|1+o(1)|\leqslant r^{\deg(a_p(z))-\deg(a(z))+u_p(\rho(\omega_1)-1)+u_s+\varepsilon} \\ (v(r,\omega_1))^{\bar{u}_t}|1+o(1)|\leqslant r^{\deg(b_q(z))-\deg(b(z))+\bar{u}_q(\rho(\omega_2)-1)+\bar{u}_t+\varepsilon} \end{cases}$$

其中 $\varepsilon>0$ 是任意小的数.

　　故

$$u_s\rho(\omega_2)\leqslant\limsup_{r\to\infty}\frac{u_s\log^+v(r,\omega_2)}{\log r}$$

$$\leqslant\deg(a_p(z))-\deg(a(z))+u_p(\rho(\omega_1)-1)+u_s$$

$$(5)$$

$$\bar{u}_t\rho(\omega_1)\leqslant\limsup_{r\to\infty}\frac{\bar{u}_t\log^+v(r,\omega_1)}{\log r}$$

$$\leqslant\deg(b_q(z))-\deg(b(z))+\bar{u}_q(\rho(\omega_2)-1)+\bar{u}_t$$

$$(6)$$

由式(5)和式(6), 我们得到

$$(u_s\bar{u}_t-u_p\bar{u}_q)\rho(\omega_1)\leqslant u_s(\deg(b_q(z))-\deg(b(z)))+$$

$$\bar{u}_q(\deg(a_p(z))-\deg(a(z)))+u_s\bar{u}_t-u_p\bar{u}_q$$

又因为 $u_s\bar{u}_t-u_p\bar{u}_q<0$, 则

$$\rho(\omega_1)$$

$$\geqslant \frac{u_s(\deg(b_q(z)) - \deg(b(z))) + \bar{u}_q(\deg(a_p(z)) - \deg(a(z)))}{u_s\bar{u}_t - u_p\bar{u}_q} + 1$$

$$(7)$$

相类似的,我们有

$$\rho(\omega_2)$$

$$\geqslant \frac{\bar{u}_t(\deg(a_p(z)) - \deg(a(z))) + u_p(\deg(b_q(z)) - \deg(b(z)))}{u_s\bar{u}_t - u_p\bar{u}_q} + 1$$

$$(8)$$

由式(7)和 $\rho(\omega_1) < 1$,我们得到

$$\frac{u_s(\deg(b_q(z)) - \deg(b(z))) + \bar{u}_q(\deg(a_p(z)) - \deg(a(z)))}{u_s\bar{u}_t - u_p\bar{u}_q} < 0$$

因此

$$u_s(\deg(b_q(z)) - \deg(b(z))) +$$

$$\bar{u}_q(\deg(a_p(z)) - \deg(a(z))) > 0$$

这与定理 1 中的第一个不等式矛盾.

同理,由式(8)和 $\rho(\omega_2) < 1$,我们得到

$$\frac{\bar{u}_t(\deg(a_p(z)) - \deg(a(z))) + u_p(\deg(b_q(z)) - \deg(b(z)))}{u_s\bar{u}_t - u_p\bar{u}_q} < 0$$

因此

$$\bar{u}_t(\deg(a_p(z)) - \deg(a(z))) +$$

$$u_p(\deg(b_q(z)) - \deg(b(z))) > 0$$

这与定理 1 中的第二个不等式矛盾.

定理 1 证毕.

定理 2 的证明　设 $(\omega_1(z), \omega_2(z))$ 是高阶复差分 - 微分方程组(2)的超越有限级 $\rho(\omega_1, \omega_2) = \max\{\rho(\omega_1),$

$\rho(\omega_2)\} < 1$ 整函数解. 将方程组(2)改写为

$$
\begin{cases}
a(z)\left(\dfrac{\omega'_1}{\omega_1}\right)^{s_{11}}\cdots\left(\dfrac{\omega_1^{(n)}}{\omega_1}\right)^{s_{1n}}\left(\dfrac{\omega'_2}{\omega_2}\right)^{s_{21}}\cdots\left(\dfrac{\omega_2^{(n)}}{\omega_2}\right)^{s_{2n}} \\
= \displaystyle\sum_{(i)\in I} a_{(i)}(z)\left(\dfrac{\Delta_c\omega_1}{\omega_1}\right)^{i_{11}}\cdots\left(\dfrac{\Delta_c^n\omega_1}{\omega_1}\right)^{i_{1n}}\left(\dfrac{\Delta_c\omega_2}{\omega_2}\right)^{i_{21}}\cdots\left(\dfrac{\Delta_c^n\omega_2}{\omega_2}\right)^{i_{2n}} \\
b(z)\left(\dfrac{\omega'_1}{\omega_1}\right)^{t_{11}}\cdots\left(\dfrac{\omega_1^{(n)}}{\omega_1}\right)^{t_{1n}}\left(\dfrac{\omega'_2}{\omega_2}\right)^{t_{21}}\cdots\left(\dfrac{\omega_2^{(n)}}{\omega_2}\right)^{t_{2n}} \\
= \displaystyle\sum_{(j)\in J} b_{(j)}(z)\left(\dfrac{\Delta_c\omega_1}{\omega_1}\right)^{j_{11}}\cdots\left(\dfrac{\Delta_c^n\omega_1}{\omega_1}\right)^{j_{1n}}\left(\dfrac{\Delta_c\omega_2}{\omega_2}\right)^{j_{21}}\cdots\left(\dfrac{\Delta_c^n\omega_2}{\omega_2}\right)^{j_{2n}}
\end{cases}
$$

$$(9)$$

由 Hadamard 定理, 我们有

$$
\omega_1(z) = \frac{g_1(z)}{d_1(z)}, \quad \omega_2(z) = \frac{g_2(z)}{d_2(z)}
$$

其中 $g_i(z), d_i(z)\,(i=1,2)$ 都是整函数, 满足

$$
\rho(g_i) = \rho(\omega_i), \lambda(d_i) = \rho(d_i) = \lambda\left(\frac{1}{\omega_2}\right)
$$

$$
\mu(g_i) = \mu(\omega_i) > \lambda(d_i)\,(i,1,2)
$$

引理 1 应用于方程组(9)的左边引理 2 应用于方程组 (9)的右边得

$$
\begin{cases}
r^{\deg(a(z))}\left(\dfrac{v(r,g_1)}{r}\right)^{u_{s1}}\left(\dfrac{v(r,g_2)}{r}\right)^{u_{s2}}\mid 1 + o(1)\mid \\
\leqslant \displaystyle\sum_{(i)\in I} r^{\deg(a_{(i)}(z)) + \sum\limits_{s=1}^{2} u_s(\rho(g_s)-1)+\varepsilon_1} \\
r^{\deg(b(z))}\left(\dfrac{v(r,g_1)}{r}\right)^{\bar{u}_{t1}}\left(\dfrac{v(r,g_2)}{r}\right)^{\bar{u}_{t2}}\mid 1 + o(1)\mid \\
\leqslant \displaystyle\sum_{(j)\in J} r^{\deg(b_{(j)}(z)) + \sum\limits_{s=1}^{2} \bar{u}_s(\rho(g_s)-1)+\varepsilon_2}
\end{cases}
$$

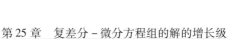

对于所有充分大的 $r, r \in F \backslash E \cup [0,1]$ 成立,$\varepsilon_1, \varepsilon_2$ 是任意小的正数.

进一步,我们有

$$
\begin{cases}
r^{\deg(a(z))} \left(\dfrac{\boldsymbol{v}(r,g_1)}{r} \right)^{u_{s1}} \left(\dfrac{\boldsymbol{v}(r,g_2)}{r} \right)^{u_{s2}} \mid 1 + o(1) \mid \\[4mm]
\leqslant r^{\deg(a_M(z)) + \sum\limits_{s=1}^{2} u_s M(\rho(g_s)-1) + \varepsilon_1} \\[4mm]
r^{\deg(b(z))} \left(\dfrac{\boldsymbol{v}(r,g_1)}{r} \right)^{\bar{u}_{t1}} \left(\dfrac{\boldsymbol{v}(r,g_2)}{r} \right)^{\bar{u}_{t2}} \mid 1 + o(1) \mid \\[4mm]
\leqslant r^{\deg(b_N(z)) + \sum\limits_{s=1}^{2} \bar{u}_s N(\rho(g_s)-1) + \varepsilon_2}
\end{cases}
\tag{10}
$$

其中 $F \in \mathbf{R}^*$ 是一个有限的对数测度集合,选择的 z 满足 $|g_1| = M(r,g_1)$, $|g_2| = M(r,g_2)$, $\varepsilon_1, \varepsilon_2$ 是任意小的正数.

由式(10)和引理 3 得

$$
\begin{cases}
(\boldsymbol{v}(r,g_1))^{u_{s1}} (\boldsymbol{v}(r,g_2))^{u_{s2}} \mid 1 + o(1) \mid \\[4mm]
\leqslant r^{\deg(a_M(z)) - \deg(a(z)) + \sum\limits_{s=1}^{2} u_s M(\rho(g_s)-1) + \varepsilon + u_{s1} + u_{s2}} \\[4mm]
(\boldsymbol{v}(r,g_1))^{\bar{u}_{t1}} (\boldsymbol{v}(r,g_2))^{\bar{u}_{t2}} \mid 1 + o(1) \mid \\[4mm]
\leqslant r^{\deg(b_N(z)) - \deg(b(z)) + \sum\limits_{s=1}^{2} \bar{u}_s N(\rho(g_s)-1) + \varepsilon + \bar{u}_{t1} + \bar{u}_{t2}}
\end{cases}
\tag{11}
$$

其中 $\varepsilon > 0$ 是任意小的数.

进一步有

$$
(\boldsymbol{v}(r,g_1))^{\frac{u_{s1}}{u_{s2}}} (\boldsymbol{v}(r,g_2)) \mid 1 + o(1) \mid
$$
$$
\leqslant r^{\dfrac{\deg(a_M(z)) - \deg(a(z)) + \sum\limits_{s=1}^{2} u_s M(\rho(g_s)-1) + \varepsilon + u_{s1} + u_{s2}}{u_{s2}}}
\tag{12}
$$

$$(v(r,g_1))^{\frac{\bar{u}_{t1}}{\bar{u}_{t2}}}(v(r,g_2))|1+o(1)|$$

$$\leqslant r^{\dfrac{\deg(b_N(z))-\deg(b(z))+\sum\limits_{s=1}^{2}\bar{u}_s N(\rho(g_s)-1)+\varepsilon+\bar{u}_{t1}+\bar{u}_{t2}}{\bar{u}_{t2}}} \qquad (13)$$

由式(12)和式(13),我们得到

$$(v(r,g_1))^{\frac{u_{s1}}{u_{s2}}-\frac{\bar{u}_{t1}}{\bar{u}_{t2}}}|1+o(1)|$$

$$\leqslant r^{\dfrac{\deg(a_M(z))-\deg(a(z))+\sum\limits_{s=1}^{2}u_{sM}(\rho(g_s)-1)+\varepsilon+u_{s1}+u_{s2}}{u_{s2}}-\dfrac{\deg(b_N(z))-\deg(b(z))+\sum\limits_{s=1}^{2}\bar{u}_{sN}(\rho(g_s)-1)+\varepsilon+\bar{u}_{t1}+\bar{u}_{t2}}{\bar{u}_{t2}}}$$

$$\qquad (14)$$

因此

$$\left(\frac{u_{s1}}{u_{s2}}-\frac{\bar{u}_{t1}}{\bar{u}_{t2}}\right)\rho(g_1)\leqslant \limsup_{r\to\infty}\frac{\left(\dfrac{u_{s1}}{u_{s2}}-\dfrac{\bar{u}_{t1}}{\bar{u}_{t2}}\right)\log^+ v(r,g_1)}{\log r}$$

$$\leqslant \frac{\deg(a_M(z))-\deg(a(z))+\sum\limits_{s=1}^{2}u_s M(\rho(g_s)-1)+u_{s1}}{u_{s2}}-$$

$$\frac{\deg(b_N(z))-\deg(b(z))+\sum\limits_{s=1}^{2}\bar{u}_s N(\rho(g_s)-1)+\bar{u}_{t1}}{\bar{u}_{t2}}$$

即

$$(u_{s1}\bar{u}_{t2}-\bar{u}_{t1}u_{s2}-u_{1M}\bar{u}_{t2}+\bar{u}_{1N}u_{s2})\rho(g_1)$$

$$\leqslant \bar{u}_{t2}(\deg(a_M(z))-\deg(a(z)))-$$

$$u_{s2}(\deg(b_N(z))-\deg(b(z)))+$$

$$(u_{2M}\bar{u}_{t2}-\bar{u}_{2N}u_{s2})\rho(g_2)+u_{s1}\bar{u}_{t2}-$$

$$\bar{u}_{t1}u_{s2}-u_{1M}\bar{u}_{t2}+\bar{u}_{1N}u_{s2}-u_{2M}\bar{u}_{t2}+\bar{u}_{2N}u_{s2}$$

又因为

$$A = u_{s1}\bar{u}_{t2} - \bar{u}_{t1}u_{s2} - u_{1M}\bar{u}_{t2} + \bar{u}_{1N}u_{s2} < 0$$

则

$$\rho(g_1) \geq \frac{\bar{u}_{t2}(\deg(a_M(z)) - \deg(a(z))) - u_{s2}(\deg(b_N(z)) - \deg(b(z)))}{u_{s1}\bar{u}_{t2} - \bar{u}_{t1}u_{s2} - u_{1M}\bar{u}_{t2} + \bar{u}_{1N}u_{s2}} +$$

$$\frac{(u_{2M}\bar{u}_{t2} - \bar{u}_{2N}u_{s2})(\rho(g_2) - 1)}{u_{s1}\bar{u}_{t2} - \bar{u}_{t1}u_{s2} - u_{1M}\bar{u}_{t2} + \bar{u}_{1N}u_{s2}} + 1 \qquad (15)$$

同理,因为

$$B = u_{s2}\bar{u}_{t1} - \bar{u}_{t2}u_{s1} - u_{2M}\bar{u}_{t1} + \bar{u}_{2N}u_{s1} < 0$$

则

$$\rho(g_2) \geq \frac{\bar{u}_{t1}(\deg(a_M(z)) - \deg(a(z))) - u_{s1}(\deg(b_N(z)) - \deg(b(z)))}{u_{s2}\bar{u}_{t1} - \bar{u}_{t2}u_{s1} - u_{2M}\bar{u}_{t1} + \bar{u}_{2N}u_{s1}} +$$

$$\frac{(u_{1M}\bar{u}_{t1} - \bar{u}_{1N}u_{s1})(\rho(g_1) - 1)}{u_{s2}\bar{u}_{t1} - \bar{u}_{t2}u_{s1} - u_{2M}\bar{u}_{t1} + \bar{u}_{2N}u_{s1}} + 1 \qquad (16)$$

由式(15)和式(16)得

$$(AB - (u_{2M}\bar{u}_{t2} - \bar{u}_{2N}u_{s2})(\bar{u}_{t1}u_{1M} - \bar{u}_{1N}u_{s1}))\rho(g_1)$$

$$\geq B(\bar{u}_{t2}(\deg(a_M(z)) - \deg(a(z))) -$$

$$u_{s2}(\deg(b_N(z)) - \deg(b(z)))) +$$

$$(u_{2M}\bar{u}_{t2} - \bar{u}_{2N}u_{s2}(\bar{u}_{t1}(\deg(a_M(z)) - \deg(a(z))) -$$

$$u_{s1}(\deg(b_N(z)) - \deg(b(z)))) +$$

$$AB - (u_{2M}\bar{u}_{t2} - \bar{u}_{2N}u_{s2})(\bar{u}_{t1}u_{1M} - \bar{u}_{1N}u_{s1}) \qquad (17)$$

又因为

$$AB - (u_{2M}\bar{u}_{t2} - \bar{u}_{2N}u_{s2})(\bar{u}_{t1}u_{1M} - \bar{u}_{1N}u_{s1}) > 0$$

由式(17)得

$$\rho(g_1) \geq \frac{(u_{s1}\bar{u}_{t2} - \bar{u}_{t1}u_{s2})\{(\bar{u}_{2N} - \bar{u}_{t2})(\deg(a_M(z)) - \deg(a(z)))\}}{AB - (u_{2M}\bar{u}_{t2} - \bar{u}_{2N}u_{s2})(\bar{u}_{t1}u_{1M} - \bar{u}_{1N}u_{s1})} -$$

$$\frac{(u_{2M} - u_{s2})(\deg(b_N(z)) - \deg(b(z)))}{AB - (u_{2M}\bar{u}_{t2} - \bar{u}_{2N}u_{s2})(\bar{u}_{t1}u_{1M} - \bar{u}_{1N}u_{s1})} + 1$$

$$(18)$$

由式（18）和 $\rho(g_1)=\rho(\omega_1)<1$ 得

$$(u_{s1}\bar{u}_{t2}-u_{s2}\bar{u}_{t1})((\bar{u}_{2N}-\bar{u}_{t2})(\deg(a_M(z))-\deg(a(z)))-$$

$$(u_{2M}-u_{s2})(\deg(b_N(z))-\deg(b(z))))<0$$

这与定理 2 中不等式（i）矛盾.

同理

$$\rho(g_2)\geqslant\frac{(u_{s1}\bar{u}_{t2}-\bar{u}_{t1}u_{s2})((\bar{u}_{t1}-\bar{u}_{1N})(\deg(a_M(z))-\deg(a(z))))}{AB-(u_{2M}\bar{u}_{t2}-\bar{u}_{2N}u_{s2})(\bar{u}_{t1}u_{1M}-\bar{u}_{1N}u_{s1})}-$$

$$\frac{(u_{s1}-u_{1M})(\deg(b_N(z))-\deg(b(z)))}{AB-(u_{2M}\bar{u}_{t2}-\bar{u}_{2N}u_{s2})(\bar{u}_{t1}u_{1M}-\bar{u}_{1N}u_{s1})}+1$$

$$(19)$$

由式（19）和 $\rho(g_2)=\rho(\omega_2)<1$ 得

$$(u_{s1}\bar{u}_{t2}-u_{s2}\bar{u}_{t1})((\bar{u}_{t1}-\bar{u}_{1N})(\deg(a_M(z))-\deg(a(z)))-$$

$$(u_{s1}-u_{1M})(\deg(b_N(z))-\deg(b(z))))<0$$

这与定理 2 中不等式（ii）矛盾.

定理 2 证毕.

5. 参考文献

［1］仪洪勋. 亚纯函数唯一性理论［M］. 北京：科学出版社,1995.

［2］LAINE I. Nevanlinna Theory and Complex Differential Equations［M］. Berlin：Walter de Gruyter, 1993.

［3］何育赞,肖修治. 代数体函数与常微分方程［M］. 北京：科学出版社, 1988.

［4］HE Y Z, LAINE I. On the growth of algeoid solutions of algebraic differential equations［J］. Second Math, 1986,58:71－83

［5］GAO L Y. Meromorphic admissible solutions of differential equation ［J］. Chinese Annals of Mathematics, 1999,20A(2):221－228.

［6］GAO L Y. On the growth of solutions of higher－order algebraic differential equations［J］. Acta Mathematica Scientia, 2002,22B(4):459－

465.

［7］GAO L Y. On admissible solutions of two types of systems of differential equations in the complex plane［J］. Acta Mathematica Sinica, 2000,43(1):149 – 156.

［8］GAO L Y. On the growth of components of meromorphic solutions of systems of complex differential equations［J］. Acta Mathematica Applicate Sinica, 2005,21(3):499 – 504.

［9］GAO L Y. The growth of solutions of systems of complex nonlinear algebraic differential equations［J］. Acta Mathematica Scientia, 2010,30B(3):932 – 938.

［10］高凌云. Malmquist 型复差分方程组［J］. 数学学报,2012,55(2):293 – 300.

［11］GAO L Y. The growth order of solutions of systems of complex difference equations［J］. Acta Mathematica Scientia, 2013,33B(3):814 – 820.

［12］FRANK G, WANG Y F. On the meromorphic solutions of algebraic differential equations［J］. Analysis, 1998,18:49 – 54.

［13］CHEN Z X. On the rate of growth of meromorphic solutions of higher order linear differential equations［J］. Acta Mathematica Sinica,1999,42(3):551 – 558.

［14］YANG C C, LAINE I. On analogies between nonlinear difference and differential equations［J］. Proc Japan Acad(Ser A), 2010,86:10 – 14.

［15］HEITTOKANGAS J, KORHONEN R, LAINE I, RIEPPO J, TOHGE K. Complex difference equations of Malmquist type［J］. Comput Methods Funct Theory, 2001,1:27 – 39.

［16］KORHONEN R. A new Clunie type theorem for difference polynomials ［J］. Difference Equ Appl, 2011,17(3):387 – 400.

［17］CHIANG Y M, FENG S J. On the growth of logarithmic differences, difference quotients and logarithmic derivatives of meromorphic functions［J］. Trans Amer Math Soc, 2009,361:3767 – 3791.

[18] CHEN Z X, HUANG Z B, ZHANG R R. On difference equations relating to Gamma function [J]. Acta Mathematica Scientia, 2011, 31B (4):1281 – 1294.

[19] LI KAMSHUN, CHAN WWAILEUNG. Meromorphic solutions of higher order systems of algebraic differential equations [J]. Math Scand, 1992, 71(1):105 – 121.

[20] TU Z H, XIAO X Z. On the meromorphic solutions of system of higher – order algebraic differential equations [J]. Complex Variables, 1990, 15:197 – 209.

多类复高阶 q – 平移
差分方程组的解

中国人民大学信息学院的王钥,张庆彩两位教授利用亚纯函数的 Nevanlinna 值分布理论,研究了多类复高阶 q – 平移差分方程组的解的存在问题,得到了一些结果. 推广和改进了一些文献的结论.

1. 引言

全章采用 Nevanlinna 值分布理论的通常记号(参见文献[1 – 2]).

假设 $\omega(z)$ 是非常数的零级亚纯函数,若 g 是亚纯函数,且满足

$$T(r,g) = o(T(r,\omega)) = S(r,\omega)$$

在对数密度为 1 的集合上的所有 r,其中集合 E 的对数密度的定义为

$$\lim_{r \to \infty} \sup \frac{\int_{E \cup [1,r]} \frac{\mathrm{d}t}{t}}{\log r}$$

则称 g 为 ω 的小函数.

设 $q_j \in \mathbf{C} \backslash \{0\}$, $c_j \in \mathbf{C}$, $j = 1, \cdots, n, I, J,$ $\overline{I}, \overline{J}$, 均为有限指标集, q – 平移差分多项式

$\Omega_1(z,\omega_1,\omega_2),\Omega_2(z,\omega_1,\omega_2),\Omega_3(z,\omega_1,\omega_2),\Omega_4(z,\omega_1,\omega_2)$ 可以表示为

$$\Omega_1(z,\omega_1,\omega_2) = \sum_{(i)\in I} a_{(i)}(z) \cdot$$
$$\prod_{k=1}^{2}\omega_k^{i_{k0}}(\omega_k(q_1z+c_1))^{i_{k1}}\cdots(\omega_k(q_nz+c_n))^{i_{kn}}$$

$$\Omega_2(z,\omega_1,\omega_2) = \sum_{(j)\in J} b_{(j)}(z) \cdot$$
$$\prod_{k=1}^{2}\omega_k^{j_{k0}}(\omega_k(q_1z+c_1))^{j_{k1}}\cdots(\omega_k(q_nz+c_n))^{j_{kn}}$$

$$\Omega_3(z,\omega_1,\omega_2) = \sum_{(\bar{i})\in \bar{I}} c_{(\bar{i})}(z) \cdot$$
$$\prod_{k=1}^{2}\omega_k^{\bar{i}_{k0}}(\omega_k(q_1z+c_1))^{\bar{i}_{k1}}\cdots(\omega_k(q_nz+c_n))^{\bar{i}_{kn}}$$

$$\Omega_4(z,\omega_1,\omega_2) = \sum_{(\bar{j})\in \bar{J}} d_{(\bar{j})}(z) \cdot$$
$$\prod_{k=1}^{2}\omega_k^{\bar{j}_{k0}}(\omega_k(q_1z+c_1))^{\bar{j}_{k1}}\cdots(\omega_k(q_nz+c_n))^{\bar{j}_{kn}}$$

其中系数 $\{a_{(i)}(z)\},\{b_{(j)}(z)\},\{c_{(\bar{i})}(z)\},\{d_{(\bar{j})}(z)\}$ 均为 ω_1,ω_2 的小函数.

令 $\Phi_1 = \dfrac{\Omega_1(z,\omega_1,\omega_2)}{\Omega_2(z,\omega_1,\omega_2)}, \Phi_2 = \dfrac{\Omega_3(z,\omega_1,\omega_2)}{\Omega_4(z,\omega_1,\omega_2)}$,对于

Φ_1,记 $\lambda_{11} = \max\limits_{(i)}\left\{\sum\limits_{l=0}^{n} i_{1l}\right\}, \lambda_{12} = \max\limits_{(i)}\left\{\sum\limits_{l=0}^{n} i_{2l}\right\}, \lambda_{21} =$

$\max\limits_{(j)}\left\{\sum\limits_{l=0}^{n} j_{1l}\right\}, \lambda_{22} = \max\limits_{(j)}\left\{\sum\limits_{l=0}^{n} j_{2l}\right\}, \lambda_1 = \max\{\lambda_{11},\lambda_{21}\},$

$\lambda_2 = \max\{\lambda_{12},\lambda_{22}\}, \lambda'_1 = \sum\limits_{l=0}^{n}\max\limits_{(i)(j)}\{i_{1l},j_{1l}\}, \lambda'_2 =$

$\sum\limits_{\substack{l=0 \\ (i)(j)}}^{n}\max\{i_{2l},j_{2l}\}$. 对于 Φ_2,可相应的定义 $\overline{\lambda}_1,\overline{\lambda}_2,\overline{\lambda'}_1,\overline{\lambda'}_2$.

第 26 章　多类复高阶 q – 平移差分方程组的解

　　近来,许多学者应用亚纯函数的 Nevanlinna 值分布理论研究了复差分方程和复 q – 差分方程(参见文献[3 – 18]).特别地,2010 年 Zhang 和 Korhonen 研究了复 q – 差分方程解的存在性问题,并得到了如下结果.

　　定理 A[3]　设 $q_1, \cdots, q_n \in \mathbf{C} \setminus \{0\}$,$a_0(z), \cdots,$ $a_p(z), b_0(z), \cdots, b_q(z)$是有理函数.若 q – 差分方程

$$\sum_{i=1}^{n} \omega(q_i z) = R(z, \omega(z)) = \frac{P(z, \omega(z))}{Q(z, \omega(z))}$$

$$= \frac{a_0(z) + a_1(z)\omega(z) + \cdots + a_p(z)\omega^p(z)}{b_0(z) + b_1(z)\omega(z) + \cdots + b_q(z)\omega^q(z)}$$

存在零级超越亚纯解,其中 $P(z, \omega(z))$ 和 $Q(z, \omega(z))$ 关于 $\omega(z)$ 互质,则有

$$\max\{p, q\} \leqslant n$$

　　本章将对如下几类复高阶 q – 平移差分方程(1)及复高阶 q – 平移差分方程组(2),(3)和(4)的亚纯解的存在问题进行研究

$$\frac{\Omega_1(z, \omega)}{\Omega_2(z, \omega)} = R(z, \omega(z))$$

$$= \frac{a_0(z) + a_1(z)\omega(z) + \cdots + a_p(z)\omega^p(z)}{b_0(z) + b_1(z)\omega(z) + \cdots + b_q(z)\omega^q(z)} \quad (1)$$

$$\begin{cases} \Omega_1(z, \omega_1, \omega_2) = R_1(z, \omega_1) \\ \qquad = \dfrac{a_0(z) + a_1(z)\omega_1(z) + \cdots + a_{p_1}(z)\omega_1^{p_1}(z)}{b_0(z) + b_1(z)\omega_1(z) + \cdots + b_{q_1}(z)\omega_1^{q_1}(z)} \\ \Omega_2(z, \omega_1, \omega_2) = R_2(z, \omega_2) \\ \qquad = \dfrac{c_0(z) + c_1(z)\omega_2(z) + \cdots + c_{p_2}(z)\omega_2^{p_2}(z)}{d_0(z) + d_1(z)\omega_2(z) + \cdots + d_{q_2}(z)\omega_2^{q_2}(z)} \end{cases}$$

$$(2)$$

443

N. E. Nörlund 定理

其中系数 $\{a_i(z)\}$，$\{b_j(z)\}$ 是 ω_1 的小函数，$\{c_l(z)\}$，$\{d_m(z)\}$ 是 ω_2 的小函数. $a_{p_1}b_{q_1} \neq 0$, $c_{p_2}d_{q_2} \neq 0$. $\Omega_1(z,\omega_1,\omega_2)$ 和 $\Omega_2(z,\omega_1,\omega_2)$ 的定义如前所述. 特别的，当 $\omega_2 = 1$ 时，$\Omega_1(z,\omega_1,\omega_2)$ 和 $\Omega_2(z,\omega_1,\omega_2)$ 简化为 $\Omega_1(z,\omega)$，$\Omega_2(z,\omega)$，且令 $\lambda_1 = \lambda_{11}$，$\lambda_2 = \lambda_{21}$

$$\begin{cases} \Phi_1 = R_1(z,\omega_1) \\ \Phi_2 = R_2(z,\omega_2) \end{cases} \quad (3)$$

$$\begin{cases} \Phi_1 = R_1(z,\omega_1,\omega_2) \\ \Phi_2 = R_2(z,\omega_1,\omega_2) \end{cases} \quad (4)$$

其中 $R_j(j=1,2)$ 为系数是亚纯函数的有理函数.

定义 1 令 $S(r) = \sum T(r,a_{(i)}) + \sum T(r,b_{(j)}) + \sum T(r,c_{(i)}) + \sum T(r,d_{(j)}) + \sum T(r,d'_{(j)})$，其中 $\sum T(r,d'_{(j)})$ 是 $R_j(j=1,2)$ 中所有系数的特征函数的和. 若 $(\omega_1(z),\omega_2(z))$ 是方程组(2),(3)和(4)的亚纯解，若分量 $\omega_1(z)$，$\omega_2(z)$ 满足 $S(r) = o\{T(r,\omega_k)\}$ $(k=1,2)$，在一对数密度为1的集合上的所有的 r，则称 $\omega_k(z)(k=1,2)$ 为允许分量.

2. 主要结果

定理 1 若复高阶 q-平移差分方程(1)存在零级超越亚纯解，则
$$\max\{p,q\} \leqslant \lambda_1 + \lambda_2$$

定理 2 设 (ω_1,ω_2) 是复高阶 q-平移差分方程组(2)的零级亚纯允许解，且 $\max\{p_1,q_1\} > \lambda_{11}$，$\max\{p_2,q_2\} > \lambda_{22}$，则
$$[\max\{p_1,q_1\} - \lambda_{11}][\max\{p_2,q_2\} - \lambda_{22}] \leqslant \lambda_{12}\lambda_{21}$$

444

例 1　$(\omega_1,\omega_2) = \left(\dfrac{1}{z},z\right)$ 是复高阶 q – 平移差分

方程组

$$\begin{cases} \omega_2^2(-2z+1) = \dfrac{\omega_1^2(z) - 4\omega_1(z) + 4}{\omega_1^2(z)} \\ \omega_1^2(2z-1) = \dfrac{1}{4\omega_2^2(z) - 4\omega_2(z) + 1} \end{cases}$$

的零级亚纯解,易知

$$\lambda_{11} = 0, \lambda_{22} = 0, \lambda_{12} = 2, \lambda_{21} = 2$$
$$\max\{p_1,q_1\} = 2, \max\{p_2,q_2\} = 2$$

故

$$[\max\{p_1,q_1\} - \lambda_{11}][\max\{p_2,q_2\} - \lambda_{22}] = 4 = \lambda_{12}\lambda_{21}$$

此例表明定理 2 的上界可以达到.

例 2　零级亚纯函数 $(\omega_1,\omega_2) = (z,z^2-1)$ 是复高

阶 q – 平移差分方程组

$$\begin{cases} \omega_1^2(-2z-1)\omega_2(2z+1) \\ = \dfrac{16\omega_1^4(z) + 32\omega_1^3(z) + 20\omega_1^2(z) + 4\omega_1(z)}{\dfrac{1}{z}\omega_1^3(z) - \omega_1^2(z) + 1} \\ \omega_1(-2z-1)\omega_2^2(2z+1) \\ = \dfrac{-\dfrac{32}{z}\omega_2^3(z) - 80\omega_2^2(z) - 16(10z+11)\omega_2(z) - 64z - 96 - \dfrac{32}{z}}{\dfrac{1}{z^2}\omega_2^2(z) - \omega_2(z) - \dfrac{1}{z^2} + 2} \end{cases}$$

的非允许解,而此时

$$\lambda_{11} = 2, \lambda_{22} = 2, \lambda_{12} = 1, \lambda_{21} = 1$$
$$\max\{p_1,q_1\} = 4, \max\{p_2,q_2\} = 3$$

故

$$[\max\{p_1,q_1\}-\lambda_{11}][\max\{p_2,q_2\}-\lambda_{22}]=2>1=\lambda_{12}\lambda_{21}$$

此例表明定理 2 中 (ω_1,ω_2) 是允许解的条件不能去掉.

定理 3 设 (ω_1,ω_2) 是复高阶 q - 平移差分方程组 (2) 的零级亚纯解,若下列条件之一被满足

（i）$\max\{p_1,q_1\}>\lambda_{11}$;　（ii）$\max\{p_2,q_2\}>\lambda_{22}$

则 (ω_1,ω_2) 中或两分量全是可允许的,或全是非可允许的.

定理 4 设 (ω_1,ω_2) 是方程组 (3) 的零级亚纯允许解,$R_1(z,\omega_1)$ 中的 ω_1 的分子分母的最高次数分别记为 p_{11},q_{11},对于 $R_2(z,\omega_2)$,相应的定义 p_{22},q_{22},若满足

$$\max\{p_{11},q_{11}\}>\lambda_1',\quad \max\{p_{22},q_{22}\}>\overline{\lambda_2'}$$

则有

$$[\max\{p_{11},q_{11}\}-\lambda_1'][\max\{p_{22},q_{22}\}-\overline{\lambda_2'}]\leqslant\overline{\lambda_1'}\lambda_2'$$

例 3 $(\omega_1,\omega_2)=\left(\dfrac{1}{z},z\right)$ 是复高阶 q - 平移差分方程组

$$\begin{cases}\dfrac{\omega_2^2(-2z+1)}{\omega_1(2z-1)+\omega_2(-2z+1)}=\dfrac{\omega_1^3-6\omega_1^2+12\omega_1-8}{4\omega_1^2-4\omega_1}\\[3mm]\dfrac{\omega_1^2(2z-1)}{\omega_1(2z-1)+\omega_2(2z+1)}=\dfrac{1}{8\omega_2^3-4\omega_2^2}\end{cases}$$

的零级亚纯允许解,易知

$$p_{11}=3,q_{11}=2,\lambda_1'=1,\lambda_2'=2$$

$$q_{22}=0,q_{22}=3,\overline{\lambda_1'}=2,\overline{\lambda_2'}=1$$

因此

$$\left[\max\{p_{11},q_{11}\} - \lambda_1'\right]\left[\max\{p_{22},q_{22}\} - \overline{\lambda_2'}\right] = 4 = \overline{\lambda_1'}\lambda_2'$$

这说明定理 4 的上界是可达的.

例 4 $(\omega_1,\omega_2) = (z,z^2 - 1)$ 是复高阶 q – 平移差分方程组

$$
\begin{cases}
\dfrac{\omega_1^2(-2z+1)\omega_2(2z-1)}{\omega_1(-2z+1) + \omega_2(2z-1)} \\[2mm]
= \dfrac{16\omega_1^4(z) + 20\omega_1^2(z) - 4(8z^2+1)\omega_1(z)}{4\omega_1^2(z) - 6\omega_1(z) + 1} \\[4mm]
\dfrac{\omega_1(-2z+1)\omega_2^2(2z-1)}{\omega_1(-2z+1) + \omega_2(2z-1)} \\[2mm]
= \dfrac{-\dfrac{32}{z}\omega_2^3(z) + (80z^2 - 160z + 96)\omega_2(z) - 64z + 96 + \dfrac{32}{z}}{(4 - \dfrac{6}{z})\omega_2(z) + 5 - \dfrac{6}{z}}
\end{cases}
$$

的非允许解, 易得

$$p_{11} = 4, q_{11} = 2, \lambda_1' = 2, \lambda_2' = 1$$
$$p_{22} = 3, q_{22} = 1, \overline{\lambda_1'} = 1, \overline{\lambda_2'} = 2$$

因此

$$\left[\max\{p_{11},q_{11}\} - \lambda_1'\right]\left[\max\{p_{22},q_{22}\} - \overline{\lambda_2'}\right] = 2 > 1 = \overline{\lambda_1'}\lambda_2'$$

此例表明定理 4 中 (ω_1,ω_2) 是允许解的条件不能去掉.

定理 5   设 (ω_1,ω_2) 是方程组(4)的零级亚纯解, $R_1(z,\omega_1,\omega_2)$ 中的 ω_1,ω_2 的最高次数分别记为 p_1,p_2, $R_2(z,\omega_1,\omega_2)$ 中的 ω_1,ω_2 的最高次数分别记为 q_1,q_2, 若下列条件之一成立

(i) $p_1 > \lambda_1', q_2 > \overline{\lambda_2'}$;   (ii) $p_2 > \lambda_2', q_1 > \overline{\lambda_1'}$

则 (ω_1, ω_2) 中或两分量全是可允许的, 或两分量全是非可允许的.

3. 一些引理

为了定理的证明, 我们需要以下引理.

引理 1[2]   如果 $\omega(z)$ 是亚纯函数, 设

$$R(z, \omega(z)) = \frac{a_0(z) + a_1(z)\omega(z) + \cdots + a_p(z)\omega^p(z)}{b_0(z) + b_1(z)\omega(z) + \cdots + b_q(z)\omega^q(z)}$$

为关于 $\omega(z)$ 的系数为亚纯函数的不可约的有理函数, 则

$$T(r, R(z, \omega(z))) = \max\{p, q\} T(r, \omega(z)) +$$

$$O\Big\{\sum T(r, a_i(z)) + \sum T(r, b_j(z))\Big\}$$

引理 2[4]   设 ω 为非常数的零级亚纯函数, $q \in \mathbf{C}\backslash\{0\}$, $\eta \in \mathbf{C}$, 则在一对数密度为 1 的集合上的所有的 r, 有

$$m\left(r, \frac{\omega(qz + \eta)}{\omega(z)}\right) = o\{T(r, \omega(z))\} = S(r, \omega(z))$$

引理 3[5]   设 ω 为有限级亚纯函数, ρ 和 c 是非零复常数, 则对任意的 $\varepsilon > 0$, 有

$$T(r, \omega(z + c)) = T(r, \omega(z)) + O(r^{\rho - 1 + \varepsilon}) + O(\log r)$$

引理 4[3]   设 $\omega(z)$ 为非常数的零级亚纯函数, $q \in \mathbf{C}\backslash\{0\}$, 则在一对数密度为 1 的集合上的所有的 r, 有

$$N(r, \omega(qz)) = (1 + o(1))N(r, \omega(z))$$

$$T(r, \omega(qz)) = (1 + o(1))T(r, \omega(z))$$

引理 5   设 $\omega(z)$ 为非常数的零级亚纯函数, q, $\eta \in \mathbf{C}\backslash\{0\}$, 则在一对数密度为 1 的集合上的所有的 r, 有

$$N(r, \omega(qz + \eta)) \leqslant N(r, \omega(z)) + S(r, \omega(z))$$

$$T(r, \omega(qz + \eta)) = T(r, \omega(z)) + S(r, \omega(z))$$

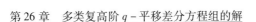

证明　由引理 3 及引理 4 易得证.

引理 6　设 ω_1,ω_2 均为零级亚纯函数, $\{a_{(i)}(z)\}$ 为 ω_1,ω_2 的小函数, 若

$$\Omega_1(z,\omega_1,\omega_2)$$
$$= \sum_{(i)\in I} a_{(i)}(z) \prod_{k=1}^2 \omega_k^{i_{k0}} (\omega_k(q_1z+c_1))^{i_{k1}} \cdots (\omega_k(q_nz+c_n))^{i_{kn}}$$

$$\lambda_{1k} = \max\left\{ \sum_{l=0}^n i_{kl} \right\} \quad (k=1,2)$$

则

$$T(r,\Omega_1(z,\omega_1,\omega_2)) \leqslant \lambda_{11} T(r,\omega_1) + \lambda_{12} T(r,\omega_2) +$$
$$S(r,\omega_1) + S(r,\omega_2) + S(r)$$

证明　由引理 5 易得证.

类似文献[8,引理 2.5]的证明, 我们得到下述引理.

引理 7　若 $\limsup\limits_{r\to\infty\, r\notin I_1} \dfrac{S(r)}{T(r,\omega_1)} = 0, T(r,\omega_2) = O\{S(r)\}$

$(r\notin I_2)$, 则

$$\lim_{r\to\infty\, r\notin I_1\cup I_2} \sup \frac{T(r,\omega_2)}{T(r,\omega_1)} = 0$$

其中 I_1,I_2 均为对数密度为 0 的集合.

引理 8　设 ω_1,ω_2 为零级亚纯函数, $\{a_{(i)}(z)\}$, $\{b_{(j)}(z)\}$ 均为 ω_1,ω_2 的小函数, 令

$$\Phi_1 = \frac{\Omega_1(z,\omega_1,\omega_2)}{\Omega_2(z,\omega_1,\omega_2)}$$

若 $\lambda_1' = \sum\limits_{l=0}^n \max\limits_{(i)(j)}\{i_{1l},j_{1l}\}, \lambda_2' = \sum\limits_{l=0}^n \max\limits_{(i)(j)}\{i_{2l},j_{2l}\}$, 则

$$T(r,\Phi_1) \leqslant \lambda_1' T(r,\omega_1) + \lambda_2' T(r,\omega_2) + S(r,\omega_1) + S(r,\omega_2) +$$
$$\sum T(r,a_{(i)}(z)) + \sum T(r,b_{(j)}(z))$$

证明 类似文献[8,引理2.4]的证明即可得证.

4. 定理的证明

定理1的证明 设 $\omega(z)$ 是方程(1)的超越亚纯解,由方程(1),引理1和引理5可得

$$\max\{p,q\}T(r,\omega(z))$$
$$=T(r,R(z,\omega(z)))+S(r,\omega(z))$$
$$=T(r,\frac{\Omega_1(z,\omega(z))}{\Omega_2(z,\omega(z))})+S(r,\omega(z))$$
$$\leq T(r,\Omega_1(z,\omega(z)))+T(r,\Omega_2(z,\omega(z)))+S(r,\omega(z))$$
$$\leq \sum_{l=0}^{n}T(r,(\omega(z))^{i_0}(\omega(q_1z+c_1))^{i_1}\cdots(\omega(q_nz+c_n))^{i_n})+$$
$$\sum_{l=0}^{n}T(r,(\omega(z))^{j_0}(\omega(q_1z+c_1))^{j_1}\cdots(\omega(q_nz+c_n))^{j_n})+$$
$$S(r,\omega(z))$$
$$\leq(\lambda_1+\lambda_2)T(r,\omega(z))+S(r,\omega(z))$$

因此,有

$$\max\{p,q\}\leq\lambda_1+\lambda_2$$

定理1证毕.

定理2的证明 设 (ω_1,ω_2) 是方程组(2)的亚纯允许解,对于方程组(2)的第一,二个方程,由引理1和引理6可以分别得到

$$\max\{p_1,q_1\}T(r,\omega_1)\leq\lambda_{11}T(r,\omega_1)+\lambda_{12}T(r,\omega_2)+$$
$$S(r,\omega_1)+S(r,\omega_2)+S(r) \quad(5)$$
$$\max\{p_2,q_2\}T(r,\omega_2)\leq\lambda_{21}T(r,\omega_1)+\lambda_{22}T(r,\omega_2)+$$
$$S(r,\omega_1)+S(r,\omega_2)+S(r) \quad(6)$$

由式(5)和式(6),我们有

$$[\max\{p_1,q_1\}-\lambda_{11}+o(1)]T(r,\omega_1)\le(\lambda_{12}+o(1))T(r,\omega_2)$$
$$(7)$$

$$[\max\{p_2,q_2\}-\lambda_{22}+o(1)]T(r,\omega_2)\le(\lambda_{21}+o(1))T(r,\omega_1)$$
$$(8)$$

由式(7)和式(8),我们得到

$$[\max\{p_1,q_1\}-\lambda_{11}][\max\{p_2,q_2\}-\lambda_{22}]\le\lambda_{12}\lambda_{21}$$

这时定理 2 证毕.

定理 3 的证明(采用反证法) 由引理 1 和引理 6 知,方程组(2)可变形为

$$\max\{p_1,q_1\}T(r,\omega_1)\le\lambda_{11}T(r,\omega_1)+\lambda_{12}T(r,\omega_2)+$$
$$S(r,\omega_1)+S(r,\omega_2)+S(r)\quad(9)$$

$$\max\{p_2,q_2\}T(r,\omega_2)\le\lambda_{21}T(r,\omega_1)+\lambda_{22}T(r,\omega_2)+$$
$$S(r,\omega_1)+S(r,\omega_2)+S(r)$$
$$(10)$$

若分量 ω_1 是允许的,而分量 ω_2 是非允许的,则不等式(9)变形为

$$\max\{p_1,q_1\}\le\lambda_{11}+(\lambda_{12}+o(1))\frac{T(r,\omega_2)}{T(r,\omega_1)}+\frac{S(r)}{T(r,\omega_1)}$$

由引理 7 知,当 $r\to\infty$,除去一对数密度为 0 的集合,有 $\max\{p_1,q_1\}\le\lambda_{11}$.这与定理 3 中的条件(i)矛盾.

若分量 ω_2 是允许的,而分量 ω_1 是非允许的,则不等式(10)变形为

$$\max\{p_2,q_2\}\le\lambda_{22}+(\lambda_{21}+o(1))\frac{T(r,\omega_1)}{T(r,\omega_2)}+\frac{S(r)}{T(r,\omega_2)}$$

由引理 7 知,当 $r\to\infty$,除去一对数密度为 0 的集合,有 $\max\{p_2,q_2\}\le\lambda_{22}$.这与定理 3 中的条件(ii)矛盾.

故 (ω_1,ω_2) 中或两分量全是可允许的,或全是非可允许的. 定理 3 证毕.

定理 4 的证明　设 (ω_1,ω_2) 是方程组(3)的亚纯允许解,由引理 1 和引理 8 得

$$\max\{p_{11},q_{11}\}T(r,\omega_1)\leqslant\lambda_1'T(r,\omega_1)+\lambda_2'T(r,\omega_2)+$$
$$S(r,\omega_1)+S(r,\omega_2)+S(r)$$
$$(11)$$

$$\max\{p_{22},q_{22}\}T(r,\omega_2)\leqslant\overline{\lambda_1'}T(r,\omega_1)+\overline{\lambda_2'}T(r,\omega_2)+$$
$$S(r,\omega_1)+S(r,\omega_2)+S(r)$$
$$(12)$$

由式(11)和式(12),我们得到

$$\left[\max\{p_{11},q_{11}\}-\lambda_1'+o(1)\right]T(r,\omega_1)$$
$$\leqslant(\lambda_2'+o(1))T(r,\omega_2)+S(r)\qquad(13)$$
$$\left[\max\{p_{22},q_{22}\}-\overline{\lambda_2'}+o(1)\right]T(r,\omega_2)$$
$$\leqslant(\overline{\lambda_1'}+o(1))T(r,\omega_1)+S(r)\qquad(14)$$

由式(13)和式(14),我们有

$$\left[\max\{p_{11},q_{11}\}-\lambda_1'\right]\left[\max\{p_{22},q_{22}\}-\overline{\lambda_2'}\right]\leqslant\overline{\lambda_1'}\lambda_2'$$

定理 4 证毕.

定理 5 的证明(采用反证法)　设 (ω_1,ω_2) 是方程组(4)的亚纯解,由引理 1 和引理 8 可得

$$p_1T(r,\omega_1)+O\{T(r,\omega_2)\}$$
$$\leqslant\lambda_1'T(r,\omega_1)+\lambda_2'T(r,\omega_2)+S(r,\omega_1)+S(r,\omega_2)+S(r)$$
$$(15)$$

$$p_2T(r,\omega_2)+O\{T(r,\omega_1)\}$$

452

$$\leqslant \lambda_1' T(r,\omega_1) + \lambda_2' T(r,\omega_2) + S(r,\omega_1) + S(r,\omega_2) + S(r)$$

$$(16)$$

$$q_1 T(r,\omega_1) + O\{T(r,\omega_2)\}$$

$$\leqslant \overline{\lambda_1'} T(r,\omega_1) + \overline{\lambda_2'} T(r,\omega_2) + S(r,\omega_1) + S(r,\omega_2) + S(r)$$

$$(17)$$

$$q_2 T(r,\omega_2) + O\{T(r,\omega_1)\}$$

$$\leqslant \overline{\lambda_1'} T(r,\omega_1) + \overline{\lambda_2'} T(r,\omega_2) + S(r,\omega_1) + S(r,\omega_2) + S(r)$$

$$(18)$$

若分量 ω_1 是允许的,而分量 ω_2 是非允许的,则不等式(15)变形为

$$p_1 + \frac{O\{T(r,\omega_2)\}}{T(r,\omega_1)} \leqslant \lambda_1' + (\lambda_2' + o(1)) \frac{T(r,\omega_2)}{T(r,\omega_1)} + \frac{S(r)}{T(r,\omega_1)}$$

由引理 7 知,当 $r\to\infty$,在一对数密度为 1 的集合上的所有的 r ,有 $p_1 \leqslant \lambda_1'$. 这与定理 5 中的条件(i)的第一个不等式矛盾.

若分量 ω_2 是允许的,而分量 ω_1 是非允许的,则不等式(14)变形为

$$q_2 + \frac{O\{T(r,\omega_1)\}}{T(r,\omega_2)} \leqslant \overline{\lambda_2'} + (\overline{\lambda_1'} + o(1)) \frac{T(r,\omega_1)}{T(r,\omega_2)} + \frac{S(r)}{T(r,\omega_2)}$$

由引理 7 知,当 $r\to\infty$ 知,在一对数密度为 1 的集合上的所有的 r ,有 $q_2 \leqslant \overline{\lambda_2'}$. 这与定理 5 中的条件(i)的第二个不等式矛盾.

同理可证与条件(ii)矛盾的情况.

故 (ω_1,ω_2) 中或两分量全是可允许的,或全是非可允许的. 定理 5 证毕.

N. E. Nörlund 定理

5. 参考文献

[1] 仪洪勋. 亚纯函数唯一性理论[M]. 北京:科学出版社,1995.

[2] LAINE I. Nevanlinna Theory and Complex Differential Equations[M]. Berlin:Walter de Gruyter, 1993.

[3] ZHANG J L, KORHONEN R. On the Nevanlinna characteristic of $f(qz)$ and its applications[J]. J Math Anal Appl, 2010,369:537 – 544.

[4] LIU K, QI X G. Meromorphic solutions of q – shift difference equations [J]. Ann Polon Math, 2011,101:215 – 225.

[5] CHIANG Y M, FENG S J. On the Nevanlinna characteristic of $f(z + \eta)$ and difference equations in the complex plane[J]. The Ramanujan Journal, 2008,16(1):105 – 129.

[6] YANG C C, LAINE I. On analogies between nonlinear difference and differential equations[J]. Proc Japan Acad(Ser A), 2010,86:10 – 14.

[7] LAINE I, YANG C C. Value distribution of difference polynomials[J]. Proc Japan Acad(Ser A), 2007,83:148 – 151.

[8] 高凌云. Malmquist 型复差分方程组[J]. 数学学报,2012,55(2):293 – 300.

[9] GAO L Y. On meromorphic solutions of a type of system of composite functional equations[J]. Acta Mathematica Scientia,2012,32B(2): 800 – 806.

[10] GAO L Y. Estimates of N – function and m – function of meromorphic solutions of systems of complex difference equations[J]. Acta Mathematica Scientia, 2012,32B(4):1495 – 1502.

[11] GAO L Y. The growth order of solutions of systems of complex difference equations[J]. Acta Mathematica Scientia, 2013,33B(3):814 – 820.

[12] MORGAN W. Nevanlinna theory for the q – difference equations[J]. Proc Roy Soc Edinburgh, 2007,137(1):457 – 474.

[13] HALBURD R G, KORHONEN R. Nevanlinna theory for difference operator[J]. Annales Academia Scientiarium Fennica Mathematica,

2006,31(2):463 – 478.

[14]KORHONEN R. A new Clunie type theorem for difference polynomials
[J]. Difference Equ Appl, 2011,17(3):387 – 400.

[15]BARNETT D C, HALBURD R G, KORHONEN R J, MORGAN W.
Nevanlinna theory for the q – difference operator and meromorphic solu-
tions of q – difference equations[J]. Royal Society of Edinburgh,
2007,137A:457 – 474.

[16]CHEN Z X. Zeros of entire solutions to complex linear difference equa-
tions[J]. Acta Mathematica Scientia, 2012,32B(3):1141 – 1148.

[17]CHEN Z X, SHON K H. Estimates for the zeros of differences of mero-
morphic functions[J]. Sci China(Ser A), 2012,52:2447 – 2458.

[18]LIU K, YANG L Z. Value distribution of the difference operator[J].
Arch Math, 2009,92:270 – 278.

Malmquist 型复差分方程组

暨南大学数学系的高凌云教授注意到一些论文里, Ablowitz, Halburd 以及 Herbst 等人应用 Nevanlinna 理论证明了类似于复微分方程 Malmquist 定理的复差分方程的一些结果. 研究了一类复差分方程组的 Malmquist 定理,推广和改进了他们的一些结论.

1. 引言

我们假定读者熟悉亚纯函数的 Nevanlinna 值分布理论的基本概念和通常记号(见文[1-2]).

Malmquist 定理是指形如微分方程 $w' = R(z, w)$,如果存在一个超越的亚纯解,那么该方程变成一个 Riccati 方程

$$w' = a(z) + b(z)w + c(z)w^2$$

这里 $R(z, w)$ 是系数为有理函数的有理函数. 经过许多复分析工作者的研究,对该定理已经作了比较多的推广(见文[2]).

近来,一些学者讨论了复差分方程[3-18]. 特别地,Ablowitz, Halburd 以及 Herbst[3] 讨论了二阶非线性复差分方程. 他们得到了如下结果:

定理 A[3]　如果系数是有理函数 $\{a_i\}$, $\{b_j\}$ 的复差分方程

$$w(z+1)+w(z-1)=\frac{\sum_{i=0}^{p}a_i(z)w^i}{\sum_{j=0}^{q}b_j(z)w^j}$$

存在一个有限级超越的亚纯解,那么有 $\max\{p,q\}\leqslant 2$.

Heittokangas[7] 在 2001 年考虑了一类复差分方程,得到了如下定理:

定理 B[7]　设 $c_j\in\mathbf{C}\setminus\{0\}$, $j=1,2,\cdots,n$. 如果系数是有理函数 $\{a_i\}$, $\{b_j\}$ 的复差分方程

$$\prod_{j=1}^{n}w(z+c_j)=\frac{\sum_{i=0}^{p}a_i(z)w^i}{\sum_{j=0}^{q}b_j(z)w^j}$$

存在一个有限级超越的亚纯解,则有 $\max\{p,q\}\leqslant n$.

注 1　依本章中引理 4,我们可考虑如下形式的复差分方程

$$\frac{\sum_{(i)}a_{(i)}(z)w^{i_0}(w(z+c_1))^{i_1}\cdots(w(z+c_n))^{i_n}}{\sum_{(j)}b_{(j)}(z)w^{j_0}(w(z+c_1))^{j_1}\cdots(w(z+c_n))^{j_n}}$$

$$=\frac{\sum_{i=0}^{p}a_i(z)w^i}{\sum_{j=0}^{q}b_j(z)w^j}\tag{1}$$

可得到：

定理1 设 $c_j \in \mathbf{C} \setminus \{0\}$, $j = 1, 2, \cdots, n$. 如果复差分方程(1)存在一个有限级的超越亚纯解，那么

$$\max\{p, q\} \leq \lambda_1 \lambda_2$$

其中

$$\lambda_1 = \max\{i_0 + \cdots + i_n\}, \lambda_2 = \max\{j_0 + \cdots + j_n\}$$

不难看出定理 A 和定理 B 是定理 1 的特殊情况.

一个问题 如果我们考虑复差分方程组在存在超越亚纯解的情况下，是否可以断言定理 A 和定理 B 也是成立的？如下的例 1 回答了这个问题.

例1 $(w_1, w_2) = (e^z, e^{-z})$ 是复差分方程组

$$\begin{cases} w_1(z+1) w_1(z-1) = \dfrac{1}{w_2^2} \\ w_2(z+1) w_2(z-1) = \dfrac{1}{w_1^2} \end{cases} \quad (2)$$

超越亚纯解，但式(2)的右边并没有退化为关于 w_1 或 w_2 的多项式.

例 1 表明了复差分方程存在允许解的结论与复差分方程组存在超越亚纯解的结论是不相同的.

设 $c_j \in \mathbf{C}$, $j = 1, \cdots, n$, I, J 是两个有限指标集. 差分多项式 $\Omega_1(z, w_1, w_2)$, $\Omega_2(z, w_1, w_2)$ 定义为

$$\Omega_1(z, w_1, w_2) = \Omega_1(z, w_1(z), w_2(z), w_1(z + c_1),$$
$$w_2(z + c_1), \cdots, w_1(z + c_n), w_2(z + c_n))$$
$$= \sum_{(i)} a_{(i)}(z) \prod_{k=1}^{2} w_k^{i_{k0}} (w_k(z + c_1))^{i_{k1}} \cdots \cdot$$
$$(w_k(z + c_n))^{i_{kn}}$$

$$\Omega_2(z, w_1, w_2) = \Omega_2(z, w_1(z), w_2(z), w_1(z + c_1),$$

$$w_2(z+c_1),\cdots,\quad w_1(z+c_n),w_2(z+c_n))$$

$$= \sum_{(i)} b_{(j)}(z)\prod_{k=1}^{2} w_k^{j_{k0}}(w_k(z+c_1))^{j_{k1}}\cdot\cdots\cdot$$

$$(w_k(z+c_n))^{j_{kn}}$$

其中系数 $\{a_{(i)}\},\{b_{(j)}\}$ 是 w_1,w_2 的小函数,即

$$T(r,a_{(i)})=o(T(r,w_l)),T(r,b_{(j)})=o(T(r,w_l)),l=1,2$$

$r\to\infty$ 时除去一个对数测度为有限的例外值集 E. 关于 $\Omega_1(z,w_1,w_2),\Omega_2(z,w_1,w_2)$,定义

$$\lambda_{11}=\max_{(i)}\Big\{\sum_{l=0}^{n}i_{1l}\Big\},\quad \lambda_{12}=\max_{(i)}\Big\{\sum_{l=0}^{n}i_{2l}\Big\}$$

$$\lambda_{21}=\max_{(j)}\Big\{\sum_{l=0}^{n}j_{1l}\Big\},\lambda_{22}=\max_{(j)}\Big\{\sum_{l=0}^{n}j_{2l}\Big\}$$

　　本章研究如下一类复差分方程组的亚纯解的存在性问题

$$\begin{cases}\Omega_1(z,w_1,w_2)=R_1(z,w_1)\\\Omega_2(z,w_1,w_2)=R_2(z,w_2)\end{cases}\tag{3}$$

其中

$$R_1(z,w_1)=\frac{P_1(z,w_1)}{Q_1(z,w_1)}=\frac{\displaystyle\sum_{i=0}^{p_1}a_i(z)w_1^i}{\displaystyle\sum_{j=0}^{q_1}b_j(z)w_1^j}$$

$$R_2(z,w_2)=\frac{P_2(z,w_2)}{Q_2(z,w_2)}=\frac{\displaystyle\sum_{i=0}^{p_2}c_i(z)w_2^i}{\displaystyle\sum_{j=0}^{q_2}d_j(z)w_2^j}$$

系数 $\{a_i(z)\},\{b_j(z)\},\{c_i(z)\},\{d_j(z)\}$ 是亚纯函数,且是小函数,$a_{p_1}b_{q_1}\neq0,c_{p_2}d_{q_2}\neq0$. 记

$$S(r) = \sum T(r,a_{(i)}) + \sum T(r,b_{(j)}) + \sum T(r,a_i) +$$
$$\sum T(r,b_j) + \sum T(r,c_i) + \sum T(r,d_j)$$

方程组(3)亚纯解(w_1,w_2)的增长级定义为

$$\rho = \rho(w_1,w_2) = \max\{\rho(w_1),\rho(w_2)\}$$

$$\rho(w_k) = \limsup_{r\to\infty} \frac{\log T(r,w_k)}{\log r} \quad (k=1,2)$$

定义 1　设$(w_1(z),w_2(z))$是方程组(3)的亚纯解. 如果(w_1,w_2)中的分量w_k满足条件

$$\limsup_{r\to\infty, r\notin I} \frac{S(r)}{T(r,w_k)} = 0 \quad (k=1,2)$$

我们称w_k为允许分量,其中I是一个对数测度为有限的例外值集.

我们的结果是:

定理 2　设(w_1,w_2)是方程组(3)的有限级ρ亚纯允许解,$\max\{p_1,q_1\} > \lambda_{11}$,$\max\{p_2,q_2\} > \lambda_{22}$,则

$$[\max\{p_1,q_1\} - \lambda_{11}][\max\{p_2,q_2\} - \lambda_{22}] \leq \lambda_{12}\lambda_{21}$$

注 2　如下的例 2 表明了定理 2 的上界能达到.

例 2　设有差分方程组

$$\begin{cases} w_2^2(z-1) = \dfrac{e^2}{w_1^2} \\[2mm] w_1^2(z+1) = \dfrac{e^2}{w_2^2} \end{cases}$$

且$(w_1,w_2) = (e^z,e^{-z})$是它的亚纯允许解,有

$$\lambda_{11}=0, \lambda_{22}=0, \lambda_{12}=\lambda_{21}=2, \max\{p_1,q_1\} = \max\{p_2,q_2\}=2$$
$$[\max\{p_1,q_1\} - \lambda_{11}][\max\{p_2,q_2\} - \lambda_{22}] = 4 = \lambda_{12}\lambda_{21}$$

注 3　如下的例 3 表明了定理 2 中(w_1,w_2)是一

允许解的条件不能省去.

例 3 设有复差分方程组

$$
\begin{cases}
w_1^2(z-1)w_2(z+1)-1 = w_1^4 - 2w_1^2 \\
w_1(z-1)w_2^2(z+1) = \dfrac{1}{z}w_2^3 + 3w_2^2 + 2(z-1)w_2 - 3z - 1
\end{cases}
$$

且 $(w_1,w_2)=(z,z^2)$ 是它的非允许解. 在这种情况下

$$\lambda_{11}=2,\lambda_{22}=2,\lambda_{12}=\lambda_{21}=1,\max\{p_1,q_1\}=4,\max\{p_2,q_2\}=3$$

$$[\max\{p_1,q_1\}-\lambda_{11}][\max\{p_2,q_2\}-\lambda_{22}]=2>1=\lambda_{12}\lambda_{21}$$

定理 3 设 (w_1,w_2) 是方程组(3)的有限级 ρ 的允许解. 若下面条件之一满足

$$\max\{p_1,q_1\}>\lambda_{11},\max\{p_2,q_2\}>\lambda_{22}$$

则两分量 w_1 和 w_2 要么都是允许的,要么都是非允许的.

2. 一些引理

引理 1[2] 设

$$
R(z,w) = \frac{\displaystyle\sum_{i=0}^{p} a_i(z)w^i}{\displaystyle\sum_{j=0}^{q} b_j(z)w^j}
$$

是关于 $w(z)$ 的不可约的有理函数,系数 $\{a_i(z)\}$, $\{b_j(z)\}$ 是亚纯函数. 如果 $w(z)$ 是一个亚纯函数,那么

$$T(r,R(z,w))$$

$$= \max\{p,q\}T(r,w) + O\Big\{\sum T(r,a_i) + \sum T(r,b_j)\Big\}$$

引理 2[9] 设 $w(z)$ 是有限级的非常数亚纯函数, $c\in\mathbf{C},0<\delta<1$,则

$$m\left(\frac{w(z+c)}{w(z)}\right) = o\left(\frac{T(r,w)}{r^{\delta}}\right) = S_1(r,w)$$

这里须除去一个对数测度为有限的例外值集.

引理 3[18]   设 $T:[0,+\infty)\rightarrow[0,+\infty)$ 是非减连续函数,$\delta\in(0,1),s\in(0,\infty)$. 若 T 是有限级,即

$$\lim_{r\rightarrow\infty}\frac{\log T(r)}{\log r}<\infty$$

则

$$T(r+s)=T(r)+o\left(\frac{T(r)}{r^{\delta}}\right)$$

这里须除去一个对数测度为有限的例外值集.

引理 4   设 w_1,w_2 都是有限级,$T(r,a_{(i)})=o(T(r,w_k)),T(r,b_{(j)})=o(T(r,w_k)),k=1,2$

$$\Omega_1(z,w_1,w_2)$$

$$=\sum_{(i)}a_{(i)}(z)\prod_{k=1}^{2}w_k^{i_{k0}}(w_k(z+c_1))^{i_{k1}}\cdots(w_k(z+c_n))^{i_{kn}}$$

则

$$T(r,\Omega_1(z,w_1,w_2))$$

$$\leqslant\sum_{k=1}^{2}\lambda_{1k}T(r,w_k)+S_1(r,w_1)+S_1(r,w_2)+$$

$$S(r,w_1)+S(r,w_2)$$

其中

$$\lambda_{1k}=\max\left\{\sum_{l=0}^{n}i_{kl}\right\}\quad(k=1,2)$$

证明   定义 $F_{(i)}=a_{(i)}(z)\prod_{k=1}^{2}w_k^{i_{k0}}(w_k(z+c_1))^{i_{k1}}\cdots\cdot$

$(w_k(z+c_n))^{i_{kn}}$,则

$$F_{(i)}=a_{(i)}(z)\prod_{k=1}^{2}w_k^{i_{k0}+i_{k1}+\cdots+i_{kn}}\left(\frac{w_k(z+c_1)}{w_k}\right)^{i_{k1}}\cdots\left(\frac{w_k(z+c_n)}{w_k}\right)^{i_{kn}}$$

从而

$$m(r,F_{(i)}) \leqslant m(r,a_{(i)}) + \sum_{k=1}^{2}(i_{k0} + i_{k1} + \cdots + i_{kn})m(r,w_k) +$$

$$O\Big\{ \sum_{j=1}^{n} \Big(m\Big(r,\frac{w_1(z+c_j)}{w_1(z)}\Big) + m\Big(r,\frac{w_2(z+c_j)}{w_2(z)}\Big) \Big) \Big\}$$

$$m(r,\Omega_1(z,w_1,w_2))$$

$$\leqslant \sum m(r,a_{(i)}) + \sum_{k=1}^{2} \max\{i_{k0} + i_{k1} + \cdots + i_{kn}\} m(r,w_k) +$$

$$O\Big\{ \sum_{j=1}^{n} \Big(m\Big(r,\frac{w_1(z+c_j)}{w_1(z)}\Big) + m\Big(r,\frac{w_2(z+c_j)}{w_2(z)}\Big) \Big) \Big\}$$

由引理 2 有

$$m(r,\Omega_1(z,w_1,w_2)) = \lambda_{11}m(r,w_1) + \lambda_{12}m(r,w_2) +$$
$$S_1(r,w_1) + S_1(r,w_2) \qquad (4)$$

由此

$$\lambda_{11} = \max\Big\{ \sum_{l=0}^{n} i_{1l} \Big\}, \quad \lambda_{12} = \max\Big\{ \sum_{l=0}^{n} i_{2l} \Big\}$$

下面估计 $N(r,\Omega_1(z,w_1,w_2))$

$$N(r,F_{(i)}(z,w_1,w_2)) = N(r,a_{(i)}(z)\prod_{k=1}^{2}w_k^{i_{k0}}(w_k(z+c_1))^{i_{k1}}\cdots$$

$$(w_k(z+c_n))^{i_{kn}})$$

$$\leqslant N(r,a_{(i)}(z)) + \sum_{k=1}^{2}[i_{k0}N(r,w_k(z)) + \cdots +$$

$$i_{kn}N(r,w_k(z+c_n))]$$

定义 $C = \max\{|c_j|, j=1,2,\cdots,n\}$，从引理 3 知

N. E. Nörlund 定理

$$N(r+C,w_k) = N(r,w_k) + S(r,w_k)$$

所以

$$
\begin{aligned}
N(r,F_{(i)}(z,w_1,w_2)) &= N(r,a_{(i)}(z)\prod_{k=1}^{2}w_k^{i_{k0}}(w_k(z+c_1))^{i_{k1}}\cdots\cdot \\
&\quad (w_k(z+c_n))^{i_{kn}}) \\
&\leqslant N(r,a_{(i)}(z)) + \sum_{k=1}^{2}(i_{k0}N(r,w_k(z)) + \cdots + \\
&\quad i_{kn}N(r,w_k(z+c_n))) \\
&= N(r,a_{(i)}(z)) + \sum_{k=1}^{2}(i_{k0} + \cdots + \\
&\quad i_{kn})N(r,w_k) + S(r,w_1) + S(r,w_2)
\end{aligned}
$$

我们有

$$N(r,\Omega_1(z,w_1,w_2))$$

$$
\leqslant \sum_{(i)} N(r,a_{(i)}(z)) + \sum_{k=1}^{2}\lambda_{1k}N(r,w_k) +
$$
$$
S(r,w_1) + S(r,w_2) \tag{5}
$$

结合式(4)和式(5)得到

$$T(r,\Omega_1(z,w_1,w_2))$$

$$
\leqslant \sum_{k=1}^{2}\lambda_{1k}T(r,w_k) + S_1(r,w_1) + S_1(r,w_2) +
$$
$$
S(r,w_1) + S(r,w_2)
$$

引理5　如果下面条件满足

$$\lim_{r\to\infty,r\notin I_1}\frac{S(r)}{T(r,w_1)} = 0, T(r,w_2) = O(S(r)) \quad (r\notin I_2)$$

则

$$\limsup_{r\to\infty,r\notin I_1\cup I_2}\frac{T(r,w_2)}{T(r,w_1)} = 0$$

这里 I_1,I_2 都是对数测度为有限的例外值集.

464

证明　根据条件,我们有

$$\limsup_{r\to\infty,\,r\notin I_1\cup I_2}\frac{T(r,w_2)}{T(r,w_1)}=\limsup_{r\to\infty,\,r\notin I_1 I_2}\left(\frac{S(r)}{T(r,w_1)}\,\frac{T(r,w_2)}{S(r)}\right)$$

$$\leqslant\limsup_{r\to\infty,\,r\notin I_1\cup I_2}\frac{S(r)}{T(r,w_1)}\limsup_{r\to\infty,\,r\notin I_1 I_2}\frac{T(r,w_2)}{S(r)}$$

$$\leqslant\limsup_{r\to\infty,\,r\notin I_1}\frac{S(r)}{T(r,w_1)}\limsup_{r\to\infty,\,r\notin I_2}\frac{T(r,w_2)}{S(r)}$$

$$=0\times O(1)=0$$

3. 定理的证明

定理 1 的证明　将引理 1 和引理 4 应用到复差分方程(1)中,得到

$$\max\{p,q\}T(r,w)\leqslant(\lambda_1+\lambda_2)T(r,w)+S_1(r,w)+S(r,w)$$

这里可能须除去对数测度为有限的例外值集.

上面的不等式可变为

$$\max\{p,q\}\leqslant\lambda_1+\lambda_2+\frac{S_1(r,w)}{T(r,w)}+\frac{S(r,w)}{T(r,w)}$$

令 $r\to\infty$,对 $S_1(r,w)$,$S(r,w)$ 分别除去对数测度为有限的例外值集 E_1 和 E_2,可得到

$$\max\{p,q\}\leqslant\lambda_1+\lambda_2$$

定理 1 证毕.

定理 2 的证明　依式方程组(3),引理 1 以及引理 4 得

$$\sum_{k=1}^{2}\lambda_{1k}T(r,w_k)+S(r)+S_1(r,w_1)+S_1(r,w_2)+S(r,w_1)+$$

$$S(r,w_2)\geqslant\max\{p_1,q_1\}T(r,w_1) \tag{6}$$

$$\sum_{k=1}^{2}\lambda_{2k}T(r,w_k)+S(r)+S_1(r,w_1)+S_1(r,w_2)+S(r,w_1)+$$

N. E. Nörlund 定理

$$S(r,w_2) \geqslant \max\{p_2,q_2\}T(r,w_2) \qquad (7)$$

根据(6)和(7)两式知

$$\left[\max\{p_1,q_1\} - \lambda_{11} + o(1)\right]T(r,w_1) \leqslant (\lambda_{12}+o(1))T(r,w_2) \qquad (8)$$

$$\left[\max\{p_1,q_2\} - \lambda_{22} + o(1)\right]T(r,w_2) \leqslant (\lambda_{21}+o(1))T(r,w_1) \qquad (9)$$

结合式(8)和(9),得到

$$\left[\max\{p_1,q_1\} - \lambda_{11}\right]\left[\max\{p_2,q_2\} - \lambda_{22}\right] \leqslant \lambda_{12}\lambda_{21}$$

这就证明了定理2.

定理3的证明　由引理1和引理4,我们得到

$$\sum_{k=1}^{2}\lambda_{1k}T(r,w_k) + S(r) + S(r,w_1) + S(r,w_2) + S_1(r,w_1) +$$
$$S_1(r,w_2) \geqslant \max\{p_1,q_1\}T(r,w_1) \qquad (10)$$

$$\sum_{k=1}^{2}\lambda_{2k}T(r,w_k) + S(r) + S(r,w_1) + S(r,w_2) + S_1(r,w_1) +$$
$$S_1(r,w_2) \geqslant \max\{p_2,q_2\}T(r,w_2) \qquad (11)$$

如果分量 w_1 是允许的,而 w_2 是非允许的,那么不等式(10)变成

$$\max\{p_1,q_1\} \leqslant (\lambda_{11}+o(1)) + \lambda_{12}\frac{T(r,w_2)}{T(r,w_1)} + \frac{S(r)}{T(r,w_1)}$$

根据引理5,当 $r\to\infty$ 时,可能须除去一个对数测度为有限的例外值集,有

$$\max\{p_1,q_1\} \leqslant \lambda_{11}$$

这与定理3条件中第一个不等式相矛盾.

如果分量 w_2 是允许的而 w_1 是非允许的,那么不等式(11)变成

466

$$\max\{p_2,q_2\} \leqslant (\lambda_{22}+o(1))+\lambda_{21}\frac{T(r,w_1)}{T(r,w_2)}+\frac{S(r)}{T(r,w_2)}$$

根据引理 5,当 $r\to\infty$ 时,可能须除去一个对数测度为有限的例外值集,有

$$\max\{p_2,q_2\} \leqslant \lambda_{22}$$

这与定理 3 条件中第二个不等式相矛盾.

所以,两分量 w_1 和 w_2 要么都是允许的,要么都是非允许的. 定理 3 证毕.

5. 参考文献

[1] YI H X, YANG C C. Theory of the Uniqueness of Meromorphic Functions[M]. Beijing:Science Press, 1995.

[2] LAINE I. Nevanlinna Theory and Complex Differential Equations[M]. Berlin: Walter de Gruyter, 1993.

[3] ABLOWITZ M J, HALBURD R, HERBST B. On the extension of the Painleve property to difference equations[J]. Nonlinearity, 2000,13 (3):889 – 905.

[4] BERGWEILER W, LANGLEY J K, Zeros of differences of meromorphic functions[J]. Mathematical Proceedings of the Cambridge Philosophical Society, 2007,142(1):133 – 147.

[5] CHIANG Y M, FENG S J. On the Nevanlinna characteristic of $f(z+\eta)$ and difference equations in the complex plane[J]. Ramanujan Journal, 2008,16(1):105 – 129.

[6] GUNDERSEN G G, HEITTOKANGAS J, etc. Meromorphic solutions of generalized Schroder[J]. Aequationes Mathematicae, 2002,63(1/2): 110 – 135.

[7] HEITTOKANGAS J, KORHONEN R, LAINE I, RIEPPO J, TOHGE K. Complex difference equations of Malmquist type[J]. Computational Methods and Function Theory, 2001,1(1):27 – 39.

[8] HALBURD R G, KORHONEN R. Difference analogue of the lemma on

the logarithmic derivative with applications to difference equations[J]. Journal of Mathematical Analysis and Applications, 2006,314(2):477 – 487.

[9]HALBURD R G, KORHONEN R. Nevanlinna theory for the difference operator, Annales Academia Scientiarium Fennica. Mathematica [J] 2006,31(2):463 –478.

[10]HALBURD R G, KORHONEN R. Existence of finite – order meromorphic solutions as a detector of integrability in difference equations[J]. Physica D, 2006,218(2):191 –203.

[11]ISHIZAKI K, YANAGIHARA N. Wiman – Valiron method for difference equations[J]. Nagoya Mathematical Journal, 2004,175:75 – 102.

[12] LAINE I, RIEPPO J, SILVENNOINEN H. Remarks on complex difference equations[J]. Computational Methods and Function Theory, 2005,5(1):77 –88.

[13]GROMAK V, LAINE I, SHIMOMURA S. Painleve Differential Equations in the Complex Plane, Vol. 28 of Studies in Mathematics[J]. de Gruyter, New York, NY, USA,2002.

[14]WEISSENBORN G. On the theorem of Tumura and Clunie[J]. The Bulletin of the London Mathematical Society, 1986,18(4):371 –373.

[15]BERGWEILER W, LANGLEY J K. Zeros of differences of meromorphic functions[J]. Math. Proc. Camb. Philos. Soc. , 2007,142(1): 133 –147.

[16]ChIANG Y M, RUIJSENAARS S N M. On the Nevanlinna order of meromorphic solutions to linear analytic difference equations[J]. Stud. Appl. Math. , 2006,116:257 –287.

[17]RUIJSENAARS S N M. First order analytic difference equations and integrable quantum systems[J]. J. Math. Phys. , 1997,40:1069 – 1146.

[18]KORHONEN R. A new Clunie type theorem for difference polynomials [J]. J. Difference Equ. Appl. , 2011,17(3):387 –400.

第五编
内隆德在
级数理论中的贡献

两个与差分有关的级数问题

问题1 对无穷级数

$$S_2(x) = 1 + \frac{3x^2}{2!} + \frac{4x^4}{4!} + \frac{6x^6}{6!} + \cdots$$

求和,其中系数的分子构成一个数字级数,它的三阶差分等于 2.

解 此问题将看作下述求和的特例

$$S_p(x) = a_0 + a_p \frac{x^p}{p!} + a_{2p} \frac{x^{2p}}{(2p)!} + \cdots$$

（p 是一个正整数）

设

$$f(x) = \sum_{r=1} \frac{a_r x^r}{r!}$$

用通常的有限差分的记号

$$f(x) = \mathrm{e}^{xE} a_0 = \mathrm{e}^{x(1+\Delta)} a_0 = \mathrm{e}^x \mathrm{e}^{x\Delta} a_0$$

$$= \mathrm{e}^x \sum_{r=0}^{\infty} \Delta^r a_0 \frac{x^r}{r!}$$

则

$$f(x) = \mathrm{e}^x \sum_{r=0}^{n} \Delta^r a_0 \frac{x^r}{r!}$$

若 P 是素数,令 θ 是 $x^p - 1 = 0$ 的一个特殊根,则容易求得

471

$$S_p(x) = \frac{1}{p}\sum_{j=0}^{p-1} f(\theta^i x)$$

P 不是素数的情况可使得 S_p 依赖于上面的解. 在本题特殊情形下

$$a_r = \frac{1}{24}(r^3 - 9r^2 + 38r + 24)$$

$$a_0 = 1, \Delta a_0 = \frac{5}{4}, \Delta^2 a_0 = -\frac{1}{2}$$

$$\Delta^3 a_0 = \frac{1}{4}, \Delta^i a_0 = \frac{5}{4}, j > 3; \theta = -1, p = 2$$

$$S_2(x) = \frac{1}{2}(f(x) + f(-x))$$

$$= \frac{e^x}{2}\left(1 + \frac{5}{4}x - \frac{1}{4}x^2 + \frac{1}{24}x^3\right) +$$

$$\frac{e^{-x}}{2}\left(1 - \frac{5}{4}x - \frac{1}{4}x^2 - \frac{1}{24}x^3\right)$$

$$= \left(1 - \frac{x^2}{4}\right)\cosh x + \left(\frac{5x}{4} + \frac{x^3}{24}\right)\sinh x$$

本题是美国著名数学刊物《美国数学月刊》上的一个征解问题,这个刊物是世界著名的数学科普刊物,李天岩与约克(York)那篇混沌理论的开创性论文《周期三则意味着乱七八糟》就刊登在这个杂志上,20 世纪中叶,编辑部曾对几千道征解问题以专家投票的方式选出了 400 道最佳征解问题. 上题是编号为 16 的问题,其实这类问题还有几个,再举一例,是编号为 47 的问题,也是与差分有关的级数问题.

问题 2 如果在方程

$$S!\left(\frac{1}{(s+1)!} + \frac{c_3}{4!\,(s-1)!} + \frac{c_5}{6!\,(s-3)!} + \right.$$

$$\frac{c_7}{8!\,(s-5)!}+\cdots+\frac{c_s}{(s+1)!\,2!}\Big)=0 \qquad (1)$$

中,给定 $c_3,c_5,c_7,\cdots,c_s$,且当它们保持某种常数时,对一切 $s(s>1)$ 的正奇整数值式(1)都成立. 试证:如果 s 减少 1(所以 $s=2n$),那么左端将按 n 是奇或偶而等于 $\pm B_n$,B_n 是第 n 个伯努利数. 还阐明,若不先求出前头的所有常数,怎样求出 $c_3,c_5,\cdots,c_s$ 中任何一个常数?

解 伯努利数 B_n 出现在一些函数展式的系数中,我们将用到下面的展式来推导所求的关系式

$$y=\frac{x}{\mathrm{e}^x-1}=1-\frac{1}{2}x+B_1\frac{x^2}{2!}+\cdots+$$

$$(-1)^{i-1}B_i\frac{x^{2i}}{(2i)!}+\cdots \qquad (2)$$

将上式写成 $y(\mathrm{e}^x-1)=x$,且两边微分 m 次,得

$$\mathrm{e}^x(y+{}_mC_1y'+\cdots+{}_mC_{m-1}y^{(m-1)})+$$

$$(\mathrm{e}^x-1)y^{(m)}=\begin{cases}0,m\geqslant 2\\1,m=1\end{cases} \qquad (3)$$

其中 $y^{(i)}=\mathrm{d}^iy/\mathrm{d}x^i$,${}_mC_i$ 是二项式系数,置 $x=0,y_0=1$,$y'_0=-\dfrac{1}{2},y_0^{(2i+1)}=0,y_0^{(2i)}=(-1)^{i-1}B_i$,我们将用到置 $m=2n,2n+1,2n+2$ 而得的三个方程. 它们中的头一个是

$$1-\frac{1}{2}{}_{2n}C_1+{}_{2n}C_2B_1+\cdots+(-1)^{i-1}{}_{2n}C_{2i}B_i+\cdots+$$

$$(-1)^{n-2}{}_{2n}C_{2n-2}B_{n-1}=0 \qquad (4)$$

而第二个、第三个方程也类似,但包含一个 B_n 的末项. 用 $2n+1$ 乘第一个方程,用 $-2n$ 乘第二个方程,且把

该结果相加,以 $(2n+1)!$ 除这结果,且用把其系数中的 $2n$ 写成 $(2n-1)+1$ 的方式将末项分为两项,有

$$\frac{1}{(2n+1)!} - \frac{B_1}{(2n-1)!\,2!} + \frac{3B_2}{(2n-3)!\,4!} - \cdots +$$

$$(-1)^n \frac{(2n-1)B_n}{1!\,(2n)!} + (-1)^n \frac{B_n}{(2n)!} = 0 \qquad (5)$$

再用 $2n+2$ 乘第二个方程,用 $-(2n+1)$ 乘第三个方程,把结果相加,所得方程除以 $(2n+2)!$. 于是我们再得到一个方程,它可由上面的方程直接写出:只需去掉上面方程的末项,并把诸分母的第一个阶乘因子中的数各增加 1 就行. 把这些结果同问题中的方程比较之后,我们看到 $C_{2i+1} = (-1)^i (2i-1)(2i+1)(2i+2)B_i$,由此得,任何计算 B 的方法在一个十分微小的改动下,给出了计算 C 的方法,反之亦是. 借助于行列式,解一组 B 的或 C 的线性方程组,显然也是一种方法. 或我们依下法进行:将式(2)写为形式

$$y = \ln \frac{1 + (e^x - 1)}{e^x - 1}$$

然后展开 $(e^x - 1)$ 的幂. 于是有

$$y = \sum_{m=0}^{\infty} (-1)^m \frac{(e^x - 1)^m}{m+1} \qquad (6)$$

现在我们可以写 $(e^x - 1)$ 的展式为 x 的幂,得到级数的第 m 次幂,且合并这些项,则 x^{2n} 的系数是 $\dfrac{(-1)^{n-1}B_n}{(2n)!}$

或我们可以这样来得到结果:首先按二项式定理展开 $(e^x - 1)^m$,然后再展为级数来写出结果的每一项,注意到要这样处理的最后一项是由 $m = 2n$ 给出的结果可

以写为

$$B_n = (-1)^n \left(\frac{\Delta_{2n}}{2} - \frac{\Delta_{2n}^2}{3} + \cdots - \frac{\Delta_{2n}^{2n}}{2n+1} \right)$$

其中

$$\Delta_{2n}^m = \sum_{\gamma=1}^{m} (-1)^{m-\gamma} {}_m C_\gamma \gamma^{2n}$$

由此方法易见有 $\Delta_{2n} = 1, \Delta_{2n}^{2n} = (2n)!$. 如果我们建立第一个差分 $(x+1)^{2n} - x^{2n}$,然后置 $x = 0$,则得到 Δ_{2n};再建立第二个差分 $(x+2)^{2n} - 2(x+1)^{2n} + x^{2n}$,且置 $x = 0$,则得 Δ_{2n}^2;最后 Δ_{2n}^k 是 x^{2n} 的第 k 阶差分在置 $x = 0$ 后的值. 以 $-(2n+2)$ 乘对应于式(5)的第二个方程,且把该结果加到已写出的方程上去,我们可以得到一个 B 的齐次方程. 于是得 $B_1 - {}_{2n}C_2 B_2 + {}_{2n}C_4 B_3 - \cdots + (-1)^n {}_{2n}C_{2n-4} B_{n-1} + (-1)^{n+1}(2n+1)(n-1)B_n = 0$.

　　正如前面所述内隆德是位数学上的多面手,他不仅在差分领域独树一帜,而且在傅里叶级数领域也有很多贡献,我国一些数学家还在其工作的基础之上有所贡献.

关于内隆德绝对求和因子的一个注记

山东大学数学系的于秀源教授给出了一类绝对求和因子的条件.

定理 设 $\{\lambda_n\}$ 满足条件

$$\lambda_n = O\left(\frac{1}{\log^2 n}\right), \lambda_{n+1} < \lambda_n, \lambda_n > 0$$

$$\sum_{n>k} \frac{\lambda_n}{P_n} = O\left(\frac{1}{\log k}\right)$$

对于固定的 x,若 $G_\lambda(t)$ 是 $[0,\pi]$ 上的有界变差函数,则 $\sum \lambda_n A_n(x)$ 是 $\{N, p_n\}$ 可和的.

设 $f(x) \in L[0, 2\pi]$,则

$$\sum_{n=0}^{\infty} A_n(x) \equiv \frac{1}{2}a_0 + \sum_{n=0}^{\infty}(a_n \cos nx + b_n \sin nx)$$

是它的傅里叶级数.

给定正数列 $\{p_n\}_0^\infty$

$$p_{n+1} < p_n, P_n = p_0 + p_1 + \cdots + p_n \to \infty$$

对于级数 $\sum_{n=0}^{\infty} w_n$,记

$$t_n = \frac{1}{P_n} \sum_{i=0}^{n} P_{n-i} w_i$$

我们知道[1],当

$$\sum_{n=0}^{N} |t_{n+1} - t_n| = O(1)$$

时,称 $\sum_{n=0}^{\infty} w_n$ 是 $|N, p_n|$ 可和. 若有数列 $\{\lambda_n\}$,使得 $\sum \lambda_n w_n$ 为 $|N, p_n|$ 可和,则称 $\{\lambda_n\}$ 是 $\sum w_n$ 的 $|N, p_n|$ 可和因子.

以下,为方便计,我们规定

$$p_{-1} = 0, P_{-1} = 0$$

我们将要使用函数

$$G_\lambda(t) = \frac{1}{\log \frac{2\pi}{t}} \int_t^n \frac{f(x+t) + f(x-t) - 2f(x)}{2t} \mathrm{d}t$$

在文[2]中,R. Mohanty 与 S. Manahaptra 曾用以研究级数的 $|R, \log w, \alpha|$ 可和问题.

定理　设 $\{\lambda_n\}$ 满足条件

$$\lambda_n = O\left(\frac{1}{\log^2 n}\right), \lambda_{n+1} < \lambda_n, \lambda_n > 0 \qquad (1)$$

$$\sum_{n>k} \frac{\lambda_n}{P_n} = O\left(\frac{1}{\log k}\right) \qquad (2)$$

对于固定的 x,若 $G_\lambda(t)$ 是 $[0, \pi]$ 上的有界变差函数,则 $\sum \lambda_n A_n(x)$ 是 $|N, p_n|$ 可和的.

证明　由

$$\frac{1}{P_n} \sum_{i=0}^{n} P_{n-i} \lambda_i A_i(x) - \frac{1}{P_{n-1}} \sum_{i=0}^{n-1} P_{n-1-i} \lambda_i A_i(x)$$

477

$$= \frac{1}{P_n P_{n-1}} \sum_{i=0}^{n-1} (P_{n-1} P_{n-i} - P_n P_{n-1-i}) \lambda_i A_i(x) +$$

$$\frac{P_0}{P_n} \lambda_n A_n(x)$$

注意到式（2）以及

$$A_n(x) = O(1), n \to \infty$$

我们看到,证明 $\sum \lambda_n A_n(x)$ 的 $|N, p_n|$ 可和性,归结为证明

$$\sum_{n=1}^N | \frac{1}{P_n P_{n-1}} \sum_{k=0}^{n-i} (P_{n-1} P_{n-k} - P_n P_{n-1-k}) \lambda_k A_k(x) | = O(1)$$

$$(3)$$

应用两次分部积分,我们得到

$$A_n(x) = -\frac{2}{\pi} \int_0^\pi \mathrm{d} G_x(t) t \log \frac{2\pi}{t} \cos nt +$$

$$\frac{2}{\pi} \int_0^\pi \mathrm{d} G_x(t) \frac{\sin nt}{n}$$

$$= -\frac{2}{\pi} u_n + \frac{2}{\pi} v_n$$

利用恒等式

$$\frac{P_{n-k}}{P_n} - \frac{P_{n-k-1}}{P_{n-1}} = \frac{1}{P_n P_{n-1}} (P_n p_{n-k} - P_{n-k} p_n)$$

我们看到,式（3）的证明,归结为证明

$$\sum_{n=1}^N \frac{1}{P_n P_{n-1}} | \sum_{k=0}^{n-1} (P_n p_{n-k} - p_n P_{n-k}) \lambda_k (u_k + v_k) | = O(1)$$

$$(4)$$

首先,我们证明

$$\sum_{n=1}^N \frac{1}{P_n P_{n-1}} | \sum_{k=0}^{n-1} (P_n p_{n-k} - p_n P_{n-k}) \lambda_k u_k |$$

$$= \sum_{n=1}^{N} \frac{1}{P_n P_{n-1}} | \sum_{k=0}^{n-1} (P_n p_{n-k} - p_n P_{n-k}) \cdot$$

$$\lambda_k \int_0^\pi t\log \frac{2\pi}{t} \cos kt \mathrm{d}G_x(t) | = O(1)$$

由于 $G_x(t)$ 是有界变差,所以,为了证明上式,只需证明

$$\sum_{n=1}^{N} \frac{1}{P_n P_{n-1}} | \sum_{k=0}^{n-1} (P_n p_{n-k} - p_n P_{n-k})\lambda_k \cos kt | = O\left(\frac{1}{t\log \frac{2\pi}{t}}\right)$$

$$(5)$$

现在,我们有(以 M 表示适当常数)

$$\sum_{n \leqslant \frac{1}{t}} \frac{1}{P_n P_{n-1}} | \sum_{k=0}^{n-1} (P_n p_{n-k} - p_n P_{n-k})\lambda_k \cos kt |$$

$$\leqslant \sum_{n \leqslant \frac{1}{t}} \frac{1}{P_n P_{n-1}} \sum_{k=0}^{n-1} (P_n p_{n-k} - p_n P_{n-k})\lambda_k$$

$$\leqslant \sum_{n \leqslant \frac{1}{t}} \frac{1}{P_{n-1}} \sum_{k=0}^{n-1} \lambda_k p_{n-k}$$

$$\leqslant \sum_{n \leqslant \frac{1}{t}} \frac{1}{P_{n-1}} \sum_{k=0}^{[\frac{n}{2}]} \lambda_k p_{[\frac{n}{2}]} + \sum_{n \leqslant \frac{1}{t}} \frac{1}{P_{n-1}} \lambda_{[\frac{n}{2}]} \sum_{k=0}^{[\frac{n}{2}]} p_k$$

$$\leqslant M \sum_{k \leqslant \frac{1}{t}} \lambda_k \sum_{n \leqslant \frac{1}{t}} \frac{1}{n} \leqslant M \frac{1}{t\log^2 \frac{1}{t}} \cdot \log \frac{1}{t}$$

$$= O\left(\frac{1}{t\log \frac{1}{t}}\right) \qquad\qquad (6)$$

以及

$$\sum_{\frac{1}{t} < n \leqslant N} \frac{1}{P_n P_{n-1}} | \sum_{k=0}^{n-1} (P_n p_{n-k} - p_n P_{n-k})\lambda_k \cos kt |$$

$$\leqslant \sum_{\frac{1}{t}<n\leqslant N}\frac{1}{P_nP_{n-1}}|\sum_{k=0}^{n-2}\Delta\{(P_np_{n-k}-p_nP_{n-k})\lambda_k\}\cdot$$

$$\frac{\sin(k+\frac{1}{2})t}{2\sin\frac{t}{2}}|+\sum_{\frac{1}{t}<n\leqslant N}\frac{M}{P_nP_{n-1}}P_n\lambda_n\frac{1}{t}$$

由式（2），上式右端第二项是 $O\left(\dfrac{1}{t}\dfrac{1}{\log\frac{1}{t}}\right)$，因此，式

（5）的证明归结为对于

$$\sum_{\frac{1}{t}<n\leqslant N}\frac{1}{P_nP_{n-1}}\sum_{k=1}^{n-k}|\Delta\{(P_np_{n-k}-p_nP_{n-k})\lambda_k\}|=O\left(\frac{1}{\log\frac{1}{t}}\right)$$

$$（7）$$

的证明. 显然

$$\sum_{\frac{1}{t}<n\leqslant N}\frac{1}{P_nP_{n-1}}\sum_{k=1}^{n-2}|\Delta\{(P_np_{n-k}-p_nP_{n-k})\lambda_k\}|$$

$$\leqslant \sum_{\frac{1}{t}<n\leqslant N}\frac{1}{P_nP_{n-1}}\sum_{k=1}^{n-1}(P_np_{n-k}-p_nP_{n-k})\Delta\lambda_k+$$

$$\sum_{\frac{1}{t}<n\leqslant N}\frac{1}{P_nP_{n-1}}\sum_{k=1}^{n-1}|\Delta(P_np_{n-k}-p_nP_{n-k})\cdot\lambda_k|$$

$$=I+J \qquad（8）$$

我们有

$$I\leqslant \sum_{\frac{1}{t}<n\leqslant N}\frac{1}{P_nP_{n-1}}\sum_{k=1}^{[\frac{n}{2}]}(P_n(p_{n-k}-p_n)+p_n(P_n-P_{n-k}))\Delta\lambda_k+$$

$$\sum_{\frac{1}{t}<n\leqslant N}\frac{1}{P_{n-1}}\sum_{k=[\frac{n}{2}]+1}^{n-1}p_{n-k}\Delta\lambda_k$$

$$\leqslant \sum_{\frac{1}{t} < n \leqslant N} \frac{1}{P_{n-1}} \sum_{k=1}^{[\frac{n}{2}]} \Delta \lambda_k \sum_{\mu=n-k}^{n-1} \Delta p_\mu +$$

$$\sum_{\frac{1}{t} < n \leqslant N} \frac{p_n}{P_n P_{n-1}} \sum_{k=1}^{[\frac{n}{2}]} p_{[\frac{n}{2}]} k \cdot \Delta \lambda_k +$$

$$\sum_{\frac{1}{t} < n \leqslant N} \frac{1}{P_{n-1}} \sum_{k=[\frac{n}{2}]+1}^{n=1} \cdot p_{n-k} \Delta \lambda_k$$

$$= I_1 + I_2 + I_3 \tag{9}$$

其中

$$I_1 \leqslant \sum_{k=1}^{N} \Delta \lambda_k \sum_{\substack{\frac{1}{t} < n \leqslant N \\ n > 2k}} \frac{1}{P_{n-1}} \sum_{\mu=n-k}^{n} \Delta p_\mu$$

$$= \sum_{1 \leqslant k \leqslant \frac{1}{2t}} \Delta \lambda_k \sum_{\frac{1}{t} < n \leqslant N} \frac{1}{P_{n-1}} \sum_{\mu=n-k}^{n} \Delta p_\mu +$$

$$\sum_{\frac{1}{2t} \leqslant k \leqslant N} \Delta \lambda_k \sum_{2k < n \leqslant N} \frac{1}{P_{n-1}} \sum_{\mu=n-k}^{n-1} \Delta p_\mu$$

$$\leqslant \sum_{1 \leqslant k \leqslant \frac{1}{2t}} \Delta \lambda_k \sum_{\mu \geqslant \frac{1}{2t}} \Delta p_\mu \sum_{\substack{\frac{1}{t} < n \leqslant \mu+k \\ n > \mu}} \frac{1}{P_{n-1}} +$$

$$\sum_{\frac{1}{2t} \leqslant k \leqslant N} \Delta \lambda_k \sum_{k < \mu \leqslant N} \Delta p_\mu \sum_{\substack{2k \leqslant n \leqslant \mu+k \\ n \geqslant \mu+1}} \frac{1}{P_{n-1}}$$

$$\leqslant \sum_{1 \leqslant k \leqslant \frac{1}{2t}} k \cdot \Delta \lambda_k \sum_{\mu \geqslant \frac{1}{2t}} \frac{\Delta p_\mu}{P_\mu} + \sum_{k > \frac{1}{2t}} k \Delta \lambda_k \sum_{\mu=k}^{\infty} \frac{\Delta p_\mu}{P_\mu}$$

由阿贝尔(Abel)变换,容易得到

$$\sum_{k > n} \frac{\Delta \lambda_k}{P_k} = O\left(\frac{1}{n}\right)$$

因此

$$I_1 = O(t) \sum_{1 \leqslant k \leqslant \frac{1}{2t}} k \cdot \Delta\lambda_k + O(1) \sum_{k > \frac{1}{2t}} \Delta\lambda_k$$

$$= O(t) \left(\sum_{1 \leqslant k \leqslant \frac{1}{2t}} \lambda_k + \frac{1}{t} \lambda_{[\frac{1}{t}]} \right) + O\left(\frac{1}{\log^2 \frac{1}{t}} \right)$$

$$= O\left(\frac{1}{\log^2 \frac{1}{t}} \right) \qquad (10)$$

另外

$$I_2 \leqslant \sum_{\frac{1}{t} < n \leqslant N} \frac{1}{n^2} \sum_{k=1}^{n} k\Delta\lambda_k = \sum_{k=1}^{N} k\Delta\lambda_k \sum_{\substack{\frac{1}{t} < n \leqslant N \\ n \geqslant k}} \frac{1}{n^2}$$

$$= \sum_{1 \leqslant k \leqslant \frac{1}{t}} k\Delta\lambda_k \sum_{\frac{1}{t} < n \leqslant N} \frac{1}{n^2} + \sum_{\frac{1}{t} < k \leqslant N} k\Delta\lambda_k \sum_{k \leqslant n \leqslant N} \frac{1}{n^2}$$

$$= O(t) \sum_{1 \leqslant k \leqslant \frac{1}{t}} k\Delta\lambda_k + O(1) \sum_{\frac{1}{t} < k \leqslant N} \Delta\lambda_k$$

$$= O(t) \frac{1}{t} \frac{1}{\log^2 \frac{1}{t}} + O(\lambda_{[\frac{1}{t}]}) = O\left(\frac{1}{\log^2 \frac{1}{t}} \right) \quad (11)$$

$$I_3 \leqslant \sum_{\frac{1}{t} < n \leqslant N} \frac{1}{P_n} \sum_{k=[\frac{n}{2}]+1}^{n} p_{n-k}\Delta\lambda_k$$

$$\leqslant \sum_{k \geqslant \frac{1}{2t}} \Delta\lambda_k \sum_{n=k}^{2k} \frac{p_{n-k}}{P_n} = O(\sum_{k > \frac{1}{2t}} \Delta\lambda_k)$$

$$= O\left(\frac{1}{\log^2 \frac{1}{t}} \right) \qquad (12)$$

由式(9) - (12),得到

482

$$I = O\left(\frac{1}{\log^2 \frac{1}{t}}\right) \tag{13}$$

下面,考虑

$$J = \sum_{\frac{1}{t} < n \leqslant N} \frac{1}{P_n P_{n-1}} \sum_{k=1}^{n-1} |\Delta(P_n p_{n-k} - p_n P_{n-k})\lambda_k|$$

$$= \sum_{\frac{1}{t} < n \leqslant N} \frac{1}{P_n P_{n-1}} \sum_{k=1}^{n-1} (P_n(p_{n-k-1} - p_{n-k}) + p_n p_{n-k})\lambda_k$$

$$= \sum_{\frac{1}{t} < n \leqslant N} \frac{1}{P_{n-1}} \sum_{1 \leqslant k \leqslant \frac{n}{2}} (p_{n-k-1} - p_{n-k})\lambda_k +$$

$$\sum_{\frac{1}{t} < n \leqslant N} \frac{1}{P_{n-1}} \sum_{\frac{n}{2} < k \leqslant n-1} (p_{n-k-1} - p_{n-k})\lambda_k +$$

$$\sum_{\frac{1}{t} < n \leqslant N} \frac{1}{P_n P_{n-1}} \sum_{1 \leqslant k \leqslant \frac{n}{2}} p_n p_{n-k}\lambda_k +$$

$$\sum_{\frac{1}{t} < n \leqslant N} \frac{1}{P_n P_{n-1}} \sum_{\frac{n}{2} < k \leqslant n-1} p_n p_{n-k}\lambda_k \tag{14}$$

其中

$$J_1 = \sum_{\frac{1}{t} < n \leqslant N} \frac{1}{P_{n-1}} \sum_{k=1}^{[\frac{n}{2}]} (p_{n-k-1} - p_{n-k})\lambda_k$$

$$\leqslant \sum_{k=1}^{N} \lambda_k \sum_{\substack{\frac{1}{t} < n \leqslant N \\ n > 2k}} \frac{p_{n-k-1} - p_{n-k}}{P_n}$$

$$= \sum_{1 \leqslant k \leqslant \frac{1}{2t}} \lambda_k \sum_{\frac{1}{t} < n \leqslant N} \frac{p_{n-k-1} - p_{n-k}}{P_n} +$$

$$\sum_{\frac{1}{2t} < k \leqslant N} \lambda_k \cdot \sum_{2k \leqslant n \leqslant N} \frac{p_{n-k-1} - p_{n-k}}{P_n}$$

483

$$\leqslant \sum_{1 \leqslant k \leqslant \frac{1}{2t}} \lambda_k \sum_{\frac{1}{2t} < n \leqslant N} \frac{\Delta p_n}{P_n} +$$

$$\sum_{\frac{1}{2t} < k \leqslant N} \lambda_k \sum_{k \leqslant n \leqslant N} \frac{\Delta p_n}{P_n}$$

$$= O(t) \sum_{1 \leqslant k \leqslant \frac{1}{t}} \lambda_k +$$

$$O(1) \sum_{k > \frac{1}{2t}} \frac{\lambda_k}{k}$$

$$= O\left(\frac{1}{\log \frac{1}{t}}\right) \qquad (15)$$

$$J_2 \leqslant \sum_{\frac{1}{t} < n \leqslant N} \frac{1}{P_n} \lambda_{\left[\frac{n}{2}\right]} \sum_{k = \left[\frac{n}{2}\right] + 1}^{n-1} (p_{n-k-1} - p_{n-k})$$

$$= O\left(\sum_{n > \frac{1}{t}} \frac{\lambda_{\left[\frac{n}{2}\right]}}{P_{\left[\frac{n}{2}\right]}}\right) = O\left(\frac{1}{\log \frac{1}{t}}\right) \qquad (16)$$

由于 $np_n = O(P_n)$，所以

$$J_3 \leqslant \sum_{\frac{1}{t} < n \leqslant N} \frac{1}{n^2} \sum_{k=1}^{\left[\frac{n}{2}\right]} \lambda_k = O(1) \sum_{n > \frac{1}{t}} \frac{1}{n^2 \log^2 n} \cdot n$$

$$= O\left(\frac{1}{\log \frac{1}{t}}\right) \qquad (17)$$

另外，有

$$J_4 \leqslant \sum_{\frac{1}{t} < n \leqslant N} \frac{\lambda_{\left[\frac{n}{2}\right]}}{nP_n} \sum_{k=\left[\frac{n}{2}\right]}^{n-1} p_{n-k} = O(1) \sum_{n > \frac{1}{t}} \frac{\lambda_n}{n} = O\left(\frac{1}{\log \frac{1}{t}}\right)$$

$$(18)$$

484

联合式(14) – (18),得到

$$J = O\left(\cfrac{1}{\log \cfrac{1}{t}}\right) \qquad (19)$$

由此及式(8),得到式(5),从而得到 $\sum \lambda_n u_n$ 的 $|N, p_n|$ 可和性.

我们还需要证明

$$\sum_{n=1}^{N} \frac{1}{P_n P_{n-1}} | \sum_{k=0}^{n-1} (P_{n-k} - p_n P_{n-k}) \frac{\lambda_k}{k} \sin kt | = O(1)$$

$$(20)$$

即 $\sum \lambda_n v_n$ 的 $|N, p_n|$ 可和性.

与前面类似,我们看到

$$\sum_{n \leqslant \frac{1}{t}} \frac{1}{P_n P_{n-1}} | \sum_{k=0}^{n-1} (P_n p_{n-k} - p_n P_{n-k}) \frac{\lambda_k}{k} \sin kt |$$

$$= O(1) \sum_{n \leqslant \frac{1}{t}} \frac{1}{P_n P_{n-1}} \sum_{k=1}^{n-1} P_n p_{n-k} t = O(1) \qquad (21)$$

$$\sum_{\frac{1}{t} < n \leqslant N} \frac{1}{P_n P_{n-1}} | \sum_{k=1}^{n-1} (P_n p_{n-k} - p_n P_{n-k}) \frac{\lambda_k}{k} \sin kt |$$

$$\leqslant \sum_{\frac{1}{t} < n \leqslant N} \frac{1}{P_n P_{n-1}} | \sum_{k=1}^{n-2} \Delta \Big\{ (P_n p_{n-k} - p_n P_{n-k}) \frac{\lambda_k}{k} \Big\} \cdot$$

$$\cfrac{\cos \cfrac{t}{2} - \cos(n + \cfrac{1}{2})t}{2\sin \cfrac{t}{2}} | + O\left(\frac{1}{t}\right) \sum_{\frac{1}{t} < n \leqslant N} \frac{1}{P_n P_{n-1}} P_n \cdot \frac{\lambda_n}{n}$$

由式(2),我们有

$$\sum_{\frac{1}{t}<n\leqslant N}\frac{1}{P_{n-1}}\frac{\lambda_n}{n}=O(t)\cdot\sum_{\frac{1}{t}<n\leqslant N}\frac{\lambda_{n-1}}{P_{n-1}}=O\left(t\frac{1}{\log\frac{1}{t}}\right)$$

因此,式(20)的证明归结为证明

$$\sum_{\frac{1}{t}<n\leqslant N}\frac{1}{P_nP_{n-1}}\sum_{k=1}^{n-2}|\Delta\{(P_np_{n-k}-p_nP_{n-k})\frac{\lambda_k}{k}\}|=O(t)$$

$$(22)$$

我们见到

$$\sum_{\frac{1}{t}<n\leqslant N}\frac{1}{P_nP_{n-1}}\sum_{k=1}^{n-2}|\Delta\{(P_np_{n-k}-p_nP_{n-k})\frac{\lambda_k}{k}\}|$$

$$\leqslant\sum_{\frac{1}{t}<n\leqslant N}\frac{1}{P_nP_{n-1}}\left(\sum_{k=1}^{n-1}(P_np_{n-k}-p_nP_{n-k})\frac{\lambda_k}{k^2}+\right.$$

$$\sum_{k=1}^{n-1}(P_np_{n-k}-p_nP_{n-k})\frac{\Delta\lambda_k}{k}+$$

$$\left.\sum_{k=1}^{n-1}\Delta(P_np_{n-k}-p_nP_{n-k})\frac{\lambda_k}{k}\right)$$

$$=\sum_{\frac{1}{t}<n\leqslant N}\frac{1}{P_nP_{n-1}}(X(n)+Y(n)+Z(n))\qquad(23)$$

其中

$$\sum_{\frac{1}{t}<n\leqslant N}\frac{1}{P_nP_{n-1}}X(n)\leqslant\sum_{\frac{1}{t}<n\leqslant N}\frac{1}{P_nP_{n-1}}\sum_{1\leqslant k\leqslant\frac{n}{2}}P_n(p_{n-k}-p_n)\frac{\lambda_k}{k^2}+$$

$$\sum_{\frac{1}{t}<n\leqslant N}\frac{1}{P_nP_{n-1}}\sum_{1\leqslant k\leqslant\frac{n}{2}}p_n(P_n-P_{n-k})\frac{\lambda_k}{k^2}+$$

$$\sum_{\frac{1}{t}<n\leqslant N}\frac{1}{P_nP_{n-1}}\sum_{\frac{n}{2}<k\leqslant n-1}P_np_{n-k}\frac{\lambda_k}{k^2}$$

$$\leqslant \sum_{\frac{1}{t}<n\leqslant N} \frac{1}{P_{n-1}} \sum_{1\leqslant k\leqslant \frac{n}{2}} (p_{n-k}-p_n)\frac{\lambda_k}{k^2} +$$

$$\sum_{\frac{1}{t}<n\leqslant N} \frac{p_n}{P_n P_{n-1}} \sum_{1\leqslant k\leqslant \frac{n}{2}} p_{\left[\frac{n}{2}\right]}\frac{\lambda_k}{k} +$$

$$\sum_{\frac{1}{t}<n\leqslant N} \frac{1}{P_n}\frac{4}{n^2} \sum_{\frac{n}{2}<k\leqslant n-1} p_{n-k}$$

$$= \sum_{\frac{2}{t}<n\leqslant N} \frac{1}{P_{n-1}} \sum_{1\leqslant k\leqslant \frac{n}{2}} \frac{\lambda_k}{k^2} \sum_{\mu=n-k}^{n-1} \Delta p_\mu +$$

$$O(1) \sum_{\frac{1}{t}<n\leqslant N} \frac{1}{n^2} \sum_{1\leqslant k\leqslant \frac{n}{2}} \frac{\lambda_k}{k} + O(1)\sum_{n>\frac{1}{t}} \frac{1}{n^2}$$

由于

$$\lambda_n = O\left(\frac{1}{\log^2 k}\right), \quad \sum_{k=1}^{\infty} \frac{\lambda_k}{k} < \infty$$

我们看到

$$\sum_{\frac{1}{t}<n\leqslant N} \frac{1}{P_n P_{n-1}} X(n)$$

$$= O(1) \sum_{1\leqslant k\leqslant \frac{n}{2}} \frac{\lambda_k}{k^2} \sum_{\substack{\frac{1}{t}<n\leqslant N \\ n\geqslant 2k}} \frac{1}{P_{n-1}} \sum_{\mu=n-k}^{n-1} \Delta p_\mu + O(t)$$

$$= O(1) \sum_{1\leqslant k\leqslant \frac{1}{2t}} \frac{\lambda_k}{k^2} \sum_{\frac{1}{t}<n\leqslant N} \frac{1}{P_{n-1}} \sum_{\mu=n-k}^{n-1} \Delta p_\mu +$$

$$O(1) \sum_{\frac{1}{2t}<k\leqslant \frac{N}{2}} \frac{\lambda_k}{k^2} \sum_{2k\leqslant n\leqslant N} \frac{1}{P_n} \sum_{\mu=n-k}^{n-1} \Delta p_\mu + O(t)$$

$$= O(1) \sum_{1\leqslant k\leqslant \frac{1}{2t}} \frac{\lambda_k}{k^2} \sum_{\frac{1}{2t}\leqslant \mu\leqslant N-1} \Delta p_\mu \sum_{\substack{\frac{1}{t}<n\leqslant \mu+k \\ n\geqslant \mu+1}} \frac{1}{P_{n-1}} +$$

$$\sum_{\frac{1}{2t} < k \le \frac{N}{2}} \frac{\lambda_k}{k^2} \sum_{k \le \mu \le N-1} \Delta p_\mu \sum_{\substack{2k \le n \le \mu+k \\ n \ge \mu+1}} \frac{1}{P_{n-1}} + O(t)$$

$$= O(1) \left(\sum_{1 \le k \le \frac{1}{2t}} \frac{\lambda_k}{k^2} \sum_{\mu \ge \frac{1}{2t}} \frac{\Delta p_\mu}{P_\mu} \cdot k + \sum_{\frac{1}{2t} \le k \le N} \frac{\lambda_k}{k^2} \sum_{\mu \ge k} \frac{\Delta p_\mu}{P_\mu} k + t \right)$$

利用

$$\sum_{n > M} \frac{\Delta p_n}{P_n} = O\left(\frac{1}{M} \right)$$

及式（1），得出

$$\sum_{\frac{1}{t} < n \le N} \frac{1}{P_n P_{n-1}} X(n) = O(t) \tag{24}$$

其次

$$\sum_{\frac{1}{t} < n \le N} \frac{1}{P_n P_{n-1}} Y(n)$$

$$\le \sum_{\frac{1}{t} < n \le N} \frac{1}{P_n P_{n-1}} \sum_{1 \le k \le \frac{n}{2}} \left(P_n (p_{n-k} - p_n) + \right.$$

$$\left. p_n (P_n - P_{n-k}) \right) \frac{\Delta \lambda_k}{k} +$$

$$\sum_{\frac{1}{t} < n \le N} \frac{1}{P_n P_{n-1}} \sum_{\frac{n}{2} < k \le n-1} P_n p_{n-k} \frac{\Delta \lambda_k}{k}$$

$$\le \sum_{\frac{1}{t} < n \le N} \frac{1}{P_{n-1}} \sum_{1 \le k \le \frac{n}{2}} \frac{\Delta \lambda_k}{k} \sum_{\mu = n-k}^{n-1} \Delta p_\mu +$$

$$\sum_{\frac{1}{t} < n \le N} \frac{p_n}{P_n P_{n-1}} \sum_{1 \le k \le \frac{n}{2}} k \cdot p_{\left[\frac{n}{2} \right]} \frac{\Delta \lambda_k}{k} +$$

$$\sum_{\frac{1}{t} < k \le N} \frac{\Delta \lambda_k}{k} \sum_{\substack{k \le n \le 2k \\ n > \frac{1}{t}}} \frac{p_{n-k}}{P_{n-1}}$$

$$\leqslant \sum_{\frac{1}{t} < n \leqslant N} \frac{1}{P_{n-1}} \sum_{1 \leqslant k \leqslant \frac{n}{2}} \frac{\Delta \lambda_k}{k} \sum_{\mu = n-k}^{n-1} \Delta p_\mu +$$

$$O(1) \sum_{\frac{1}{t} < n \leqslant N} \frac{p_n}{P_n P_{n-1}} p_{\left[\frac{n}{2}\right]} + O(1) \sum_{\frac{1}{2t} < k \leqslant N} \frac{\Delta \lambda_k}{k}$$

由此，并注意到

$$\sum_{n > \frac{1}{t}} \frac{p_n}{P_n P_{n-1}} p_{\left[\frac{n}{2}\right]} = O(1) \sum_{n > \frac{1}{2t}} \frac{1}{n^2} = O(t)$$

$$\sum_{\frac{1}{2t} < k \leqslant N} \frac{\Delta \lambda_k}{k} = O(1) \sum_{k > \frac{1}{2t}} \frac{\lambda_k}{k^2} + O(t) \lambda_{\left[\frac{1}{t}\right]} = O(t)$$

即可推出

$$\sum_{\frac{1}{t} < n \leqslant N} \frac{1}{P_n P_{n-1}} Y(n)$$

$$= \sum_{\frac{1}{t} < n \leqslant N} \frac{1}{P_{n-1}} \sum_{1 \leqslant k \leqslant \frac{n}{2}} \frac{\Delta \lambda_k}{k} \sum_{\mu = n-k}^{n-1} \Delta p_\mu + O(t)$$

$$= \sum_{1 \leqslant k \leqslant \frac{n}{2}} \frac{\Delta \lambda_k}{k} \sum_{\substack{\frac{1}{t} < n \leqslant N \\ n \geqslant 2k}} \frac{1}{P_{n-1}} \sum_{\mu = n-k}^{n-1} \Delta p_\mu + O(t)$$

$$= \sum_{1 \leqslant k \leqslant \frac{1}{2t}} \frac{\Delta \lambda_k}{k} \sum_{\frac{1}{t} < n \leqslant N} \frac{1}{P_{n-1}} \sum_{\mu = n-k}^{n-1} \Delta p_\mu +$$

$$\sum_{\frac{1}{2t} < k \leqslant \frac{n}{2}} \frac{\Delta \lambda_k}{k} \sum_{2k \leqslant n \leqslant N} \frac{1}{P_{n-1}} \sum_{\mu = n-k}^{n-1} \Delta p_\mu + O(t)$$

$$= \sum_{1 \leqslant k \leqslant \frac{1}{2t}} \frac{\Delta \lambda_k}{k} \sum_{\frac{1}{2t} \leqslant \mu \leqslant N} \Delta p_\mu \sum_{\substack{\frac{1}{t} < n \leqslant \mu + k \\ n \geqslant \mu + 1}} \frac{1}{P_{n-1}} +$$

$$\sum_{\frac{1}{2t} < k \leqslant N} \frac{\Delta \lambda_k}{k} \sum_{k \leqslant \mu \leqslant N} \Delta p_\mu \sum_{\substack{2k \leqslant n \leqslant \mu + k \\ n \geqslant k+1}} \frac{1}{P_{n-1}} + O(t)$$

由此及

$$\sum_{k=1}^{\infty} \frac{\Delta\lambda_k}{k} < +\infty \ , \quad \sum_{k>n} \frac{\Delta\lambda_k}{k} = O\left(\frac{1}{n}\right)$$

用前面的方法,容易得到

$$\sum_{\frac{1}{t}<n\leqslant N} \frac{1}{P_n P_{n-1}} Y(n) = O(t) \qquad (25)$$

最后

$$\sum_{\frac{1}{t}<n\leqslant N} \frac{1}{P_n P_{n-1}} Z(n)$$

$$= \sum_{\frac{1}{t}<n\leqslant N} \frac{1}{P_n P_{n-1}} \sum_{k=1}^{n-1} (P_n(p_{n-k-1} - p_{n-k}) +$$

$$p_n p_{n-k}) \frac{\lambda_k}{k}$$

$$= \sum_{\frac{1}{t}<n\leqslant N} \frac{1}{P_n P_{n-1}} \left\{ \sum_{1\leqslant k\leqslant \frac{n}{2}} + \sum_{\frac{n}{2}<k\leqslant n-1} \right\} \cdot$$

$$(P_n(p_{n-k-1} - p_{n-k}) + p_n p_{n-k}) \frac{\lambda_k}{k}$$

$$\leqslant \sum_{\frac{1}{t}<n\leqslant N} \frac{1}{P_{n-1}} \sum_{1\leqslant k\leqslant \frac{n}{2}} (p_{n-k-1} - p_{n-k}) \frac{\lambda_k}{k} +$$

$$\sum_{\frac{1}{t}<n\leqslant N} \frac{p_n}{P_n P_{n-1}} \sum_{1\leqslant k\leqslant \frac{n}{2}} p_{n-k} \frac{\lambda_k}{k} +$$

$$\sum_{\frac{1}{t}<n\leqslant N} \frac{1}{P_{n-1}} \lambda_{[\frac{n}{2}]} \cdot \frac{2}{n} \sum_{\frac{n}{2}<k\leqslant n-1} (p_{n-k-1} - p_{n-k}) +$$

$$\sum_{\frac{1}{t}<n\leqslant N} \frac{1}{P_n P_{n-1}} p_n \lambda_{[\frac{n}{2}]} \cdot \frac{2}{n} \sum_{\frac{n}{2}<k\leqslant n-1} p_{n-k}$$

490

$$= \sum_{1 \leq k \leq \frac{N}{2}} \frac{\lambda_k}{k} \sum_{\substack{\frac{1}{t} < n \leq N \\ n \geq 2k}} \frac{p_{n-k-1} - p_{n-k}}{P_{n-1}} +$$

$$\sum_{1 \leq k \leq \frac{N}{2}} \frac{\lambda_k}{k} \sum_{\substack{\frac{1}{t} < n \leq N \\ n \geq 2k}} \frac{p_n p_{n-k}}{P_n P_{n-1}} +$$

$$O(1) \left(\sum_{n > \frac{1}{2t}} \frac{\lambda_n}{n P_{n-1}} + \sum_{n > \frac{1}{2t}} \frac{\lambda_n}{n^2} \right)$$

$$= O(1) \left(\sum_{1 \leq k \leq \frac{N}{2}} \frac{\lambda_k}{k} \sum_{n > \frac{1}{2t}} \frac{\Delta p_n}{P_n} + \sum_{1 \leq k \leq \frac{N}{2}} \frac{\lambda_k}{k} \sum_{n > \frac{1}{2t}} \frac{1}{n^2} + t \right)$$

$$= O(t) \tag{26}$$

联合式(23) – (26),得到式(22),从而证得式(20),并完成了定理的证明.

5. 参考文献

[1]陈建功. 三角级数论:上[M]. 上海:上海科学技术出版社,1964.

[2]MOHANTY R, MOHAPATRA S. On the absolute logarithmic Summability of a Fourier series[J]. Math. Zeitschr. ,1956(65):207 – 213.

傅里叶级数的绝对内隆德求和

第 30 章

贵州大学数学系的林国钧教授对傅里叶级数的绝对内隆德求和,证明了二个定理,它们是 R. Salem 和 S. M. Shah 有关定理的拓广.

设 $p_n > 0, P_N = p_0 + p_1 + \cdots + p_N$,对于级数 $\sum_0^\infty U_n$,写作 $S_n = \sum_0^n U_v$,如果 $\sigma_n = \frac{1}{p_u} \sum_0^n p_{n-v} S_v \to S$ 成立,那么说级数 $\sum U_n$ 可用 (N, P_n) 求和于 S. 如果级数 $\sum |\sigma_n - \sigma_{n-1}|$ 收敛,那么说级数 $\sum U_n$ 是 $|N, p_n|$ 可和的.

设 $f(x)$ 是 L 可积的以 2π 为周期的周期函数

$$f(x) \sim \frac{a_0}{2} + \sum_{n=1}^\infty a_n \cos nx + b_n \sin nx \equiv$$

$\sum_{n=0}^\infty A_n(x)$ 它的共轭级数是

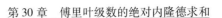

$$\sum_{n=1}^{\infty} a_n \sin nx - b_n \cos nx \equiv \sum_{n=1}^{\infty} B_n(x)$$

写作

$$S_n(x) = \sum_{v=0}^{n} A_v(x), \tilde{S}_n(x) = \sum_{v=1}^{n} B_v(x)$$

$$t_n(x) = \sum_{v=0}^{n} \frac{p_v S_{n-v}(x)}{P_n}, \tilde{t}_n(x) = \sum_{v=0}^{n} \frac{P_v S_{n-v}(x)}{P_n}$$

$$\varphi(t) = \varphi_x(t) = f(x+t) + f(x-t) - 2f(x)$$

$$\psi(t) = \psi_x(t) = f(x+t) - f(x-t)$$

$$P(\frac{1}{t}) = P_{[\frac{1}{t}]}, \phi(h) = \int_0^h |\varphi(t)| P(\frac{1}{t}) \mathrm{d}t$$

$$\overline{\psi}(h) = \int_0^h |\psi(t)| P(\frac{1}{t}) \mathrm{d}t$$

$$\alpha(t) = \sum_{k=0}^{\infty} p_k \cos kt$$

$$\beta(t) = \sum_{k=0}^{\infty} p_k \sin kt$$

$$H_n = \int_0^\pi \varphi(t)\beta(t)\sin nt \; \mathrm{d}t, \tilde{H}_n = \int_0^\pi \psi(t)\beta(t)\sin t \; \mathrm{d}t$$

$$G_n = \int_0^\pi \varphi(t)\alpha(t)\cos nt \; \mathrm{d}t, \tilde{G}_n = \int_0^\pi \psi(t)\alpha(t)\cos n \; \mathrm{d}t$$

我们知道,如果 $f(x)$ 是有界变差,并且 $f(x) \in \mathrm{Lip}\ \alpha$ $(0 < \alpha \leqslant 1)$,那么 $\sigma[f]$ 绝对收敛. Salem 把上述定理中的条件 $f(x) \in \mathrm{Lip}\ \alpha(0 < \alpha \leqslant 1)$ 减弱为 $\sum \frac{1}{n} \sqrt{\omega(1/n)} < \infty$.

Varshney 证明,有界变差的函数 $f(x)$ 满足条件

$$|f(x+h) - f(x)| \leqslant A \log^{-1-\varepsilon}(\frac{1}{h}) \tag{1}$$

其中 $\varepsilon > 0 , 0 \leqslant x \leqslant 2\pi$ 时,$\sigma[f]$ 是 $|N,\dfrac{1}{n+1}|$ 不和的. 二年之后 S. M. Shah 把条件(1)改为

$$\sum_{n=1}^{\infty} \frac{1}{n}\omega\left(\frac{1}{n}\right) < \infty \tag{2}$$

本章证明的定理 1,就是包含上述一切结果的. 对于 $\widetilde{\sigma}[f]$,我们建立了类似的定理.

1. 二个定理

定理 1 设 $f(x)$ 是有界变差的连续函数,$\omega(\delta)$ 是它的连续性模,设数列 $\{P_n\}$ 满足 $p_n \geqslant 0 , p_n \to 0 , \Delta p_n \geqslant 0 , \Delta^2 p_n \geqslant 0$,并且适合

1.1 $\displaystyle\sum_{k=N}^{\infty} \frac{P_k^2}{k^2} = o\left(\frac{P_n^2}{n}\right)$, $\displaystyle\sum_{k=1}^{\infty} \frac{p_k^2}{k^2} < +\infty$.

1.2 $\displaystyle\sum_{k=1}^{\infty} \frac{1}{P_{k-1}} = o\left(\frac{n}{P_n}\right)$.

那么当级数 $\displaystyle\sum_{n=1}^{\infty} \frac{1}{n}\omega\left(\frac{1}{n}\right)$ 与 $\displaystyle\sum_{n=1}^{\infty} \frac{\sqrt{\omega\left(\dfrac{1}{n}\right)}}{np_n}$ 都收敛时 $\sigma[f]$ 是 $|N,P_n|$ 可和的.

定理 2 在定理 1 的条件下,$\widetilde{\sigma}[f]$ 是 $|N,p_n|$ 可和的.

2. 几个引理

引理 1 如果 $p_n \geqslant 0 , \Delta p_n \geqslant 0$,那么对 $0 \leqslant a \leqslant b \leqslant \infty$,及 $0 < t \leqslant \pi$,有绝对常数 C 适合

$$\left| \sum_{k=a}^{b} p_k \mathrm{e}^{-ikt} \right| \leqslant CP\left(\frac{1}{t}\right)$$

引理 2 设 $p_n \geqslant 0 , \Delta p_n \geqslant 0$,记 $\gamma(t) = \displaystyle\sum_{v=0}^{\infty} p_v \mathrm{e}^{ivt}$. 那么,对于 $0 < k \leqslant t \leqslant \pi$,成立着

$$|\gamma(t+2h) - \gamma(t)| \leqslant cht^{-1}P(h^{-1})$$

引理 3　如果 $p_n \geqslant 0$，$\Delta p_n \geqslant 0$，那么 $p(2^v) = 0[P(2^{v-1})]$.

引理 4　如果 $p_n \geqslant 0$，$\Delta p_n \geqslant 0$，$p_n \to 0$，$\Delta^2 p_n \geqslant 0$，

$\sum\limits_{n=1}^{\infty} p_n^2/n^2 \leqslant C$，那么对于连续函数 $f(x)$

$$\sum_{n=1}^{\infty} |t_n - t_{n-1}| \leqslant C\left\{ 1 + \sum_{n=1}^{\infty} \frac{\phi\left(\dfrac{1}{n}\right)}{P_{n-1}} + \sum_{n=2}^{\infty} \frac{|G_n| + |H_n|}{P_{n-1}} \right\}$$

引理 5　在引理 4 的条件下，成立着

$$\sum_{n=1}^{\infty} |\tilde{t}_n - \tilde{t}_{n-1}| \leqslant C\left\{ 1 + \sum_{n=1}^{\infty} \frac{\bar{\psi}\left(\dfrac{1}{n}\right)}{P_{n-1}} + \right.$$
$$\left. \sum_{n=2}^{\infty} \frac{|\widetilde{G}_n| + |\widetilde{H}_n|}{P_{n-1}} \right\}$$

以上五个引理均为已知.

引理 6　如果 $\{p_n\}$ 满足定理 1 的条件，那么 $\alpha(t)$，$\beta(t)$ 都是 L_2 中的函数.

证明　由引理 1

$$\int_0^\pi \alpha^2(t)\,\mathrm{d}t \leqslant C \int_o^\pi P^2\left(\frac{1}{t}\right)\mathrm{d}t = o\left(\sum_{k=1}^{\infty} \frac{P_k^2}{K^2} \right) = o(1)$$

同样可以证明 $\beta(t)$ 也是 L_2 中的函数.

引理 7　如果级数 $\sum\limits_{n=1}^{\infty} \dfrac{1}{n}\omega\left(\dfrac{1}{n}\right)$ 收敛，那么级数

$\sum\limits_{n=0}^{\infty} \omega\left(\dfrac{\pi}{2n+1}\right)$ 也收敛.

这是显然的.

引理 8　如果 $\{P_n\}$ 满足定理 1 的条件，那么当级

数 $\sum\limits_{n=1}^{\infty}\dfrac{1}{n}\omega(\dfrac{1}{n})$ 收敛时,级数 $\sum\limits_{n=1}^{\infty}\dfrac{1}{P_{n-1}}\phi(\dfrac{1}{n})$ 收敛.

证明 由于

$$\phi(\dfrac{1}{n}) = \int_0^{\frac{1}{n}} |\varphi(t)| P(\dfrac{1}{t}) \mathrm{d}t \leqslant 2\int_0^{\frac{1}{n}} \omega(t) P(\dfrac{1}{t}) \mathrm{d}t$$

$$\leqslant C \sum_{k=0}^{\infty} \dfrac{p_k \omega(\dfrac{1}{k})}{k^2}$$

所以条件

$$\sum_{n=1}^{\infty} \dfrac{\phi(\dfrac{1}{n})}{P_{n-1}} \leqslant C \sum_{n=1}^{\infty} \dfrac{1}{P_{n-1}} \sum_{k=n}^{\infty} \dfrac{p_k \omega(\dfrac{1}{k})}{k^2}$$

$$= o\Big(\sum_{k=1}^{\infty} \dfrac{p_k \omega \theta(\dfrac{1}{k})}{k^2} \sum_{n=1}^{k} \dfrac{1}{P_{n-1}} \Big)$$

$$= o\Big(\sum_{k=1}^{\infty} \dfrac{1}{k} \omega(\dfrac{1}{k}) \Big) = o(1)$$

3. 三个定理的证明

定理 1 的证明 由引理 4 和引理 8 知,只要证明

$$\sum_{n=2}^{\infty} \dfrac{|G_n| + |H_n|}{P_{n-1}} < \infty \text{ 就行了.}$$

由于 $f(x) \in C_{2\pi}, \alpha(t) \in L_2$

$$\varphi(t)\alpha(t) \sim \dfrac{2}{\pi} \sum_{n=0}^{\infty} G_n \cos nt$$

所以

$$\varphi(t+h)\alpha(t+h) - \varphi(t-h)\alpha(t-h)$$

$$\sim -\dfrac{4}{\pi} \sum_{n=1}^{\infty} G_n \sin nt \sin nh$$

496

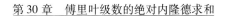

$$\sum_{n=1}^{\infty} G_n^2 \sin^2 nh \le C \int_0^\pi (\varphi(i+h)\alpha(i+h) -$$

$$\varphi(t-h)\alpha(t+h))^2 \mathrm{d}t$$

$$\le 4C\Big(\int_0^\pi \alpha^2(t+h)(\varphi(t+h)-\varphi(t-h))^2 \mathrm{d}t +$$

$$\int_0^\pi \varphi^2(t-h)(\alpha(t+h)-\alpha(t-h))^2 \mathrm{d}t\Big)$$

$$= CJ_1(h) + 4CJ_2(h)$$

这里

$$J_2(h) = \int_{-h}^{\pi-h} \varphi^2(t)(\alpha(t+2h)-\alpha(t))^2 \mathrm{d}t$$

$$= \int_{-h}^{h} \varphi^2(t)(\alpha(t+2h)-\alpha(t))^2 \mathrm{d}t +$$

$$\int_h^{\pi-h} \varphi^2(t)(\alpha(t+2h)-\alpha(t))^2 \mathrm{d}t$$

$$\le 4\int_{-h}^{h} \varphi^2(t)\alpha^2(t+2h)\mathrm{d}t + 4\int_{-h}^{h} \varphi^2(t)\alpha^2(t)\mathrm{d}t +$$

$$\int_h^{\pi-h} \varphi^2(t)(\alpha(t+2h)-\alpha(t))^2 \mathrm{d}t$$

$$= J_{2,1}(h) + J_{2,2}(h) + J_{2,3}(h)$$

由引理知道：$|\alpha(t)| \le CP(\dfrac{1}{t})$，所以

$$J_{2,1}(h) \le 16\int_{-h}^{h} \omega^2(t)\alpha^2(t+2h)\mathrm{d}t$$

$$\le 16C^2 \int_{-h}^{h} \omega^2(t)P^2(\dfrac{1}{t}+2h)\mathrm{d}t$$

$$\le 16C^2(2h)\omega^2(h)P^2(\dfrac{1}{h})$$

$$= Ah\omega^2(h)P^2(\dfrac{1}{h})$$

N. E. Nörlund 定理

这里 $A = 32C^2$.

由引理 1 和定理 1 的条件 1.1

$$J_{2,2}(h) \leq 16 \int_{-h}^{h} \omega^2(t) \alpha^2(t) \mathrm{d}t$$

$$\leq 32C^2 \int_0^h \omega^2(t) P^2\left(\frac{1}{t}\right) \mathrm{d}t$$

$$\leq 32C^2 \omega^2(h) \int_0^h P^2\left(\frac{1}{h}\right) \mathrm{d}t$$

$$\leq 32C^2 \omega^2(h) \cdot K \sum_{k=\left[\frac{1}{h}\right]}^{\infty} \frac{P_k^2}{k^2}$$

$$\leq (32C^2 K) \omega^2(h) h P^2\left(\frac{1}{h}\right)$$

$$= Bh\omega^2(h) P^2\left(\frac{1}{h}\right)$$

这里 $B = 32C^2 K$, 由引理 2

$$|\alpha(t+2h) - \alpha(t)| \leq C \cdot \frac{h}{t} P\left(\frac{1}{h}\right)$$

从而

$$J_{2,3}(h) \leq 4C^2 h^2 P^2\left(\frac{1}{h}\right) \int_h^{\pi} \frac{\omega^2(t)}{t^2} \mathrm{d}t$$

$$\leq Dh^2 P^2\left(\frac{1}{h}\right) \int_{\frac{1}{\pi}}^{\frac{1}{h}} \omega^2\left(\frac{1}{t}\right) \mathrm{d}t$$

这里 $D = 4C^2$.

设 $h = \frac{\pi}{2N}$, 记 $f(x)$ 在 $(0, 2\pi)$ 上的全变差为 $\overset{2\pi}{\underset{0}{\bigvee}}(f)$, 则得

$$J_1\left(\frac{\pi}{2N}\right) = \int_0^{\pi} \alpha^2\left(t+\frac{\pi}{2N}\right)\left(\varphi\left(t+\frac{\pi}{2N}\right) - \right.$$

498

$$\varphi\left(t-\frac{\pi}{2N}\right))^2 \mathrm{d}t$$

$$= \int_{\frac{\pi}{2N}}^{\pi+\frac{\pi}{2N}} \alpha^2(t)\left(\varphi(t)-\varphi\left(t-\frac{\pi}{N}\right)\right)^2 \mathrm{d}t$$

$$\leqslant \int_0^{2\pi} \alpha^2(t)\left(\varphi\left(t-\frac{\pi}{N}\right)-\varphi(t)\right)^2 \mathrm{d}t$$

由于 $\alpha(t)$ 与 $\varphi(t)$ 都是以 2π 为周期的函数,所以

$$J_1\left(\frac{\pi}{2N}\right) \leqslant \frac{1}{2N} \int_0^{2\pi} \sum_{k=1}^{2N} \left(\alpha^2\left(t+\frac{k\pi}{N}\right) \cdot\right.$$

$$\left(\varphi\left(t+\frac{k\pi}{N}\right)-\varphi(t+(k-1))^2\right)\mathrm{d}t$$

由引理 1 得到

$$\left|\alpha\left(t+\frac{K\pi}{N}\right)\right| \leqslant CP\left(\frac{1}{t}+\frac{K\pi}{N}\right) \leqslant CP\left(\frac{1}{t}\right)$$

所以

$$J_1\left(\frac{\pi}{2N}\right) \leqslant \frac{C^2}{2N} \int_0^{2\pi} P^2\left(\frac{1}{t}\right) \cdot$$

$$\sum_{k=1}^{2N} \left(\varphi\left(t+\frac{K\pi}{N}\right)-\varphi\left(t+(K-1)\frac{\pi}{N}\right)^2\right)\mathrm{d}t$$

$$\leqslant \frac{C^2}{2N} \cdot 4\omega\left(\frac{\pi}{N}\right) \int_0^{2\pi} P^2\left(\frac{1}{t}\right) \cdot$$

$$\sum_{k=1}^{2N} \left|\varphi\left(t+\frac{K\pi}{N}\right)-\varphi\left(t+(K-1)\frac{\pi}{N}\right)\right|\mathrm{d}t$$

$$\leqslant \frac{4C^2}{N} \bigvee_0^{2\pi}(f)\omega\left(\frac{\pi}{2}\right) \int_0^{2\pi} P^2\left(\frac{1}{t}\right)\mathrm{d}t$$

$$\leqslant \frac{4C^2 \bigvee_0^{2\pi}(f)}{N} \cdot K\omega\left(\frac{\pi}{N}\right) \sum_{k=1}^{\infty} \frac{p_k^2}{K^2}$$

$$= A' \frac{\omega(\frac{\pi}{2})}{N}$$

这里

$$A' = 4C^2 k \bigvee_0^{2\pi} (f) \sum_{k=1}^{\infty} \frac{P_k^2}{k^2}$$

因此

$$\sum_{n=1}^{\infty} G_n^2 \sin^2 \frac{\pi n}{2n} \leqslant M \left\{ \frac{P_n^2 \omega^2(\frac{\pi}{2n})}{n} + \right.$$

$$\left. \frac{P_n^2}{n^2} \int_{\frac{1}{\pi}}^{\frac{2n}{\pi}} \omega^2 (\frac{1}{t}) \mathrm{d}t + \frac{\omega(\frac{\pi}{2})}{n} \right\}$$

式中

$$M = \max \left\{ \frac{\pi}{2}(A+B)C, (\frac{\pi}{2})^2 CD, CA' \right\}$$

由于

$$\sum_{n=2^{v-1}+1}^{2^v} G_n^2 \leqslant 2 \sum_{n=2^{v-1}}^{2^v} G_n^2 \sin \frac{n\pi}{2^{v+1}} \leqslant 2 \sum_{n=1}^{\infty} G_n^2 \sin^2 \frac{n\pi}{2^{v+1}}$$

$$\leqslant 2M \left\{ \frac{P_2^v}{2^v} \omega^2 (\frac{\pi}{2^v} + 1) + \frac{P_2^v}{2^{2v}} \cdot \right.$$

$$\left. \int_{\frac{1}{\pi}}^{2^{\frac{v+1}{\pi}}} \omega^2 (\frac{1}{t}) \mathrm{d}t + \frac{\omega(\frac{\pi}{2^v})}{2^v} \right\}$$

所以

$$\sum_{n=2^{v-1}+1}^{2^v} \frac{|G_n|}{P_n} \leqslant \left\{ \sum_{n=2^{v-1}+1}^{2^v} |G|^2 \right\}^{\frac{1}{2}} \left\{ \sum_{n=2^{v-1}+1}^{2^v} \frac{1}{P_n^2} \right\}$$

$$\leqslant 2M \frac{2^{\frac{v}{2}}}{P_{2^{v-1}}} \times \frac{P_2 v}{2^{\frac{v}{2}}} \omega (\frac{\pi}{2^{v+1}}) +$$

500

$$\frac{P_{2^v}}{2^v}\sqrt{\int_{\frac{1}{\pi}}^{2^{\frac{v+1}{n}}}\omega^2\left(\frac{1}{t}\right)\mathrm{d}t}\ +\ \frac{\sqrt{\omega\left(\frac{\pi}{2^v}\right)}}{2^{v-2}}$$

$$= o\left\{\frac{\omega\left(\frac{\pi}{2^v}\right)}{P_{2^{v-1}}}+\right.$$

$$\left.\frac{1}{2^{\frac{v}{2}}}\sqrt{\int_{\frac{1}{\pi}}^{2^{\frac{v+1}{\pi}}}\omega^2\left(\frac{1}{t}\right)\mathrm{d}t}\ +\omega\left(\frac{\pi}{2^{v+1}}\right)\right\}$$

于是

$$\sum_{n=2}^{\infty}\frac{|G_n|}{P_n}=\sum_{v=0}^{\infty}\sum_{n=2^{v-1}+1}^{2^v}\frac{|G_n|}{P_n}$$

$$= O\left(\sum_{v=0}^{\infty}\omega\left(\frac{\pi}{2^{v+1}}\right)+\sum_{v=0}^{\infty}\frac{\sqrt{\omega\left(\frac{\pi}{2^v}\right)}}{P_2^{v-1}}+\right.$$

$$\left.\sum_{v=0}^{\infty}\frac{1}{2^{\frac{v}{1}}}\sqrt{\int_{\frac{1}{\pi}}^{2^{\frac{v+1}{\pi}}}\omega^2\left(\frac{1}{t}\right)\mathrm{d}t}\ \right)$$

$$= O\left(\sum{}_1+\sum{}_2+\sum{}_3\right)$$

由引理 7 知 $\sum_1=O(1)$,其次

$$\sum{}_2=\sum_{v=0}\frac{\sqrt{\omega\left(\frac{\pi}{2^v}\right)}}{P_2^{v-1}}=O\left(\sum_{n=2}^{\infty}\frac{\sqrt{\omega\left(\frac{1}{n}\right)}}{nP_n}\right)$$

$$= O(1)$$

最后计算 $\sum_3$,由于

$$\sum{}_3=O\left(\sum_{v=0}^{\infty}\frac{1}{2^{\frac{v}{2}}}\sqrt{\sum_{i=1}^{2^{v+1}}\omega^2\left(\frac{1}{j}\right)}\ \right)$$

501

$$= O\left(\sum_{v=0}^{v} \frac{1}{2^{\frac{v}{2}}} \sum_{l=0}^{v} \sqrt{\sum_{j=2+1}^{2j+1} \omega^2\left(\frac{1}{j}\right)}\right)$$

$$= O\left(\sum_{l=0}^{\infty} \sqrt{\sum_{j=2^l+1}^{2^{l+1}} \omega^2\left(\frac{1}{j}\right)} \sum_{v=1}^{\infty} \frac{1}{2^{\frac{v}{2}}}\right)$$

$$= O\left(\sum_{l=0}^{\infty} \frac{1}{2^{\frac{l}{2}}} \sqrt{\sum_{j=2^l+1}^{2^{l+1}} \omega^2\left(\frac{1}{j}\right)}\right)$$

$$= O\left(\sum_{l=0}^{\infty} \omega\left(\frac{1}{2^l}\right)\right)$$

$$= O\left(\sum_{1}^{\infty} \frac{\omega\left(\frac{1}{v}\right)}{v}\right) = O(1)$$

于是

$$\sum \frac{|G_n|}{P_n} < \infty$$

同样可证

$$\sum \frac{|H_n|}{P_n} < \infty$$

证毕.

定理 2 的证明　注意到引理 5, 用上面的方法可以证得定理 2.

4. 注意

（1）定理 1 在 $p_0 = 1, p_v = 0 (v = 1, 2, \cdots)$ 的情况就是 Salem 的定理.

（2）于定理 1 中, 令 $p_v = \frac{1}{v} + 1$, 则 1.1 和 1.2 都成立. 这是因为, 此时

$$I = \sum_{k=1}^{N} \frac{1}{P_{k-1}} = \sum_{k=1}^{N} \frac{1}{1 + \frac{1}{2} + \cdots + \frac{1}{k}}$$

502

$$= O\Big(\sum_{k=2}^{N} \frac{1}{\ln k} \Big)$$

$$= O\Big(\int_{2}^{N} \frac{\mathrm{d}x}{\ln x} \Big)$$

则

$$I = O\Big(r + \ln \ln N + \sum_{k=1}^{\infty} \frac{\ln^k N}{k!\ k} \Big) \quad (1 < N < \infty)$$

$$= O\Big(\frac{N}{\ln N} \Big)$$

并且

$$\sum_{n=1}^{\infty} \frac{\sqrt{\omega\left(\frac{1}{n}\right)}}{n P_n} \leqslant \Big\{ \sum_{n=1}^{\infty} \frac{\omega\left(\frac{1}{n}\right)}{n} \Big\}^{\frac{1}{2}} \cdot \Big\{ \sum_{n=1}^{\infty} \frac{1}{n P_n^2} \Big\}^{\frac{1}{2}}$$

$$\leqslant \Big\{ \sum_{n=1}^{\infty} \frac{\omega\left(\frac{1}{n}\right)}{n} \Big\}^{\frac{1}{2}} \times \Big\{ \sum_{n=1}^{\infty} \frac{1}{\log^2 (n+1)} \Big\}^{\frac{1}{2}}$$

$$\leqslant M' \Big\{ \sum_{n=1}^{\infty} \frac{\omega\left(\frac{1}{n}\right)}{n} \Big\}^{\frac{1}{2}}$$

此时得到 S. M. Shah 的定理.

503

傅里叶－切比雪夫算子及其内隆德平均

山东大学数学系的木乐华教授讨论了傅里叶－切比雪夫算子及其内隆德平均对有界变差函数的逼近.

用 $T_n(x)$ 表示切比雪夫多项式

$$T_0(x) = \sqrt{\frac{1}{\pi}}, T_n(x) = \sqrt{\frac{2}{\pi}} \cos n \arccos x \tag{1}$$

记

$$K_n(x,y) = \sum_{k=0}^{n} T_k(x) T_k(y) \tag{2}$$

设 $f(x) \in L[-1,1]$,称

$$S_n(f;x) = \int_{-1}^{1} \frac{f(y)}{\sqrt{1-y^2}} K_n(x,y) \mathrm{d}y \tag{3}$$

为傅里叶－切比雪夫算子,简记 F. C. 算子.

先考虑 F. C. 算子对有界变差函数的逼近.

定理 设 $f(x)$ 是 $[-1,1]$ 上的有界变差函数,令

504

$$A_x(y) = \begin{cases} f(y) - f(x-0) & (-1 \leqslant y < x) \\ 0 & (y = x) \\ f(y) - f(x+0) & (x < y \leqslant 1) \end{cases}$$

则当 $-1 < x < 1$ 和 $n > 1$ 时,有

$$|S_n(f;x) - \frac{1}{2}(f(x+0) + f(x-0))|$$

$$\leqslant \frac{44}{\pi n(1-x^2)} \sum_{k=1}^{n} \bigvee_{x - \frac{1+x}{k}}^{x + \frac{1-x}{k}} (A_x) + \frac{1}{\pi n \sqrt{1-x^2}} |f(x+0) - f(x-0)|$$

其中 $\bigvee_a^b (A_x)$ 表示 $A_x(y)$ 在 $[a,b]$ 上的总变差.

证明　由式(3)及 $A_x(y)$ 的定义知

$$S_n(f,x) - \frac{1}{2}(f(x+0) + f(x-0))$$

$$= \int_{-1}^{1} \frac{A_x(y)}{\sqrt{1-y^2}} K_n(x,y) \mathrm{d}y +$$

$$f(x-0) \left\{ \int_{-1}^{x} \frac{K_n(x,y)}{\sqrt{1-y^2}} \mathrm{d}y - \frac{1}{2} \right\} +$$

$$f(x+0) \left\{ \int_{x}^{1} \frac{K_n(x,y)}{\sqrt{1-y^2}} \mathrm{d}y - \frac{1}{2} \right\}$$

$$= I_1 + I_2 + I_3 \qquad\qquad (4)$$

先估计 $I_2 + I_3$,由式(1),(2),且令 $x = \cos s$ 可得

$$\int_{-1}^{x} \frac{K_n(x,y)}{\sqrt{1-y^2}} \mathrm{d}y - \frac{1}{2}$$

$$= \frac{1}{\pi} \int_{-1}^{x} \frac{\mathrm{d}y}{\sqrt{1-y^2}} +$$

$$\frac{2}{\pi} \sum_{k=1}^{n} \cos k \arccos x \int_{-1}^{x} \frac{\cos k \arccos y}{\sqrt{1-y^2}} \mathrm{d}y - \frac{1}{2}$$

$$= \frac{1}{2} - \frac{s}{\pi} - \frac{1}{\pi} \sum_{k=1}^{n} \frac{\sin 2ks}{k}$$

利用恒等式：$S = \pi - 2 \sum_{k=1}^{\infty} \frac{\sin ks}{k} (0 < s < 2\pi)[2]$，上式化为

$$\int_{-1}^{x} \frac{K_n(x,y)}{\sqrt{1-y^2}} \mathrm{d}y - \frac{1}{2} = \frac{1}{\pi} \sum_{n+1}^{\infty} \frac{\sin 2ks}{k} \quad (0 < s < \pi)$$

类似地有

$$\int_{x}^{1} \frac{K_n(x,y)}{\sqrt{1-y^2}} \mathrm{d}y - \frac{1}{2} = -\frac{1}{\pi} \sum_{n+1}^{\infty} \frac{\sin 2ks}{k} \quad (0 < s < \pi)$$

于是

$$I_2 + I_3 = \frac{1}{\pi} \sum_{n+1}^{\infty} \frac{\sin 2ks}{k} ; (f(x-0) - f(x+0))$$

$$0 < s < \pi, x = \cos s$$

而当 $x = \cos s$ 时，有

$$\left| \sum_{n+1}^{\infty} \frac{\sin 2ks}{k} \right|$$

$$= \left| \frac{1}{2\sin s} \sum_{n+1}^{\infty} \frac{\cos(2k-1)s - \cos(2k+1)s}{k} \right|$$

$$= $$

$$\left| \frac{1}{2\sin s} \left\{ \frac{\cos(2n+1)s}{n+1} + \sum_{n+2}^{\infty} (\frac{1}{k} - \frac{1}{k-1})\cos(2k-1)s \right\} \right|$$

$$\leqslant \frac{1}{(n+1)\sqrt{1-x^2}} \quad (-1 < x < 1)$$

故

$$|I_2 + I_3| \leqslant \frac{1}{\pi n \sqrt{1-x^2}} |f(x+0) - f(x-0)| \quad (-1 < x < 1)$$

(5)

第 31 章　傅里叶 - 切比雪夫算子及其内隆德平均

再估计 I_1 ,显然 I_1 可改写为

$$I_1 = \int_{-1}^{1} \frac{A_x(y)}{\sqrt{1-y^2}} K_n(x,y) \mathrm{d}y$$

$$= \left\{ \int_{-1}^{x-\frac{1+x}{n}} + \int_{x-\frac{1+x}{n}}^{x+\frac{1-x}{n}} + \int_{x+\frac{1-x}{n}}^{1} \right\} \frac{A_x(y)}{\sqrt{1-y^2}} K_n(x,y) \mathrm{d}y$$

$$= J_1 + J_2 + J_3 \tag{6}$$

对于第二项 J_2 ,注意到 $A_x(x) = 0$,故

$$|A_x(y)| = |A_x(y) - A_x(x)| \leqslant \bigvee_x^y (A_x) \tag{7}$$

再由式 (1) , (2) 知

$$|K_n(x,y)| \leqslant \frac{1}{\pi} \left\{ 1 + 2 \sum_{k=1}^{n} |\cos k\arccos x \cdot \cos k\arccos y| \right\}$$

$$\leqslant \frac{2n+1}{\pi}$$

从而

$$|J_2| \leqslant \bigvee_{x-\frac{1+x}{n}}^{x+\frac{1-x}{n}} (A_x) \int_{x-\frac{1+x}{n}}^{x+\frac{1-x}{n}} \frac{|K_n(x,y)|}{\sqrt{1-y^2}} \mathrm{d}y$$

$$\leqslant \frac{2n+1}{\pi} \bigvee_{x-\frac{1+x}{n}}^{x+\frac{1-x}{n}} (A_x) \int_{x-\frac{1+x}{n}}^{x+\frac{1-x}{n}} \frac{\mathrm{d}y}{\sqrt{1-y^2}}$$

利用已知的结果 $[3]$

$$\int_{x-\frac{1+x}{n}}^{x+\frac{1-x}{n}} \frac{\mathrm{d}y}{\sqrt{1-y^2}} \leqslant \frac{2\sqrt{2}}{n} (1-x^2)^{-\frac{1}{2}} \quad (n>1)$$

立刻得到

$$|J_2| \leqslant \frac{6\sqrt{2}}{\pi \sqrt{1-x^2}} \bigvee_{x-\frac{1+x}{n}}^{x+\frac{1-x}{n}} (A_x)$$

507

再由于 $\bigvee\limits_{x-\frac{1+x}{k}}^{x+\frac{1-x}{k}} (A_x)$ 是关于 k 的单调下降数列,故

$$\bigvee\limits_{x-\frac{1+x}{k}}^{x+\frac{1-x}{k}} (A_x) \leqslant \frac{1}{n} \sum_{k=1}^{n} \bigvee\limits_{x-\frac{1+x}{k}}^{x+\frac{1-x}{k}} (A_x)$$

从而

$$|I_2| \leqslant \frac{6\sqrt{2}}{\pi n \sqrt{1-x^2}} \sum_{k=1}^{n} \bigvee\limits_{x-\frac{1+x}{k}}^{x+\frac{1-x}{k}} (A_x) \tag{8}$$

对于第三项 J_3,先令

$$B_n(x,u) = -\int_u^1 \frac{K_n(x,y)}{\sqrt{1-y^2}} dy \quad (x < u \leqslant 1)$$

由式(1),(2),且令 $x = \cos s, y = \cos t$,有

$$K_n(x,y) = \sum_{k=0}^{n} T_k(x) T_k(y)$$

$$= \frac{1}{\pi} \left(1 + 2\sum_{k=1}^{n} \cos ks \cos kt\right)$$

$$= \frac{1}{\pi} (D_n(s+t) + D_n(s-t))$$

其中

$$D_n(\xi) = \frac{\sin\left(n + \frac{1}{2}\right)\xi}{2\sin\frac{\xi}{2}}$$

经过简单计算可得

$$K_n(x,y) = \frac{2\cos ns\cos(n+1)t - 2\cos(n+1)s\cos nt}{\pi(\cos t - \cos s)}$$

$$= \frac{T_{n+1}(x) T_n(y) - T_n(x) T_{n+1}(y)}{x-y} \quad (n \geqslant 1)$$

508

从而

$$B_n(x,u) = - \int_u^1 \frac{1}{\sqrt{1-y^2}} \frac{T_{n+1}(x)T_n(y) - T_n(x)T_{n+1}(y)}{x-y} \mathrm{d}y$$

由积分第二中值定理知，必存在 $\xi(u \leqslant \xi \leqslant 1)$ 使得下式成立

$$B_n(x,u) = \frac{1}{u-x} \left\{ T_{n+1}(x) \int_u^\xi \frac{T_n(y)}{\sqrt{1-y^2}} \mathrm{d}y - \right.$$

$$\left. T_n(x) \int_u^\xi \frac{T_{n+1}(y)}{\sqrt{1-y^2}} \mathrm{d}y \right\} \qquad (9)$$

注意到式(1)可得

$$\int_u^\xi \frac{T_n(y)}{\sqrt{1-y^2}} \mathrm{d}y = \sqrt{\frac{2}{\pi}} \int_u^\xi \frac{\cos n\arccos y}{\sqrt{1-y^2}} \mathrm{d}y$$

$$= \frac{1}{n} \sqrt{\frac{2}{\pi}} (\sin n\arccos u - \sin n\arccos \xi)$$

故

$$\left| \int_u^\xi \frac{T_n(y)}{\sqrt{1-y^2}} \mathrm{d}y \right| \leqslant \frac{2}{n} \sqrt{\frac{2}{\pi}}$$

类似地有

$$\left| \int_u^\xi \frac{T_{n+1}(y)}{\sqrt{1-y^2}} \mathrm{d}y \right| \leqslant \frac{2}{n+1} \sqrt{\frac{2}{\pi}}$$

由此及式(9)知

$$|B_n(x,u)| \leqslant \frac{8}{n\pi(u-x)} \qquad (x < u \leqslant 1) \qquad (10)$$

由式(6)及 $B_n(x,u)$ 的表达式知

$$J_3 = \int_{x+\frac{1-x}{n}}^1 \frac{A_x(y)}{\sqrt{1-y^2}} K_n(x,y) \mathrm{d}y$$

$$= \int_{x+\frac{1-x}{n}}^{1} A_x(y)\frac{\partial}{\partial y}B_n(x,y)\mathrm{d}y$$

$$= A_x(1)B_n(x,1) - A_x(x+\frac{1-x}{n})B_n(x,x+\frac{1-x}{n}) -$$

$$\int_{x+\frac{1-x}{n}}^{1} B_n(x,y)\mathrm{d}A_x(y)$$

注意到 $B_n(x,1)=0$ 及式(7)且利用式(10)，上式可化为

$$|J_3| \leqslant A_x(x+\frac{1-x}{n})B_n(x,x+\frac{1-x}{n})| +$$

$$\int_{x+\frac{1-x}{n}}^{1} |B_n(x,y)|\mathrm{d}\overset{y}{\underset{x}{\bigvee}}(A_x)$$

$$\leqslant \frac{8}{\pi(1-x)}\overset{x+\frac{1-x}{n}}{\underset{x}{\bigvee}}(A_x) + \frac{8}{n\pi}\int_{x+\frac{1-x}{n}}^{1}\frac{1}{y-x}\mathrm{d}\overset{y}{\underset{x}{\bigvee}}(A_x)$$

而上式右方第二项为

$$\frac{8}{n\pi}\int_{x+\frac{1-x}{n}}^{1}\frac{1}{y-x}\mathrm{d}\overset{y}{\underset{x}{\bigvee}}(A_x)$$

$$= \frac{8}{n\pi}\left\{\frac{\overset{y}{\underset{x}{\bigvee}}(A_x)}{y-x}\bigg|_{x+\frac{1-x}{n}}^{1} + \int_{x+\frac{1-x}{n}}^{1}\frac{\overset{y}{\underset{x}{\bigvee}}(A_x)}{(y-x)^2\mathrm{d}y}\right.$$

从而

$$|J_3| \leqslant \frac{8}{\pi n(1-x)}\overset{1}{\underset{x}{\bigvee}}(A_x) + \frac{8}{n\pi}\int_{x+\frac{1-x}{n}}^{1}\frac{1}{(y-x)^2}\overset{y}{\underset{x}{\bigvee}}(A_x)\mathrm{d}y$$

现令 $y = x+\frac{1-x}{z}$. 上式右方第二项为

$$\frac{8}{n\pi}\int_{x+\frac{1-x}{n}}^{1}\frac{1}{(y-x)^2}\overset{y}{\underset{x}{\bigvee}}(A_x)\mathrm{d}y$$

$$= -\frac{8}{n\pi}\int_{n}^{1}\frac{\overset{x+\frac{1-x}{z}}{\underset{x}{\bigvee}}(A_x)}{1-x}\mathrm{d}z$$

510

$$\leqslant \frac{8}{n\pi(1-x)}\sum_{k=1}^{n}\bigvee_{x}^{x+\frac{1-x}{k}}(A_x)$$

故

$$|J_3| \leqslant \frac{16}{\pi n(1-x)}\sum_{k=1}^{n}\bigvee_{x}^{x+\frac{1-x}{k}}(A_x) \qquad (11)$$

至于第一项 J_1，令

$$C_n(x,u) = \int_{-1}^{u}\frac{K_n(x,y)}{\sqrt{1-y^2}}\mathrm{d}y \quad (-1\leqslant u < x)$$

类似于 J_3 的估计可得

$$|C_n(x,u)| \leqslant \frac{8}{n\pi(x-u)} \quad (-1\leqslant u < x)$$

及

$$|J_1| = \left|\int_{-1}^{x-\frac{1+x}{n}}\frac{A_x(y)}{\sqrt{1-y^2}}K_n(x,y)\mathrm{d}y\right|$$

$$\leqslant \frac{16}{n\pi(1+x)}\sum_{k=1}^{n}\bigvee_{x-\frac{1+x}{k}}^{x}(A_x)$$

由此及式(11)，式(8) 和式(6) 知

$$|I_1| \leqslant \frac{1}{\pi n}\Big\{\frac{16}{1+x}\sum_{k=1}^{n}\bigvee_{x-\frac{1+x}{k}}^{x}(A_x) + \frac{16}{1-x}\sum_{k=1}^{n}\bigvee_{x}^{x+\frac{1-x}{k}}(A_x) +$$

$$\frac{6\sqrt{2}}{\sqrt{1-x^2}})\sum_{k=1}^{n}\bigvee_{x-\frac{1+x}{k}}^{x+\frac{1-x}{k}}(A_x)\Big\}$$

再由于 $(1\pm x)^{-1}\leqslant \dfrac{2}{1-x^2}$，$(1-x^2)^{-\frac{1}{2}}\leqslant \sqrt{2}(1-x^2)^{-1}(-1 < x < 1)$，上式又进一步化为

$$|I_1| \leqslant \frac{44}{\pi n(1-x^2)}\sum_{k=1}^{n}\bigvee_{x-\frac{1+x}{k}}^{x+\frac{1-x}{k}}(A_x)$$

再结合式(5)、式(4),定理得证.

作为 F. C. 算子的推广,下面来考虑 F. C. 算子的内隆德平均.

设 $\{p_n\}$ 是一数列,且 $P_n = p_0 + p_1 + \cdots + p_n \neq 0$, $S_n(f;x)$ 是 F. C. 算子,称

$$N_n(f;x) = \frac{1}{P_n}\sum_{i=0}^{n} p_{n-i}S_i(f;x)$$

为 F. C. 算子的内隆德平均.

推论 1 设 $f(x)$ 是 $[-1,1]$ 上的有界变差函数,又设 $p_n \geq 0(n=0,1,2,\cdots)$,$P_n = p_0 + p_1 + \cdots + p_n \neq 0$,且数列 $\{p_n\}$ 是单调下降的,则对于 $0 < \alpha < 1$,有

$$|N_n(f;x) - \frac{1}{2}(f(x+0) + f(x-0))|$$

$$\leq \left(\frac{p_{n-[\alpha_n]}\ln n}{P_n} + \frac{P_{n-[\alpha_n]}}{\alpha_n P_n}\right)\left(\frac{44}{\pi(1-x^2)}\sum_{k=1}^{n}\bigvee_{x-\frac{1+x}{k}}^{x+\frac{1-x}{k}}(A_x) + \frac{1}{\pi\sqrt{1-x^2}}|f(x+0) - f(x-0)|\right) +$$

$$O(\frac{p_{n-[\alpha_n]}}{P_n}) \quad (n \geq \frac{1}{\alpha}, -1 < x < 1) \tag{12}$$

其中 $A_x(y)$ 如定理中所述.

若对某 $\alpha:0 < \alpha < 1$,有 $\frac{np_{n-[\alpha_n]}\ln n}{P_n} = O(1)$,则从

$$\frac{p_{n-[\alpha_n]}\ln n}{P_n} = O(\frac{1}{n}), \frac{P_{n-[\alpha_n]}}{\alpha_n P_n} \leq \frac{P_{n-[\alpha_n]}}{\alpha_n P_{n-[\alpha_n]}} = O(\frac{1}{n})$$

以及 $\frac{p_{n-[\alpha_n]}}{P_n} = O(\frac{1}{n\ln n})$ 知式(12)右方为

$$O(\frac{1}{n}) \sum_{k=1}^{n} \overset{x+\frac{1-x}{k}}{\underset{x-\frac{1+x}{k}}{\bigvee}} (A_x) + O(\frac{1}{n})$$

又因为 $A_x(y)$ 在 x 处连续,故 $\overset{x+\frac{1-x}{k}}{\underset{x-\frac{1+x}{k}}{\bigvee}} (A_x) \to 0, k \to \infty$. 从

此及上式知式(12)的右方趋于 0.

对于调和平均: $H_n(f;x) = \frac{1}{P_n} \sum_{k=0}^{n} \frac{S_i(f;x)}{n-i+1}$,其中

$P_n = \sum_{i=0}^{n} \frac{1}{k+1}$,$S_i(f;x)$ 是 F. C. 算子,有如下推论.

推论2　设 $f(x)$ 是 $[-1,1]$ 上的有界变差函数,则
当 $-1 < x < 1$ 和 $n > 1$ 时,有

$$|H_n(f;x) - \frac{1}{2}(f(x+0) + f(x-0))|$$

$$\leqslant \frac{88}{\pi n(1-x^2)} \sum_{k=1}^{n} \overset{x+\frac{1-x}{k}}{\underset{x-\frac{1+x}{k}}{\bigvee}} (A_x) +$$

$$\frac{2p}{\pi n \sqrt{1-x^2}} |f(x+0) - f(x-0)| + O(\frac{1}{n\ln n})$$

对于 $p_n \sim \frac{1}{n^\alpha}$,即 $\frac{k_1}{n^\alpha} < p_n < \frac{k_2}{n^\alpha}$,有进一步的结果.

推论3　设 $p_n \sim \frac{1}{n^\alpha}$,$\overset{x+\delta}{\underset{x}{\bigvee}} (A_x) = O(|\delta|^\alpha) (0 < \alpha <$

$1)$,$f(x)$ 是 $[-1,1]$ 上的有界变差函数,则

$$|N_n(f;x) - \frac{1}{2}(f(x+0) + f(x-0))|$$

$$\leqslant \frac{44}{\pi(1-x^2)} \cdot \frac{1}{P} \sum_{i=2}^{n} p_{n-i} \cdot \frac{1}{i} \sum_{k=1}^{i} \overset{x+\frac{1-x}{k}}{\underset{x-\frac{1+x}{k}}{\bigvee}} (A_x) + O(\frac{\ln n}{n})$$

N. E. Nörlund 定理

$$= O(\frac{1}{n^\alpha}) \quad (-1 < x < 1, n > 1)$$

其中 $A_x(y)$ 如定理中所述.

推论 1 - 3 的证明略.

5. 参考文献

[1] SZEGO G. Orthogonal polynomials [J]. Amer. Math. Soc, Colliq Publ, 1939:23.

[2] ZYGMUND A. Trigomometric Series [M]. Cambridge：Cambridge at the university press, 1959.

[3] BOJANIC R, VUILLEUMIER M. On the rate of convergence of Fourier-Legendre series of function of bounded variation [J]. J Approx theory, 1981,31:67 - 79.

514

广义中心阶乘数与高阶内隆德欧拉－伯努利多项式

广东惠州大学数学系的刘国栋教授讨论了广义中心阶乘数的性质,刻画了广义中心阶乘数与高阶欧拉－伯努利数和多项式的关系,建立了一些包含内隆德欧拉－伯努利多项式恒等式,推广了 K. Dilcher[1],Zhang Wenpeng[2]和 Zeitlin David[3]的结果.

1. 引言

高阶内隆德 欧拉－伯努利数和多项式作为一类特殊函数,在函数论和解析数论中占有重要地位,有着广泛的应用,近几十年来,对高阶欧拉－伯努利数和多项式的研究一直就是国内外许多学者感兴趣的研究课题,本章首先对在黎曼 Zeta 函数的研究中有着重要应用的中心阶乘数(见文献[4,5])进行推广,然后提出广义中心阶乘数,通过讨论广义中心阶乘数的性质(见本章第 3 小节)去刻画高阶欧拉－

伯努利数和多项式的性质,得到了许多深刻的结果(见本章第 4 小节),同时通过讨论一类函数的高阶导数,建立了一些包含内隆德 欧拉 – 伯努利多项式的恒等式(见本章第 5 小节). 本章的结果是文献 $[1-3,6]$ 的结果的推广、深化和补充.

2. 定义和引理

定义 1[4,5]　k 阶中心阶乘数 $t(N,k)$ 由下列展开式给出

$$\left(2\log\left(\frac{t}{2}+\sqrt{1+\frac{1}{4}t^2}\right)\right)^k = k! \sum_{N=k}^{\infty} t(N,k)\frac{t^N}{N!}, |t| < 1$$

$$(1)$$

对一阶中心阶乘数 $t(N,1)$ 我们有:当 $N=2m$ 时, $t(2m,1)=0$;当 $N=2m+1$ 时, $t(2m+1,1)=\dfrac{(-1)^m((2m)!)^2}{2^{4m}(m!)^2}$.

定义 2　广义中心阶乘数 $\sigma(N,x,k)$ 表示从 0, $1-x,2-x,\cdots,(N-1)-x$ 中任意取 k 个所做的一切可能乘积的和. 显然

$$(N-x)\sigma(N,x,N-1)=\sigma(N+1,x,N),\sigma(N,x,k)+$$
$$(N-x)\sigma(N,x,k-1)$$
$$=\sigma(N+1,x,k)$$

本章约定 $\sigma(N,x,0)=1$,且当 $k<0$ 或 $k>N$ 时,$\sigma(N,x,k)=0$,这里 x 为任意数.

注 1　若 $s(N,k)$ 表示第一类斯特林数,即 $s(N,k)$ 满足 $\prod_{k=0}^{N-1}(t-k)=\sum_{k=0}^{N}s(N,k)t^k$,则由定义 2 我们容易得到

$$\sigma(N,x,k) = (-1)^k \sum_{j=0}^{k} \binom{N-k-1+j}{j} s(N,N-k+j)x^j$$

$$(2)$$

定义 3[1,7] N 阶欧拉多项式 $E_n^{(N)}(x)$ 和 N 阶伯努利多项式 $B_n^{(N)}(x)$ 分别由下列展开式给出

$$\begin{cases} \dfrac{2^N e^{xt}}{(e^t+1)^N} = \sum_{n=0}^{\infty} E_n^{(N)}(x)\dfrac{t^n}{n!}, \\[3mm] \dfrac{t^N e^{xt}}{(e^t-1)^N} = \sum_{n=0}^{\infty} B_n^{(N)}(x)\dfrac{t^n}{n!} \end{cases} \quad (3)$$

$E_n^{(N)} = 2^n E_n^{(N)}(\frac{N}{2})$，$B_n^{(N)} = B_n^{(N)}(0)$ 为 N 阶欧拉数、伯努利数. $E_n(x) = E_n^{(1)}(x)$，$B_n(x) = B_n^{(1)}(x)$，$E_n = E_n^{(1)}$，$B_n = B_n^{(1)}$ 为普通的欧拉多项式、伯努利多项式、欧拉数、伯努利数. 易知

$$E_0 = B_0 = 1, B_1 = -\frac{1}{2}, E_{2n-1} = B_{2n+1} = 0 \quad (n \geqslant 1)$$

注 2 Zhang Wenpeng 在文献[2]中定义的欧拉数 E_{2n} 相当于本章的 $(-1)^n E_{2n}$，在本章第 4 小节列出的文[2]的结果已经作了转换.

定义 4[6,7] 内隆德 欧拉多项式 $E_n^{(N)}(x\mid\omega_1,\cdots,\omega_N)$ 和内隆德 伯努利多项式 $B_n^{(N)}(x\mid\omega_1,\cdots,\omega_N)$ 分别由下列展开式给出

$$\frac{2^N e^{xt}}{(e^{\omega_1 t}+1)\cdots(e^{\omega_N t}+1)} = \sum_{n=0}^{\infty} E_n^{(N)}(x\mid\omega_1,\cdots,\omega_N)\frac{t^n}{n!}$$

$$(4)$$

$$\frac{\omega_1\cdots\omega_N t^N e^{xt}}{(e^{\omega_1 t}-1)\cdots(e^{\omega_N t}-1)} = \sum_{n=0}^{\infty} B_n^{(N)}(x\,|\,\omega_1,\cdots,\omega_N)\frac{t^n}{n!}$$

$$(5)$$

显然

$$E_n^{(N)}(x) = E_n^{(N)}(x\,|\,\omega_1=1,\cdots,\omega_N=1)$$

$$B_n^{(N)}(x) = B_n^{(N)}(x\,|\,\omega_1=1,\cdots,\omega_N=1)$$

$$E_1^{(N)}(x\,|\,\omega_1,\cdots,\omega_N) = B_1^{(N)}(x\,|\,\omega_1,\cdots,\omega_N)$$

$$= x - \frac{\omega_1+\cdots+\omega_N}{2}$$

引理1 （见文献[7]）.

$$E_n^{(N+1)}(x) = \frac{2(N-x)}{N}E_n^{(N)}(x) + \frac{2}{N}E_{n+1}^{(N)}(x) \quad (6)$$

$$B_n^{(N+1)}(x) = \frac{N-n}{N}B_n^{(N)}(x) - \frac{n(N-x)}{N}B_{n-1}^{(N)}(x) \quad (7)$$

引理2[1] （i）当 N 为偶数时

$$E_n\left(\frac{N}{2}\right) = 2\sum_{k=1}^{N/2}(-1)^{k-1}\left(\frac{N}{2}-k\right)^n + (-1)^{\frac{N}{2}}E_n(0)$$

当 N 为奇数时

$$E_n\left(\frac{N}{2}\right) = 2\sum_{k=1}^{(N-1)/2}(-1)^{k-1}\left(\frac{N}{2}-k\right)^n +$$

$$(-1)^{\frac{N-1}{2}}E_n\left(\frac{1}{2}\right)$$

（ii）当 N 为偶数时，$B_n\left(\dfrac{N}{2}\right) = n\sum_{k=1}^{(N/2)-1}k^{n-1} + B_n$,当

N 为奇数时

$$B_n\left(\frac{N}{2}\right) = n\sum_{k=0}^{((N-1)/2)-1}\left(k+\frac{1}{2}\right)^{n-1} + B_n\left(\frac{1}{2}\right)$$

（iii）$B_n(N+x) = B_n(x) + n\sum_{k=0}^{N-1}(k+x)^{n-1}.$

引理 3[1,8,9]

（ⅰ）$E_n(0) = 2(1 - 2^{n+1})\dfrac{B_{n+1}}{n+1}$，$E_{2n+1}(\dfrac{1}{3}) =$

$\dfrac{2^{2n+2}-1}{(2n+2)(3^{2n+2}-1)}B_{2n+2}$；

（ⅱ）$B_n(\dfrac{1}{2}) = (2^{1-n}-1)B_n$，$B_n(\dfrac{1}{4}) = (-1)^n B_n(\dfrac{3}{4}) =$

$2^{-n}(2^{1-n}-1)B_n - n \cdot 4^{-n}E_{n-1}$.

引理 4　设函数 $u = g(t)$ 在 $t = t_0$ 处存在任意阶导数，函数 $y = f(u)$ 在 $u = g(t_0)$ 处存在任意阶导数，则

$\dfrac{\mathrm{d}^n}{\mathrm{d}t^n}f(g(t))|_{t=t_0}$

$$= n! \sum_{\alpha_1 + 2\alpha_2 + \cdots + n\alpha_n = n} \frac{f^{(\alpha_1 + \alpha_2 + \cdots + \alpha_n)}}{\alpha_1! \ \alpha_2! \cdots \alpha_n!} \prod_{j=1}^{n} \left(\frac{g^{(j)}}{j!}\right)^{\alpha_j} \qquad (8)$$

其中 $g^{(i)}$，$f^{(i)}$ 分别表示 g 在 t_0 和 f 在 $g(t_0)$ 处的 i 阶导数，$\displaystyle\sum_{\alpha_1 + 2\alpha_2 + \cdots + n\alpha_n = n}$ 表示对所有满足 $\alpha_1 + 2\alpha_2 + \cdots + n\alpha_n = n$ 的 n 维非负整数组 $(\alpha_1, \alpha_2, \cdots \alpha_n)$ 求和.

3. 广义中心阶乘数的性质

定理 1　（ⅰ）$\sigma(N, x, k) = \sigma(N-2, x-1, k) +$
$(N - 2x)\sigma(N-2, x-1, k-1) + (1-x)(N-1-x) \cdot$
$\sigma(N-2, x-1, k-2)$；

（ⅱ）$t(N, k) = \sigma(N, \dfrac{N}{2}, N - k)$.

证明　（ⅰ）由定义 2，有

$$t\prod_{j=1}^{N-1}(t + (j - x)) = \sum_{k=0}^{N} \sigma(N, x, k)t^{N-k} \qquad (9)$$

所以

$$\sum_{k=0}^{N} (\sigma(N-2,x-1,k) + (N-2x)\sigma(N-2,x-1,k-1) +$$

$$(1-x)(N-1-x)\sigma(N-2,x-1,k-2))t^{N-k}$$

$$= t^2 \sum_{k=0}^{N-2} \sigma(N-2,x-1,k)t^{N-2-k} +$$

$$(N-2x) \sum_{k=0}^{N-2} \sigma(N-2,x-1,k)t^{N-1-k} +$$

$$(1-x)(N-1-x) \sum_{k=0}^{N-2} \sigma(N-2,x-1,k-2)t^{N-2-k}$$

$$= t \prod_{j=1}^{N-1} (t+(j-x)) \qquad (10)$$

比较式(9)与式(10)知(i)为真.

(ii)在(i)中令 $x = \dfrac{N}{2}$,有

$$\sigma\left(N,\frac{N}{2},k\right) = \sigma\left(N-2,\frac{N-2}{2},k\right) -$$

$$\frac{1}{4}(N-2)^2\sigma\left(N-2,\frac{N-2}{2},k-2\right)$$

$$(11)$$

①当 $k=1$ 时,由定义 2 有

$$\sigma\left(N,\frac{N}{2},N-1\right)$$

$$= \prod_{j=1}^{N-1} \left(j-\frac{N}{2}\right)$$

$$= \begin{cases} 0 & (N=2m) \\ \dfrac{(-1)^m((2m)!)^2}{2^{4m}(m!)^2} & (N=2m+1) \end{cases}$$

所以,由定义 1 有  $t(N,1) = \sigma(N,\frac{N}{2},N-1)$.

②假设结论对所有不超过 k 的自然数已经成立. 记

$$f_1(t) := \sum_{N=k+1}^{\infty} \sigma\left(N, \frac{N}{2}, N-k-1\right)\frac{t^N}{N!} \qquad (12)$$

$$f_2(t) := \sum_{N=k+1}^{\infty} \sigma\left(N-2, \frac{N-2}{2}, N-k-1\right)\frac{t^N}{N!}$$

$$= \sum_{N=k-1}^{\infty} \sigma\left(N, \frac{N}{2}, N-k-1\right)\frac{t^{N+2}}{(N+2)!} \qquad (13)$$

$$f_3(t) := \sum_{N=k+1}^{\infty} (N-2)^2 \sigma\left(N-2, \frac{N-2}{2}, N-k-3\right)\frac{t^N}{N!}$$

$$= \sum_{N=k+1}^{\infty} N^2 \sigma\left(N, \frac{N}{2}, N-k-1\right)\frac{t^{N+2}}{(N+2)!} \qquad (14)$$

由式（11）－（14）,有

$$f_1(t) = f_2(t) - \frac{1}{4}f_3(t) \qquad (15)$$

由假设有 $\sigma\left(N, \dfrac{N}{2}, N-k+1\right) = t(N, k-1)$,即

$$f_2(t) = \sum_{N=k-1}^{\infty} t(N, k-1)\frac{t^{N+2}}{(N+2)!} \qquad (16)$$

所以由式（15）,式（16）和定义 1,有

$$\frac{\mathrm{d}^2}{\mathrm{d}t^2}f_1(t) = \frac{\mathrm{d}^2}{\mathrm{d}t^2}f_2(t) - \frac{1}{4}\frac{\mathrm{d}^2}{\mathrm{d}t^2}f_3(t)$$

$$= \sum_{N=k-1}^{\infty} t(N, k-1)\frac{t^N}{N!} -$$

$$\frac{1}{4}\left(t\frac{\mathrm{d}}{\mathrm{d}t}f_1(t) + t^2\frac{\mathrm{d}^2}{\mathrm{d}t^2}f_1(t)\right)$$

$$= \frac{1}{(k-1)!}\left(2\log\left(\frac{t}{2} + \sqrt{1 + \frac{1}{4}t^2}\right)\right)^{k-1} -$$

$$\frac{1}{4}\left(t\frac{\mathrm{d}}{\mathrm{d}t}f_1(t) + t^2\frac{\mathrm{d}^2}{\mathrm{d}t^2}f_1(t)\right)$$

即

$$\frac{\mathrm{d}^2}{\mathrm{d}t^2}\left(f_1(t) - \frac{1}{(k+1)!}\left(2\log\left(\frac{t}{2} + \sqrt{1 + \frac{1}{4}t^2}\right)\right)^{k+1}\right)$$

$$= -\frac{t}{4+t^2}\frac{\mathrm{d}}{\mathrm{d}t}\left(f_1(t) - \frac{1}{(k+1)!}\left(2\log\left(\frac{t}{2} + \sqrt{1 + \frac{1}{4}t^2}\right)\right)^{k+1}\right)$$

$$(17)$$

由式(17),容易得到

$$f_1(t) = \frac{1}{(k+1)!}\left(2\log\left(\frac{t}{2} + \sqrt{1 + \frac{1}{4}t^2}\right)\right)^{k+1} \quad (18)$$

由式(12),式(18)和定义1,有

$$\sum_{N=k+1}^{\infty} \sigma\left(N, \frac{N}{2}, N-k-1\right)\frac{t^N}{N!}$$

$$= \frac{1}{(k+1)!}\left(2\log\left(\frac{t}{2} + \sqrt{1 + \frac{1}{4}t^2}\right)\right)^{k+1}$$

$$= \sum_{N=k+1}^{\infty} t(N, k+1)\frac{t^N}{N!} \quad (19)$$

比较式(19)两边 $\frac{t^N}{N!}$ 的系数,有 $\sigma\left(N, \frac{N}{2}, N-k-1\right) =$

$t(N, k+1)$,即结论对自然数 $k+1$ 也成立. 由①和②知结论成立. 定理 1 证毕.

由定理 1(ii)和式(11)有下列推论:

推论 1 (见文献[2],[5])

$$t(N, k) = t(N-2, k-2) - \frac{1}{4}(N-2)^2 t(N-2, k)$$

$$(20)$$

定理 2 (i)

$$\sum_{k=0}^{N}\binom{4N}{4k}\sigma\left(2N, \frac{N}{2} + k, 2N-1\right) = 0 \quad (21)$$

（ii）

$$\sum_{k=0}^{N-1}\binom{4N}{4k+2}\sigma\left(2N,\frac{N+1}{2}+k,2N-1\right)=0 \quad (22)$$

（iii）

$$\sum_{k=0}^{N-1}\sigma(N,x,k)(x-m)^{-k}=0 \quad (23)$$

其中 m 为不超过 $N-1$ 的正整数，且 $x\neq m$.

（iv）当 k 为奇数时

$$\sigma\left(N,\frac{N}{2},k\right)=0 \quad (24)$$

（v）当 $p(>3)$ 为奇质数时，$2^{2k}\sigma(p,\frac{p}{2},2k)\equiv$

$0(\bmod p)$，$\sigma(p+1,\frac{p+1}{2},2k)\equiv0(\bmod p)$，其中

$$k=1,2,\cdots,\frac{p-3}{2} \quad (25)$$

证明　（i）由 $\sum_{k=0}^{N}\binom{4N}{4k}\sigma(2N,\frac{N}{2}+k,2N-1)=$

$\sum_{k=0}^{N}\binom{4N}{4k}\sigma(2N,\frac{3}{2}N-k,2N-1)$ 和 $\sigma(2N,\frac{N}{2}+k,2N-$

$1)+\sigma(2N,\frac{3}{2}N-k,2N-1)=0$. 即知结论成立.

（ii）略.

（iii）记 $f(t):=t(t+\frac{1-x}{x-m})(t+\frac{2-x}{x-m})\cdots(t+$

$\frac{N-1-x}{x-m})$，则 $f(1)=0$. 又 $f(t)=\sum_{k=0}^{N-1}\sigma(N,x,k)(x-$

$m)^{-k}t^{N-k}$. 所以 $f(1)=\sum_{k=0}^{N-1}\sigma(N,x,k)(x-m)^{-k}=0$.

（ⅳ）略.

（ⅴ）因为 $\sum\limits_{k=0}^{p-1} 2^k \sigma(p,\frac{p}{2},k)^{p-1-k} = \prod\limits_{j=1}^{p-1} (t+2j-p) \equiv$

$\prod\limits_{j=1}^{p-1} (t+j)(\bmod\ p)$，所以 $2^k \sigma(p,\frac{p}{2},k) \equiv 0(\bmod\ p)$，

$1 \leqslant k \leqslant p-2.$ 即 $2^{2k}\sigma(p,\frac{p}{2},2k) \equiv 0(\bmod\ p),1 \leqslant$

$k \leqslant \dfrac{p-3}{2}.$

同理我们可证得，$2^{2k}\sigma(p+1,\frac{p+1}{2},2k)\equiv 0(\bmod\ p)$，

$1 \leqslant k \leqslant \dfrac{p-3}{2}$，因为 p 是奇质数，$\sigma(p+1,\frac{p+1}{2},2k)$ 是整数，

所以有 $\sigma(p+1,\frac{p+1}{2},2k)\equiv 0(\bmod\ p),1 \leqslant k \leqslant \dfrac{p-3}{2}.$

4. 广义中心阶乘数与高阶欧拉 – 伯努利多项式

定理 3（ⅰ）

$$E_n^{(N)}(x) = \frac{2^{N-1}}{(N-1)!}\sum\limits_{k=0}^{N-1}\sigma(N,x,k)E_{n+N-1-k}(x)\quad(26)$$

（ⅱ）

$$B_n^{(N)}(x)$$

$$=\frac{(-1)^{N-1}n!}{(N-1)!\ (n-N)!}\sum\limits_{k=0}^{N-1}\sigma(N,x,k)\frac{B_{n-k}(x)}{n-k}\quad(n\geqslant N)$$

$$(27)$$

（ⅲ）

$$B_n^{(N)}(x)$$

$$=\frac{(-1)^n n!\ (N-n-1)!}{(N-1)!}\sigma(N,x,n)\quad(n<N)\quad(28)$$

证明　给出 (i) 的证明, (ii) 的证明类似. 当 $N = 1$ 时, 结论显然成立.

假设结论对所有不超过 N 的自然数已经成立, 则由引理 1(i), 有

$$E_n^{(N+1)}(x) = \frac{2(N-x)}{N}E_n^{(N)}(x) + \frac{2}{N}E_{n+1}^{(N)}(x)$$

$$= \frac{2^N}{N!}\sum_{k=1}^{N}(N-x)\sigma(N,x,k-1)E_{n+N-k}(x) +$$

$$\frac{2^N}{N!}\sum_{k=0}^{N-1}\sigma(N,x,k)E_{n+N-k}(x)$$

$$= \frac{2^N}{N!}(N-x)\sigma(N,x,N-1)E_n(x) +$$

$$\frac{2^N}{N!}\Big(\sum_{k=1}^{N-1}\big((N-x)\sigma(N,x,k-1) +$$

$$\sigma(N,x,k)\big)E_{n+N-k}(x)\Big) +$$

$$\frac{2^N}{N!}\sigma(N,x,0)E_{n+N}(x)$$

$$= \frac{2^N}{N!}\sigma(N+1,x,N) +$$

$$\frac{2^N}{N!}\sum_{k=1}^{N-1}\sigma(N+1,x,N)E_{n+N-k}(x) +$$

$$\frac{2^N}{N!}\sigma(N+1,x,0)E_{n+N}(x)$$

$$= \frac{2^N}{N!}\sum_{k=0}^{N}\sigma(N+1,x,k)E_{n+N-k}(x) \quad (29)$$

式 (29) 说明结论对自然数 $N+1$ 也成立. 故结论成立. 定理 3 证毕.

注 2　由定理 3 和式 (2) 立即可以得到 K. Dilcher

的下述恒等式(见文献[1]的定理3,定理5):

① 当 $y = x_1 + \cdots + x_N$, 对 $n \geqslant N$, 有

$$\sum_{j_1 + \cdots + j_N = n} (n) B_{j_1}(x_1) \cdots B_{j_N}(x_N)$$

$$= (-1)^{N-1} N \binom{n}{N} \sum_{k=0}^{N-1} (-1)^k \cdot$$

$$\left(\sum_{j=0}^{k} \binom{N-k-1+j}{j} s(N, N-k+j) y^j \right) \frac{B_{n-k}(y)}{n-k}$$

② 当 $y = x_1 + \cdots + x_N$, 对 $n \geqslant N$, 有

$$\sum_{j_1 + \cdots + j_N = n} \binom{n}{j_1, \cdots, j_N} E_{j_1}(x_1) \cdots E_{j_N}(x_N)$$

$$= \frac{2^{N-1}}{(N-1)!} \sum_{k=0}^{N-1} (-1)^k \cdot$$

$$\left(\sum_{j=0}^{k} \binom{N-k-1+j}{j} s(N, N-k+j) y^j \right) E_{n+N-1-k}(y)$$

且定理3(i)还说明,文献[1]中的定理5,即上面的恒等式②中的条件"$n \geqslant N$"是多余的.

由定理3,引理2,引理3和定理2(iii),(iv),我们有下列推论:

推论 2

$$\sum_{k=0}^{N-1} \sigma(N, x, k) E_{N-1-k}(x) = (N-1)! \, 2^{1-N} \quad (30)$$

推论 3 (i)当 N 为偶数时

$$E_n^{(N)}\left(\frac{N}{2}\right)$$

$$= \frac{(-1)^{\frac{N}{2}} 2^{N-1}}{(N-1)!} \sum_{k=0}^{\frac{(N-2)}{2}} \sigma\left(N, \frac{N}{2}, 2k\right) E_{n+N-1-2k}(0)$$

$$(31)$$

或

$$E_n^{(N)}\left(\frac{N}{2}\right) = \frac{(-1)^{\frac{N}{2}} 2^N}{(N-1)!} \sum_{k=0}^{\frac{(N-2)}{2}} \sigma\left(N, \frac{N}{2}, 2k\right) \cdot$$

$$(1 - 2^{n+N-2k}) \frac{B_{n+N-2k}}{n+N-2k} \qquad (32)$$

当 N 为奇数时

$$E_n^{(N)}\left(\frac{N}{2}\right)$$

$$= \frac{(-1)^{\frac{N-1}{2}} 2^{-n}}{(N-1)!} \sum_{k=0}^{\frac{(N-2)}{2}} 2^{2k} \sigma\left(N, \frac{N}{2}, 2k\right) E_{n+N-1-2k} \qquad (33)$$

（ii）当 N 为偶数，且 $n \geqslant N$ 时

$$B_n^{(N)}\left(\frac{N}{2}\right)$$

$$= \frac{(-1)^{N-1} n!}{(N-1)! \ (n-N)!} \sum_{k=0}^{\frac{(N-2)}{2}} \sigma\left(N, \frac{N}{2}, 2k\right) \frac{B_{n-2k}}{n-2k} \qquad (34)$$

当 N 为奇数，且 $n \geqslant N$ 时

$$B_n^{(N)}\left(\frac{N}{2}\right) = \frac{(-1)^{N-1} n!}{(N-1)! \ (n-N)!} \sum_{k=0}^{\frac{(N-1)}{2}} \sigma\left(N, \frac{N}{2}, 2k\right) \cdot$$

$$(2^{1-n+2k} - 1) \frac{B_{n-2k}}{n-2k} \qquad (35)$$

注3 若 $\eta(n) := \sum_{k=1}^{\infty} \frac{(-1)^{k-1}}{k^n}$（见文[1]），则由

$$\eta(2n) = (-1)^n \frac{(2\pi)^{2n}}{2(2n)!} B_{2n}\left(\frac{1}{2}\right)，我们有$$

$$\sum_{j_1 + \cdots + j_N = n} \eta(2j_1) \cdots \eta(2j_N) = \frac{(-1)^n (2\pi)^{2n}}{2^N (2n)!} B_{2n}^{(N)}\left(\frac{N}{2}\right)$$

所以当 $2n \geqslant N$ 时，由推论3和式（2），有

$$\sum_{j_1+\cdots+j_N=n}\eta(2j_1)\cdots\eta(2j_N)$$

$$=\begin{cases}\dfrac{(-1)^{n+N-1}(2\pi)^{2n}}{(N-1)!\ (2n-N)!\ 2^N}\cdot\\[2mm]\displaystyle\sum_{k=0}^{\frac{(N-2)}{2}}\left(\sum_{j=0}^{2k}\binom{N-2k-1+j}{j}s(N,N-2k+j)\left(\dfrac{N}{2}\right)^j\right)\cdot\\[2mm]\dfrac{B_{2n-2k}}{2n-2k},N\text{ 为偶数}\\[4mm]\dfrac{(-1)^{n+N-1}(2\pi)^{2n}}{(N-1)!\ (2n-N)!\ 2^N}\cdot\\[2mm]\displaystyle\sum_{k=0}^{\frac{(N-1)}{2}}\left(\sum_{j=0}^{2k}\binom{N-2k-1+j}{j}s(N,N-2k+j)\left(\dfrac{N}{2}\right)^j\right)\cdot\\[2mm](2^{1-2n+2k}-1)\dfrac{B_{2n-2k}}{2n-2k},N\text{ 为奇数}\end{cases}$$

这一结果显然比 K. Dilcher 的下述结果(见文献 [1] 中的定理 4)更深刻

$$\sum_{j_1+\cdots+j_N=n}\eta(2j_1)\cdots\eta(2j_N)=\dfrac{(-1)^{n+N-1}(2\pi)^{2n}}{(N-1)!\ (2n-N)!\ 2^N}\cdot$$

$$\sum_{k=0}^{[\frac{(N-1)}{2}]}\left(\sum_{j=0}^{2k}\binom{N-2k-1+j}{j}s(N,N-2k+j)\left(\dfrac{N}{2}\right)^j\right)\dfrac{B_{2n-2k}(\frac{N}{2})}{2n-2k}$$

推论 4

(i) $E_{2n}^{(2)}=-2^{2n+1}E_{2n+1}(0)$

$$=\dfrac{2^{2n+1}(2^{2n+2}-1)}{n+1}B_{2n+2}\qquad(36)$$

(ii)

$$E_{2n}^{(2m)}=\dfrac{(-1)^{m-1}}{(2m-1)!}\sum_{k=0}^{m-1}2^{2k}\sigma(2m,m,2k)E_{2n+2m-2k-2}^{(2)}\ (37)$$

（iii）

$$E_{2n}^{(2m+1)} = \frac{(-1)^m}{(2m)!} \cdot$$

$$\sum_{k=0}^{m} 2^{2k} \sigma\left(2m+1,\frac{2m+1}{2},2k\right) E_{2n+2m-2k} \quad (38)$$

注4 K. Dilcher 在文献［1］中得到恒等式（见文献［1］定理6）：当 $2n \geqslant N$ 时

$$\sum_{j_1+\cdots+j_N=n} \binom{2n}{2j_1,\cdots,2j_N} E_{2j_1}\cdots E_{2j_N}$$

$$=\frac{2^{2n+N-1}}{(N-1)!} \cdot$$

$$\sum_{k=0}^{\left[\frac{(N-1)}{2}\right]}\left(\sum_{j=0}^{2k}\binom{N-2k-1+j}{j}s(N,N-2k+j)\left(\frac{N}{2}\right)^{j}\right) \cdot$$

$$E_{2n+N-1-2k}\left(\frac{N}{2}\right)$$

Zhang Wenpeng 在文献［2］中得到恒等式（见文献［2］定理）：当 $N=2m+1$ 时

$$\sum_{j_1+\cdots+j_N=n} \binom{2n}{2j_1,\cdots,2j_N} E_{2j_1}\cdots E_{2j_N}$$

$$=\frac{(-1)^m}{(2m)!}\sum_{k=0}^{m} 4^k t(2m+1,2m-2k+1) E_{2n+2m-2k}$$

由本章的推论4，我们有

$$\sum_{j_1+\cdots+j_N=n} \binom{2n}{2j_1,\cdots,2j_N} E_{2j_1}\cdots E_{2j_N}$$

$$
= \begin{cases}
\dfrac{(-1)^m}{(2m)!} \displaystyle\sum_{k=0}^{m} 4^k \sigma\left(2m+1, \dfrac{2m+1}{2}, 2k\right) E_{2n+2m-2k} \\
(N = 2m+1) \\
\dfrac{(-1)^{m-1} 2^{2n+2m-1}}{(2m-1)!} \displaystyle\sum_{k=0}^{m-1} \sigma(2m, m, 2k) \dfrac{(2^{2n+2m-2k}-1)}{n+m-k} B_{2n+2m-2k} \\
(N = 2m)
\end{cases}
$$

这一结果是 K. Dilcher 和 Zhang Wenpeng 的结果的深化.

由推论 4 我们可以得到欧拉 – 伯努利数下列有趣而又重要的性质:

推论 5

(i)

$$
\sum_{k=0}^{m} 2^{2k} \sigma\left(2m+1, \frac{2m+1}{2}, 2k\right) E_{2m-2k} = (-1)^m (2m)!
$$

$$(39)$$

(ii)

$$
\sum_{k=0}^{m-1} 2^{2k} \sigma(2m, m, 2k) E_{2m-2k-2}^{(2)}
$$
$$
= (-1)^{m-1}(2m-1)!
$$

$$(40)$$

或

$$
\sum_{k=0}^{m-1} \sigma(2m, m, 2k)(2^{2m-2k}-1) \frac{B_{2m-2k}}{2m-2k}
$$
$$
= (-1)^{m-1}(2m-1)! 2^{-2m}
$$

$$(41)$$

(iii) 当 p 为奇质数时

$$
E_{p-1} \equiv \begin{cases}
0 \, (\bmod p), & p \equiv 1 \, (\bmod 4) \\
2 \, (\bmod p), & p \equiv 3 \, (\bmod 4)
\end{cases}
$$

$$(42)$$

(iv) 当 p 为奇质数时, $E_{p-1}^{(2)} \equiv 1 \, (\bmod p)$, 即

$$\frac{2^{p+1}(2^{p+1}-1)}{p+1}B_{p+1}\equiv 1\,(\bmod\ p) \qquad (43)$$

证明 （i）和（ii）显然. 在式（39）中令 $2m+1=p$,
在式（40）中令 $2m-1=p$,由定理2（v）

$$2^{p-1}\sigma\left(p,\frac{p}{2},p-1\right)\equiv(p-1)!\ (\bmod\ p)$$

$$2^{p-1}\sigma\left(p+1,\frac{p+1}{2},p-1\right)\equiv(p-1)!\ (\bmod\ p)$$

$$(p-1)!\equiv-1(\bmod\ p)$$

即可得式（42）,（43）,推论5 证毕.

注5 Zhang Wenpeng 在文献［2］（见文献［2］推
论）已经得到同余式

$$E_{p-1}\equiv\begin{cases}0(\bmod\ p),p\equiv 1(\bmod\ 4)\\2(\bmod\ p),p\equiv 3(\bmod\ 4)\end{cases}$$

其中 p 是奇质数,这与本章推论5(iii)是相同的.

定理4 若记

$$F(n,N):$$

$$=\sum_{(\alpha_1+v_1)+\cdots+(\alpha_N+v_N)=n}\begin{pmatrix}2n\\2\alpha_1,2v_1,\cdots,2\alpha_N,2v_N\end{pmatrix}\cdot$$

$$E_{2\alpha_1}B_{2v_1}\cdots E_{2\alpha_N}B_{2v_N}$$

$$A(N,m,k):=\frac{1}{2n-k}\sum_{s=0}^{\left[\frac{N}{2}-\frac{m}{4}\right]}\begin{pmatrix}2N\\4s+m\end{pmatrix}\sigma\left(N,\frac{N+4s+m}{4},k\right)$$

$$\Delta(N,x,k):=A\left(N,\frac{2}{3}x^3-4x^2+\frac{19}{3}x,k\right)+$$

$$(2^{1-2n+k}-1)A\left(N,\frac{2}{3}x^3-2x^2+\frac{1}{3}x+2,k\right)$$

$$\delta(N,x,k):=(2^{1-4n+2k}-2^{k-2n})\cdot$$

$$\left(A\left(N, -\frac{4}{3}x^3 + 6x^2 - \frac{17}{3}x + 1, k\right) + (-1)^k A(N, 3-x, k)\right)$$

$$\tau(N, x, k) := (2n-k)2^{2k-4m} \cdot$$

$$\left(A\left(N, -\frac{4}{3}x^3 + 6x^2 - \frac{17}{3}x + 1, k\right) + (-1)^k A(N, 3-x), k\right)$$

则当 $2n \geqslant k$ 时,有

$$F(n, N) = \frac{(-1)^{N-1}4^{2n-N}}{(N-1)! \ (2n-N)!} \cdot$$

$$\left(\sum_{k=0}^{\left[\frac{N-1}{2}\right]} (\Delta(N, x, 2k) + \delta(N, x, 2k)) B_{2n-2k} - \right.$$

$$\left. \sum_{k=1}^{\left[\frac{N}{2}\right]} \tau(N, x, 2k-1) E_{2n-2k}\right)$$

其中 $N \equiv x \pmod 4$,$0 \leqslant x \leqslant 3$. $[y]$ 表示不超过 y 的最大整数.

证明

$$\sum_{n=0}^{\infty} F(n, N)t^{2n} = \left(\frac{2e^t}{e^{2t}+1}\right)^N \left(\frac{t}{e^t-1} + \frac{1}{2}t\right)^N$$

$$= 4^{-N} \sum_{n=0}^{\infty} \sum_{s=0}^{2N} \binom{2N}{s} B_n^{(N)}\left(\frac{N+s}{4}\right)\frac{t^n}{n!} \quad (44)$$

比较式(44)两边 t^{2n} 的系数,有

$$F(n, N) = \frac{4^{2n-N}}{(2n)!} \sum_{s=0}^{2N} \binom{2N}{s} B_{2n}^{(N)}\left(\frac{N+s}{4}\right) \quad (45)$$

当 $2n \geqslant N$ 时,由定理 3(ii),式(45)可化为

$$F(n,N) = \frac{(-1)^{N-1}4^{2n-N}}{(N-1)!\,(2n-N)!} \cdot$$

$$\sum_{s=0}^{2N}\sum_{k=0}^{N-1}\binom{2N}{s}\frac{\sigma(N,\frac{N+s}{4},k)}{2n-k}B_{2n-k}\left(\frac{N+s}{4}\right)$$

$$(46)$$

若令 $N+s=4q_s+r_s$，$0 \leqslant r_s \leqslant 3$，则由定理 2（iii），定理 2（iii），式（46）可化为

$$F(n,N) = \frac{(-1)^{N-1}4^{2n-N}}{(N-1)!\,(2n-N)!} \cdot$$

$$\sum_{s=0}^{2N}\sum_{k=0}^{N-1}\binom{2N}{s}\frac{\sigma(N,\frac{N+s}{4},k)}{2n-k}B_{2n-k}\left(\frac{r_s}{4}\right)$$

$$(47)$$

由于对任意正整数 p，有 $r_s=r_{4p+s}$，所以式（47）可化为

$$F(n,N) = \frac{(-1)^{N-1}4^{2n-N}}{(N-1)!\,(2n-N)!} \cdot$$

$$\sum_{k=0}^{N-1}\sum_{m=0}^{3}A(N,m,k)B_{2n-k}\left(\frac{r_m}{4}\right) \qquad (48)$$

由表 1 和引理 3（ii）

表 1

x	0	1	2	3
r_0	0	1	2	3
r_1	1	2	3	0
r_2	2	3	0	1
r_3	3	0	1	2

式（48）可化为

$$F(n,N) = \frac{(-1)^{N-1}4^{2n-N}}{(N-1)!\,(2n-N)!} \cdot$$

$$\left(\sum_{k=0}^{N-1} (\Delta(N,x,k) + \delta(N,x,k))B_{2n-k} - \right.$$

$$\left. \sum_{k=0}^{N-1} \tau(N,x,k)E_{2n-1-k} \right) \qquad (49)$$

在式(49)中,若 $2n-k=1$,则 $\delta(N,x,k)=0,2n=N$,这时 $x=0$ 或 $x=2$. 故由定理 2(i),(ii)有

$$\Delta(N,x,k) = \Delta(2n,x,2n-1)$$

$$= A\left(2n,\frac{2}{3}x^3 - 4x^2 + \frac{19}{3}x, 2n-1\right)$$

$$= \begin{cases} A(2n,0,2n-1) \\ = \sum_{s=0}^{n} \binom{4n}{4s}\sigma\left(2n,\frac{n}{2}+s,2n-1\right) = 0, x=0 \text{ 时} \\ A(2n,2,2n-1) \\ = \sum_{s=0}^{n-1} \binom{4n}{4s+2}\sigma\left(2n,\frac{n+1}{2}+s,2n-1\right) = 0, x=2 \text{ 时} \end{cases}$$

从而式(49)可化为(注意到 $E_{2n-1} = B_{2n+1} = 0 (n \geq 1)$)

$$F(n,N) = \frac{(-1)^{N-1}4^{2n-N}}{(N-1)!\,(2n-N)!} \cdot$$

$$\left(\sum_{k=0}^{[\frac{N-1}{2}]} (\Delta(N,x,2k) + \delta(N,x,2k))B_{2n-2k} - \right.$$

$$\left. \sum_{k=1}^{[\frac{N}{2}]} \tau(N,x,2k-1)E_{2n-2k} \right)$$

定理 4 证毕.

推论 6   当 $n \geq 1$ 时

$$F(n,1) = \frac{(1+2^{2n})(1-2^{2n-1})}{(2n)!}B_{2n}$$

即

$$\sum_{k=0}^{n}\binom{2n}{2k}B_{2k}E_{2n-2k} = (1+2^{2n})(1-2^{2n-1})B_{2n} \quad (50)$$

注 6　M. V. Vassilev 在文献［10］中给出了一个揭示欧拉数和伯努利数内在联系的公式

$$\sum_{k=0}^{n}\binom{2n}{2k}2^{2k}B_{2k}E_{2n-2k} = (2-2^{2n})B_{2n}$$

本章的推论 6 显然要比这个公式优美.

5. 关于内隆德 欧拉 – 伯努利多项式

定理 1　(i) 设 $\omega_1,\cdots,\omega_N$ 为正奇数, ω 是 $\omega_1,\cdots,\omega_N$ 的最小公倍数, 则

$$E_n^{(N)}(x\mid\omega_1,\cdots,\omega_N) = \omega^n \sum_{i_1=0}^{(\omega/\omega_1)-1}\cdots\sum_{i_N=0}^{(\omega/\omega_N)-1}(-1)^{i_1+\cdots+i_N}E_n^{(N)}$$

$$\cdot$$

$$\left(\frac{x+\omega_1 i_1+\cdots+\omega_N i_N}{\omega}\right) \quad (51)$$

(ii) 设 $\omega_1,\cdots,\omega_N$ 为正整数, ω 是 $\omega_1,\cdots,\omega_N$ 的最小公倍数, 则

$$B_n^{(N)}(x\mid\omega_1,\cdots,\omega_N) = \omega^{n-N}\omega_1\cdots\omega_N \cdot$$

$$\sum_{i_1=0}^{(\omega/\omega_1)-1}\cdots\sum_{i_N=0}^{(\omega/\omega_N)-1}B_n^{(N)}\left(\frac{x+\omega_1 i_1+\cdots+\omega_N i_N}{\omega}\right) \quad (52)$$

证明　(i) 因为 $\omega_1,\cdots,\omega_N$ 为正奇数, 所以 ω 也为正奇数, 从而 $\dfrac{\omega}{\omega_1},\cdots,\dfrac{\omega}{\omega_N}$ 也为正奇数

N. E. Nörlund 定理

$$\sum_{n=0}^{\infty}\left(\omega^{n}\sum_{i_{1}=0}^{(\omega/\omega_{1})-1}\cdots\sum_{i_{N}=0}^{(\omega/\omega_{N})-1}(-1)^{i_{1}+\cdots+i_{N}}E_{n}^{(N)}\left(\frac{x+\omega_{1}i_{1}+\cdots+\omega_{N}i_{N}}{\omega}\right)\right)\frac{t^{n}}{n!}$$

$$=\sum_{i_{1}=0}^{(\omega\omega_{1})-1}\cdots\sum_{i_{N}=0}^{(\omega/\omega_{N})-1}(-1)^{i_{1}+\cdots+i_{N}}\frac{2^{N}e^{(x+\omega_{1}i_{1}+\cdots+\omega_{N}i_{N})t}}{(e^{\omega t}+1)^{N}}$$

$$=\frac{2^{N}e^{xt}}{(e^{\omega t}+1)^{N}}\left(\sum_{i_{1}=0}^{(\omega/\omega_{1})-1}(-e^{\omega_{1}t})^{i_{1}}\right)\cdots\left(\sum_{i_{N}=0}^{(\omega/\omega_{N})-1}(-e^{\omega_{N}t})^{i_{N}}\right)$$

$$=\frac{2^{N}e^{xt}}{(e^{\omega_{1}t}+1)\cdots(e^{\omega_{N}t}+1)}$$

$$=\sum_{n=0}^{\infty}E_{n}^{(N)}(x|\omega_{1},\cdots,\omega_{N})\frac{t^{n}}{n!} \tag{53}$$

比较式(53)两边$\frac{t^{n}}{n!}$的系数有式(51),(52)的证法类似于式(51).定理 5 证毕.

例 计算 $\sum_{k=0}^{n}\binom{2n}{2k}3^{2k}E_{2n-2k}E_{2k}$.

(1)在定理 5(i)中令 $N=2,\omega_{1}=1,\omega_{2}=3$(此时 $\omega=3$),$x=2$,有

$$E_{n}^{(2)}(2|1,3)=3^{n}(1+(-1)^{n})E_{n}^{(2)}\left(\frac{2}{3}\right)-3^{n}E_{n}^{(2)}(1)$$

(2)由定理 3(i),有

$$E_{n}^{(2)}\left(\frac{2}{3}\right)=2(-1)^{n+1}E_{n+1}\left(\frac{1}{3}\right)+\frac{2}{3}(-1)^{n}E_{n}\left(\frac{1}{3}\right)$$

$$E_{n}^{(2)}(1)=2(-1)^{n+1}E_{n+1}(0)$$

(3)由(1),(2),有

$$E_{n}^{(2)}(2|1,3)=3^{n}(1+(-1)^{n})(2(-1)^{n+1}E_{n+1}\left(\frac{1}{3}\right)+$$

$$\frac{2}{3}(-1)^{n}E_{n}\left(\frac{1}{3}\right))-3^{n}\cdot2(-1)^{n+1}E_{n+1}(0)$$

$$(4) \qquad \sum_{n=0}^{\infty} 2^n E_n^{(2)}(2\,|\,1\,,3)\frac{t^n}{n}$$

$$= \frac{2^2 \mathrm{e}^{4t}}{(\mathrm{e}^{2t}+1)(\mathrm{e}^{6t}+1)}$$

$$= \Big(\sum_{n=0}^{\infty} E_{2n}\frac{t^{2n}}{(2n)!}\Big)\Big(\sum_{n=0}^{\infty} 3^{2n} E_{2n}\frac{t^{2n}}{(2n)!}\Big)$$

$$= \sum_{n=0}^{\infty}\Big(\sum_{k=0}^{n}\binom{2n}{2k}3^{2k}E_{2n-2k}E_{2k}\Big)\frac{t^{2n}}{(2n)!}$$

所以

$$\sum_{k=0}^{n}\binom{2n}{2k}3^{2k}E_{2n-2k}E_{2k} = 2^{2n}E_{2n}^{(2)}(2\,|\,1\,,3)$$

(5) 由 (3),(4) 和引理 3(i),有

$$\sum_{k=0}^{n}\binom{2n}{2k}3^{2k}E_{2n-2k}E_{2k}$$

$$= \frac{2^{2n+1}(1-2^{2n+2})}{3(n+1)}B_{2n+2} + 2^{2n+2}3^{2n-1}E_{2n}\Big(\frac{1}{3}\Big)$$

定理 6(i)

$$\sum_{k=0}^{n}(-1)^k\binom{n}{k}E_n^{(Nk)}(kx\,|\underbrace{\omega_1,\cdots,\omega_1}_{k\uparrow},\cdots,\underbrace{\omega_N,\cdots,\omega_N}_{k\uparrow})$$

$$= n!\left(\frac{\omega_1+\cdots+\omega_N}{2}-x\right)^n \qquad\qquad (54)$$

(ii)

$$\sum_{k=0}^{n}(-1)^k\binom{n}{k}B_n^{(Nk)}(kx\,|\underbrace{\omega_1,\cdots,\omega_1}_{k\uparrow},\cdots,\underbrace{\omega_N,\cdots,\omega_N}_{k\uparrow})$$

$$= n!\left(\frac{\omega_1+\cdots+\omega_N}{2}-x\right)^n \qquad\qquad (55)$$

证明 给出 (i) 的证明,(ii) 的证法类似. 令

537

N. E. Nörlund 定理

$$f(u) = u^n$$

$$u = g(t) = 1 - \frac{2^N \mathrm{e}^{xt}}{(\mathrm{e}^{\omega_1 t} + 1) \cdots (\mathrm{e}^{\omega_N t} + 1)}$$

$$= 1 - \sum_{n=0}^{\infty} E_n^{(N)}(x \mid \omega_1, \cdots, \omega_N) \frac{t^n}{n!}$$

则

$$f(g(t)) = \left(1 - \frac{2^N \mathrm{e}^{xt}}{(\mathrm{e}^{\omega_1 t} + 1) \cdots (\mathrm{e}^{\omega_N t} + 1)}\right)^n$$

$$= \sum_{k=0}^{n} (-1)^k \binom{n}{k} \frac{2^{Nk} \mathrm{e}^{kxt}}{(\mathrm{e}^{\omega_1 t} + 1)^k \cdots (\mathrm{e}^{\omega_N t} + 1)^k}$$

$$= \sum_{m=0}^{\infty} \left(\sum_{k=0}^{n} (-1)^k \binom{n}{k} E_n^{(Nk)}(kx \mid \underbrace{\omega_1, \cdots, \omega_1}_{k\text{个}}, \cdots, \underbrace{\omega_N, \cdots, \omega_N}_{k\text{个}})\right) \frac{t^m}{m!}$$

所以

$$\frac{\mathrm{d}^n}{\mathrm{d}t^n} f(g(t)) \mid_{t=0} = \sum_{k=0}^{n} (-1)^k \binom{n}{k}$$

$$E_n^{Nk}(kx \mid \underbrace{\omega_1, \cdots, \omega_1}_{k\text{个}}, \cdots, \underbrace{\omega_N, \cdots, \omega_N}_{k\text{个}})$$

$$(56)$$

另外,由 $f^{(t)} = n(n-1) \cdots (n-i+1) u^{n-i}$, $g^{(i)} = -E_i^{(N)} \cdot$

$(x \mid \omega_1, \cdots, \omega_N) + \sum_{n=1}^{\infty} E_{n+i}^{(N)}(x \mid \omega_1, \cdots, \omega_N) \dfrac{t^n}{n!}$,有

$$f^{(i)} \mid_{t=0} = \begin{cases} n!, & i = n \\ 0, & i < n \end{cases}$$

$$g^{(i)} \mid_{t=0} = -E_i^{(N)}(x \mid \omega_1, \cdots, \omega_N)$$

所以由引理 4,有

$$\frac{\mathrm{d}^n}{\mathrm{d}t^n} f(g(t)) \mid_{t=0} = n! \sum_{\substack{\alpha_1 + 2\alpha_2 + \cdots + n\alpha_n = n \\ \alpha_1 + \alpha_2 + \cdots + \alpha_n = n}} \frac{n!}{\alpha_1! \ \alpha_2! \ \cdots \alpha_n!} \cdot$$

538

$$\prod_{j=1}^{n} \left(-\frac{E_j^{(N)}(x \mid \omega_1, \cdots, \omega_N)}{j!} \right)^{\alpha_j}$$

$$= n!\ (-E_1^{(N)}(x \mid \omega_1, \cdots, \omega_N))^n$$

$$= n!\ \left(\frac{\omega_1 + \cdots + \omega_N}{2} - x \right)^n \qquad (57)$$

比较式(56)和(57)有(54). 定理 6 证毕.

推论 7(ⅰ)

$$\sum_{k=0}^{n} (-1)^k \binom{n}{k} E_n^{(Nk)}(kx) = n!\ \left(\frac{N}{2} - x \right)^n \qquad (58)$$

(ⅱ)

$$\sum_{k=0}^{n} (-1)^k \binom{n}{k} B_n^{(Nk)}(kx) = n!\ \left(\frac{N}{2} - x \right)^n \qquad (59)$$

推论 8(ⅰ)

$$\sum_{k=0}^{n} (-1)^k \binom{n}{k} E_n^{(Nk)} = 0 \quad (n \geqslant 1) \qquad (60)$$

(ⅱ) $\qquad \displaystyle\sum_{k=0}^{n} (-1)^k \binom{n}{k} B_n^{(Nk)} = N^n \frac{n!}{2^n}$

特别地

$$\sum_{k=0}^{n} (-1)^k \binom{n}{k} B_n^{(k)} = \frac{n!}{2^n} \qquad (61)$$

(ⅲ) $\qquad \displaystyle\sum_{k=0}^{n} (-1)^k \binom{n}{k} E_n^{(Nk)}(0) = N^n \frac{n!}{2^n}$

特别地

$$\sum_{k=0}^{n} (-1)^k \binom{n}{k} E_n^{(k)}(0) = \frac{n!}{2^n} \qquad (62)$$

注 7　从推论 8 立即可得到 Zeilin David 的恒等式

（见文献[3]）

$$\sum_{j=0}^{n}(-1)^{j}\binom{n}{j}B_n^{(pj)}=p^n\sum_{j=0}^{n}(-1)^{j}\binom{n}{j}B_n^{(j)}$$

$$\sum_{j=0}^{n}(-1)^{j}\binom{n}{j}E_n^{(pj)}(0)=p^n\sum_{j=0}^{n}(-1)^{j}\binom{n}{j}E_n^{(j)}(0)$$

最后我们要指出的是,L. Carlitz 在文献[6]给出了内隆德 伯努利多项式 $B_n^{(k)}(u|\omega_1,\cdots,\omega_k)$ 和内隆德欧拉多项式 $H_n^{(k)}(u|\lambda_1,\cdots,\lambda_k;\omega_1,\cdots,\omega_k)$ 的关系式

$$(m_1\cdots m_k)^{-1}\sum_{r_1=0}^{m_1-1}\cdots\sum_{r_k=0}^{m_k-1}\lambda_1^{-r_1}\cdots\lambda_k^{-r_k}\cdot$$

$$B_n^{(k)}(u+r_1\omega_1+\cdots+r_k\omega_k|m_1\omega_1,\cdots,m_k\omega_k)$$

$$=\frac{n!}{(n-k)!}\frac{\lambda_1\cdots\lambda_k\omega_1\cdots\omega_k}{(1-\lambda_1)\cdots(1-\lambda_k)}H_{n-k}^{(k)}(u|\lambda_1,\cdots,\lambda_k;\omega_1,\cdots\omega_k)$$

其中 $\lambda_j^{m_j}=1,\lambda_j\neq1,j=1,\cdots,k,m_1,\cdots,m_k$ 为正整数. 本章得到了内隆德 欧拉多项式 $E_n^{(k)}(u|\omega_1,\cdots,\omega_k)$ 和内隆德 欧拉多项式 $H_n^{(k)}(u|\lambda_1,\cdots,\lambda_k;\omega_1,\cdots,\omega_k)$ 的下列关系式

$$H_n^{(k)}(u|\lambda_1,\cdots,\lambda_k;\omega_1,\cdots,\omega_k)$$

$$=\frac{(\lambda_1-1)\cdots(\lambda_k-1)}{2^k\lambda_1\cdots\lambda_k}\sum_{r_1=0}^{m_1-1}\cdots\sum_{r_k=0}^{m_k-1}\lambda_1^{-r_1}\cdots\lambda_k^{-r_k}E_n^{(k)}\cdot$$

$$(u+r_1\omega_1+\cdots+r_k\omega_k|m_1\omega_1,\cdots m_k\omega_k)$$

其中 $\lambda_j^{m_j}=-1,j=1,\cdots,k,m_1,\cdots,m_k$ 为正整数. 这一结果不难证明,这里略去. 有关内隆德 欧拉多项式的定义见文献[6].

5. 参考文献

[1]DILCHER K. Sums of Products of Bernoulli Numbers[J]. J. Number

Theory, 1996,60(1):23 –41.

[2]ZHANG WENPENG. Some Identities Involving the Euler and the Central Factorial Numbers[J]. The Fibonacci Quarterly, 1998,36(2):154 – 157.

[3]ZEITLIN DAVID. the nth Derivative of a Class of Functions[J]. Duke Math J. , 1963,30:229 –238.

[4]CVIJOVIC DJURDJE, KLINOWSKI JACEK. New Rapidly Convergent Series Representations for $\zeta(2n+1)$ [J]. Proc. Amer. Math. Soc. , 1997,125(5):1263 –1271.

[5]Riordan J. Combinatorial Identities[M]. New York:Wiley, 1968.

[6] Carltiz L. Eulerian Numbers and Polynomials of Higher Order[J]. Duke. Math. J. , 1960,27:401 –423.

[7]NORLUND N E. Differenzenrechnung[M]. Berlin:Springer – Verlag, 1924.

[8]TOSCANO L. Recurring Sequences and Bernoulli – Euler Polynomials [J]. J. Comb. Inform & System Sci. , 1979,4:303 –308.

[9]Srivastava H M. Further Series Representations for $\zeta(2n+1)$[J]. Appl. Math. Comput, 1998,97:1 –15.

[10] VASSILEV M V. Relations Between Bernoulli Numbers and Euler Numbers[J]. Bull Number Related Topics, 1987,11(1 –3):93 – 95.

关于内隆德算子的 L^p 逼近

芜湖师范专科学校的姜功建教授应用傅里叶级数方法,讨论函数逼近论中内隆德算子

$$N_n(f,x) = \frac{1}{P_n} \sum_{k=0}^{n} P_{n-k} A_k(x)$$

在 $L_{2\pi}^p$ 可积函数空间中,逼近 $f(x)$ 的饱和问题.

1. 引言

设 $C_{2\pi}, AC_{2\pi}, BV_{2\pi}, L_{2\pi}^p (1 \leqslant p < +\infty)$ 分别表示以 2π 为周期的连续、绝对连续、有界变差 p 幂勒贝格可积的函数全体,$f \in C_{2\pi}$ 的范数是 $\|f\|_c = \max |f(x)|$;$f \in x_{2\pi}^p$ 的范数是 $\|f\|_p = \left(\frac{1}{2x} \int_{-x}^{x} |f(x)|^p \mathrm{d}x \right)^{\frac{1}{p}}$;一阶积分连续模是

$$\omega(f,h)_p = \sup_{0 < u \leqslant h} \|f(\cdot + u) - f(\cdot)\|_p$$

设 $\{\lambda(n,k)\}_{n,k \geqslant 1}$ 是一个下三角实数

矩阵,当 $k>n$ 时规定 $\lambda(n,k)=0$,为方便,记 $\lambda(n,0)=1$,设 $f\in L_{2\pi}^p$,其傅里叶级数是

$$s[f]=\frac{\alpha_0}{2}+\sum_{k=0}^{\infty}(\alpha_k\cos kx+b_k\sin kx)=\sum_{k=0}^{\infty}A_k(x)$$

对于 $p_0=0,P_0=0$ 及一个实数列 $\{p_n\}_{n=1}^{\infty}$,规定 $P_n=p_1+p_2+\cdots+p_n\neq 0(n=1,2,3,\cdots)$,$\lambda(n,k)=\dfrac{P_{n-k}}{P_n}$ $(n\geqslant 1,k\geqslant 0)$,内隆德算子定义为[1,2]

$$N_n(f,x)=\sum_{k=0}^{n}\lambda(n,k)A_k(x) \tag{1}$$

D. S. Goel 等[1],T. Nishishiraho[2]分别研究了算子(1)在 $C_{2\pi}$ 空间中的收敛与饱和问题,获得了如下结果.

定理 D[1]　设 $f\in C_{2\pi}$ 以及

$$\lim_{n\to\infty}\frac{P_{n-k}}{P_n}=1 \quad (k=1,2,3,\cdots) \tag{2}$$

$$\sum_{k=0}^{n-1}(k+1)|p_{n-k}-p_{n-k-1}|=O(|P_n|) \tag{3}$$

则

$$\lim_{n\to\infty}|N_n(f)-f|=0$$

定理 T[2]　设 $f\in C_{2\pi}$ 以及

$$p_n\neq 0(n=1,2,3,\cdots);\lim_{n\to\infty}\frac{p_n}{P_n}=0 \tag{4}$$

$$\lim_{n\to\infty}\mathrm{sign}(P_n)\sum_{n=0}^{k-1}\frac{p_{n-i}}{|p_n|}=k \quad (k=1,2,3,\cdots) \tag{5}$$

$$\sum_{k=1}^{n}|p_k-p_{k-1}|=O(|p_n|) \tag{6}$$

那么算子列 $\{N_n\}$ 的饱和阶是 $\left\{\left|\dfrac{p_n}{P_n}\right|\right\}$,饱和类是

$S(N_n) = \{f : f \in C_{2\pi},$ 且 $\tilde{f} \in \mathrm{Lip}\ l\}$，其中 $\tilde{f}(x)$ 是 $f(x)$ 的共轭函数.

算子 (1) 在 $L_{2\pi}^p$ 空间中的饱和问题至今尚未解决，本章对此加以研究，我们的结论是：

定理 设 $f \in L_{2\pi}^p (1 \le p < +\infty)$，条件 (2)，(4) ～ (6) 满足，则由式 (1) 定义的算子列 $\{N_n\}$ 在 $L_{2\pi}^p (1 \le p < +\infty)$ 中饱和，其饱和阶是 $\left\{\left|\dfrac{p}{P_n}\right|\right\}$，饱和类是

$$S_p(N_n) = \begin{cases} f : f \in L_{2\pi}^p, \text{且 } \tilde{f} \in V_p, 1 < p < +\infty \\ f : f \in L_{2\pi}^p, \text{且 } \tilde{f} \in BV_{2\pi}, p = 1 \end{cases} \tag{7}$$

其中函数类 $V_p = \{\tilde{f} : \tilde{f} \in L_{2\pi}(1 < p < +\infty), \tilde{f} = \varphi(a, e), \varphi \in AC_{2\pi},$ 且 $\omega(\varphi, t)_p = O(t)\}$.

$S_p(N_n)(1 \le p < +\infty)$ 表示使 $\|N_n(f) - f\|_p = O(\left|\dfrac{p_n}{P_n}\right|)$ 的一切 f.

2. 准备工作

熟知[3-5]，$f \in L_{2\pi}^p(1 \le p < +\infty)$ 的共轭函数

$$\tilde{f}(x) = \frac{1}{2\pi} \lim_{t \to 0} \int_0^\pi \frac{f(x+t) - f(x-t)}{\tan \dfrac{t}{2}} \mathrm{d}t \tag{8}$$

几乎处处存在，当 $1 < p < +\infty$ 时，$\tilde{f} \in L_{2\pi}^p$.

引理 1 设 $f \in L_{2\pi}^p(1 < p < +\infty)$ 或者 $f \in L_{2\pi}^1$ 且 $\tilde{f} \in L_{2\pi}^1$，f 的傅里叶级数是 $s(f)$，则

$$s[\tilde{f}] = \sum_{k=1}^\infty (b_k \cos kx - a_k \sin kx)$$

证明 由文献 [5] 命题 9.3.1 立即推得.

引理 2 设 $f \in L_{2\pi}^1$，且 $\tilde{f} \in BV_{2\pi}$，则：

（ i ）$\tilde{f}\,'(x)$ 几乎处处存在，$\|f\,'\|_1 = O(1)$ ；

（ ii ）$\dfrac{1}{2\pi}\displaystyle\int_0^{\pi}\dfrac{\tilde{f}(x+t)-\tilde{f}(x-t)}{\tan\dfrac{t}{2}}\mathrm{d}t = \dfrac{a_0}{2}-f(x)\,(\mathrm{a.e.})$.

证明　(i) 由文献[3,4]知，$\tilde{f}\,'(x)$ 是几乎处处存在的，又据文献[6]定理 2.4.1 知，对于 $f\in L^1_{2\pi}$ 有 :$\tilde{f}\in BV_{2\pi}$，当且仅当 $\tilde{f}\in L^1_{2\pi}$ 和 $\|\tilde{f}(\,\cdot\,+t)-\tilde{f}(\,\cdot\,)\|_1 = O(|t|)$ $(t\to 0)$ 从而

$$\left\|\lim_{t\to 0}\frac{\tilde{f}(\,\cdot\,+t)-\tilde{f}(\,\cdot\,)}{t}\right\|_1 = \lim_{t>0}\left\|\frac{\tilde{f}(\,\cdot\,+t)-\tilde{f}(\,\cdot\,)}{t}\right\|_1$$

$$=\frac{1}{2\pi}\lim_{t\to 0}\int_{-\pi}^{\pi}|(\tilde{f}(x+1)-\tilde{f}(x)\frac{1}{t})|\,\mathrm{d}x$$

$$=\frac{1}{2\pi}\lim_{t\to 0}\frac{1}{|t|}\int_{-\pi}^{\pi}|\tilde{f}(x+1)-\tilde{f}(x)|\,\mathrm{d}x$$

$$=\lim_{t\to 0}\frac{1}{|t|}\|\tilde{f}(\,\cdot\,+t)-\tilde{f}(\,\cdot\,)\|_1 = O(1)$$

此即 $\|\tilde{f}\,'\|_1 = O(1)$.

（ ii) 由(i)之证明知 $\tilde{f}\in L^1_{2\pi}$，故其共轭函数

$$\tilde{\tilde{f}}(x) = \frac{1}{2\pi}\int_0^{\pi}\frac{\tilde{f}(x+t)-\tilde{f}(x-t)}{\tan\dfrac{t}{2}}\mathrm{d}t$$

几乎处处存在，且

$$\|\tilde{\tilde{f}}\|_1 = \frac{1}{2\pi}\int_{-\pi}^{\pi}\left|\frac{1}{2\pi}\int_0^{\pi}\frac{\tilde{f}(x+t)-\tilde{f}(x-t)}{\tan\dfrac{t}{2}}\mathrm{d}t\right|\mathrm{d}x$$

$$\leqslant\frac{1}{2\pi}\int_0^{\pi}\|\tilde{f}(\,\cdot\,+2t)-\tilde{f}(\,\cdot\,)\|_1\frac{1}{\tan\dfrac{t}{2}}\mathrm{d}t$$

$$= O(1) \int_0^\pi \frac{t}{\tan \dfrac{t}{2}} \mathrm{d}t = O(1)$$

所以 $\tilde{\tilde{f}} \in L_{2\pi}^1$.

设 $s[f]$ 是 $f \in L_{2\pi}^1$ 的傅里叶级数, 其共轭级数是

$$\tilde{s}[f] = \sum_{k=1}^\infty (b_k \cos kx - a_k \sin kx) \qquad (9)$$

因为 $\tilde{f} \in L_{2\pi}^1$, 由引理 1 知, 式(9)就是 $\tilde{f}$ 的傅里叶级数, 同理式(9)的共轭级数

$$\tilde{\tilde{s}}[f] = -\sum_{k=1}^\infty (a_k \cos kx + b_k \sin kx) = \tilde{s}[\tilde{f}]$$

就是 $\tilde{\tilde{f}}$ 的傅里叶级数, 显然它也是函数 $\dfrac{a_0}{2} - f(x)$ 的傅里叶级数, 于是(ii)成立.

3. 定理证明

记

$$\varphi_n = \begin{vmatrix} p_n \\ P_n \end{vmatrix} \quad (n = 1, 2, 3, \cdots)$$

$$\Lambda(n, k) = \lambda(n, k) - 2\lambda(n, k-1) + \lambda(n, k+2)$$

则由定理的条件, 知

$$\lim_{n \to \infty} \varphi_n = 0 \qquad (10)$$

$$\lim_{n \to \infty} \lambda(n, k) = 1 \quad (k = 1, 2, 3, \cdots) \qquad (11)$$

$$\frac{1 - \lambda(n, k)}{\varphi_n}$$

$$= \operatorname{sign}(P_n) \sum_{i=0}^{k-1} \frac{p_{n-i}}{p_n} \to k \quad (k = 1, 2, \cdots, n \to \infty)$$

$$(12)$$

$$\sum_{k=0}^{n} |\Lambda(n,k)| = \frac{1}{|P_n|} \sum_{k=0}^{n} |p_{n-k} - p_{n-k-1}| = O(\varphi_n)$$

(13)

由式(10)~(13)以及文献[5]定理 12.1.1、定理 12.1.4 知,为证定理,只需证明当 $f \in s_p(N_n)$($1 \leqslant p < +\infty$)时,成立

$$\| N_n(f) - f \|_p = O(\varphi_n) \quad (n \to \infty) \qquad (14)$$

为此,令

$$G_n(t) = \sum_{k=0}^{n} \Lambda(n,k) \int_t^{\pi} \frac{\sin(k+1)u}{u^2} du \quad (0 \leqslant t \leqslant \pi)$$

根据文献[2]知

$$\int_0^{\pi} |G_n(t)| dt = O(1) \sum_{k=0}^{n} |\Lambda(n,k)| \qquad (15)$$

下面分 $p = 1$ 和 $1 < p < +\infty$ 两种情形证明式(14)成立.

(A)　$p = 1$.

对于 $f \in S_1(N_n)$,由引理 2 的证明知

$$\tilde{s}[\tilde{f}] = \sum_{k=1}^{\infty} (-a_k \cos kx - b_k \sin kx)$$

令

$$\tilde{s}_n[\tilde{f}] = \sum_{k=1}^{n} (-a_k \cos kx - b_k \sin kx)$$

则

$$\tilde{s}_n[\tilde{f}] = \sum_{k=1}^{n} [-A_k(x)] \cdot$$

$$\frac{1}{2\pi} \int_0^{\pi} \frac{[\tilde{f}(x+t) - \tilde{f}(x-t)][\cos\frac{t}{2} - \cos(n+\frac{1}{2})t]}{\sin\frac{t}{2}} dt$$

据此,并利用引理 2(ii),有

N. E. Nörlund 定理

$$N_n(\tilde{S}_n[\tilde{f}],x) = -\sum_{k=1}^{n} \lambda(n,k)A_k(x)$$

$$= \sum_{k=0}^{n} [\lambda(n,k) - \lambda(n,k+1)] \tilde{s}_k[\tilde{f}]$$

$$= \sum_{k=0}^{n} [\lambda(n,k) - \lambda(n,k+1)] \cdot$$

$$\frac{1}{2\pi}\int_0^\pi [\tilde{f}(x+t) - \tilde{f}(x-t)]\cot\frac{t}{2}\mathrm{d}t -$$

$$\sum_{k=0}^{n} [\lambda(n,k) - \lambda(n,k+1)]\frac{1}{2\pi}\int_0^\pi \frac{1}{\sin\frac{t}{2}} \cdot$$

$$[\tilde{f}(x+t) - \tilde{f}(x-t)]\cos\frac{1}{2}(2k+1)t\mathrm{d}t$$

$$= \frac{a_0}{2} - f(x) - \sum_{k=0}^{n} [\lambda(n,k) - \lambda(n,k-1)] \cdot$$

$$\frac{1}{2\pi}\int_0^\pi [\tilde{f}(x+t) - \tilde{f}(x-t)] \cdot$$

$$\cos\frac{1}{2}(2k+1)t \frac{1}{\sin\frac{t}{2}}\mathrm{d}t(\mathrm{a.e.})$$

由于 $N_n(f,x) = \sum_{k=0}^{n} \lambda(n,k)A_k(x) = \frac{a_0}{2} - N_n(\tilde{s}_n[\tilde{f}],x)$,故有

$$N_n(f,x) - f(x)$$

$$= \frac{1}{2\pi}\int_0^\pi [\tilde{f}(x+t) - \tilde{f}(x-t)]\Psi_n(t)\mathrm{d}t(\mathrm{a.e.})$$

其中

$$\Psi_n(t) = \frac{1}{\sin\frac{t}{2}}\sum_{k=0}^{n} [\lambda(n,k) - \lambda(n,k+1)]\cos\frac{(2k+1)t}{2}$$

$$= \frac{2}{t^2} \sum_{k=0}^{n} \Lambda(n,k) \sin(k-1)t - O(\varphi_n)$$

所以

$$N_n(f,x) - f(x) \text{ (a. e.)}$$

$$= \frac{1}{\pi} \int_0^\pi \left[\tilde{f}(x+t) - \tilde{f}(x-t) \right] \cdot$$

$$\sum_{k=0}^{n} \Lambda(n,k) \frac{\sin(k+1)t}{t^2} dt + O(\varphi_n)$$

$$= -\frac{1}{\pi} \int_0^\pi \left[\tilde{f}(x+t) - \tilde{f}(x-t) \right] dG_n(t) + O(\varphi_n)$$

$$= \frac{1}{\pi} \int_0^\pi G_n(t) dt \left[\tilde{f}(x+t) - \tilde{f}(x-t) \right] + O(\varphi_n)$$

由引理 2(i)以及闵可夫斯基不等式,得

$$\| N_n(f) - f \|_1$$

$$\leqslant \frac{1}{2\pi} \int_{-\pi}^{\pi} \left| \frac{1}{\pi} \int_0^\pi G_n(t) \cdot dt \left[\tilde{f}(x+t) - \tilde{f}(x-t) \right] \right| dx + O(\varphi_n)$$

$$= \frac{1}{2\pi} \int_{-\pi}^{\pi} \left| \frac{1}{\pi} \int_0^\pi G_n(t) \left[\tilde{f}'(x+t) + \tilde{f}'(x-t) \right] dt \right| dx + O(\varphi_n)$$

$$\leqslant \frac{1}{\pi} \| \tilde{f}' \|_1 \int_0^\pi |G_n(t)| dt + O(\varphi_n) = O(\varphi_n)$$

（B）$1 < p < +\infty$

对于 $f \in S_p(N_n)$,此时 $\tilde{f}$ 的共轭函数

$$\tilde{\tilde{f}}(x) = \frac{1}{\pi} \int_0^\pi \left[f(x+t) - \tilde{f}(x-t) \right] \frac{1}{2\tan\frac{t}{2}} dt$$

几乎处处存在,且 $\tilde{\tilde{f}} \in L_{2\pi}^p$. 又 $\frac{a_0}{2} - f(x)$ 与 $\tilde{\tilde{f}}(x)$ 有相同

的傅里叶级数,而这个傅里叶级数是几乎处处收敛于

$\dfrac{a_0}{2} - f(x)$ 的, 因此有

$$\frac{1}{2\pi} \int_0^\pi \frac{\tilde{f}(x+t) - \tilde{f}(x-t)}{\tan \dfrac{t}{2}} dt = \frac{a_0}{2} - f(x) \ (\text{a. e.})$$

类似于(A), 有

$$N_n(f,x) - f(x) = \frac{1}{\pi} \int_0^\pi \left[\tilde{f}(x+t) - \tilde{f}(x-t) \right] \cdot$$

$$\sum_{k=0}^{n} \Lambda(n,k) \frac{1}{t^2} \sin(k+1)t \, dt +$$

$$O(\varphi_n)(\text{a. e.})$$

$$= \frac{1}{\pi} \int_0^\pi \left[g(x+t) + g(x-t) \right] G_n(t) \, dt +$$

$$O(\varphi_n)$$

其中 $g \in L_{2\pi}^p$.

由闵可夫斯基不等式, 有

$$\| N_n(f) - f \|_p$$

$$\leqslant \left\{ \frac{1}{2\pi} \int_{-\pi}^\pi \left| \frac{1}{\pi} \int_0^\pi \left[g(x+t) + g(x-t) \right] G_n(t) \, dt \right|^p dx \right\}^{\frac{1}{p}} +$$

$$O(\varphi_n)$$

$$\leqslant M \| g \|_p \int_0^\pi | G_n(t) | \, dt + O(\varphi_n) = O(\varphi_n)$$

其中 M 是正常数.

最后结合(A),(B),即得式(14).

4. 注记

如果 $p_{n+1} \geqslant p_n > 0 (n = 1,2,3,\cdots)$, 则条件(6)自然满足.

另外, 条件(5)显然等价于

$$\lim_{n \to \infty} \text{sign}(P_n) \frac{p_{n-1}}{|P_n|} = 1 \quad (i = 0,1,2,\cdots)$$

易知，满足定理条件的 $\lambda(n,k) = \dfrac{P_{n-k}}{P_n}, \varphi_n = \left| \dfrac{p_n}{P_n} \right|$ 是存在的.

例如：

（a）$p_n = 1 (n = 1,2,3,\cdots)$，此时

$$\lambda(n,k) = \frac{n-k}{n}, \varphi_n = \frac{1}{n}$$

（b）$p_n = n (n = 1,2,3,\cdots)$，此时

$$\lambda(n,k) = \frac{(n-k)(n-k+1)}{n(n+1)}, \varphi_n = \frac{2}{n+1}$$

（c）$p = n(n+1) (n = 1,2,3,\cdots)$，此时

$$\lambda(n,k) = \frac{(n-k)(n-k+1)(n-k+2)}{n(n+1)(n+2)}$$

$$\varphi_n = \frac{3}{n+1}$$

（d）$p_n = n^2 (n = 1,2,3,\cdots)$，此时

$$\lambda(n,k) = \frac{(n-k)(n-k+1)(2(n-k)+1)}{n(n+1)(2n+1)}$$

$$\varphi = \frac{6n}{(n+1)(2n+1)}$$

（e）　$p_n = n^3 (n = 1,2,3,\cdots)$，此时

$$\lambda(n,k) = \left(\frac{(n-k)(n-k+1)}{n(n+1)} \right)^2, \varphi_n = \frac{4n}{(n+1)^2}$$

5. 参考文献

［1］GOEL D S, HOLLAND A S B, NASIM C, Sahney B N. Best approximation by a saturation class of polynomial operators [J]. Pacific J. Math, 1974,55:149 – 155

[2] NISHISHIRAHO T. Saturation of Trigonometric Polynomial Operators [J]. Jour. Approximation Theory, 1978,24:208 – 215.

[3] 哈代 G H. 傅里叶数[M]. 徐端云,译. 上海:上海科学技术出版社, 1978.

[4] 陈建功. 三角级数论[M]. 上海:上海科学技术出版社,1979.

[5] BUTZER P L,NESSEL R J. Fourier Analysis and Approximation[M]. New York: Birkhouser, Basel and Academic Press,1971.

[6] BUTZER P L, BERENS H. Semi – Groups of Operators and Approximimation[M]. New York: Springer Verlag, Berlin: Heidelerg,1967.

附　录

本书所用名词解释

1. 差分法

【**差分**】 设 x 是在域 D 内变动的实变数，y 是定义在 D 上的 x 的函数. 设 Δx 为有限的固定值，a 及 $a + \Delta x$ 在 D 内. $\Delta y(a) = y(a + \Delta x) - y(a)$ 称为 y 在点 a 的**差分**，Δx 是 x 的差分. 在 Δx 不等于 1 的情形，我们可以将 x 换为 bx（b 是某个常数），使它成为 1，因此，不失一般性，可以假定 $\Delta x = 1$. 今后，若不作特别说明，总令 $\Delta x = 1$. 因此，**差商** $\Delta y(x) / \Delta x$ 和差分的值相等.

$\Delta^2 y(x) = \Delta(\Delta y(x))$ 称作**二阶差分**. 它的值是 $\Delta^2 y(x) = \Delta y(x+1) - \Delta y(x) = y(x+2) - 2y(x+1) + y(x)$. 一般地，$n$ **阶差分**定义为

$$\Delta^n y(x) = \Delta(\Delta^{n-1} y(x))$$

它可用 $y(x), y(x+1), \cdots, y(x+n)$ 表示为

$$\Delta^n y(x) = \sum_{k=0}^{n} (-1)^k \binom{n}{k} y(x+k)$$

反之，$y(x+n)$ 可以用差分写成

$$y(x+n) = \sum_{k=0}^{n} \binom{n}{k} \Delta^k y(x)$$

（→插值法）.

【**求和**】 对给定的 Δx 及给定的函数 $g(x)$，满足

$\Delta y(x)/\Delta x = g(x)$ 的函数 $y(x)$ 称为 $g(x)$ 的**和**,求 $y(x)$ 的过程称为 $g(x)$ 的求和. 如果 $\Delta x = 1$,那么也就是求满足 $y(x+1) - y(x) = g(x)$ 的函数 $y(x)$. $g(x)$ 的和一般可写成 $Sg(x)\Delta x$,对于 $g(x)$ 的一个(特殊)和 $y(x)$,(一般)和 $Sg(x)\Delta x$ 由 $y(x) + c(x)$ 给出. 这里 $c(x)$ 是以 Δx 为周期的函数,它相当于求不定积分时的任意常数. 同积分时一样,在很多情形中把 $c(x)$ 略去了. 特别是,对 $\Delta x = 1, g(x) = nx^{n-1}$ 的和是 n 次伯努利多项式 $B_n(x)$ · $\dfrac{1}{x}$ 的和是由 $\psi(x) \equiv \mathrm{d}\log\Gamma(x)/\mathrm{d}x$ 定义的 ψ 函数($\to\Gamma$ 函数). 如果

$$-\Delta x \sum_{k=0}^{\infty} g(x + k\Delta x)$$

或

$$\Delta x \sum_{k=1}^{\infty} g(x - k\Delta x)$$

是收敛的,它们都可能是 $g(x)$ 的和,但是为了使它们收敛,则对 $g(x)$ 所要求的条件太强. 为了减弱这个条件,内隆德得到了下面的结果:假设在 $\Delta F(x)/\Delta x = g(x)$ 中 x 是实变数,$g(x)$ 当 $x \geq b$ 时是 x 的连续函数. η 是任意的正数,令 $\lambda(x) = x^p(\log x)^q\,(p \geq 1, q \geq 0)$,如果

$$F(x, \Delta x, \eta) = \int_a^\infty g(z)\mathrm{e}^{-\eta\lambda(z)}\mathrm{d}z -$$

$$\Delta x \sum_{k=0}^{\infty} g(x + k\Delta x)\mathrm{e}^{-\eta\lambda(x+k\Delta x)}$$

对 $a > b$ 是收敛的,那么 F 满足 $\Delta F(x, \Delta x, \eta)/\Delta x =$

$g(x)\exp(-\eta\lambda(x))$. 如果当 $\eta\to0$ 时 $F(x,\Delta x,\eta)$ 的极限值存在,那么它就是 $\Delta F(x)/\Delta x = g(x)$ 的解. 这个极限值写成 $Sg(\xi)\Delta\xi$,它称为 $\Delta F(x)/\Delta x = g(x)$ 的**主解**.

【**差分方程**】 令 $\Delta x = 1$,含未知函数 $y(x)$ 的差分的方程 $F(x,y(x),\Delta y(x),\cdots,\Delta^n y(x)) = 0$ 称为**差分方程**. 令 $y = \varphi(x)$,如果它对某个域中的所有 x,满足方程,那么称 $\varphi(x)$ 是这个方程的**解**,求解也就是**解差分方程**. 由差分和 $y(x),y(x+1),\cdots,y(x+n)$ 的关系式,原来的方程可变成形式为 $G(x,y(x),\cdots,y(x+n)) = 0$ 的方程. 在应用上往往是以这一种形式给出的,称为差分方程的基本形(或标准形). 当方程关于 $y(x)$,$y(x+1),\cdots,y(x+n)$ 是一次式时,即为 $\sum\limits_{i=0}^{n} p_i(x)\cdot y(x+i) = g(x)$ 时,就称这个方程是**线性的**. 当 $q(x)\equiv 0$ 时,称这线性方程**为齐次的**,当 $g\not\equiv 0$ 时,称为**非齐次的**(inhomogeneous). 下面假设 $p_0(x),p_1(x),\cdots,p_n(x)$ 在某个复数域中是单值解析函数,而且假定 $p_i(x)$ 不存在极点和公共零点.

【**线性差分方程**】 考虑线性差分方程

$$\sum_{i=0}^{n} p_i(x)y(x+i) = 0 \qquad (1)$$

如果 $\varphi_1(x),\varphi_2(x),\cdots,\varphi_m(x)$ 是方程(1)的解,那么由它们并以周期为 1 的函数 $a_1(x),a_2(x),\cdots,a_m(x)$ 作系数所组成的线性组合 $a_1(x)\cdot\varphi_1(x)+\cdots+a_m(x)\cdot\varphi_m(x)$ 也是方程(1)的解.

设 $\beta_1,\beta_2,\cdots$ 为 $p_1(x),p_2(x),\cdots,p_n(x)$ 之一的奇

点,$\alpha_1,\alpha_2,\cdots$为$p_0(x)$的零点,$\gamma_1,\gamma_2,\cdots$为$p_n(x-n)$的零点. 于是,$\alpha_i,\beta_i,\gamma_i$ 全都称为线性差分方程(1)的**奇点**.

设有 m 个函数 $\varphi_1(x),\varphi_2(x),\cdots,\varphi_m(x)$,如果不存在 $a_1(x),a_2(x),\cdots,a_{m-1}(x)$使得 $\varphi_m(x)=a_1(x)\varphi_1(x)+a_2(x)\varphi_2(x)+\cdots+a_{m-1}(x)\varphi_{m-1}(x)$,那么就称 $\varphi_m(x)$对 $\varphi_1(x),\varphi_2(x),\cdots,\varphi_{m-1}(x)$在差分方程的意义下是线性无关的(下面简称为"无关的"). 这里,$a_i(x)$是周期为 1 的函数,至少在有一个不和方程(1)的任何奇点同余($\mod \mathbf{Z},\mathbf{Z}$ 是整数加群)的点上,每一个$a_i(x)$都取非零的有限值. 设已给 m 个函数,如果其中任一函数都与其余 $m-1$ 个函数是无关的,那么就称这样 m 个函数是"相互无关的". 如果方程(1)的 n 个解是相互无关的,那么称这组解为方程(1)的**基本解组**. 方程(1)的任意一个解可以用由方程(1)的任意基本解组的 n 个解以周期为 1 的函数作系数所组成的线性组合来表达.

一般,由 n 个函数所构成的行列式

$$\begin{vmatrix} \varphi_1(x) & \varphi_2(x) & \cdots & \varphi_n(x) \\ \varphi_1(x+1) & \varphi_2(x+1) & \cdots & \varphi_n(x+1) \\ \vdots & \vdots & & \vdots \\ \varphi(x+n-1) & \varphi_2(x+n-1) & \cdots & \varphi_n(x+n-1) \end{vmatrix}$$

称为 **Casorati 行列式**,通常记为 $D(\varphi_1(x),\varphi_2(x),\cdots,\varphi_n(x))$. 为了要使差分方程(1)的 n 个解是相互无关的,其充分必要条件是:Casorati 行列式除在方程(1)的奇点及与其同余的点外不等于 0. 因此,解是否是无关的,可用 Casorati 行列式来判别.

其次,令 $\Psi(x)$ 是非齐次线性方程

$$P_x(y) = \sum_{i=0}^{n} p_i(x) y(x+i) = q(x) \qquad (2)$$

的一个解,如果方程(1)的 n 个无关解是 $\varphi_1(x)$,
$\varphi_2(x), \cdots, \varphi_n(x)$,那么方程(2)的所有解由 $y = a_1(x) \cdot$
$\varphi_1(x) + a_2(x)\varphi_2(x) + \cdots + a_n(x)\varphi_n(x) + \psi(x)$ 给出.
这里 $a_i(x)(i = 1, 2, \cdots, n)$ 是以 1 为周期的函数. 当
$a_i(x)$ 看作是周期为 1 的任意函数时,就称这种形式的
解为**通解**. 设 $p_n(x) \equiv 1$,并令基本解组 $\varphi_1, \varphi_2, \cdots, \varphi_n$
的 Casorati 行列式为 $D(x)$,如果 $\varphi_i(x+n)$ 关于 $D(x+$
$1)$ 的余因子除以 $D(x+1)$ 得 $\mu_i(x)$,那么我们就有

$$\psi(x) = \sum_{i=1}^{n} \varphi_i(x) \underset{a}{\overset{x}{S}} q(z) \mu_i(z) \Delta z$$

这里右端的和 S 假定是已知的. 这相当于线性常微分
方程理论中的拉格朗日常数变易法.

【常系数的线性差分方程】 如果差分方程

$$\sum_{i=0}^{n} p_i y(x+i) = 0, p_0 \neq 0, p_n \neq 0 \qquad (3)$$

中的所有系数都是常数,那么容易求得 n 个无关的解.

事实上,如果 λ 是代数方程 $g(\lambda) = \sum_{i=0}^{n} p_i \lambda^i = 0$ 的根,

那么 λ^x 是方程(3)的解. 这个代数方程称为(3)的**特**
征方程. 如果它有 n 个互不相同的根,那么 $\lambda_1^x, \lambda_2^x, \cdots,$
λ_n^x 是 n 个互相无关的解. 一般说来,如果 λ 是特征方
程的 m 重根,那么 $\lambda^x, x\lambda^x, \cdots, x^{m-1}\lambda^x$ 都是方程(3)的
解. 因此,如果 n 个 λ 中 λ_j 的重数是 $m_j(j = 1, 2, \cdots, s;$

$$\sum_{j=1}^{s} m_j = n\,),\ 那么\ \lambda_j^x,\cdots,x^{m_j-1}\lambda_j^x\,(j=1,\cdots,s)\ 就组成方$$
程(1)的 n 个无关的解.

即使 p_i 都是实数,特征方程的根也不一定都是实的. 求实函数解可按下述方式进行:如果 $\lambda=\mu+i\upsilon$ 是特征方程的 m 重根,那么 $\lambda=\mu-i\upsilon$ 也是 m 重根,如果令 $\rho=\sqrt{\mu^2+\upsilon^2}$, $\tan\varphi=\upsilon/\mu$,那么 $\rho^x\cos\varphi x,\cdots,$ $x^{m-1}\rho^x\cos\varphi x,\rho^x\sin\varphi x,\cdots,x^{m-1}\rho^x\sin\varphi x$ 是 $2m$ 个实函数的无关解. 具有常系数的非齐次方程一般可以由这些解用上述的拉格朗日常数变易法求解. 但是,当非齐次方程具有特殊的右端时,即

$$\sum_{i=0}^{n} p_i y(x+i) = p(x)\lambda^x$$

$p(x)$ 是 k 次多项式,如果 λ 是特征方程的 m 重根,那么这个方程具有 $y=(A_0+A_1 x+\cdots+A_k x^k)x^m\lambda^x$ 的形式的解. 将它代入方程,定出待定系数 $A_0,A_1,\cdots,A_k$,就得到解.

【差分方程和微分方程】 由于对应于微分算子 d/dx 和函数族 $\{x^m\mid m=0,\pm1,\cdots\}$ 之间的关系 $dx^m/dx=mx^{m-1}$,存在差分算子 Δ 和函数族 $\{x^{(m)}=\Gamma(x+1)/\Gamma(x-m+1)=x(x-1)\cdots(x-m+1)\}$ 之间的关系 $\Delta x^{(m)}=mx^{(m-1)}$,利用**阶乘级数** $\sum a_m x^{(m)}$,关于差分方程也可以得到和微分方程类似的理论. 例如,对正则奇点的弗罗贝尼乌斯(Frobenius)法可以照样应用于差分方程组: $(z-1)\Delta_{-1}w_k(x)=\sum_{j=1}^{n} a_{kj}(z)w_j(z)\,(k=$

$1,2,\cdots,n$) 的解的阶乘级数展开. 但是, 微分方程解的性质和差分方程解的性质之间是有着本质差别的. 例如, 赫尔德(Hölder)定理: 差分方程 $y(x+1)-y(x)=x^{-1}$ 的解不满足任何的代数的微分方程. 由于 ψ 函数: $\psi(x) = \mathrm{d}\log\Gamma(x)/\mathrm{d}x$ 是上面这个差分方程的解, 因此 $\Gamma(x)$ 函数也不能是任一代数的微分方程的解.

一般, 关于复数 q 的 $y(qx) = f(x, y(x))$ 形式的方程称为**几何的差分方程**. 例如, 用变换 $z=q^x$ 可将方程 (1) 变为

$$\sum_{k=0}^{n} p_k(z) U(zq^k) = B(x) \qquad (4)$$

虽然, 反过来方程(4)也可变为方程(1), 由于变换后的系数变得更复杂, 因此也有考虑这个方程的专门的理论. 还有关于微分方程用差分近似的数值解法→常微分方程的数值解法.

2. 差分微分方程

所谓差分微分方程是指包含未知函数的微分和差分的函数方程. 正如在下面将要说明的那样, 它常常在时滞现象中出现. 历史上, 自从 1732 年约翰·伯努利最先研究关于弦的问题以来, 已经发表了很多研究工作.

一般说来, 当某个现象 $x(t)$ 对时间的变化 $\mathrm{d}x(t)/\mathrm{d}t$ 不仅同现在有关, 而且同过去的状态也有关时, 就表为 $\mathrm{d}x(t)/\mathrm{d}t = f(t, x(t), x(s))$. 这里 s 在小于 t 的值的集合中变动. 在这种形式的方程中最简单的是

$$\mathrm{d}x(t)/\mathrm{d}t = f(t, x(t), x(t-h_1), \cdots, x(t-h_m)) \qquad (5)$$

($h_1, \cdots, h_m$ 是正常数, 且 $h_1 < \cdots < h_m$). 我们称它为**差**

分微分方程或具有**时滞**的微分方程. 像 $\mathrm{d}x(t)/\mathrm{d}t = f(t,x(t),x(t+h_1),\cdots,x(t+h_m)),\mathrm{d}x(t)/\mathrm{d}t = f(t,x(t-h_1),\cdots,x(t-h_m),x(t+l_1),\cdots,x(t+l_k))(h_1,\cdots,h_m;l_1,\cdots,l_k>0)$ 那样的方程,前者只包含超前的时间,后者同时包含滞后和超前时间的方程,也称作"差分微分方程". 形如 $\mathrm{d}x(t)/\mathrm{d}t = f(t,x(t),x(t-h_1),\cdots,x(t-h_m),x'(t-h_1),\cdots,x'(t-h_m))$ 的方程称为**中立型**,(5)的形式称为**滞后型**,只包含超前时间的形式称为**超前型**. 在上面的定义中,x 可以全部表示向量,但是在表示标量时,例如中立型的方程,可写成 $f(t,u(t),u(t-h_1),\cdots,u(t-h_m),u'(t),u'(t-h_1),\cdots,u'(t-h_m),\cdots,u^{(n)}(t),u^{(n)}(t-h_1),\cdots,u^{(n)}(t-h_m)) = 0.$

【初值问题】 对滞后型差分微分方程(5),当已给初始条件:$x(t) = \varphi(t)(-h_m \leq t < 0),x(0) = x_0$ 时,求在 $t \geq 0$ 的解的问题,称为**初值问题**. 设 $f(t,x,y_1,\cdots,y_m)$ 在 $0 \leq t \leq t_0,|x-x_0| \leq a,|y_k-x_0| \leq a(k=1,\cdots,m)$ 中是连续的,而且 $|f| \leq M$. 设 $\varphi(t)$ 是在 $-h_m \leq t < 0$ 中连续,$\lim_{t\to 0}\varphi(t)$ 存在,且满足 $|\varphi(t)-x_0| \leq a$ 的已给函数. 这时方程(5)的满足初始条件 $x(t) = \varphi(t)(-h_m \leq t < 0),x(0) = x_0$ 的连续解在 $0 \leq t \leq \min\{t_0,a/M\}$ 中是存在的. 它的证明可以利用不动点定理,但是也可以利用这样的方法:将区间划分为小区间 $[0,1],[1,2],\cdots$,考虑在各小区间上的常微分方程的初值问题,然后将各小区间顺次连接起来. 后一方法对中立型也有效. 仅从 f 的连续性还不能保证解的唯一性. 当 f 满足利普希茨(Lipschitz)条件:$|f(t,x_1,y_1,\cdots,y_m)-f(t,$

$x_2, z_1, \cdots, z_m) \mid \leqslant L \mid x_1 - x_2 \mid + L_2 \mid y_1 - z_1 \mid + \cdots + L_m \mid y_m - z_m \mid (L, L_1, \cdots, L_m$ 是常数)时,利用逐次逼近法可以证明解的唯一性. 而且,同微分方程的情形一样,还可得到奥斯古德(Osgood)型的判别条件和利用李雅普诺夫(Ляпунов)函数的唯一性判别条件. 还可利用李雅普诺夫函数来研究关于解对于 $x_0, \varphi(t), h_1, \cdots, h_m$ 以及参数的依赖性的问题.